国防电子信息技术丛书

极端温度与恶劣环境电子学
——物理原理、技术与应用

Extreme-Temperature and Harsh-Environment Electronics
Physics, Technology and Applications

〔印〕 Vinod Kumar Khanna 著

梅 博 张洪伟 孙 毅 段 超
丁鸳敏 李晓亮 董洪建 译

丁鸳敏 审校

电子工业出版社
Publishing House of Electronics Industry
北京·BEIJING

内 容 简 介

本书以实际应用为出发点，针对极端温度和特殊环境下使用的电子元器件，面向深井、地热测井、航空以及航天飞行器等应用场景，从电子元器件的基本原理进行分析和研究。首先概述主流硅、绝缘体硅和砷化镓电子器件在高温下应用的研究进展，并探讨现代宽禁带半导体，如碳化硅、氮化镓、金刚石电子器件在高温下的应用。然后概述了超导电子学的概念，重点介绍约瑟夫森结、超导量子干涉仪和快速单通量量子逻辑电路的研究进展，以及综述高温超导电力传输的研究现状。最后介绍各种用来保护电子电路和设备免受恶劣环境，如潮湿、辐射、振动等影响的措施和技术。

本书可以作为从事恶劣环境下先进电子技术相关领域科研工作的科学家和学者的参考书，也可以作为电气与电子工程专业的研究生和高年级本科生的微电子课程的补充材料。

Extreme-Temperature and Harsh-Environment Electronics: Physics, Technology and Applications by Vinod Kumar Khanna, ISBN: 9780750311564. This book was first published (in English) by IOP Publishing Limited. Copyright in the book is owned by IOP Publishing Limited.

版权贸易合同登记号 图字：01-2020-3916

图书在版编目（CIP）数据

极端温度与恶劣环境电子学：物理原理、技术与应用 / （印）维诺德·库马尔·康纳
(Vinod Kumar Khanna) 著；梅博等译. -- 北京：电子工业出版社，2025. 3. --（国防电子信息技术丛书）.
ISBN 978-7-121-49833-6

Ⅰ．TN6

中国国家版本馆 CIP 数据核字第 20253HN449 号

责任编辑：杨　博
印　　刷：河北迅捷佳彩印刷有限公司
装　　订：河北迅捷佳彩印刷有限公司
出版发行：电子工业出版社
　　　　　北京市海淀区万寿路 173 信箱　　邮编：100036
开　　本：787×1092　1/16　印张：23.5　字数：601.6 千字
版　　次：2025 年 3 月第 1 版
印　　次：2025 年 3 月第 1 次印刷
定　　价：119.00 元

译 者 序

环境影响着人类活动的方方面面，正如本书的翻译工作从 2019 年就开始启动，一场突如其来的"新冠疫情"改变了环境，让世界发生了巨大的改变，也延缓了本书的出版。随着科学技术的飞速发展，电子设备的应用领域也向着更复杂、更恶劣的环境延展。在深井勘探、深海潜航和航空航天等领域，组成电子设备的核心——电子元器件——将会面临极端的高温、低温，或高湿、盐雾腐蚀，或粒子电离辐射等各种极端环境。在这些环境下，电子元器件会产生化学或物理效应，导致其参数超差、功能退化，甚至发生故障和失效，从而影响电子设备的稳定运行，严重时甚至导致工程任务的失败。因此，需要对电子元器件处于极端温度与恶劣环境下产生的物理效应及其机理进行深入研究，并提出针对性的加固和防护措施，以确保特殊环境下电子元器件的可靠工作。

本书主要内容包括极端环境下电子元器件的工作原理、半导体器件的温度效应、超高温电子元器件、极低温超导电子学、电子器件的湿度和腐蚀效应以及电子器件的辐射效应等。本书内容丰富，系统完整地介绍了硅器件、硅锗器件、砷化镓器件、碳化硅器件、氮化镓器件、金刚石器件以及无源元件等各类型电子元器件的极端环境效应，具有非常重要的实用和参考价值。

作者 Vinod Kumar Khanna（维诺德·库马尔·康纳）博士曾参与各种功率半导体器件的研发项目，以及微米级和纳米级传感器的研究。康纳博士是位于印度拉贾斯坦邦皮拉尼镇的印度科学与工业研究理事会-电子工程研究所（CSIR-CEERI）的名誉科学家，印度电子和电信工程师学会（IETE）会士，曾出版书籍十余本，发表研究论文 185 篇。

随着我国在石油钻探、航空航天、新能源汽车等各工业领域的快速发展和新技术的不断突破，更多先进的电子元器件也将不断应用在各种极端环境下，因此亟需加强新工艺、新材料、新结构器件在高/低温、高湿、盐雾、空间辐射等条件下的特殊效应研究。相信本书能够为从事特殊电子设备、宇航电子系统、半导体器件和集成电路研发及可靠性测试评价的科技工作者提供有益帮助。

鉴于译者水平有限，在翻译过程中难免有疏漏之处，恳请广大读者不吝赐教。

译 者

2024 年 9 月于北京

前　言①

通常电子设备和电路需要在室温下工作。在温度降低时，电子设备的性能提高了两倍或几个数量级。这些性能的提高可以从各种形式中观察到，例如，数字系统速度的提高，模拟系统信噪比和带宽的增加，传感器灵敏度的提高，测量仪器精度和范围的提高，以及整体材料老化进程的降低。然而，低温并不总是越低越好，例如，随着温度的降低，双极型晶体管的电流增益和击穿电压会降低。从广义上讲，低温电子器件(LTE)有两个分支：基于半导体的电子器件和基于超导体的电子器件。基于半导体的电子器件，可以在室温或更高的温度下工作，直至最低的低温：1 K②或更低的温度。另一方面，现如今基于超导特性的系统仅限于在约低于 10 K 的低温下操作，这严重阻碍了它们的广泛使用。高温超导体和相关系统的出现似乎为我们带来了一些希望。

另一个是高温电子器件(HTE)。"高温"是指任何高于125℃的温度。这一温度经常被设定为标准商用硅器件可以正常工作的温度上限。但是，通过对标准商用器件的测试发现，在高达150℃的温度下，也可以应用于选定的硅器件。某些较小众的应用环境常常超出当今工业电子器件中使用的许多材料的熔点。例如用于能量勘探的监视器和井下钻井工具，飞机和涡轮发动机控制装置也必须承受高温。

极端温度电子器件(ETE)的应用是在传统商业、工业或军用范围之外的温度范围进行操作的，即–55℃/–65℃至+125℃。共有三类极端温度电子器件(ETE)，其中高温电子器件(HTE)是指可承受温度超过+125℃的电子器件，低温电子器件(LTE)是指可承受温度低于–55℃/–65℃的电子器件，极端低温电子器件(CTE)是指可承受温度低于–150℃的电子器件。

除了上面讨论的在极端温度下的应用，还必须提及化学腐蚀环境。过高的湿度会导致电子设备被腐蚀。而低湿度容易导致静电的积累。大气腐蚀是在由水和离子薄膜覆盖的金属上发生的电化学过程，通常导致电气和电子部件的损坏，即使在室内环境条件下也会导致过早失效。

电离辐射由诸如 X 射线和γ射线等电磁波以及质子、电子、中子等粒子辐射组成，这些都会导致电子器件和电路的故障和失效。损伤的程度取决于辐射的类型、强度和能量，曝露的时间和剂量，以及辐射源和电子设备之间的距离。

电子器件在非常规使用过程中可细化至不同的区域，例如能够在高温下运行的电子器件，用于深井和地热测井，轻量化地面和航空交通工具、航天探测等；能够承受低温运行的电子器件，用于红外系统，卫星通信和医疗设备，以及各类新用途，如在无线和移动通信，计算机，测量和科学设备中的应用；能够抵御潮湿和化学腐蚀等有害环境的电子器件可用于热带气候、纸浆和纸张加工，石油和石油精炼、采矿、铸造、化学品等行业；同时抗辐射电子器件可用于空间环境，医疗和核电工业等环境中。

本书共有三个主题：

(i) 探索极端温度对电子器件和电路的有益或有害影响，同时研究外界恶劣条件如潮湿、污染和充满辐射的环境等所带来的复杂影响；

---

① 中译本的一些图示、参考文献、符号及其正斜体形式等沿用了英文原著的表示方式，特此说明。

② 1K = –272.15℃，开尔文温度和人们习惯使用的摄氏温度相差一个常数 273.15，即 $T = t$+273.15（t 是摄氏温度的符号）。热力学绝对温标，单位为 K（开尔文），0 K 即为绝对零度。

(ii) 描述电子器件在这些非常规环境下运行所采用的技术；

(iii) 提出为抵消和处理这些不利情况而采取的补救措施。

本书面向电气和电子工程专业的研究生和工程师，可作为微电子课程的补充材料，以增加这一专业学科的广度和深度。本书可以回答一些当人们开始思考非常规电子学时时浮现在脑海中的问题。本书还包含了电子学的基础知识和相关应用，旨在满足电子装置和工艺设计工程师以及从事这一快速发展领域的电路和系统开发人员的需求。从事该领域工作的科学家和教授同样可以参考本书，作为在恶劣环境下的最先进电子技术的综合指南。

维诺德·库马尔·康纳 (Vinod Kumar Khanna)

印度科学与工业研究理事会-电子工程研究所 (CSIR-CEERI)

印度拉贾斯坦邦皮拉尼镇

关 于 本 书

本书提供了一个统一的观点，结合了极高和极低温度对半导体电子器件运行的影响，恶劣环境（如高湿度条件）对其造成的影响，化学蒸气、核辐射污染环境所造成的影响，以及那些受到机械冲击和振动干扰所造成的影响。本书利用目前已有的背景材料使读者更容易理解，主要阐述了目前对硅材料，绝缘体上硅（SOI）工艺和砷化镓电子器件的主流认识、发展及应用。探索了现代宽禁带半导体技术，如碳化硅、氮化镓和金刚石的相关技术。在简要介绍了超导电性之后，本书还介绍了超导电子学的概念，重点介绍了约瑟夫森结、SQUID 和 RFSQ 逻辑电路的研究进展，阐述了基于高温超导体的功率传输技术的研究现状。接下来的章节介绍了电子器件的各种防护方案，这些方案旨在保护电子器件和设备免受不利环境条件的影响。这些不利环境条件包括大气中的高湿度，以及大量高能粒子，比如从外层空间进入大气层的 α 粒子、质子和重元素核等。一个特别吸引人的领域是振动抑制效应，可以保护电子器件免受振动干扰或冲击，这些干扰或冲击往往出现在大型设备及其附近或电子设备发生意外跌落的时候。

在本书中，对上述提到的所有内容都进行了详细的阐述并通过数学模型加强阐述。本书易于理解，逻辑性强，并且内容涵盖广泛，对于本科生和研究生以及从事该技术专业的工程师和研究人员都有极大的帮助。本书的内容主要包含了三方面：物理原理、技术突破和应用实例。

作 者 简 介

维诺德·库马尔·康纳（Vinod Kumar Khanna）1952 年出生在印度北部城市勒克瑙。他是位于印度拉贾斯坦邦皮拉尼镇的印度科学与工业研究理事会-电子工程研究所（CSIR-CEERI）的退休科学家，印度科学与创新研究院（AcSIR）的名誉教授。他曾是 AcSIR、CSIR-CEERI 的 MEMS 和微传感器组首席科学家。在
CSIR-CEERI 任职的 34 年间（始于 1980 年 4 月），他曾参与过各种功率半导体器件的研发项目（包括高压大电流整流器、高压电视偏转晶体管、功率达林顿晶体管、快速开关晶闸管、功率 DMOSFET 和 IGBT）、PIN 二极管中子探测器和 PMOSFET γ 射线探测器、离子敏感场效应晶体管（ISFET）、微加热器嵌入式气体传感器、电容式 MEMS 超声传感器（CMUT）和其他 MEMS 器件。他的研究内容涵盖了微米级和纳米级传感器以及功率半导体器件。自 1977 年至 1979 年，他在勒克瑙大学物理系担任研究助理。

Khanna 博士的团队在不同阶段与不同学校进行合作，包括 1999 年与德国达姆施塔特工业大学合作，2008 年与德国梅恩斯堡库尔特施瓦比学院合作，2009 年与俄罗斯新西伯利亚化学物理研究所合作，以及 2011 年与意大利特伦托区波沃市的布鲁诺·凯斯勒基金会合作。他还参加了 1986 年在美国科罗拉多州丹佛召开的 IEEE-IAS 年会，并在会上发表了研究论文。

Khanna 博士于 1975 年获得勒克瑙大学物理学硕士学位，1988 年获得库鲁克谢特拉大学物理学博士学位，期间他研制了一款薄膜氧化铝传感器。他是印度电子和电信工程师学会（IETE）会士，以及印度物理协会（IPA）、印度半导体协会和印度-法国技术协会的终身会士。

Khanna 博士出版过十多本专著，并在印度和国际期刊及会议中发表研究论文共 185 篇。

目　　录

第 I 部分　极端温度下的电子器件

第 II 部分　恶劣环境下的电子器件

第1章 概 论

1.1 跳出电子行业的常规藩篱

当常规电子器件在室温环境下运行的条件被完全推翻时，需要考虑极端温度与恶劣环境对电子器件的影响——这种考量突破了传统的电子器件处理方式，涵盖诸多方面。如下文将述，虽有例外情况，但多数情况下某些方面尤其不利于电子电路工作。需求产生发明创造。跳出电子行业的常规藩篱，理论依据是：在许多应用中，极有必要建立一套电子系统，使之能够在不利环境下长时间可靠地运行（Werner and Fahmer，2001）。这种需求在下述恶劣情况中尤为迫切，例如，当我们深入地球或进入太空时，当电子设备被放置在核反应堆和粒子加速器附近时，当作业的重型机械在建筑物中产生振动时，当设备必须承受极度潮湿、风雨交加、电闪雷鸣的天气时，等等。因此，摆脱传统电子行业的桎梏，主要靠在这种恶劣条件下工作的用户不断增长的需求推动（Johnson, et al.，2004）。

人们还意识到，许多物理现象，如超导性，只发生在远低于室温的环境下。为了使这种超导特性为人所用，必须将温度降低到接近绝对零度，或者至少降低到液氮的汽化温度。此处，电子器件和电路的基本工作原理就已经挣脱了常温工作规范的束缚。这种突破不仅适用于超导现象，半导体器件的许多电参数也会随着温度的降低而提升。因此，人们不应认为远离规范总是会导致惨烈的局面，有时可能会有意外惊喜。

事实上，当温度从-273℃升高到1000℃时，半导体的性质会在很广的范围内变化。这种半导体性质的变化可以通过由它们制成的电子器件的电性能的变化来观察。一些电参数在低温或高温下趋于改善，而另一些则表现出恶化。对这些性能趋势的综合研究有助于科学家在考虑电路工作环境时趋利避害，尤其当电路需要在超出建议温度范围工作时。

对于上述两种情况，一种源于具体应用的要求，另一种源于现象学的需要，我们必须远离常规实践，应对挑战，以达到自己的目标。

1.2 章 节 安 排

本书分为20章。第2章阐述了跳出电子学常规范畴的原因。在该章中，读者将通过许多情况和应用的具体案例，了解传统电子器件不能有效解决的问题。这些例子还说明，太需要从常规范畴中跳出来，以期在特殊情况下受益。

本书第3章至第20章分为两部分（见图1.1），第一部分由第3章至第14章组成，讲述极端温度环境下的电子器件。这部分研究了超导电子学中，如何降低超高温造成的有害影响，以及如何利用超低温带来的有利影响；还研究了如何改善半导体器件随温度下降而下降的性能，例如减少漏电流。因此，对于这些电子器件而言，温度对其电学特性各有利弊。本书的第二部分由第 15 章至第 20 章组成，主要涉及对电子电路操作有害的影响因素，例如：高湿度气候条件；化工厂内部或附近的腐蚀性环境；辐射污染地区如核电站附近；医院里的 X 射线或伽马（γ）射线设备附近；位于城市繁忙拥堵交通环境中振动的建筑物内；使周围环境嘈杂且不稳定的重型机械附近。

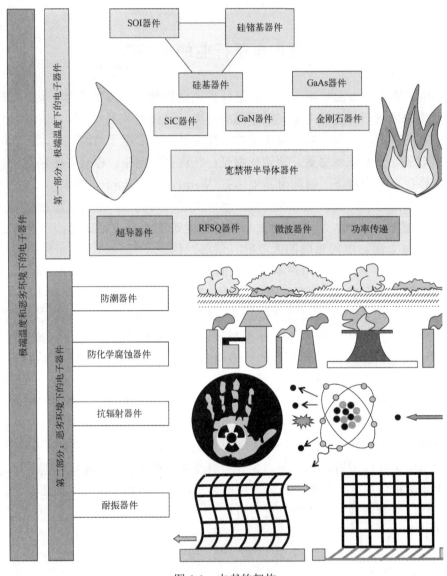

图 1.1　本书的架构

1.3　温度造成的影响

1.3.1　硅基电子器件

第 3 章介绍了半导体随温度变化的特性，该特性反映了电子设备的热性能，认真研读本章有助于掌握后续章节内容。半导体材料的温度上限取决于其带隙能量。电子设备工作取决于纯半导体中自由载流子浓度（称为本征载流子浓度），本征载流子浓度是温度的指数函数，当温度升高时，半导体材料价带中电子的能量增大。特定温度（本征温度）下，电子的热能超过半导体的禁带宽度，使得电子从价带提升到导带。无论是 n 型还是 p 型掺杂，热激发载流子的数量等于自由载流子的数量，这样就不再区分 n 型或 p 型了，此时 pn 结可认为是一个电阻，失去了原有功能。

另外，在半导体温度向绝对零度下降的过程中，杂质原子不再电离释放自由载流子，这使得半导体中没有或者几乎没有用于传导的载流子。在载流子被冻结的情况下，半导体器件不再正常工作。事实上，在绝对零度时半导体是一种绝缘体。

除了从化学键中释放的电子具有导电能力，其他关键现象还包括晶格原子和杂质离子散射载流子，该现象会影响载流子在晶格中的移动速率，即载流子迁移率。载流子迁移率强烈依赖于温度，随着温度升高，晶格原子振动幅度增大，电子在其路径上经历了更多碰撞，使电子迁移率降低。杂质散射的有限迁移率与此相反，因为杂质离子振动的增加减弱了它们对电子运动的影响。半导体的非简并掺杂或简并掺杂也会影响载流子迁移率对温度的依赖性。

第 4 章至第 9 章介绍了电子器件和电路的能力与关键问题评估，这些器件和电路由禁带宽度和本征温度逐渐增大的半导体材料制成。按照该顺序，我们感兴趣的初始材料是硅，硅始终是电子工程师的最爱，被认为是电子材料之王。第 4 章和第 5 章介绍硅电子器件，其中第 4 章讨论双极型硅器件，第 5 章讨论 MOS 硅器件，硅电子器件有两种类型：体硅和绝缘体上硅（SOI）技术。这些章节的目的是为双极型和 MOS 硅器件的温度系数（TC，与温度相关的电参数）提供简单的解析公式，该推导有助于认识双极型/MOS 硅器件和电路在温度持续升高时电特性的退化或改善。

pn 结二极管或肖特基二极管上的正向压降随着温度的下降而减小，双极型晶体管的电流增益随温度升高而增大，而二极管的击穿电压随温度升高而增大。在几乎所有电路应用中，与信号电流相比，pn 结的漏电流应无限小，然而泄漏电流随温度呈指数增大。在互补金属氧化物半导体（CMOS）结构中，由于耗尽区附近的少数载流子扩散电流与耗尽区内部的电子空穴对（EHP）的产生，结漏电流发生在源极/衬底与漏极/衬底之间的结点处。当 MOSFET 尺寸缩小，栅漏电流随着栅氧化层的变薄而增加。阈值电压随着温度升高呈线性下降，而热载流子效应随着温度的升高而减弱，成本高昂的 SOI 技术在很大程度上避免了高温下体硅器件中的漏电流问题。

硅和锗是构成电子器件的两种关键材料。硅锗材料是硅与锗的合金，结合了两种材料的最佳性能。硅/硅锗异质结双极型晶体管（HBT）克服了在超低温下硅双极型晶体管的电流增益和开关频率快速下降的问题。第 6 章讨论 HBT 的数学理论，以及该器件在超低温下代替双极型晶体管表现出更好的性能。

硅是 20 世纪内的第一代半导体材料，它在微电子革命中起到关键作用。硅电子器件的种种局限性，促进了替代材料的寻找。硅之后的第二代半导体是砷化镓，硅和砷化镓在 21 世纪初掀起了信息技术和无线革命。第 7 章讨论砷化镓，它在制造超高速射频（RF）器件方面优于硅，而且也适用于制造光电器件，例如 LED 和半导体激光。与硅技术不同，硅技术的主要器件是双极型晶体管和 MOSFET，GaAs 的主要器件依赖于 MESFET 和 HBT。

1.3.2 宽禁带半导体器件

宽禁带半导体，如碳化硅(SiC)和氮化镓(GaN)，属于第三代半导体，在 21 世纪初它们宣告了光电子器件和高温电子器件(THE)时代的到来。碳化硅和氮化镓芯片在更高的温度、电压和频率下工作的能力促进了人们对这些材料的研究兴趣。在 SiC 和 GaN 中，将一个电子从导带传输到价带所需的能量大约是硅材料的三倍，该特性使得 SiC 和 GaN 材料都成为实现具有高击穿强度的高温电子器件的理想候选材料。相应地，由这些材料制造的功率电子模块具有更高的效率。

碳化硅晶圆的制造商已经能够最小化缺陷密度、增大晶圆的尺寸。碳化硅材料和工艺的技术突破，将多种电子器件的应用变为现实，如 pn 结二极管、肖特基势垒二极管(SBD)、结型场效应晶体管(JFET)、双极型晶体管等。碳化硅 JFET 对高温电子器件很有吸引力，但碳化硅 MOSFET 仍需大量改进。碳化硅中界面态密度高，载流子迁移率低。目前人们正在严谨地研究和开发碳化硅晶闸管、绝缘栅双极型晶体管(IGBT)和栅极关断晶闸管(GTO)。第 8 章讨论碳化硅电子器件的成就。

氮化镓(GaN)是制造发光二极管和功率晶体管的优良材料。从蓝宝石衬底上氮化镓晶圆到低位错密度的独立氮化镓晶圆的进步，很可能促进氮化镓技术的应用。氮化镓 MESFET 和高电子迁移率晶体管(HEMT)已经被开发出来并经过了高温环境的测试。第 9 章讨论了部分 GaN 电子器件。

继碳化硅和氮化镓之后，金刚石的优越性能使其在微电子领域掀起另一场重大变革。金刚石因其出色的性能组合(包括高导热率和辐射硬度)而被誉为终极半导体材料。到目前为止金刚石的全部性能还没有得到充分的利用，金刚石电子器件还不成熟。然而气相合成金刚石以制备大面积薄膜的能力引起了人们对基于金刚石的电子器件的极大兴趣，而且随着单晶电子级(EG)金刚石商业化，这种情况正在逐渐改变。第 10 章讨论了金刚石薄膜及其相关电子器件的合成、工艺和特性。

1.3.3 无源器件及封装

第 8 章至第 10 章集中讨论了宽禁带半导体以及由其制造的有源器件，目的是制造能够承受更高温度的半导体器件。除半导体外，各种金属也是制造电子设备的重要材料，主要用于接触电极。缺少了无源器件，电路制作便无从谈起。此外，必须将设备包装在安全的外壳内，以保护其免受机械损坏以及大气和天气影响。如果有源或无源组件，金属化或封装不符合要求，电子电路将在高温下发生故障。基于这些考虑，第 11 章的关注内容从半导体转移至电阻、电容、金属互连和封装上。碳电阻表现出良好的热稳定性。金刚石电阻由化学气相沉积(CVD)金刚石在氮化铝衬底上制成。特氟龙电容可在 200℃ 的最高温度下使用，云母电容可在 260℃ 的最高温度下使用。金刚石电容则是基于具有金(Au)触点的金刚石介质薄膜，经测试可在高达 450℃ 的温度下保持低介电损耗和恒定电容。

除与底层硅有良好的附着力外，金属化工艺还必须能够承受热循环，并且不得在高温下分解或发生化学反应。化学气相沉积(CVD)形成的难熔金属和难熔金属硅化物薄膜是一种有效的高温金属化方法。该方法在硅区域上选择沉积，留下氧化物和绝缘区域。电解铬-镍-金金属化是一种高温(250℃)下引线键合应用的稳健方案。

在粘片过程中，务必慎之又慎，以匹配芯片、粘片和基板的热膨胀系数，避免芯片在热循环期间受到任何机械应力或压裂而损伤。已证实用于室温操作的粘片材料由于其玻璃化转变温度较低而不可使用。

为了保证引线键合在高温下的可靠性，引线所用金属与金属化焊盘必须相互兼容。引线键合所涉及的金属兼容性过低会导致两类问题——其一是金属间化合物形成于金属间表面，导致键合的脆性和断裂性；其二由于不同金属具有不同的金属扩散率，在扩散过程中会形成缺陷，这种效应称为柯肯达尔效应，从而使键合效果变差。作为反面教材，反例之一是金线和铝金属化焊盘之间常见的金铝化合物。上述观点促使我们将相同的金属用于引线键合和键合焊盘。

对于高温操作环境而言，密封陶瓷封装不但远胜塑料封装，而且它们还充当了防潮和防污染的屏障，限制水分和污垢的进入以起到防腐蚀效果。美中不足之处是陶瓷封装比塑料封装体积更大、重量更大且更昂贵。塑料封装无法在 150℃以上的环境使用，且必须使用熔点高于 250℃的高熔点焊料。

1.3.4　超导电性

第 12 章至第 14 章研究低温与高温环境下的超导电性。即使在大约几百 GHz 的频率下，超导薄膜的电阻也非常低，该特性为其在磁力测定方面的应用奠定了基础，具体包括超导量子干涉仪(SQUID)、微波滤波器、输电线路等领域。快速单通量子(RFSQ)逻辑电子学使用约瑟夫森结进行基于磁通量量子的逻辑运算。基于高温超导技术的电力传输使用由数百股高温超导线组成的电缆，并配有超低温冷却系统，以保持所需的低温。在人口密集的城市地区，变电站经常达到电能容量极限，高温超导系统将这些变电站连接在一起，而无须斥巨资升级变压器。许多大都市电能需求量惊人，其负载饱和的电网系统正好可以用到高温超导电力传输技术。

1.4　恶劣环境造成的影响

1.4.1　湿度与腐蚀

温度是非常重要的参数，一直以来都是电子电气工程师们关注的焦点。通过提高或降低温度，在电子设备上既可产生有利的结果，也可产生不利的结果。除温度外，湿度也是相当重要的参数。第 15 章和第 16 章中讨论与湿度有关的故障和应对方案。水滴通过湿气凝结积累在半导体器件表面，形成离子流，这种湿度造成的影响取决于所使用的材料、部件的尺寸及其布局。湿度会加速腐蚀速率，而腐蚀是组成电子器件和电路的材料在相应环境下与可反应气体接触而导致的恶化。在电子电气行业中，电子产品易受腐蚀的主要原因是其所使用的金属和合金材料种类繁多。

这些材料中，有一部分是铝、铜、铝铜合金，银、银合金，锡、锡合金，钛，铬，镍，金，铂，钯，钨等。除潮湿外，腐蚀还受下列因素影响：无机和有机污染物、大气污染物、盐雾、有毒气体以及焊接和其他组装过程中的残留物。腐蚀会增加接头之间的接触电阻，增大导线和腐蚀物之间的泄漏电流。水，灰尘和气体的腐蚀会导致短路，还会造成器件表面不美观。腐蚀还会导致串扰，电路小型化之后，部件间距减小，腐蚀造成的任何细微的材料缺损足以导致图形失真，产生故障。鉴于上述原因，不得不重视腐蚀对电路的损坏，第 17 章讨论缓解腐蚀问题的方法。

1.4.2　辐射

除温度和湿度外，另一个重要的影响因素是：源自太空和地面的辐射。这些类型的辐射对地球上的电子电路、轨道卫星电子电路、远距离空间飞行器电子电路都有负面影响——从性能下降到功能完全丧失。由这些辐射引起的故障，缩短了卫星寿命，中断了太空任务。辐射效应可以是以下一种或多种类型：单粒子效应（SEE）、位移损伤（DD）和电离总剂量效应（TID）。非抗辐射电路改进后得到抗辐射电路，其内容包括用于容错修正设计和处理干扰的软件方法，以及适当的制造工艺改进。双极型集成电路比 CMOS 电路抗辐射性更强。由于结隔离器件中的辐射产生较高的泄漏电流，可用绝缘体上硅或蓝宝石上硅，以制备抗辐射电路，此工艺有别于使用普通的体硅晶圆。第 18 章讨论辐射对电子电路的损害，第 19 章论证若干可行性方法，以防止由辐射导致电子电路的干扰和损伤。

1.4.3　振动和机械冲击

对于电子线路而言，尤不可忽视的破坏性影响包括：加速/减速及冲击力造成的振动、碰撞、反冲、跌落及冲击。本书末总结性的第 20 章描述了防振的常规技术与方法。

1.5　讨论与小结

对于相关专业的学生或从事此领域的工作者而言，务必仔细了解温度对电子电路的影响，并适当考虑其利弊。在实际应用中，务必扬长避短，提高系统性能。湿度、腐蚀、辐射和振动造成的影响，务必依照实际案例，具体情况具体处理。关于本章所涉及的一些重要的思路，随笔小赋一篇，通俗易懂，便于记忆：

电子器件赋

极端环境温度兮，或不利而损害。
符合性能偏好兮，则增益且愉快。
远离室温工况兮，或下降或损坏。
高温高湿有毒兮，对整体都妨碍。
振动冲击辐射兮，无一不是伤害。
容错性能提升兮，封装环境依赖。
超导电子提升兮，半导之宽禁带。
绝对零度接近兮，电阻不复存在。

封装不容出错兮，慎环境一而再。

休矣！美矣！超导特性！

确保成功运行兮，设计材料涵盖。

具体制造工艺兮，依应用而对待。

表层钝化处理兮，防水而防腐害。

诸多辐射抵抗兮，振动冲击避开。

发展创新前行兮，电子工艺可待！

思 考 题

1.1 考虑以下两种情况：负面消极的与正面积极的。两种情况均可促使电子工程师开发能够在非常规条件下工作的电路。

1.2 半导体材料的何种特性决定了由其制造的电子器件工作所允许的最高温度上限？

1.3 为什么半导体器件在超过其本征温度的情况下无法工作？

1.4 举例说明低温对电子设备工作的好处。

1.5 根据载流子迁移率，解释电子被晶格原子和杂质离子散射的结果。说明温度对于由两种散射引起的载流子迁移率变化的具体影响。

1.6 如何理解半导体器件最重要的电参数随温度变化的情况？试举三例说明。

1.7 温度是否影响 pn 结漏电流？如果是，为什么？描述 CMOS 结构常见的各种类型的漏电流。

1.8 在低温工作环境下，硅锗异质结晶体管在哪些方面优于硅双极型晶体管？

1.9 砷化镓设备广泛使用的应用领域有哪些？试举两例。

1.10 碳化硅和氮化镓的性能在哪些方面优于硅器件和砷化镓器件？

1.11 金刚石能否人工合成？

1.12 专为高温工作环境而设计开发的电阻与电容都有哪些？

1.13 何种金属化接触可用于高温电子器件？

1.14 选择合适的黏片材料于高温环境下使用，有哪些必要的注意事项？

1.15 金属线和金属化焊盘的兼容性差会导致哪些问题？

1.16 简述陶瓷气密封装的优缺点。

1.17 试述若干具体的超导性应用领域。

1.18 试述快速单通量量子（RFSQ）逻辑器件的物理学理论基础。

1.19 高温超导技术电力传输在升级城市密集而繁重的电网方面有何优势？

1.20 为什么电子产品易被腐蚀？潮湿环境如何使腐蚀加剧？腐蚀如何影响电子设备的性能？

1.21 影响电子电路的辐射有哪些类型？试述应对辐射的有效措施。

1.22 哪种类型的集成电路更加抗辐射？双极型还是 CMOS 型？

1.23 哪种类型的硅晶圆更适合制作抗辐射电路衬底？体硅晶圆还是绝缘体上硅晶圆？

1.24 除温度、潮湿、腐蚀和辐射因素对电子电路有影响外，请再列举至少一个其他因素。

原著参考文献

Johnson R W, Evans J L, Jacobsen P, Thompson J R and Christopher M 2004 The changing automotive environment: high-temperature electronics *IEEE Trans. Electron. Packag. Manuf.* **27** 164-76

Werner M R and Fahmer W R 2001 Review on materials, microsensors, systems and devices for high-temperature and harsh-environment applications *IEEE Trans. Ind. Electron.* **48** 249-57

第2章 超常规条件下工作的电子器件

本章介绍高温下半导体器件性能下降的原因，解释为何热管理方法无法有效应对高温威胁的原因，以及低温对设备运行的有利与不利影响。本章重点介绍高温电子器件在汽车、航空航天、测井等领域的应用，描述湿度、辐射和振动对器件性能的影响，列举低温、高温、极端温度与恶劣环境下的电子器件术语。有效的应对策略是：明确所有问题，克服所面临的困难，这些问题包括芯片设计、工艺步骤与芯片封装。

2.1 地球及其他星球上危及生命的高低温

高温和低温环境对人类而言极为不适，令人痛苦，甚至有些温度会危害人体健康。对于那些在高温下工作的人来说，中暑是最严重的问题，会导致意识丧失或昏厥。人在中暑后，体温调节机制会失效。比中暑程度稍轻的，则是过热引起的热衰竭，导致人体大量出汗并伴有快速脉搏。

在非常寒冷的环境下，最严重的危险是体温过低。这是一种非常危险的人体过冷现象，在这种情况下，身体失去热量的速度比产生热量的速度快，体温可能降至35℃以下。曝露在严寒中的另一个严重问题是冻伤。在接近或低于水的冰点温度时，低温与严寒会对人体皮肤和四肢的底层组织造成伤害，如皮肤、脚趾、鼻子和耳垂。

了解地球上一些最热和最冷地方的温度是很有趣的。表 2.1 列举了这些最冷和最热的地方(Tavanaei，2013)。很容易想象，在这些地方生存，甚至生活是多么艰难！一想到这些温度，我们就害怕得瑟瑟发抖、冷汗直流。但太阳系其他行星的温度则更为极端(Williams，2014；Howell，2014)。根据行星与太阳的距离排序，它们的表面温度从水星和金星的高于400℃到遥远行星的低于–200℃不等(见图 2.1)。我们可以从表 2.2 中想象这些行星的状况，这样的环境温度可能是这些行星上生命无法存活的原因之一。

表 2.1 地球上六个最热的地方与六个最冷的地方

序号	地球上最热的地方		地球上最冷的地方	
	地点	温度/℃	地点	温度/℃
1	伊朗，卢特沙漠	+70.7	南极洲，沃斯托克站	–89.2
2	北美，加利福尼亚州，死亡谷	+56.7	俄罗斯，奥伊米亚康	–71.2
3	非洲，利比亚西北，阿奇奇亚	+56.8	俄罗斯，维尔霍扬斯克	–69.8
4	非洲，利比亚，古达米斯	+55	格陵兰岛，North Ice	–66
5	非洲，突尼斯，吉比利	+55	加拿大，育空区，斯纳格	–63
6	西非，马里，廷巴克图	+54.5	美国，阿拉斯加，克尼克河	–62

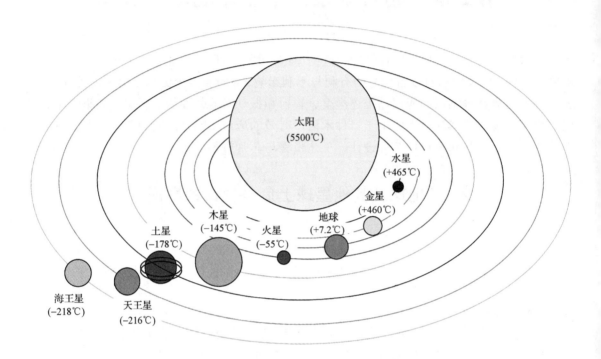

图 2.1　太阳系中的宽温度变化示意图

表 2.2　行星的平均表面温度

序号	行星	距太阳平均距离/km	温度/℃
1	水星	5.7×10^7	+465(曝露在阳光下)；–184(暗面)
2	金星	1.08×10^8	+460
3	地球	1.50×10^8	+7.2，从+70.7(伊朗沙漠)到–89.2(南极洲)不等
4	火星	2.28×10^8	–55，中午赤道处高达+20，两极低至–153
5	土星	7.79×10^8	–145
6	木星	1.43×10^9	–178
7	天王星	2.88×10^9	–216
8	海王星	4.50×10^9	–218

2.2　电子器件温度失衡

人类无法适应高低温，电子器件也无法适应高低温，但对于后者而言，其无法适应的温度范围与前者的不同。电子器件的传统、常规工作温度范围是从 –55℃/–65℃ 下限，到 +125℃ 上限。超出此界限的温度称为极端温度。极端温度电子器件(ETE)是电子学的一个分支，在高于或低于上述规定界限 (Kirschman，2012) 的严苛温度条件下，研究电子材料、设备、电路和系统的特性与运行状况。它有两个分支：(i)工作环境温度在 +125℃ 以上或更高的，称为高温电子器件(HTE)；(ii)工作环境温度范围在 –55℃/–65℃ 至 –273℃ 或接近 0 K 之间的，称为低温电子器件(LTE)。

2.3　高温电子器件

　　读者会问的第一个问题是：为什么要思考这些在非常规环境下工作的电子器件？它们只是庞大电子产业的冰山一角。这句话没错，因为电子设备通常需要在利于人类生活的环境下工作。真正的答案是，这片大冰山的一角尽管很小，但在战略上至关重要。高温电子器件在多个重要的领域内巩固了自己的根基。其中一个领域是汽车行业——此处主要指内燃机汽车。另一个领域是航空航天业，其飞行器翱翔于地球大气层或其上方区域。还有一个是测井行业，它钻探至地球内部，记录地表下岩石和流体的性质。这些行业都会遇到具体而特殊的问题，没有高温电子器件的帮助则无法解决这些问题。

　　读者会问的第二个问题是：如果在设计传统电子器件之初，就考虑到非常规工况，先不说冷却方式用主动型还是被动型，总之会冷却，这方法奏效吗？没错，这种方法可以。通常情况下，工程师们也是这么想的，并且也确实这么做了。热管理系统是高温设备非常有用的备选方案，但是会使整个电子电路系统的重量和体积增加，违背了工程师的初衷。架空输电使用更长的电线、额外的连接器和冷却系统，确实可以降低功率体积比和功率重量比，但是上述因素会对系统的整体运行优势产生负面影响，而这种优势正是电子器件设备所赋予的。热管理系统也可能导致潜在的故障。若去掉散热片和连接部分，则功率电子模块的总质量和总体积可以节省一个数量级。

　　在某些情况下，一旦考虑紧凑性，则根本无法使用冷却系统。在其他应用领域中，为了提高系统的可靠性或减少总开支，更会优先考虑高温电子器件。以此为首要目标时，创建电子系统会面临多重挑战：设计技术翻天覆地；半导体材料的选择至关重要；其他材料的选择，如金属化中使用的材料，成为性能的决定因素；封装材料和技术有别于常规方案；亟待制定新的质量标准和方法。

　　毫无疑问，若缺少高温电子器件，管理和监测炎热环境的开销会高得令人瞠目结舌。愈发复杂的系统，更加专业的布线，都会增加直接成本。冷却装置会增加电子系统重量，间接成本也会随之增加。整个系统和这些额外的冷却装置一起运行，根本谈不上"可靠"二字，反而不如那些自始至终就被高温问题困扰的电子系统 (McCluskey, et al.，1997)。本节列举了高温电子器件需求的具体应用案例 (Delatte，2010)。高温电子器件应用及可用材料/技术见图 2.2。

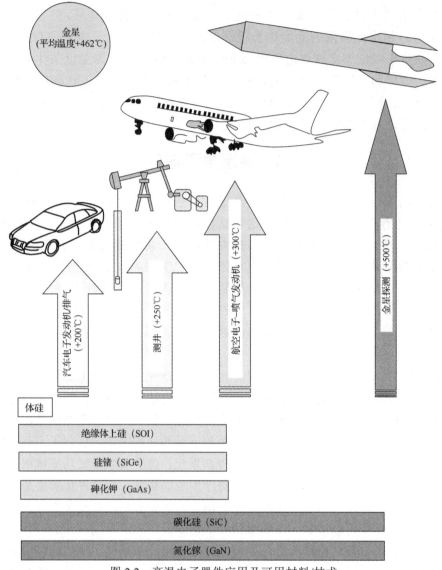

图 2.2　高温电子器件应用及可用材料/技术

2.3.1　汽车业

汽车发动点火电路如图 2.3 所示。它由电池、晶体管开关、升压变压器和火花塞组成。当流经功率晶体管的电流被阻断时，火花塞中心电极和侧电极之间(称之为火花间隙)会产生 20～50 kV 的电压，使得初级线圈周围的磁场消失，导致次级绕组中产生高压。

图 2.4 展示了汽车发动机中各种类型的传感器是如何由电子器件控制的(油门踏板位置传感器、燃油压力传感器、空气流量传感器、爆震传感器、温度传感器和氧传感器)。周而复始，电子器件为发动机的全部转速范围和广泛的负载条件提供最佳的点火正时。与机械点火电路相比，电子点火系统使汽车启动性能卓越，运行性能平稳，最大限度地减少了燃料消耗，从而减少了大气污染。尤其当汽车以非常低和非常高的速度运行时，电子点火系统表现优异，汽车养护成本也因之降低。

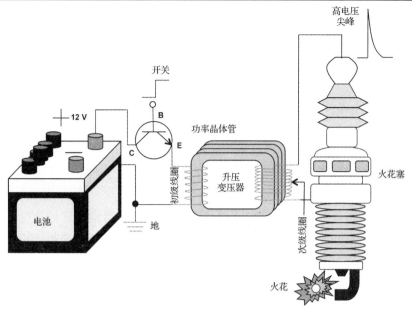

图 2.3　汽车发动点火电路

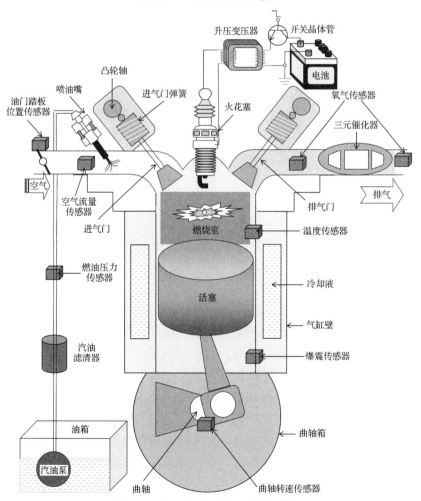

图 2.4　汽车发动机的电子控制模块

在汽车行业内，设计车身的工程师们，不断被要求扩大驾乘空间，从而提高车辆的载人载货能力。缩减发动机尺寸和动力单元，将其置入更小的发动机舱，从而增加驾乘空间，这种需求反过来又要求小型化的电子系统与布线。因此，电子控制系统在安装时就必须尽可能紧靠发动机，可将其安装在变速箱内，也可安装在传动装置内，以使整个系统紧凑密闭。如果该系统中的电路板和部件能够在接近发动机或变速箱工作温度范围内精确地工作，那么这套电子系统可说是令人满意的。此外，较小的发动机舱对散热器的尺寸有更严格的限制。因此，还需要更改车辆的气动外形，这种改动并不能为散热器提供更多的冷却气流，引擎盖下方的温度会不断升高。在上述所有情况下，高温电子器件具备的优异性能，有助于保护电子系统免受不利的高温影响。

另外，汽车行业电子技术进步也归因于当今环境下人们思维模式的转变：人们强烈希望从纯机械系统和纯液压系统转向机电或机电一体化方案，这种转变对于提高可靠性至关重要，同时又能降低维护成本，但需要布置传感器、信号调节、电子控制器材，这些装置紧邻热源导致的高温环境，其最高温度和曝露时间随车辆类型和电子设备在车辆上的不同位置而变化。在某些车辆上，已实现更高程度的机电一体化，如变速箱和变速箱电子控制系统。这使得汽车电子系统的制造、测试和维护简化，但却无法摆脱高温，因此也亟须使用高温电子器件。

混合动力汽车行业也取得了显著的发展，对不同的电能动力模块需求量巨大。所需的模块是能够在高温下工作的直流/直流（DC/DC）转换器和直流/交流（DC/AC）逆变器。平均而言，集成电路的结温比环境温度高 10℃至 15℃。于动力单元而言，它们比环境温度高 25℃左右。因此，汽车工业中使用的电子器材，尤其是被置于发动机附近的电子器材，必须能够在 150℃+25℃=175℃以上的温度环境下工作。

在电动汽车和混合动力汽车上，电子控制单元通过将动力输出单元和智能动力控制单元集成到整个驱动系统内，以驱动电机。因此，汽车行业标准内采用的半导体器件，其工作环境温度从 150℃提高至 200℃峰值（Huque, et al., 2008），汽车行业也可称为高温电子器件的具体应用领域。

随着价格的逐步降低，高温电子器件不再遥不可及，在汽车系统中的应用会更加广泛。

2.3.2　航空航天业

航空航天业包括民用军用航空，航天飞行与航天任务领域。图 2.5～图 2.7 展示了不同类型的航空发动机。活塞式飞机通过活塞式发动机驱动螺旋桨以获得推力。涡轮螺旋桨飞机通过涡轮发动机驱动螺旋桨以获得推力，与涡轮风扇飞机类似，涡轮风扇飞机则通过涡轮驱动内部风扇以获得推力。在涡轮螺旋桨飞机和涡轮风扇飞机中，热排气也能产生少量的推力。螺旋桨/风扇吸入空气，空气通过压缩机送入燃烧室点燃。当一部分空气通过燃烧的发动机核心区域时，其余的空气（称为旁通空气）通过管道围绕该核心旋转，从而产生额外的推力。热排气使连接到螺旋桨/风扇的涡轮叶片运动帮助其旋转，从而吸入更多的空气。液体燃料火箭发动机的原理如图 2.8 所示。它仅使用火箭内部存储的燃料形成燃气喷流，由于该发动机必须在无氧环境的太空飞行，因此它安装有液氧箱。在上述所有发动机中，无论是飞机还是火箭，燃油点火由电子方式监控。

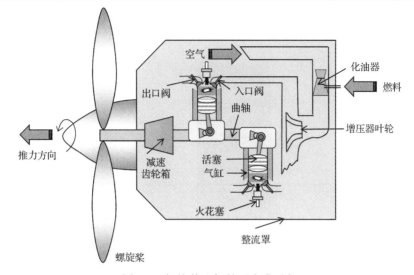

图 2.5　螺旋桨飞机的活塞发动机

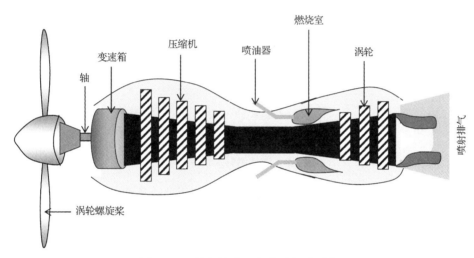

图 2.6　涡轮螺旋桨飞机的喷气发动机

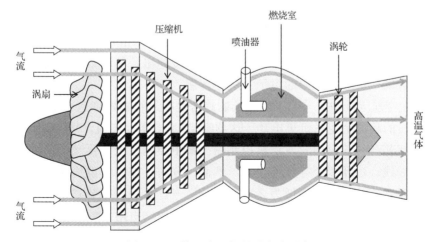

图 2.7　涡轮风扇飞机的喷气发动机

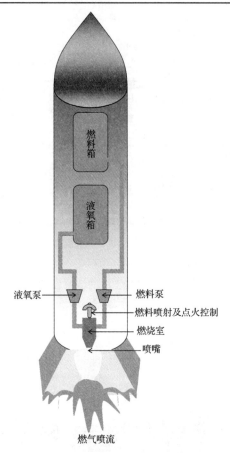

燃料箱

液氧箱

液氧泵 —— 　　—— 燃料泵

　　—— 燃料喷射及点火控制

　　—— 燃烧室

　　—— 喷嘴

燃气喷流

图 2.8　液体燃料火箭发动机

飞机的点火系统如图 2.9 所示。飞机发动机中使用两个磁电机提供冗余。在一个磁电机发生故障的情况下，另一个磁电机将作为备用。另外，通过确保空气燃料混合物从两侧到中心的充分燃烧，提高了点火效率。

针对较新的机电技术，目前航空航天业紧随汽车工业的步伐。与汽车工业类似，人们倾向于用更轻、更具成本效益的等效电子元件来替代过时的液压执行器。发动机部件和制动系统是关注的焦点。在涡轮发动机的润滑系统中，机械泵正在被电动油泵取代。在该情况下，用于电机驱动的电子设备在不断靠近润滑剂，然而润滑剂的工作温度超过了 200℃。在航空航天业中，在上述环境下电子设备的工作温度超出了其通常工作的温度范围，因此高温电子器件有助于更靠近热源的电子系统的部署。

此外，在航空航天业中，一个不断增长的趋势是在飞行器内部包含更多的电气/电子系统。有一个明显的趋势是使飞机更电动。这项举措(更多电动飞机，MEA)部分目的是用分布式控制系统代替传统的集中式发动机控制器。集中控制系统需要又大又重的电线连接，其包含数百个导线，以及多个导线连接器。然而，分布式控制方案使发动机控制系统更接近发动机，而且互连的复杂性降低为之前的十分之一。这些举措节省了几吨的飞机重量，提高了系统可靠性。但是，只有在电子系统能够承受发动机附近的较高温度情况下，这些举措才可能实现。

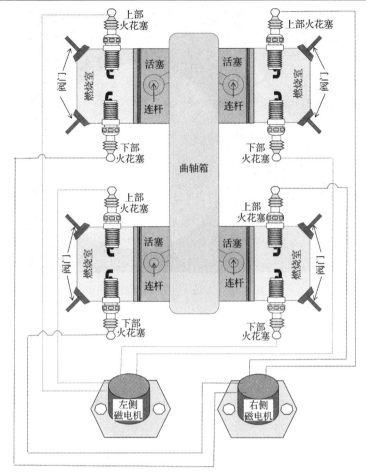

图 2.9　飞机双磁电机点火系统的接线图，每个气缸中都有两个火花塞，以实现冗余

2.3.3　航天任务

在卫星应用中(见图 2.10)，电子组件的温度需要被控制。

在地球到月球的航天任务(见图 2.11)中，必须要考虑太空飞行过程及月球表面所耐受宽范围的温度波动。与地球不同，月亮没有大气层，导致月球表面温度在其夜晚时下降到 −153℃，白天时上升到 107℃。在地球上，大气起着覆盖层的作用，可以吸收太阳的热量，使热量的逃逸速度变慢，白天土壤被穿过大气层的阳光加热，晚上土壤以红外辐射形式释放能量，但红外辐射不易从大气中逸出，因此地球开始变暖。与月球不同，虽然地球的夜晚温度低于其白天温度，但是地球夜晚温度不会降到很低的水平。为了应对月球上剧烈的温度变化，宇航服使用多层织物材料以实现严格防隔热处理，宇航服还覆盖了反射外层。而且宇航服具有内部加热器和冷却系统，它们使用液体热交换泵来去除多余热量。

在水星、金星、火星或木星等行星的深空探测任务(见图 2.12)中，强制要求电子系统具有在高达 300℃的高温条件下正常工作的能力，特别是对于水星和金星。

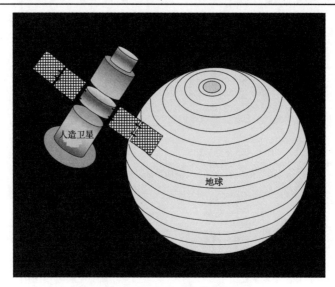

图 2.10　人造卫星绕地球旋转

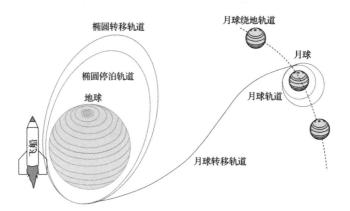

图 2.11　从地球到月球的航天任务

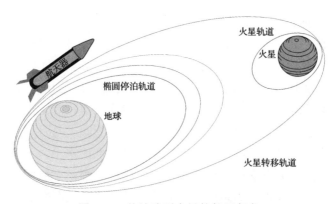

图 2.12　从地球到火星的航天任务

　　虽然电子设备可以把温度调控到可接受的范围使其正常工作，但是与温度调控相比，高温电子器件的高可靠和高稳定性能保证了空间探测任务的可靠性，而且有助于减轻温度调控与冷却装置的财务负担。因此，高温电子器件(HTE)成为空间探测的迫切需要。

在相反极端温度条件下，空间探测系统也曝露于极冷环境下，例如火星和木星，这种应用环境属于低温电子器件(LTE)的考虑范围。

2.3.4　油井勘测设备

石油化工勘探公司致力于开采地下数千米深处的自然资源。地球物理测井，或钻孔测井，依靠可比较的地球物理特性，穿透地表，获取地质岩层详细记录。在此实践中，电子设备需要在随地下深度变化的温度下工作。对温度的粗略估计是由地热梯度得出的，这个梯度是地球内部每单位千米深度增加而导致的温度升高。在地表附近且远离构造板块边界，此梯度为 $25\sim30℃\cdot km^{-1}$。构造板块由地壳的岩石层(最上层的包裹层)组成，这些层合称为岩石圈。

过去，勘探工作通常在大约 $150\sim175℃$ 的温度下终止。目前，这些易于获取的自然资源已经枯竭。此外，技术进步鼓励进行更深的钻探作业。还必须探索地球上热梯度较高的地区。在这些地区，最深的井超过 5 km 深，温度超过 200℃，压力大于 25 psi。在这种恶劣环境中，冷却技术既不可行也无效。

高温电子器件在勘探领域的应用是多方面的(见图 2.13)。被测量的参数种类繁多：岩石的电阻率表明了它们的电学性质；放射性衰变描述了物质中的放射性类型；同样，测量声波传播时间、磁共振等性质，以确定地质地层的一般特征。此外，孔隙度、渗透率和水/烃饱和度的特性也得到了确认。矿物成分、颜色、质地、粒度等总体物理特征均出自岩石层下方的岩石。由此收集的数据使地质学家能够确定地层中的岩石类型、存在的流体类型、它们的位置以及从含流体带中提取足够数量碳氢化合物的能力。精度对于所有测量和数据采集系统都是至关重要的，因为从深孔采集的数据在地层分析中起着决定性的作用，从而识别出石油或天然气等矿床。根据收集的数据，人们商定了最可行的提取地点，并且仅在这些地点进行提取作业。由于大量的货币投资处在风险横生的领域，并且高度依赖已收集的数据，勘探开采系统必须在这种异于寻常的高温环境下精确工作，高温电子器件的重要性不言而喻。

高温电子器件(THE)不仅用于勘探，其应用范围很广。除勘探外，它对资源开采也至关重要。在钻勘探井及资源开采阶段，电子系统会监测井中的压力、温度和振动情况，并且在开采过程中会使用主动控制阀门来调节其中的多相流动问题。为了满足这些需求，还投入使用了一套完整

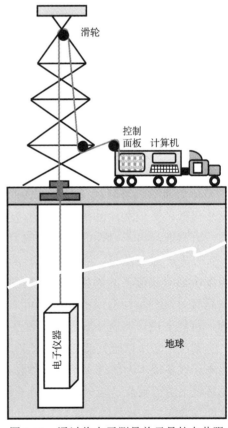

图 2.13　通过将电子测量单元悬挂在井眼中并将其拉出来进行数据记录

的高性能组件链。系统的可靠性至关重要，电子设备故障造成系统停运会产生高昂的成本。在地下数公里深处作业的钻柱上，电子设备如果发生故障可能需要超过一天的时间才能恢复，这对于开采工作影响巨大，使这项任务充满了挑战。如果该电子设备必须更换，也会使成本大大提高。

2.3.5　工业用系统与医疗用系统

这些系统对电子模块提出了特殊要求。为了满足工业和医疗需求，这些系统必须在 175℃ 的高温下提供特定的精确性、稳定性和永久性。在工业的过程控制环节中，电子控制和处理模块必须安装在传感器和执行器附近。这种安装方式会防止噪声通过长布线进入系统。例如，医疗电子系统需要高温电子器件和合理利用高温监测的灭菌系统。

2.4　低温电子器件

低温电子器件有几种不同的叫法，例如"冷电子器件""超低温下工作的电子设备""超低温电子器件"（Gutiérrez, et al.，2001）。它涉及电子材料、设备、电路和系统的操作，其工作环境温度应远远低于常规温度范围，而常规温度通常指–55℃ 以上（Kirschman，1990）。电子设备和系统已经在接近绝对零度（0 K = –273℃）的温度下工作过。由于材料、设备和效果的多样性，不能孤立地将某个温度作为常规和低温范围之间的分界线。一般而言，超低温范围被认为始于大约 100 K（–173℃）至更低。总而言之，在讨论低温工作范畴时，主要指三个温度区间（Gutiérrez, et al.，2001）：

(i)液氮（77 K）范围；

(ii)液氦（4.2 K）范围；

(iii)下降至毫开尔文（mK）热力学温度范围的深度超低温。

第一个区间可能会涉及或多或少的商业应用领域。第二个区间主要用于与太空任务相关的低温电子器件，例如红外空间天文台光度计（ISOPHOT）和远红外太空望远镜（FIRST）。在天体物理学应用领域发现了极低的温度，如测辐射热测量计。随着这种工作环境温度的逐步降低，人们关注的焦点会从有发展潜力的工业应用领域，逐步转移至研究性领域。

研究低温电子器件的动机可归为以下三个原因（Clark, et al.，1992）。

首先，显而易见，温度对材料的若干重要特性有着深远的影响。其中显著的特性是：温度会影响载流子的漂移速度和物质的电导。在集成电路中，温度还会影响噪声容限。关注温度对这些特性造成的影响，可以为电子电路在室温和液氮环境下的性能提供有用的见解，可能会由原本就不熟悉的方法歪打正着地解决了棘手的问题——比如可靠性问题。

其次，之所以研究低温电子器件，是因为低温环境贯穿许多待探索区域，这种区域内常温电子设备根本无法进入。在这种领域，原本在室温环境下束手无策的电子器件，突然在低温环境下游刃有余。这一领域的例子是两个众所周知的现象：低温超导现象与约瑟夫森效应。这两种效应只在极低的温度（77 K）下出现。此外，晶体管特性，如 MOSFET 的阈值电压，不能随温度适当缩放。因此，理解低温造成的影响，需从简单的选择，转为强制性要求。

第三，如果转换成低温电子器件，即低温工作条件，而非室温（Peeples, et al.，2000），则现有 CMOS 技术会进一步提高。低温条件也消除了诸如闩锁效应等危险问题。许多具体的应用都从低温条件中获益良多，如动态随机存取存储器（DRAM）（Henkels, et al., 1989）。然而，美中不足之处是，若将温度保持在极低的量级以促使期望的现象发生，将斥资不菲，代价高昂。图 2.14 说明了低温电子器件的优点如何应用于电子学领域，不仅有助于改善现有技术，还有助于开发新技术，特别是应用超导特性。

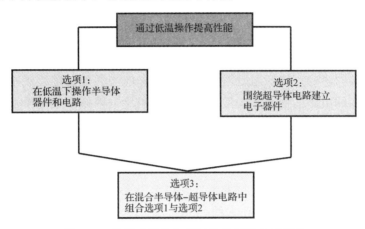

图 2.14　使用半导体和超导体的低温电子器件

对于硅器件而言，存在最低工作温度，称为冻析温度，在此温度环境下，半导体内部的热能太少，不足以激活施主或受主杂质原子——具体条件取决于材料是 n 型还是 p 型的。在冻析条件下，掺杂无法电离，此时的半导体可视为绝缘体。冻析温度取决于半导体掺杂浓度。若应用优于标准的硅掺杂技术，也即更高的掺杂程度，人们可在接近 0 K 的温度环境下操作电子器件。另一方面，普通用户级的电子器件，本来就不是用在低于 233 K 温度环境的。但也有例外，特殊定制的情况确实存在。低温设计工艺的主要障碍来自载流子冻析效应和接近绝对零度时的载流子迁移率变化。必须充分理解上述效应，才能准确无误地表征这些器件与设备。在电子业设计软件中，必须将上述情况准确整合在内。

2.5　极端温度与恶劣环境范畴内的电子器件

恶劣的环境被描述为：任何不易生存，甚至无法生存的地点或环境。对人类来说，"恶劣"或"不适宜居住"意味着一系列不舒服的环境条件，这些条件会在一段时间内对身体造成伤害。此概念可扩展至电子学和电子器件。如果曝露在过高的温度和高低温快速起伏波动的环境下，电子电路很容易损坏并停止工作。但是，温度并非唯一导致失败而饱受诟病的不利因素。

除了热效应，还有其他因素可能损害电子器件，更甚于温度因素。泡水可能会损坏电子系统。长时间曝露在高湿度环境中也可能损坏电路。电路受到微粒物质的侵入，危害也不小。如果不采取适当的预防措施，静电放电（ESD）效应会导致 MOS 器件介电击穿。电磁干扰（EMI）破坏了电路的正常工作。除这些因素外，振动、物理冲击和碰撞会损害电子设备和电路的功能。因此，恶劣环境其实也包括高温环境，但未必包括低温环境，原因在于低温现象对电子器件有利有弊。但是，总要妥善处理低温情况，提供冷却保护，以强化电子系统。因此，在本书中，两类影响——温度导致的与恶劣环境导致的(如湿度、辐射和冲击)需要分别处理。热效应含义有两层，积极有利的与消极不利的。

2.5.1　高温操作：弱点明显

与低温端相比，高温端在电子学中引起的问题更多。高温限制通常不是由半导体材料的固有限制决定的，而是由材料的特性决定的，这些材料用于设备之间的互连和成品芯片封装。

2.5.2　冷却导致的性能提升/下降

不同于对人类的影响，极低温度对电子器件的影响，并非总是趋于不利的。相反，它们通常会改善设备和电路的性能。一般来说，随着温度的降低，某电子器件的电特性会经历一个逐渐的或突然的变化。它甚至可能完全停止工作。在较低温度下，场效应晶体管(FET)表现出增益和速度提升，无益的漏电流也减小了。MOSFET 或 CMOS 器件可以在低于液氮温度(–196℃)环境下工作，其性能得到了提升。另一方面，硅双极型晶体管在大约–150℃时停止工作。本质上，它提供的增益非常低，以至于无法工作。波段结构的改变是造成这些故障的原因，而不是冻析效应。在大约–230℃以上，硅不会出现冻析效应(Titus，2012)。

随着温度的下降，金属互连中的寄生电阻和电容逐渐减小，热传递得以改善，噪声水平降低。一个重要的低温应用是提高数字电子设备的速度，另一个应用是微波前置放大器中的噪声减小。

2.5.3　腐蚀：湿度和气候导致的影响

当大气相对湿度大于80%时，大量的水汽凝结在半导体器件的金属表面。要想实现计算机的最佳性能，需要将相对湿度(RH)严格保持在45% RH 到55% RH 之间，在此区间内，计算的可靠性也得以保障。设置警报的推荐方案为，当湿度低于40% RH 或高于60% RH 时触发警报。低于30% RH 且高于70% RH 时触发警报，可能会触发严重警报(Grundy，2005)。

水分子在金属表面的空气中凝结，在金属表面形成一层薄薄的水膜。将电场应用于金属会导致金属离子的洗脱，这是一个剥离离子的过程，就像用溶剂清洗一样。相邻的导体拉动洗脱的金属离子。通过这种方式，电流可以在相邻导体之间流过洗脱金属离子形成的薄膜，使装置短路，从而导致其故障。通常，金属膜类似于有线状延伸的人类神经细胞的树突。在短路时，薄膜由于其脆性而消失。金属离子迁移引起的设备故障，过程非常烦琐，一旦发生，不可再现(Apiste Corporation，2015)。

气候因素引起的腐蚀不但增加了接头的接触电阻，还增加了导线之间的漏电流。腐蚀还会导致材料腐烂，使电子设备表面失去光泽，极不美观。目前已发现多种类型的电子器件工作故障(Hienonen and Lahtinen，2000)。

2.5.4　核辐射及电磁辐射对电子系统的损害

在我们生活的世界里，充斥着各种各样的辐射，辐射物则因地或因时而异(Boscherini，et al.，2003)。居民居住在相对安全的环境中，而军事和空间系统却面临着各种高强度辐射的持续威胁。很多时候，军事行动都要承受人为的核辐射。电子系统曝露在这种危险的辐射污染环境中会导致灾难性的影响。这种辐射对电子系统的影响可能以各种形式显现出来，它可能导致服务暂时停止或芯片存储内容被擦除，或最终因烧毁而导致设备彻底报废。由于辐射因素主要是军事工程师和航天工程师面临的问题，商业消费级电子产品制造商则根本不会关注任何此类问题。因此，消费级电子系统没有内置的功能以保护其免受辐射的有害影响。一旦处在这种环境下，这些设备经常过早失效。

电子系统面对的辐射类型有两大类，即：粒子辐射与电磁波或光子。粒子辐射由带电和中性粒子组成，如电子或 β 粒子，质子或氢原子核，α 粒子或氦原子核，被称为裂变碎片的裂变反应产生的离子、中子和重离子。光子辐射包括伽马 (γ) 射线和 X 射线。辐射损伤是描述各种辐射有害后果的总称。

辐射还可以分为另外两种类型：一种是带电粒子(α 粒子、β 射线、质子)；另一种是中性粒子(中子和 γ 射线)。从根本上说，曝露在这两种辐射下会对电子设备和系统产生不同的影响。这些影响又分为三大类：

(i) 单粒子效应(SEE)。SEE 指单个高离子化粒子在单个事件中改变半导体器件的工作状态，例如，它可能改变晶体管的逻辑状态。

(ii) 总电离剂量效应(TID)。这是长时间曝露在辐射下所产生的长期影响。它们导致半导体器件中不同层之间的边界或界面区域的电荷积聚。

(iii) 位移损伤(DD)效应。辐射粒子与晶格原子之间发生碰撞。这些碰撞将晶格原子从它们的位置移开，导致晶格中形成肖特基(Schottky)缺陷或弗兰克尔(Frenkel)缺陷。晶格被永久损坏。由于碰撞而释放的次级粒子可能导致原子进一步位移，从而引发一连串的碰撞。在进入粒子的轨道上可以发现一些以空位和间隙形式存在的缺陷。这种缺陷可能会在轨道末端成群出现。

2.5.5　振动与冲击造成的影响

若优先考虑电子产品面临的恶劣环境，设计工程师可能会忽略振动和冲击造成的影响。其实许多系统失效的主要原因就是振动和冲击。在产品的使用周期中，它可能在许多阶段经受这些影响。人们很容易想象，当飞机装载或卸下货物时，当货物装载在车辆中交付给客户时，它可能会在装船、装机、装车运输过程中受到冲击。在日常使用中，有时可能会从支承上脱落。如果它太脆弱，就会停止工作。在许多应用领域内，从汽车、火车和航空航天系统到石油钻探设备/硬件、发电站和发电厂，电子产品必须面对中等或严重的振动应力(Askew，2015)。

通过将电子系统设备安装在有弹性或可伸缩支承上，可防止随机振动。支承平台阻尼与刚度之间的权衡点，是基于多种电子设备机壳在既定应用中，处于最大颤振空间的动态响应的。因此，弹性悬置的设计准则为：在可允许的最大限度内，优化振动与电子系统之间的隔离。采用这种方法，可根据所经历的振动强度/振幅建立可靠的隔振器(Veprik，2003)。

2.6 讨论与小结

显然，在极端温度和恶劣环境条件下，无法期望在正常工作条件下运行的电子系统能够很好地胜任工作，本章就列举了几个具有代表性的例子。对电子设备的有害影响可能是由于以下原因造成的：(i)该设备并非专门设计用于超高温环境下工作；(ii)该设备并非专门计划用于超低温环境下工作；(iii)曝露在非常潮湿的条件下；(iv)曝露在不同种类的辐射下；(v)设备受到振动和冲击。在该列表中，我们已经知晓，低温对电子器件与设备造成的影响有两方面，即性能提升与性能下降。在某些情况下，高温也是有益的。因此，温度造成的影响已被认为是一个单独的主题，可以是消极有害的，也可以是积极有益的。此主题的其余部分则会考虑到恶劣环境的影响。因此，计划在这些异常情况下工作的电子设备和电子系统所涵盖的领域，本身就是一个主题，构成本章的重点。本书还将介绍工程师和科学家在克服这些问题时所面临的各种有趣的情况、疑问和挑战，并在读者阅读全书时解决这些问题和挑战。本书还对合理运用低温运行的增益性效果做了说明。

当读者浏览本书各章时，很明显，必须从一开始就采取必要的预防措施，即从产品概念化的特定应用开始。产品的设计必须考虑电子设备在使用寿命期间可能遇到的所有不利情况。在规划其制造和包装步骤(直至系统组装)期间，应遵循此法(Watson and Castro，2012)。

思 考 题

2.1 解释下列术语：(i)热射病；(ii)体温过低；(iii)冻伤。

2.2 地球上最炎热的地方在哪里？其最高温度是多少？

2.3 地球上最寒冷的地方在哪里？其最低温度是多少？

2.4 列出太阳系中温度最高与温度最低的行星，并列出其温度。

2.5 解释下列术语：(i)高温电子器件；(ii)低温电子器件；(iii)极端温度电子器件；(iv)恶劣环境电子器件。

2.6 为什么使用主、被动冷却方式的传统电子器件不足以应对高温环境？

2.7 列举三个理由，说明为何高温电子器件在汽车业不可或缺。

2.8 说明高温电子器件在航空航天业内的重要性。

2.9 为什么地球温度在夜间不会降到很低的程度？解释高温电子器件在太空任务中的作用。

2.10 地表以下每千米的热梯度值是多少？阐述开发深部油井勘探使用高温电子设备的必要性。

2.11 举一例说明高温电子器件在医学领域的应用。

2.12 写出低温电子器件的三个别称。

2.13　列出半导体器件低温工作的三个主要区间，并指出各区间内的应用目的。

2.14　说出低温工作环境有利于半导体的两个特性。

2.15　列举两种只在低温下发生的现象。

2.16　什么是载流子冻析？传统 MOS 器件和双极型器件的最低工作温度是多少？双极型晶体管在低温下增益的降低是由载流子冻析效应或其他现象引起的吗？

2.17　计算机性能在多大的湿度范围内可被优化？当水分凝结在半导体器件的金属表面，对其施加电压时，会发生什么？

2.18　影响半导体器件性能的两大类辐射是什么？

2.19　列举并讨论辐射在半导体器件中产生的三种效应。

2.20　如何保护半导体器件免受振动和冲击的影响？

原著参考文献

Apiste Corporation 2015 Effect of humidity on electronic devices *Apiste Corporation*

Askew D 2015 Vibration protection of electronic components in harsh environments *Mouser Electronics Inc*

Boscherini M, Adriani O, Bongi M, Bonechi L, Castellini G, D'Alessandro R and Gabbanini A et al 2003 Radiation damage of electronic components in space environment *Nucl. Instrum. Methods Phys. Res.* A **514** 112-6

Clark W F, El-Kareh B, Pires R G, Titcomb S L and Anderson R L 1992 Low temperature CMOS—a brief review *IEEE Trans. Components Hybrids Manuf. Technol.* **15** 397-403

Delatte P 2010 Designing high-temp electronics for auto and other apps *EE Times*

Grundy R 2005 Recommended data centre temperature and humidity: preventing costly downtime caused by environment conditions *AVTECH News*

Gutiérrez D E A, Deen M J and Claeys C（ed）2001 *Low Temperature Electronics: Physics, Devices, Circuits and Applications*（New York: Academic）, 964 pages

Henkels W H, Lu N C C, Hwang W, Rajeevakumar T V, Franch R L, Jenkins K A, Bucelot T J, Heidel D F and Immediato M J 1989 A 12-ns low-temperature DRAM *IEEE Trans. Electron. Devices* **36** 1414-22

Hienonen R and Lahtinen R 2000 *Corrosion and Climatic Effects in Electronics*（Espoo: Technical Research Centre of Finland）, 420 pages

Howell E 2014 How far are the planets from the Sun? *Universe Today*

Huque M A, Islam S K, Blalock B J, Su C, Vijayaraghavan R and Tolbert L M 2008 Silicon-on-insulator based high-temperature electronics for automotive applications *IEEE International Symposium on Industrial Electronics*（Cambridge, 30 June–2 July）（Piscataway, NJ: IEEE）pp 2538-43

Kirschman R K 1990 Low-temperature electronics *IEEE Circuits Devices* **6** 12-24

Kirschman R K 2012 *Extreme-Temperature Electronics, Tutorials*

McCluskey F P, Grzybowski R and Podlesak T（ed）1997 *High Temperature Electronics*（New York: CRC Press）, 337 pages

Peeples J W, Little W, Schmidt R and Nisenoff M 2000 Low temperature electronics workshop *Sixteenth Annual Semiconductor Thermal Measurement and Management Symposium*（*San Jose, CA, 21–23 March*）（Piscataway, NJ: IEEE）pp 107-8

Tavanaei G 2013 The five coldest and hottest places on Earth *Epoch Times*

Titus J 2012 Design electronics for cold environments *ECN Mag*

Veprik A M 2003 Vibration protection of critical components of electronic equipment in harsh environmental conditions *J. Sound Vib.* **259** 161-75

Watson J and Castro G 2012 High-temperature electronics pose design and reliability challenges *Analogue Dialogue* **46-04** 1-7

Williams M 2014 What is the average surface temperature of the planets in our solar system? *Universe Today*

第 I 部分

极端温度下的电子器件

第3章 温度对半导体器件的影响

本章以硅为研究对象，探讨温度对半导体材料特性的影响，这些材料用于制作电子器件设备和电子电路。这些特性涉及能带隙（Varshini 和 Blaudau 等模型）、载流子的本征浓度和饱和速度（Quay 模型、Ali Omar 和 Reggiani 模型）。本章将讨论各种迁移率方程，如 Arora-Hauser-Roulston 方程、Klaassen 方程和 MINIMOS 模型中的迁移率方程。本章将描述非补偿半导体和补偿半导体在迁移率和载流子浓度随温度变化方面的差异，还将描述半导体的电离区及其机制，即低温载流子冻析区（低温弱电离区）、掺杂载流子饱和区（强电离区）和高温本征激发区。本章中的概念为后续章节中与温度相关的讨论铺平道路。

3.1 引　　言

只有全面了解半导体材料的物理特性，并正确认识这些特性在极热条件下的变化，才能正确理解半导体器件在极低和极高温度环境下的工作。与更常见的室温环境相比，这些特性经常剧烈变化。本章研究半导体的性质如何随温度而改变。自始至终，硅都被视为最重要的材料，但对硅的处理有助于我们解读其他材料的表现，同时考虑到材料性能之间的相关差异。

3.2 能　带　隙

能带隙是半导体的一个基本特性，它决定了用以制造的器件设备的电特性。对于实际用途而言，如半导体器件的模拟，设计者必须准确了解能带隙值随温度和掺杂浓度的变化（Stefanakis and Zekentes，2014）。

半导体的能带隙总是随着温度的升高而减小（Van Zeghbroeck，2011）。如果考虑原子间的间距随着原子振动幅度的增加而变大，这种表现是可以理解的。原子间距的增加是由于高温下热运动的强度增加了热能，这种效应是由材料的线性膨胀系数决定的。随着原子间距的增加，材料中可观测到电子的电势减小。正是这种降低了的势能导致了能带隙减小。原子间距离的直接调制也会导致能带隙的变化。施加高压缩应力时，能带隙增大，而施加拉应力时，能带隙减小。Varshini（1967）提出了半导体的能带隙（E_g）随温度（T）变化的半实证性关系：

$$E_g = E_g(0) - \frac{\alpha T^2}{T + \beta} \tag{3.1}$$

其中，$E_g(0)$ (eV)、α($\mathrm{eV \cdot K^{-1}}$)和 β(K)是模型的设定系数。符号 $E_g(0)$ 表示材料在 0 K 时的

能带隙，T 是开尔文热力学温度。Si、GaAs 和 4H-SiC 的参数 α 和 β 值汇编在表 3.1 中。该方程较好地反映了金刚石、锗、硅、6H-SiC、GaAs、InP 和 InAs 的实验数据。

应用 Varshini 模型，普通半导体的能带隙变化如表 3.2 所示。

表 3.1　Varshini 拟合参数

材料	$E_g(0)$ (eV)	α(eV·K^{-1})	β(K)	参考文献
锗	0.7437	4.774×10^{-4}	235	Sze (1981)
硅	1.1695	4.73×10^{-4}	636	Singh (1993)，Ioffe Institute (2015b)
砷化镓	1.521	5.58×10^{-4}	220	Wilkinson and Adams (1993)
4H-SiC	3.285	3.3×10^{-4}	240	Stefanakis and Zekentes (2014)

表 3.2　基于 Varshini 模型，不同温度下的能带隙

材料	4.2 K	77.2 K	300 K	600 K
锗	0.74366	0.7346	0.66339	0.53787
硅	1.169486	1.16555	1.12402	1.031733
砷化镓	1.520956	1.50981	1.42442	1.276024
4H-SiC	3.284976	3.2788	3.23	3.143571

对于硅而言，精确评估能带隙 E_g 介于 2 K 和 300 K 之间(Bludau, et al.，1974)则有公式如下：

$$E_g(T) = A + BT + CT^2 \tag{3.2}$$

得出两个温度区的参数 A、B 和 C 的值，在 $0 < T \leqslant 190$ K 的温度范围内，

$$A = 1.170 \text{ eV}, \quad B = 1.059 \times 10^{-5} \text{ eV·K}^{-1}, \quad C = -6.05 \times 10^{-7} \text{ eV·K}^{-2}$$

对于温度区间 150 K $\leqslant T \leqslant$ 300 K，

$$A = 1.1785 \text{ eV}, \quad B = -9.025 \times 10^{-5} \text{ eV·K}^{-1}, \quad C = -3.05 \times 10^{-7} \text{ eV·K}^{-2}$$

表 3.3 显示了基于 Bludau 等人的模型的硅能带隙随温度的变化。

表 3.3　基于 Bludau 等人的模型，硅在不同温度下的能带隙

温度	4.2 K	77.2 K	100 K	200 K	300 K
能带隙	1.170	1.167	1.165	1.148	1.124

3.3　本征载流子浓度

半导体的本征载流子浓度是一个关键的材料性质，在描述各种器件工作的公式中经常出现。这个基本参数对温度有很强的依赖性。此外，如图 3.1 所示，不同半导体的变化性质大不相同。

在热平衡条件下，半导体的本征载流子浓度为

$$n_i = \sqrt{N_C N_V} \exp\left(-\frac{E_g}{2k_B T}\right) \tag{3.3}$$

其中 N_C，N_V 分别是导带和价带的有效态密度。N_C，N_V 可表示为

$$N_C = 2\left(\frac{2\pi m_n^* k_B T}{h^2}\right)^{1.5} \tag{3.4}$$

$$N_V = 2\left(\frac{2\pi m_p^* k_B T}{h^2}\right)^{1.5} \tag{3.5}$$

其中 m_n^*，m_p^* 是计算态密度的电子和空穴的有效质量，k_B 是玻尔兹曼常数 $(=1.381\times10^{-23} \mathrm{m^2 \cdot kg \cdot s^{-2} \cdot K^{-1}})$，$h$ 为普朗克常数 $(= 6.626 \times 10^{-34}\ \mathrm{m^2 \cdot kg \cdot s^{-1}})$。表 3.4 列出了计算得出的不同半导体的 N_C，N_V 值。

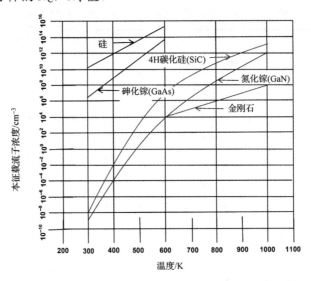

图 3.1　室温 (300 K) 以上时半导体本征载流子浓度的变化

表 3.4　有效态密度 (Van Zeghbroeck，1997)

材料	m_n^*/m_0	m_p^*/m_0	$N_C/\mathrm{cm^{-3}}$	$N_V/\mathrm{cm^{-3}}$
锗	0.56	0.29	$2.023 \times 10^{15}T^{1.5}$	$7.54\times10^{14}T^{1.5}$
硅	1.08	0.81	$5.42 \times 10^{15}T^{1.5}$	$3.52\times10^{15}T^{1.5}$
砷化镓	0.067	0.47	$8.37 \times 10^{13}T^{1.5}$	$1.56\times10^{15}T^{1.5}$

注：m_0 表示自由电子静止质量，$m_0 = 9.11 \times 10^{-31}$ kg

在上述计算中，质量 m_n^*，m_p^* 被假定为与温度有关的常数。但实际上，这一假设并不成立。仔细回顾和对比关于态密度的实验数据，有效质量 m_n^*，m_p^* 和硅的本征浓度，发现有效质量实际上是依赖温度和能量的 (Barber，1967)。基于测量的能带隙温度依赖性，空穴和电子有效质量的明显温度变化近似于一阶。将这些与温度有关的有效质量代入本征载流子浓度的理论表达式，得到了与据称的镍测量值非常一致的结果，且在实验误差范围内。为了进行更严格的计算，包括取决于温度的载流子有效质量和半导体能带隙，我们得出：

$$n_i = 2 \left(\frac{2\pi k_B}{h^2} \right)^{1.5} \left(m_n^* m_p^* \right)^{0.75} T^{1.5} \exp\left(-\frac{E_g}{2k_B T} \right) \tag{3.6}$$

$$= 2 \left\{ \frac{2 \times 3.14 \times 1.381 \times 10^{-23}}{(6.626 \times 10^{-34})^2} \right\}^{1.5} \left(\frac{m_n^* m_p^*}{m_0^2} \times m_0^2 \right)^{0.75} T^{1.5} \exp\left(-\frac{E_g}{2k_B T} \right)$$

$$= 2 \left(\frac{8.67268 \times 10^{-23}}{4.3903876 \times 10^{-67}} \right)^{1.5} \times (m_0^2)^{0.75} \times \left(\frac{m_n^* m_p^*}{m_0^2} \right)^{0.75} T^{1.5} \exp\left(-\frac{E_g}{2k_B T} \right)$$

$$= 5.55272 \times 10^{66} \times m_0^{1.5} \times \left(\frac{m_n^* m_p^*}{m_0^2} \right)^{0.75} T^{1.5} \exp\left(-\frac{E_g}{2k_B T} \right)$$

$$\qquad\qquad\qquad\qquad\qquad\qquad\qquad\qquad\qquad\qquad\qquad\qquad\qquad \tag{3.7}$$

$$= 5.55272 \times 10^{66} \times (9.11 \times 10^{-31})^{1.5} \times \left(\frac{m_n^* m_p^*}{m_0^2} \right)^{0.75} T^{1.5} \exp\left(-\frac{E_g}{2k_B T} \right)$$

$$= 4.8281787 \times 10^{21} \times \left(\frac{m_n^* m_p^*}{m_0^2} \right)^{0.75} T^{1.5} \exp\left(-\frac{E_g}{2k_B T} \right) \text{m}^{-3}$$

$$= 4.83 \times 10^{15} \times \left(\frac{m_n^* m_p^*}{m_0^2} \right)^{0.75} T^{1.5} \exp\left(-\frac{E_g}{2k_B T} \right) \text{cm}^{-3}$$

于硅而言，根据自由电子静止质量 m_0，描述与温度相关的有效质量 m_n^*，m_p^* 的方程式为（Caiafa, et al.，2003）：

$$m_n^* = (-1.084 \times 10^{-9} T^3 + 7.580 \times 10^{-7} T^2 + 2.862 \times 10^{-4} T + 1.057) m_0 \tag{3.8}$$

$$m_p^* = (1.872 \times 10^{-11} T^4 - 1.969 \times 10^{-8} T^3 + 5.857 \times 10^{-6} T^2 + 2.712 \\ \times 10^{-4} T + 0.584) m_0 \tag{3.9}$$

通过 Bludau 等人（1974）的方程式，将能带隙的温度依赖性包括在内，如下所示：

当 $T \leqslant 190\ \text{K}$ 时，

$$E_g = 1.17 + 1.059 \times 10^{-5} T - 6.05 \times 10^{-7} T^2 \tag{3.10}$$

当 $190\ \text{K} \leqslant T \leqslant 300\ \text{K}$ 时，

$$E_g = 1.1785 - 9.025 \times 10^{-5} T - 3.05 \times 10^{-7} T^2 \tag{3.11}$$

当 $T = 4.2\ \text{K}$ 时，

$$m_n^* = \{-1.084 \times 10^{-9} \times (4.2)^3 + 7.580 \times 10^{-7} \times (4.2)^2 \\ + 2.862 \times 10^{-4} \times (4.2) + 1.057\} m_0$$

$$= \{-8.031 \times 10^{-8} + 1.337 \times 10^{-5} + 1.202 \times 10^{-3} + 1.057\} m_0 \tag{3.12}$$

$$= 1.058 m_0$$

$$
\begin{aligned}
m_p^* &= \{1.872 \times 10^{-11} \times (4.2)^4 - 1.969 \times 10^{-8} \times (4.2)^3 \\
&\quad + 5.857 \times 10^{-6} \times (4.2)^2 + 2.712 \times 10^{-4} \times (4.2) + 0.584\}m_0 \\
&= \{5.825 \times 10^{-9} - 1.459 \times 10^{-6} + 1.033 \times 10^{-4} \\
&\quad + 1.139 \times 10^{-3} + 0.584\}m_0 = 0.585m_0
\end{aligned}
\tag{3.13}
$$

$$
\begin{aligned}
E_g &= 1.17 + 1.059 \times 10^{-5}(4.2) - 6.05 \times 10^{-7}(4.2)^2 \\
&= 1.17 + 4.4478 \times 10^{-5} - 1.067 \times 10^{-5} \\
&= 1.17 \text{ eV}
\end{aligned}
\tag{3.14}
$$

$$
\begin{aligned}
\therefore n_i &= 4.83 \times 10^{15} \times \left(\frac{1.058m_0 \times 0.585m_0}{m_0^2}\right)^{0.75} \times (4.2)^{1.5} \\
&\quad \exp\left(-\frac{1.17}{2 \times 8.617 \times 10^{-5} \times 4.2}\right) \text{cm}^{-3}
\end{aligned}
\tag{3.15}
$$

$$
= 4.83 \times 10^{15} \times 0.6978 \times 8.6074 \times 1.0087 \times 10^{-702} \text{ cm}^{-3}
$$

$$
= 4.83 \times 10^{15} \times 6.0585 \times 10^{-702} \text{ cm}^{-3} = 2.926 \times 10^{-686} \text{ cm}^{-3}
$$

对 $T = 77.2$ K 和 $T = 300$ K 也进行了类似的计算。在 300 K 以上，用 Varshini 公式计算能带隙，例如在 $T = 600$ K 时，计算公式如下：

$$
\begin{aligned}
m_n^* &= \{-1.084 \times 10^{-9} \times (600)^3 + 7.580 \times 10^{-7} \times (600)^2 + 2.862 \times 10^{-4} \times (600) + 1.057\}m_0 \\
&= \{-0.234144 + 0.27288 + 0.17172 + 1.057\}m_0 = 1.267456m_0
\end{aligned}
\tag{3.16}
$$

$$
\begin{aligned}
m_p^* &= \{1.872 \times 10^{-11} \times (600)^4 - 1.969 \times 10^{-8} \times (600)^3 + 5.857 \times 10^{-6} \times (600)^2 \\
&\quad + 2.712 \times 10^{-4} \times (600) + 0.584\}m_0 \\
&= (2.426112 - 4.25304 + 2.10852 + 0.16272 + 0.584)m_0 = 1.028312m_0
\end{aligned}
\tag{3.17}
$$

$$
\begin{aligned}
E_g &= E_g(0) - \frac{\alpha T^2}{T + \beta} = 1.1695 - \frac{4.73 \times 10^{-4} \times (600)^2}{600 + 636} \\
&= 1.1695 - 0.13776699 = 1.03173 \text{ eV}
\end{aligned}
\tag{3.18}
$$

$$
\begin{aligned}
\therefore n_i &= 4.8281787 \times 10^{15} \times \left(\frac{1.267456m_0 \times 1.028312m_0}{m_0^2}\right)^{0.75} \times (600)^{1.5} \\
&\quad \exp\left(-\frac{1.03173}{2 \times 8.617 \times 10^{-5} \times 600}\right) \text{cm}^{-3}
\end{aligned}
\tag{3.19}
$$

$$
= 4.83 \times 10^{15} \times 1.2198 \times 14696.93846 \times 4.64256 \times 10^{-5} \text{ cm}^{-3}
$$

$$
= 4.0199 \times 10^{15} \text{ cm}^{-3}
$$

这一计算过程一直持续到 1000 K。表 3.5 列出了 n_i 的计算值。

表 3.5　不同温度下硅的本征载流子浓度

温度(K)/参数	4.2 K	77.2 K	300 K	600 K	800 K	900 K	1000 K
m_n^*/m_0	1.058	1.0831	1.1818	1.2675	1.216	1.1383	1.017
m_p^*/m_0	0.585	0.6315	0.81249	1.0283	2.1359	3.5	5.74
E_g (eV)	1.17	1.167	1.124	1.0317	0.9587	0.92	0.88
n_i (cm^{-3})	2.93×10^{-686}	1.954×10^{-20}	8.81×10^9	4.02×10^{15}	2.135×10^{17}	9.76×10^{17}	3.47×10^{18}

注：m_0 表示自由电子静止质量，$m_0 = 9.11 \times 10^{-31}$ kg

图 3.2 给出了硅的本征载流子浓度随温度升高的计算变化。

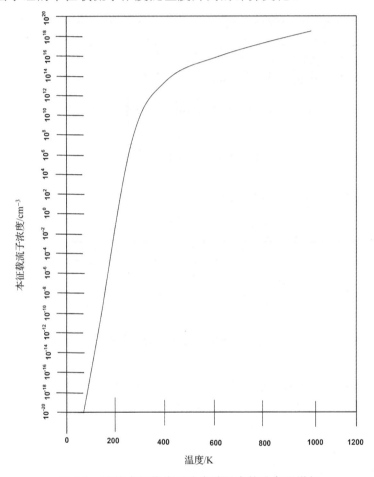

图 3.2　硅的本征载流子浓度随温度的升高而增加

3.4　载流子饱和速度

在高电场下，载流子平均速度与外加电场之间的比例关系被破坏。在电场的这些值上，载流子速度达到电子和空穴的最大值。

Quay 等人提出了一个简单而精确的半导体饱和速度随温度变化的模型(Quay, et al.，2000)

$$v_{sat}(T_L) = \frac{v_{sat}(300)}{(1 - A) + A(T_L/300)} \tag{3.20}$$

这个模型是一个双参数模型。第一个参数 $v_{sat}(300)$ 是晶格温度 $T_L = 300$ K 时的饱和速度。第二个参数 A 是 TC，它描述了符合模型的不同材料的温度依赖性。于硅而言，电子的 $v_{sat}(300) = 1.02 \times 10^7$ cm·s^{-1}，$A = 0.74$；空穴的 $v_{sat}(300) = 0.72 \times 10^7$ cm·s^{-1}，$A = 0.37$。Jacoboni 等人（1977）对硅中电子在 0～500 K 温度范围内的 v_{sat} 数据证明了该模型。然而，该模型总体上适用于 200 K 至 500 K 情况下大量与工艺相关的半导体材料。表 3.6 给出了根据 Quay 等人（2000）模型计算出的硅的值。

表 3.6 来自 Quay 等人（2000）模型的硅中的电子和空穴饱和速度

温度/K	4.2	77.2	300	500
电子的 $v_{sat}(T_L)$, cm·s^{-1}	3.77×10^7	2.265×10^7	1.02×10^7	6.83×10^6
空穴的 $v_{sat}(T_L)$, cm·s^{-1}	1.13×10^7	9.928×10^6	7.2×10^6	5.775×10^6

在 Ali-Omar 和 Reggiani（1987）提出模型后，可得

$$v_n^{sat} = 1.45 \times 10^7 \sqrt{\tanh\left(\frac{155\text{K}}{T}\right)} \text{ cm·s}^{-1} \tag{3.21}$$

$$v_p^{sat} = 9.05 \times 10^6 \sqrt{\tanh\left(\frac{312\text{K}}{T}\right)} \text{ cm·s}^{-1} \tag{3.22}$$

表 3.7 列出了从该模型中获得的数值。

表 3.7 Ali-Omar 和 Reggiani 模型（1987）中硅中的电子和空穴饱和速度

温度/K	4.2	77.2	300	500
电子的 $v_{sat}(T_L)$, cm·s^{-1}	1.45×10^7	1.424×10^7	9.995×10^6	7.948×10^6
空穴的 $v_{sat}(T_L)$, cm·s^{-1}	9.05×10^6	9.047×10^6	7.982×10^6	6.735×10^6

3.5 半导体的电导率

半导体的电导率是通过将电子和空穴的贡献度相加得到的，如

$$\sigma = q(\mu_n n + \mu_p p) \tag{3.23}$$

其中，q 是电子的电荷，n 和 p 分别代表电子和空穴的密度，μ_n 和 μ_p 分别代表电子和空穴的迁移率。在平衡条件下的掺杂半导体中，多数载流子的数目大大超过少数载流子的数目。上述公式则可简化为只包含多数载流子。

需要注意的一点是，半导体的电导率取决于两个因素，即自由移动的、随时准备传输电流的电荷载流子的浓度，以及这些载流子的迁移率或移动自由度。迁移率决定了自由载流子受电场影响的程度。它定义为载流子在单位电场强度下获得的平均漂移速度。在半导体中，载流子浓度和迁移率均与温度有关。因此，必须将电导率视为温度的函数。这一论点可表示为

$$\sigma = q\left\{\mu_n(T)n(T) + \mu_p(T)p(T)\right\} \tag{3.24}$$

要了解半导体的电导率如何随温度变化，以及在低温下相对于室温的电导率值，必须知道温度对载流子浓度和迁移率的影响。

3.6　半导体中的自由载流子浓度

分立功率半导体器件与集成电路的设计和制造是为了在指定的温度范围内工作，这些温度界限由制造商确定。标准做法是由设备/电路设计人员选择一个或多个掺杂浓度。通常假设掺杂剂被约 100%电离。假定掺杂剂原子通过从中释放出自由载流子而被完全耗尽。而且，假定相对于室温，工作温度既不是太高也不是太低。如果这种关于温度的假设不成立，可能会对大量设备参数值产生深远的影响。FET 的耗尽宽度或阈值电压可能会急剧变化。

本征载流子浓度 $n_i(T)$ 随温度呈指数变化。为了确定总载流子浓度，必须考虑空间电荷中性。因此，

$$n(T) = N_D^+(T) - N_A^-(T) + \frac{n_i^2(T)}{n(T)} \tag{3.25}$$

$$p(T) = N_A^-(T) - N_D^+(T) + \frac{n_i^2(T)}{p(T)} \tag{3.26}$$

式中，$N_D^+(T)$ 是电离施主浓度，$N_A^-(T)$ 是电离受主浓度，这与中性施主和受主原子数 N_D，N_A 明显不同。$N_D^+(T)$ 和 $N_A^-(T)$ 都与温度有关。

随着温度在 0 K(大的 $1/T$)附近降到非常低的值，n_i 变得无穷小。然后，在本征材料中，电子空穴对的数量骤降到可以忽略不计的比例。施主电子与相应的施主电子原子结合。这些空穴也固定在相关的受主原子上。但是在低温下，施主或受主杂质原子就不能电离出电子或空穴，即没有了载流子。换句话说，在低温下，电子或空穴又回到施主或受主杂质原子上去了，即载流子被冻结了，不能导电，这种情况称之为冻结-析出，即所谓的"冻析效应"。

3.7　不完全电离与载流子冻析

使用费米-狄拉克统计数据、传导能带和价电子能带相关的简并度因子，可模拟杂质的冻结-析出。电离供体和受体浓度 N_D^+，N_A^- 以总供体和总受体浓度 N_D，N_A 表示(Cole and Johnson，1989；Silvaco，2000)。

$$\frac{N_D^+}{N_D} = \left[1 + g_{CD} \exp\left\{ \left(\frac{\Delta E_D}{k_B T} \right) + \left(\frac{E_{fn} - E_C}{k_B T} \right) \right\} \right]^{-1} \tag{3.27}$$

$$\frac{N_A^-}{N_A} = \left[1 + g_{VD} \exp\left\{ \left(\frac{\Delta E_A}{k_B T} \right) + \left(-\frac{E_{fp} - E_V}{k_B T} \right) \right\} \right]^{-1} \tag{3.28}$$

其中，g_{CD}、g_{VD} 分别是导带和价带的简并因子，通常假定值 $g_{CD} = 2$，$g_{VD} = 4$；E_{fn}, E_{fp} 是电子和空穴准费米能级；$(E_{fn} - E_C)$ 是电子准费米能级相对于磷掺杂硅导带边缘的位置；$(E_{fp} - E_V)$ 是硼掺杂硅的空穴准费米能级相对于价带边缘的位置；E_C，E_V 是导带和价带边缘的能量；$\Delta E_D = E_C - E_D$ 是硅中磷杂质的活化能($= 0.045$ eV)；$\Delta E_A = E_A - E_V$ 是硅中硼杂质的活化能($= 0.045$ eV)。

浅施主和受主能级激活能量的温度依赖性并不显著(Jonscher，1964)。

在 4.2 K 时，

$$\frac{\Delta E_{\mathrm{D}}}{k_{\mathrm{B}}T} = \frac{0.045}{8.617 \times 10^{-5} \times 4.2} = 124.3389 \tag{3.29}$$

当 $n = 1 \times 10^{15}\,\mathrm{cm^{-3}}$ 时，电子费米能级 E_{fn} 与电子浓度 n 有关，可写为

$$\left(\frac{E_{\mathrm{fn}} - E_{\mathrm{C}}}{k_{\mathrm{B}}T}\right)_{4.2\,\mathrm{K}} = \left\{\ln\left(\frac{n}{N_{\mathrm{C}}}\right)\right\}_{4.2\,\mathrm{K}} = \ln\left\{\frac{1 \times 10^{15}}{N_{\mathrm{C}}}\right\} \tag{3.30}$$

式中，N_{C} 是温度为 4.2 K 时导带中的有效态密度：

$$
\begin{aligned}
(N_{\mathrm{C}})_{4.2\,\mathrm{K}} &= 2\left(\frac{2\pi k_{\mathrm{B}}T}{h^2}\right)^{1.5}\left\{\left(m_{\mathrm{n}}^*\right)_{4.2\,\mathrm{K}}\right\}^{1.5} \\
&= 2\left\{\frac{2 \times 3.14 \times 1.381 \times 10^{-23} \times 4.2}{(6.626 \times 10^{-34})^2}\right\}^{1.5} \times (1.058 \times 9.11 \times 10^{-31})^{1.5} \\
&= 2\left(\frac{2 \times 3.14 \times 1.381 \times 10^{-23} \times 4.2}{4.3904 \times 10^{-67}}\right)^{1.5} \times (1.058 \times 9.11 \times 10^{-31})^{1.5} \\
&= 2\left(\frac{3.6425 \times 10^{-22}}{4.3904 \times 10^{-67}}\right)^{1.5} \times (1.058 \times 9.11 \times 10^{-31})^{1.5} \\
&= 2\{8.2965 \times 10^{44}\}^{1.5} \times (9.638 \times 10^{-31})^{1.5} \\
&= 2 \times 2.3897 \times 10^{67} \times 9.46 \times 10^{-46} \\
&= 4.521 \times 10^{22}\,\mathrm{m^{-3}} = 4.521 \times 10^{16}\,\mathrm{cm^{-3}}
\end{aligned}
\tag{3.31}
$$

$$\therefore \left(\frac{E_{\mathrm{fn}} - E_{\mathrm{C}}}{k_{\mathrm{B}}T}\right)_{4.2\,\mathrm{K}} = \ln\left(\frac{1 \times 10^{15}}{4.521 \times 10^{16}}\right) = \ln(2.2119 \times 10^{-2}) = -3.8113 \tag{3.32}$$

因此，

$$
\begin{aligned}
\frac{N_{\mathrm{D}}^+}{N_{\mathrm{D}}} &= [1 + 2\exp\{(124.3389) + (-3.8113)\}]^{-1} = [1 + 2\exp(120.5276)]^{-1} \\
&= [1 + 2 \times 2.21 \times 10^{52}]^{-1} = (4.42 \times 10^{52})^{-1} = 2.262 \times 10^{-53}
\end{aligned}
\tag{3.33}
$$

当 $T = 40$ K 时，

$$
\begin{aligned}
m_{\mathrm{n}}^* &= \{-1.084 \times 10^{-9} \times (40)^3 + 7.580 \times 10^{-7} \times (40)^2 + 2.862 \times 10^{-4} \times (40) + 1.057\}m_0 \\
&= \{-0.000069376 + 0.0012128 + 0.011448 + 1.057\}m_0 = 1.06959m_0
\end{aligned}
\tag{3.34}
$$

$$\frac{\Delta E_{\mathrm{D}}}{k_{\mathrm{B}}T} = \frac{0.045}{8.617 \times 10^{-5} \times 40} = 13.0556 \tag{3.35}$$

当 $n = 1 \times 10^{15}\,\mathrm{cm^{-3}}$ 时，准费米能级 E_{fn} 与电子浓度 n 有关，可写为

$$\left(\frac{E_{\mathrm{fn}} - E_{\mathrm{C}}}{k_{\mathrm{B}}T}\right)_{40\,\mathrm{K}} = \left\{\ln\left(\frac{n}{N_{\mathrm{C}}}\right)\right\}_{40\,\mathrm{K}} = \ln\left\{\frac{1 \times 10^{15}}{N_{\mathrm{C}}}\right\} \tag{3.36}$$

式中，N_{C} 是温度为 40 K 时导带中的有效态密度：

$$
\begin{aligned}
(N_C)_{40\,\text{K}} &= 2\left(\frac{2\pi k_B T}{h^2}\right)^{1.5}\left\{(m_n^*)_{40\,\text{K}}\right\}^{1.5} \\
&= 2\left\{\frac{2\times 3.14\times 1.381\times 10^{-23}\times 40}{(6.626\times 10^{-34})^2}\right\}^{1.5}\times(1.06959\times 9.11\times 10^{-31})^{1.5} \\
&= 2\left(\frac{2\times 3.14\times 1.381\times 10^{-23}\times 40}{4.390388\times 10^{-67}}\right)^{1.5}\times(1.06959\times 9.11\times 10^{-31})^{1.5} \\
&= 2\left(\frac{3.4691\times 10^{-21}}{4.390388\times 10^{-67}}\right)^{1.5}\times(1.06959\times 9.11\times 10^{-31})^{1.5} \\
&= 2\{7.9016\times 10^{45}\}^{1.5}\times(9.743965\times 10^{-31})^{1.5} \\
&= 2\times 7.0238\times 10^{68}\times 9.61842\times 10^{-46} \\
&= 1.35\times 10^{24}\ \text{m}^{-3} = 1.35\times 10^{18}\ \text{cm}^{-3}
\end{aligned}
\tag{3.37}
$$

$$
\therefore \left(\frac{E_{\text{fn}}-E_C}{k_B T}\right)_{4.2\,\text{K}} = \ln\left(\frac{1\times 10^{15}}{1.35\times 10^{18}}\right) = \ln(7.4\times 10^{-4}) = -7.20886
\tag{3.38}
$$

因此，

$$
\begin{aligned}
\frac{N_D^+}{N_D} &= [1 + 2\exp\{(13.0556)+(-7.20886)\}]^{-1} = [1 + 2\exp(5.84674)]^{-1} \\
&= [1 + 2\times 346.1]^{-1} = (693.2)^{-1} = 1.443\times 10^{-3}
\end{aligned}
\tag{3.39}
$$

同理，在 77.2 K、300 K 和 600 K 下分别进行 N_D^+/N_D 计算，如表 3.8 所示。

表 3.8 不同温度下的分级电离

温度/K	4.2	40	77.2	300	600
N_D^+/N_D	2.262×10^{-53}	1.443×10^{-3}	0.58	0.99964	0.999978
N_D^+（cm^{-3}）	2.262×10^{-38}	1.443×10^{-12}	5.8×10^{14}	9.9964×10^{14}	9.99978×10^{14}

3.8 不同温域的电离机制

如图 3.2 所示，对半导体而言，存在三种与温度有关的电离机制区域，在图 3.3 中清晰可见。以下各节将介绍这些不同状态的显著特点。

3.8.1 当温度 $T<100$ K 时，低温载流子冻析区（低温弱电离区）或不完全电离区

在足够低的温度下，但又不是极低温环境下，例如低于 100 K（-173℃），半导体内部热能强度不足，无法激活全部施主和受主杂质含量。因此，载流子浓度不等于掺杂原子的浓度。在低于 100 K 的温度下，硅中的热能不足以使杂质原子完全电离，这种情况被称为冻析状态。关于电离所有杂质原子的能量不足的说法只是部分正确的。在寻求真理的过程中，必须深入了解实际情况。以下两个案例必须明确加以区分。

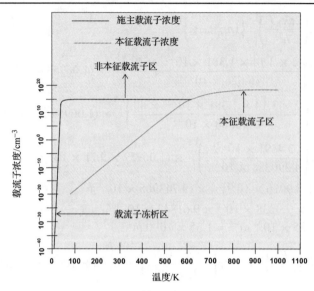

图 3.3　n 型半导体中 $N_D = 1 \times 10^{15}\ \text{cm}^{-3}$ 的三种工作区随温度升高而出现
三个区域：载流子冻析区、非本征载流子区和本征载流子区

案例 1： 低掺杂本征半导体与非简并半导体。对于处于热平衡状态的半导体，所有电子能级（自由能级和定域能级）的占据由费米-狄拉克分布函数 $f(E)$ 决定，表示能量为 E 的电子态被电子占据的概率，

$$f(E) = \left\{ \exp\left(\frac{E - E_F}{k_B T} \right) + 1 \right\}^{-1} \tag{3.40}$$

式中，k_B 是玻尔兹曼常数（$= 8.617 \times 10^{-5}\ \text{eV} \cdot \text{K}^{-1}$），$E_F$ 是费米能量，表示电子占据概率正好为一半的能量。函数 $\{1 - f(E)\}$ 是在能量 E 处找不到电子的概率，即在那里发现空穴的概率。

对硅而言[1]，这里考虑的掺杂范围从 $1.45 \times 10^{10}\ \text{cm}^{-3}$ 扩展到 $1 \times 10^{18}\ \text{cm}^{-3}$。在 $T = 0\ \text{K}$ 条件下，当 $E < E_F$ 时，即对低于 E_F 的能级，$(E - E_F)$ 为负值，因此，

$$f(E) = \{\exp(-\infty) + 1\}^{-1} = \{0 + 1\}^{-1} = 1 \tag{3.41}$$

意味着所有低于费米能级的状态都被填满了，因此所有的电子都在价带中。换句话说，没有传导的空穴。

在 $T = 0\ \text{K}$ 条件下，当 $E > E_F$ 时，即对于高于 E_F 的能级，$(E - E_F)$ 为正值，因此，

$$f(E) = \{\exp(+\infty) + 1\}^{-1} = \{\infty + 1\}^{-1} = 0 \tag{3.42}$$

即费米能级以上的所有态都是空的，因此导带中没有自由电子。

在 $T = 0\ \text{K}$ 和所有温度下，当 $E = E_F$ 时，即

$$f(E) = \{\exp(0) + 1\}^{-1} = \{1 + 1\}^{-1} = 0.5 \tag{3.43}$$

因此，$f(E)$ 与 $(E - E_F)$ 的关系图是一个阶跃函数，当 $(E - E_F) < 0$ 时，$f(E) = 1$，当 $(E - E_F) > 0$ 时，$f(E) = 0$。在包括绝对零度在内的任何温度下，发现一个能量级等于半导体中费米能级的电子的概率是 $1/2$。$f(E)$ 与 $(E - E_F)$ 的关系图关于费米能级 E_F 对称，如图 3.4 所示。

---

① 原图的三个区域依次为：载流子冻析区、非本征载流子区、本征载流子区 —— 国内教材称之为低温弱电离区、强电离区、高温本征激发区。—— 译者注

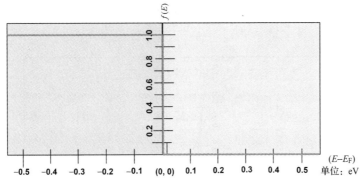

图 3.4　$T = 0$ K 时费米-狄拉克分布函数 $f(E)$ 与 $(E - E_F)$ 的关系图

现在绘制一个温度 $T = 10$ K 时 $f(E)$ 和 $(E - E_F)$ 之间的关系图（见图 3.5）。我们注意到对于能量 $E - E_F = -3k_BT$，函数 $f(E)$ 中的指数项变得小于 0.05。因此费米-狄拉克分布增加到约 1。而且，对于能量 $E - E_F = 3k_BT$，函数 $f(E)$ 中的指数项变得大于 20。所以费米-狄拉克分布衰减为 0。因此，$f(E)$ 的值将由三个负值 $E - E_F = -k_BT, -2k_BT, -3k_BT$ 和三个正值 $E - E_F = k_BT, 2k_BT, 3k_BT$ 共同决定。

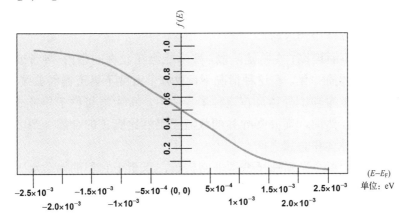

图 3.5　$T = 10$ K 时费米-狄拉克分布函数 $f(E)$ 与 $(E - E_F)$ 的关系图

对于 $E - E_F$ 的负值，发现当 $E - E_F$ 分别等于 $-k_BT, -2k_BT, -3k_BT$，即 -8.617×10^{-4} eV, -1.723×10^{-3} eV, -2.585×10^{-3} eV 时，$f(E)$ 分别等于 0.731, 0.881, 0.9526。因此，$E - E_F$ 从 $-k_BT$ 减小到 $-3k_BT$ 时，$f(E)$ 从 0.731 增大到 0.9526。同样，对于 $E - E_F$ 分别等于 $k_BT, 2k_BT, 3k_BT = 8.617 \times 10^{-4}$ eV, 1.723×10^{-3} eV, 2.585×10^{-3} eV 时，$f(E)$ 分别等于 0.269, 0.119, 0.0474。因此，随着 $E - E_F$ 从 k_BT 增大到 $3k_BT$，$f(E)$ 从 0.269 减小到 0.0474。因此，从 $f(E) = 1$（相当于电子几乎完全占据能级）到 $f(E) = 0$（相当于几乎空能级）的跃迁发生在能量范围 $\pm 3k_BT = \pm 0.0026$ eV 内。对于在 E_F 两侧 ± 0.0026 eV 范围内的非常窄的能级范围，有一个非常小的概率，尽管此概率有限，但确实存在：一些态在价带侧是空的，一些态在导带侧是满的。

我们讨论的重点是，在接近绝对零度的温度下，从 $f(E) = 1$ 到 $f(E) = 0$ 的转变非常迅速，自由载流子概率为非零的能量范围非常小，因此半导体中的自由载流子数量不明显。由于冷却效应，载流子的数量小得可以忽略，因此看起来像是载流子已经完全被冻结并析出了。冻析效应是阻碍半导体器件在超低温环境下工作的一个严重问题。图 3.6 显示了温度范围为 0 K 至 400 K 的 $f(E)$ 与 $(E-E_F)$ 曲线，证实了上述论断。

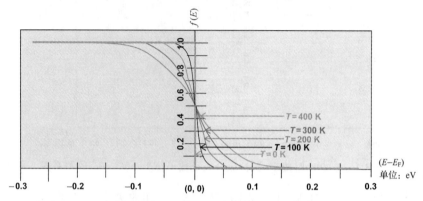

图 3.6　费米-狄拉克分布函数与不同温度下费米能级能量差 $(E-E_F)$ 的关系图

案例 2： 简并半导体。在低掺杂半导体中，费米能级在禁带内。于 n 型半导体而言，它高于本征费米能级 E_i，更接近导带边缘。于 p 型半导体而言，它低于本征费米能级 E_i，更接近价带边缘。具体情况取决于半导体中的掺杂类型：施主杂质还是受主杂质，掺杂浓度越高，费米能级越接近导带或价带的边缘。非简并半导体被定义为一种半导体，其费米能量与任一带边的距离至少为 $3\,k_B T$。

随着掺杂水平的不断提高，在特定阶段，费米能级在允许的带内（导带或价带内）移动。这种情况被称为半导体简并化。在这种情况下，载流子密度不再遵循经典统计数据。因此，简并半导体被定义为重掺杂半导体。在这种半导体中，费米能级位于导带或价带中，使材料的表现类似于金属。然而，简并半导体的载流子仍然比真正的金属少得多。因此，其特性在许多方面介于半导体和金属之间。

在高掺杂浓度下，单个杂质原子变得非常接近，以至于它们的掺杂水平合并成一个杂质带。换言之，杂质相互作用的开始导致孤立杂质的离散能级展宽到杂质带中，进而使有效活化能降低至适合高纯度材料的值。这在一定程度上减少了在任何既定温度下冻析载流子的倾向，并且在拓宽的杂质带中产生一些传导。

在足够高的杂质密度下，随着杂质带宽度的增加，导带向下或价带向上移动，这是由于高载流子密度下的载流子-载流子间的相互作用。在这个阶段，局域能级和自由能带之间不再有明显的区别；活化能变为零，载流子密度不再是温度的函数。从器件运行的角度来看，重要的推论和结论是，即使在最低温度下，载流子也不会冻析，所以电导率仍然很高。因此，载流子冻析效应适用于非简并半导体，不适用于简并半导体。

3.8.2　当温度 *T* 约为 100 K，且 100 K < *T* < 500 K 时，非本征载流子区/载流子饱和区（强电离区）

随着温度的升高，电离作用逐渐增强。在 100 K 左右的温度下，很大一部分施主原子发生了电离。此时，载流子浓度成为掺杂的函数。可以说，在 100 K 到 500 K 之间的温度范围内，即从 –173℃ 到 227℃，大量热能存在于硅晶体中。这种热能可以使杂质原子电离。可将掺杂离子被电离的区域和自由载流子被释放的区域称为非本征载流子浓度区或载流子

饱和区，也即强电离区。在该区域内，

$$N_D^+(T) = N_D \tag{3.44}$$

$$N_A^-(T) = N_A \tag{3.45}$$

$$n_i(T) \ll |N_D - N_A| \tag{3.46}$$

回顾关于在 0 K 和 10 K 下具有 $E - E_F$ 关系图的 $f(E)$ 讨论，现在将温度增加到 100 K，从 $f(E) = 1$ 到 $f(E) = 0$ 的转换能量范围 $(E - E_F)$ 扩大到 $\pm 10 \times 0.0026\,eV = \pm 0.026\,eV$，并且有更多的载流子可用。随着温度进一步升高到 300 K，范围扩大。在 300 K 时，其宽度为 $\pm 30 \times 0.0026 = \pm 0.078\,eV$。由于硅中硼的受主能级能量 $E_a = \Delta E_A$ 为 0.045 eV，而硅中磷的施主能级能量 $E_d = \Delta E_D$ 也为 0.045 eV，几乎所有杂质原子都被电离，从施主/受主态贡献载流子。在硅器件中，掺杂离子的不完全电离常被忽略，因为它在室温下被认为是没有意义的。

3.8.3　当温度 $T > 500\,K$ 时，本征载流子区/高温本征激发区

如果温度过高，热效应会导致大多数载流子浓度在所谓的本征温度范围内变得高于掺杂浓度。当温度超过 550 K（= 277℃）时，本征载流子浓度接近并超过掺杂浓度。在这种高温环境下，由热能产生的本征载流子数量超过了掺杂产生的载流子数量，使硅回到本征特性。在高温本征激发区，大多数载流子浓度几乎等于本征浓度 n_i，

$$n_i(T) > |N_D - N_A| \tag{3.47}$$

在高温本征区，载流子浓度随温度升高而增大。强电离区介于这两个界限之间，即介于高温本征激发区和低温载流子冻析区（Pieper and Michael，2005）。

在 600 K 时，$f(E) = 1$ 到 $f(E) = 0$ 的能量范围 $E - E_F$ 增加到 $\pm 60 \times 0.0026 = \pm 0.156\,eV$。当温度升高到 600 K 时，电子通过热激发从硅原子中移出，产生大量电子空穴对（Electron Hole Pair），形成了大量的自由载流子，比杂质掺杂的载流子浓度大得多。

图 3.7 从能带模型的角度，解释了半导体中载流子浓度从 0 K 到 600 K，在热诱导产生电子空穴对方面的变化。

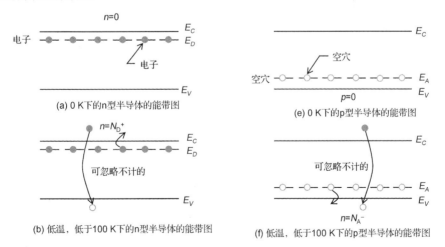

图 3.7　曝露于温度升高的半导体中载流子浓度（电子或空穴）变化。n、p 为自由电子和空穴浓度；N_D^+，N_A^- 为电离施主和受主浓度；N_D，N_A 为总施主和受主浓度；n_i 为本征载流子浓度

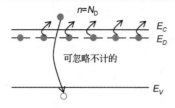

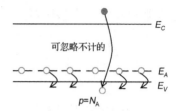

(c) 中温，约300 K下的n型半导体的能带图　　(g) 中温，约300 K下的p型半导体的能带图

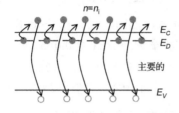

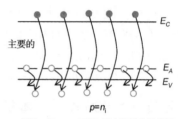

(d) 高温，约600 K下的n型半导体的能带图　　(h) 高温，约600 K下的p型半导体的能带图

图 3.7（续）　曝露于温度升高的半导体中载流子浓度（电子或空穴）变化。n、p 为自由电子和空穴浓度；N_D^+，N_A^- 为电离施主和受主浓度；N_D，N_A 为总施主和受主浓度；n_i 为本征载流子浓度

3.8.4　当 $T \geqslant 400\ \mathrm{K}$ 时与能带隙的比例

在高温［高于 400 K（127℃）或更高温度］下，当迁移率由晶格散射（$\mu \propto T^{-3/2}$）控制时，一个特别有趣的情况会发生。在这种情况下，电导率很容易随温度变化，如

$$\sigma \propto \exp\left(-\frac{E_g}{2k_B T}\right) \tag{3.48}$$

在这种情况下，电导性仅取决于半导体能带隙和温度，如同其在本征半导体中的情况一样。

3.9　载流子在半导体中的迁移率

载流子迁移率是一个现象类的参数，其值对许多半导体器件的性能特征起着决定性的控制作用。作为这些器件与设备的例子，涉及二极管、双极型晶体管和场效应晶体管。半导体中电子和空穴的迁移率主要由两种不同的散射机制决定：晶格振动散射和电离杂质散射（Van Zeghbroeck，2011）。

3.9.1　晶格波散射

在晶格波的散射中，会出现声子或光学声子的吸收或发射。众所周知，固体中声子的密度随温度的升高而增加。因此，由于这种机制的散射时间会随着温度的升高而减少，迁移率也会随之降低。理论计算表明，声子相互作用控制着硅、锗等非极性半导体的迁移率。其期望值与 $T^{-3/2}$ 成正比。另一方面，仅由光学声子散射引起的迁移率，其期望值与 T^{-2} 成正比。温度对晶格迁移率 μ_L 的影响由以下方程表示：

$$\mu_L \propto T^{-\alpha} \tag{3.49}$$

其中 $1.5<\alpha<2.5$。该值处于下限时考虑声学声子散射，处于上限时考虑光学声子散射。

3.9.2　电离杂质散射

　　载流子与电离杂质之间的静电散射程度取决于两个因素：(i)杂质离子的数量；(ii)载流子与杂质离子之间的相互作用时间。杂质浓度越大，载流子散射越大，迁移率越低。相互作用时间与载流子和杂质的相对速度直接相关。所以，它与载流子的热速度有关。因为热速度随环境温度的升高而增大，相互作用时间随温度的升高而减小。因此，散射量减少。结果是迁移率随温度升高而增加。首先，杂质散射引起的迁移率随 $T^{3/2}/N_I$ 的变化而变化。分母 N_I 代表带电杂质的密度，无须考虑标志。因此，得到

$$\mu_I \propto T^{3/2}/N_I \tag{3.50}$$

图 3.8 显示了电离杂质散射引起的低温迁移率和晶格散射引起的高温迁移率的温度依赖关系。

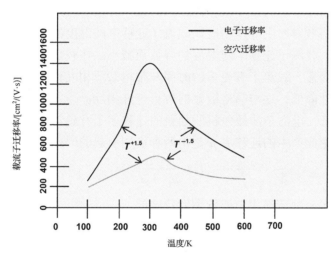

图 3.8　电离杂质散射引起的低温下硅中电子和空穴迁移率的变化；由 $T^{1.5}$ 和 $T^{-1.5}$ 条件测定，晶格散射引起的高温下电子和空穴迁移率的变化

3.9.3　非补偿半导体和补偿半导体中的迁移率

　　以下两种情况值得关注：非补偿半导体和补偿半导体。在非补偿材料中，带电杂质的密度等于电离浅施主或受主的密度，随载流子密度降低而降低。浅层杂质是需要很少能量的杂质，通常在室温或更低的热能周围电离。

　　在非补偿半导体中，由于电荷中心密度随温度的降低而降低，杂质散射对迁移率的影响变得与温度有关。

　　假设半导体包含两种杂质：浅施主和浅受主。同时，使施主和受主的浓度相等，这种半导体称为补偿半导体。之所以这样命名是因为在这种半导体中，等量的施主和受主相互补偿，不产生自由载流子。半导体中浅施主和浅受主的同时存在，使得从施主射出的电子

被受主态捕获。这使受主电离而不产生自由电子或空穴。补偿材料中的电荷中心密度，包括等量的浅施主和浅受主，等于少数补偿密度的两倍（n 型材料中为 $2N_A$）。由于存在大量的带电中心，补偿材料的散射增加，迁移率小于非补偿材料。

然而，在这种类型的补偿材料中，电荷中心的密度实际上与温度无关，因为在给定的温度下，大约相等数量的施主和受主原子被电离了，相互抵消了彼此的影响。实际结果是杂质散射对迁移率的影响并不依赖温度。

可见，杂质散射引起的迁移率温度变化取决于它是补偿的还是非补偿的。如果半导体属于前一类或后一类，温度的影响则会相应地改变。这种影响对补偿的程度非常敏感。补偿的强度或程度决定了材料的极性，即是 n 型还是 p 型。电离杂质浓度是施主浓度和受主浓度之间的差别。当施主浓度大于受主浓度时，材料为 n 型，杂质为正离子。当受主浓度大于施主浓度时，材料为 p 型，杂质为负离子。

3.9.4　合成迁移率

半导体中载流子迁移率的观测是晶格散射有限迁移率和杂质散射有限迁移率的综合作用。晶格散射引起的迁移率的温度依赖性近似为 $T^{-\alpha}$。杂质散射对迁移率的温度依赖性为 $T^{+3/2}$。因此，当晶格散射起主导作用时，载流子迁移率随温度的降低而增大，而当杂质散射超过晶格散射时，载流子迁移率随温度的降低而减小。在较低的温度下，载流子的运动变得越来越微弱和缓慢。载流子有更多的时间与带电杂质相互作用。随着温度的降低，杂质散射增加，流动性降低。这与晶格散射的效果正好相反。

随着温度的降低，电离杂质散射机制导致的迁移率上升趋势与晶格散射导致的迁移率下降趋势相抵消。由此产生的迁移率 μ 是由两种机制引起的组件的谐波平均值 μ_L, μ_I，

$$\mu = \frac{\mu_L \mu_I}{\mu_L + \mu_I} \tag{3.51}$$

比如，它实际上是由两种迁移率中的较小者决定的。

案例 1：纯净材料。在超低温环境下，在较为纯净的材料中，离子杂质的散射通常占主导地位，这是导致迁移率在 100 K 温度以下降低的原因。

案例 2：简并半导体。在含有高密度杂质的半导体材料中，上述情况在几个方面发生了很大变化，从而导致相邻杂质中心之间的相互作用。作为一个非常粗略的估计，浅"氢"中心的临界杂质密度 N_{crit} 相当于平均杂质间距离等于基态玻尔轨道的半径 a_1。因此，$N_{crit} = a_1^{-3}$ 取决于材料的有效质量和介电常数 K，或者在这个简单模型中，取决于杂质活化能。就数量级而言，硅的临界密度为 $10^{18}\ cm^{-3}$，锗的临界密度为 $10^{16}\ cm^{-3}$，n 型锑化铟的临界密度为 $10^{13}\ cm^{-3}$（Jonscher，1964）。

简并度在很大程度上影响迁移率。首先，电离杂质散射依赖于载流子的有效能量，在简并系统中，这是与温度无关的费米能级。其次，如果自由载流子以相当高的密度存在，它们自身的屏蔽作用会降低电离中心的作用范围。因此，即使在极低的温度下，甚至在高度不纯净的材料中，人们也可以观察到相对较高的迁移率。

3.10　迁移率随温度变化方程

3.10.1　Arora–Hauser–Roulston 方程

Arora 等人针对温度范围 200 K≤T≤500 K 提出了以下实证公式，计算出掺杂浓度 N 为 10^{20} cm^{-3} 时硅中的电子/空穴迁移率（Arora, et al., 1982）：

$$\mu_{n}(N, T) = 88\left(\frac{T}{300}\right)^{-0.57} + \frac{7.4 \times 10^8 T^{-2.33}}{1 + 0.88\left\{\frac{N}{1.26 \times 10^{17}(T/300)^{2.4}}\right\}(T/300)^{-0.146}} \tag{3.52}$$

$$\mu_{p}(N, T) = 54.3\left(\frac{T}{300}\right)^{-0.57} + \frac{1.36 \times 10^8 T^{-2.23}}{1 + 0.88\left\{\frac{N}{2.35 \times 10^{17}(T/300)^{2.4}}\right\}(T/300)^{-0.146}} \tag{3.53}$$

上述方程是根据实验数据与经修订的 Brooks–Herring 流动性理论推导出来的。他们发现，在 200 K 至 500 K 范围内的电子迁移率数据与下列公式的拟合度很好，包括晶格散射的有限迁移率 μ_{Ln}，

$$\mu_{Ln} = 8.56 \times 10^8 T^{-2.33} \tag{3.54}$$

以及电离杂质散射 μ_{In} 的公式

$$\mu_{In} = (7.3 \times 10^{17} T^{1.5})/[N_I\{\ln(b + 1) - b/(b + 1)\}] \tag{3.55}$$

式中，N_I 是电离杂质原子的数量，

$$b = \frac{1.52 \times 10^{15} T^2}{n\{2 - (n/N)\}} \tag{3.56}$$

n 是每立方厘米的电子浓度。用混合散射公式将两种迁移率 μ_{Ln}，μ_{In} 结合起来，得到式（3.52）。

同样，150 K 到 400 K 范围内的空穴迁移率数据也与下列公式符合：

$$\mu_{Lp} = 1.58 \times 10^8 T^{-2.23} \tag{3.57}$$

$$\mu_{Ip} = (5.6 \times 10^{17} T^{1.5})/[N_I\{\ln(b + 1) - b/(b + 1)\}] \tag{3.58}$$

$$b = \frac{2.5 \times 10^{15} T^2}{p\{2 - (p/N)\}} \tag{3.59}$$

式中 p 是每立方厘米的空穴浓度。如前所述，用混合散射公式将两种迁移率 μ_{Lp}，μ_{Ip} 结合起来，得到方程（3.53）。

3.10.2　克拉森方程

克拉森（Klaassen）提出了一个基于物理学的分析模型，用施主、受主以及电子和空穴浓度来表示载流子随温度的迁移率（Klaassen, 1992a）。

对于晶格散射而言，

$$\mu_{i,L} = \mu_{max}\left(\frac{300}{T}\right)^{\theta_i} \tag{3.60}$$

其中对于电子而言，$\theta_n = 2.285$，对于空穴而言，$\theta_p = 2.247$，上式给出了不同掺杂的杂质散射的 μ_{max} 值。

对于大多数电子/空穴的杂质散射而言，

$$\mu_{i,I}(N_I, c) = \mu_{i,N}\left(\frac{N_{ref,1}}{N_I}\right)^{\alpha_1} + \mu_{i,c}\left(\frac{c}{N_I}\right) \tag{3.61}$$

其中 $(i, I) \rightarrow (n, D)$ 或 (p, A)（n 表示电子，p 表示空穴，D 表示施主，A 表示受主），c 是载流子浓度，则有

$$\mu_{i,N} = \frac{\mu_{max}^2}{\mu_{max} - \mu_{min}}\left(\frac{T}{300}\right)^{3\alpha_1 - 1.5} \tag{3.62}$$

$$\mu_{i,c} = \frac{\mu_{max}\mu_{min}}{\mu_{max} - \mu_{min}}\left(\frac{300}{T}\right)^{0.5} \tag{3.63}$$

对于磷而言，$\mu_{max} = 1414.0\ cm^2 \cdot V^{-1} \cdot s^{-1}$，$\mu_{min} = 68.5\ cm^2 \cdot V^{-1} \cdot s^{-1}$，$N_{ref,1} = 9.2 \times 10^{16}\ cm^{-3}$，$\alpha_1 = 0.711$。对于硼而言，$\mu_{max} = 470.5\ cm^2 \cdot V^{-1} \cdot s^{-1}$，$\mu_{min} = 44.9\ cm^2 \cdot V^{-1} \cdot s^{-1}$，$N_{ref,1} = 2.23 \times 10^{17}\ cm^{-3}$，$\alpha_1 = 0.719$。

3.10.3 MINIMOS 迁移率模型

与在其他模型中一样，晶格迁移率（$U_{n,p}^L$）以一个简单的幂律建模。在 MINIMOS 四种迁移率模型中，电子和空穴的迁移率方程为（Selberherr, et al., 1990）：

$$\mu_n^L = 1430(T/300\ K)^{-2}\ cm^2/(V \cdot s) \tag{3.64}$$

$$\mu_p^L = 460(T/300\ K)^{-2.18}\ cm^2/(V \cdot s) \tag{3.65}$$

电离杂质迁移率插入符号由 Caughey–Thomas 公式建模，

$$\mu_{n,p}^{LI} = \mu_{n,p}^{min} + \frac{\mu_{n,p}^L - \mu_{n,p}^{min}}{1 + \left(N_I/N_{n,p}^{ref}\right)^{\alpha_{n,p}}} \tag{3.66}$$

式中，

$$\mu_n^{min} = 80(T/300\ K)^{-0.45}\ cm^2/(V \cdot s)\ (当\ T \geqslant 200\ K\ 时) \tag{3.67}$$

$$\mu_n^{min} = 80(200\ K/300\ K)^{-0.45}(T/200\ K)^{-0.15}\ cm^2/(V \cdot s)\ (当\ T < 200\ K\ 时) \tag{3.68}$$

$$\mu_p^{min} = 45(T/300\ K)^{-0.45}\ cm^2/(V \cdot s)\ (当\ T \geqslant 200\ K\ 时) \tag{3.69}$$

$$\mu_p^{min} = 45(200\ K/300\ K)^{-0.45}(T/200\ K)^{-0.15}\ cm^2/(V \cdot s)\ (当\ T < 200\ K\ 时) \tag{3.70}$$

$$N_n^{ref} = 1.12 \times 10^{17}\left(\frac{T}{300}\right)^{3.2} \tag{3.71}$$

$$N_p^{ref} = 2.23 \times 10^{17}\left(\frac{T}{300}\right)^{3.2} \tag{3.72}$$

$$\alpha_{n,p} = 0.72\left(\frac{T}{300}\right)^{0.065} \tag{3.73}$$

3.11　低温下 MOSFET 反型层中的迁移率

随着温度降至 5 K，电子在器件表面下形成的导电隧道中的迁移率单调增加（Hairapetian, et al.，1989）。考虑到迁移率对电场的依赖性，迁移率的增加发生在电场的所有值上，对所有栅极电压的测量可以证明这一点。这种电子反型层迁移率的增加对器件在低温下的工作非常有利。在 NMOS 器件中，电场为 $3.5 \times 10^5 \, V \cdot cm^{-1}$ 时，发现在反型层中实验测量的电子迁移率从 293 K 时的约 450 $cm^2 \cdot (V \cdot s)^{-1}$ 增加到 77 K 时的 2800 $cm^2 \cdot (V \cdot s)^{-1}$。在 25 K 时为 4700 $cm^2 \cdot (V \cdot s)^{-1}$，在 5 K 时为 5800 $cm^2 \cdot (V \cdot s)^{-1}$。在 PMOS 器件中，电场为 $2.0 \times 10^5 \, V \cdot cm^{-1}$ 时，空穴迁移率在 293 K 时为 160 $cm^2 \cdot (V \cdot s)^{-1}$。在 100 K 下增加到 400 $cm^2 \cdot (V \cdot s)^{-1}$，在 25 K 下增加到 620 $cm^2 \cdot (V \cdot s)^{-1}$，在 5 K 下增加到 680 $cm^2 \cdot (V \cdot s)^{-1}$。

当 NMOS 和 PMOS 器件在强反型下工作时，电子和空穴的迁移率都随着温度的降低而增加。但当器件在阈值电压附近工作而不是在强反型区工作时，电子和空穴的迁移率之间存在差异。对于接近阈值电压的工作，PMOS 器件的空穴迁移率在 50 K 左右的温度上出现峰值，当温度低于 50 K 时空穴迁移率开始下降，而 NMOS 器件没有出现峰值。直至温度到达 5 K 时，迁移率都持续增加。

3.12　载流子寿命

少数载流子寿命被定义为过量少数载流子、电子或空穴进行复合的平均时间（Park，2004）。它由三种复合机制决定：（i）带间辐射复合；（ii）陷阱辅助［或 Shockley-Read-Hall（SRH）］复合；（iii）俄歇复合。机制（i）和（ii）只涉及两类载流子，但是机制（iii）是一个三种载流子过程，其中电子-空穴复合过程中释放的能量被传递给第三载流子，即电子或空穴。它不是以热或光的形式释放的。在这三种机制中，带间辐射复合对硅的影响相对较小，因为硅的辐射寿命非常大。剩下的两类机制（ii）和（iii）控制硅器件的电特性。SRH 复合与沾污硅片的深能级金属杂质浓度以及硅片中产生的晶格缺陷有关。寿命退化发生在晶体生长过程中以及器件制造步骤中，主要通过加工化学品、气体、石英器皿和容器中的杂质，以及通过高温扩散和氧化炉中的热冲击发生。生命周期的终止会恶化器件的性能。尽管俄歇寿命与杂质密度无关，但与载流子浓度成反比。

当半导体器件处于工作状态时，有源器件层中的少数载流子密度是影响硅复合寿命值的决定性因素。应考虑两种比较有趣的情况。第一种情况是，在低的少数载流子密度下，也叫低能级注入，非平衡少数载流子浓度小于热平衡时的多数载流子浓度。SRH 复合机制在硅中占优势，与载流子寿命密切相关。第二种情况是，在高载流子密度下，也称为高水平注入，非平衡少数载流子浓度大于平衡多数载流子浓度。在这种情况下，俄歇复合机制占主导地位，因此影响了复合寿命。

人们已发现低温下复合中心的效率很高（Hudgins, et al.，1994）。这种说法的证据来自于在这些温度下有效载流子寿命的降低。对于位于禁带浅部的复合中心，俘获截面随着温度的下降而迅速增加(Jonscher，1964)。根据流行的"巨型圈闭"模型解释了捕获截面的急剧上升。在该模型中，载波不直接被捕获到捕获中心的基态。它们首次被困在一个更高的激发态中。之后，它们就级联到基态。这种连续喷流状态就像一个瀑布或一系列小瀑布。激发态提供的俘获截面比基态要大得多。在 10^{-15}cm^2 至 10^{-13}cm^2 范围内的巨大横截面中，已在硅和锗中观察到各种各样的陷阱。其中一些陷阱的结合能比德拜(Debye)能大好几倍(Lax，1959)。

复合是一个非弹性过程。在这个过程中，大部分结合能被声学声子带走(Park, et al.，1988)。杂质电离能 E_I 远大于声子能量 $E_I \gg k_B T$。自然地，直接复合成基态需要好几个声子。多声子过程的横截面相当小。因此，控制活动被捕获到高激发态。捕获是由一系列的单声子发射和吸收引起的。当载流子缓慢扩散到基态时，就会发生这种情况。

然而，巨阱模型只适用于浅层的氢杂质。目前尚不清楚如何将这一理论扩展到更深层次。遗憾的是，这些水平通常与复合有关。

若将注意力集中在室温和大约 90 K 之间的温度范围内(Ichimura, et al.，1998)，可在抛光晶圆中观测到载流子寿命非常微弱的温度依赖性。相反，随着氧化晶片温度的降低，载流子寿命急剧下降。在所有的样品中，在低于 150 K 的温度下，光电导衰减曲线中起初会出现一个快速衰减，随后则在曲线中出现慢成分的衰减。数值模拟结果表明，载流子寿命随温度的下降而降低是由浅层复合中心的复合引起的。这些中心的能级在距离能带边缘 0.15 eV 以内。此外，慢成分是由于少数载流子陷阱具有小的多数载流子捕获截面。

低温下的低能级寿命不重要，因为注入密度与平衡密度相比总是很高(Jonscher，1964)。高能级寿命的温度依赖性由一个简单的幂律给出(Palmer, et al.，2003)

$$\tau_{HL} = 5 \times 10^{-7} \left(\frac{T}{300}\right)^{1.5} \tag{3.74}$$

当 $T = 4.2$ K 时，

$$\tau_{HL} = 5 \times 10^{-7} \left(\frac{4.2}{300}\right)^{1.5} = 8.28 \times 10^{-10}\text{ s} \tag{3.75}$$

同理，(τ_{HL} 插入该符号值)可在 77.2 K、300 K 和 600 K 计算出，见表 3.9

表 3.9 不同温度下高能级载流子的寿命

温度/K	4.2	77.2	300	600
载流子寿命/s	8.2×10^{-10}	6.53×10^{-8}	5×10^{-7}	1.41×10^{-6}

简单的温度指数为 1.5 并不能解释在中等、高浓度载流子条件下的 SRH 复合(载流子寿命随温度升高而增加)和俄歇复合(载流子寿命随温度升高而降低)的竞争机制。假设高水平注入和准中性条件下，对于严格的建模应用，必须包括本征寿命、SRH 复合和俄歇过程的影响(电子浓度 n 约等于空穴浓度 p)(Klaassen，1992b)。

3.13　比硅的能带隙更宽的半导体

3.13.1　砷化镓

砷化镓(GaAs)的能带隙服从以下公式(Ioffe Institute，2015a)：

$$E_g(T) = 1.519 - 5.405 \times 10^{-4}T^2/(T + 204)\,\text{eV}, \qquad 0\,\text{K} < T < 1000\,\text{K} \tag{3.76}$$

GaAs 中的本征载流子浓度遵循以下关系 (Madelung, et al.，2002)：

$$n_i(T) = 1.05 \times 10^{16}T^{3/2}\exp\{-1.604/(2k_BT)\}, \qquad 33\,\text{K} < T < 475\,\text{K} \tag{3.77}$$

3.13.2　碳化硅

对于 4H-SiC，其能带隙为 (Ioffe Institute，2015d)

$$E_g(T) = E_g(0) - 6.5 \times 10^{-4}T^2/(T + 1300) \tag{3.78}$$

式中，当温度为 300 K 时的能带隙 $E_g(0) = 3.23$ eV。

对于本征载流子浓度公式中的 4H-SiC，导带中的有效态密度为

$$N_c(T) \approx 4.82 \times 10^{15}M(m_c/m_0)^{1.5}T^{1.5}\,(\text{cm}^{-3}) \approx 4.82 \times 10^{15}(m_{cd}/m_0)^{1.5}T^{1.5}$$
$$= 3.25 \times 10^{15}T^{1.5}\,(\text{cm}^{-3}) \tag{3.79}$$

其中 $M = 3$ 表示传导带中等效谷的数量，$m_c = 0.37\,m_0$ 表示导带一个谷中态密度的有效质量，$m_{cd} = 0.77\,m_0$ 表示态密度的有效质量。

价带的有效态密度符合以下方程：

$$N_v(T) = 4.8 \times 10^{15}T^{1.5}\,(\text{cm}^{-3}) \tag{3.80}$$

3.13.3　氮化镓

氮化镓(GaN)的能带隙-温度关系为(Ioffe Institute，2015a)

$$E_g(T) = E_g(0) - 7.7 \times 10^{-4}T^2/(T + 600)\,\text{eV} \tag{3.81}$$

式中，对于纤锌矿结构而言，$E_g(0) = 3.47$ eV，对于闪锌矿结构而言，$E_g(0) = 3.28$ eV。

GaN 的 Varshini 方程为

$$E_g(T) = E_g(0) - 9.39 \times 10^{-4}T^2/(T + 772)\,\text{eV}, E_g(0) = 3.427\,\text{eV} \tag{3.82}$$

下面给出了纤锌矿和闪锌矿 GaN 结构的导带和价带有效态密度方程，用于计算本征载流子浓度，

$$\text{对于纤锌矿：} N_C \approx 4.3 \times 10^{14}T^{1.5}\,(\text{cm}^{-3}) \tag{3.83}$$

$$\text{对于闪锌矿：} N_C \approx 2.3 \times 10^{14}T^{1.5}\,(\text{cm}^{-3}) \tag{3.84}$$

$$\text{对于纤锌矿：} N_V \approx 8.9 \times 10^{15}T^{1.5}\,(\text{cm}^{-3}) \tag{3.85}$$

对于闪锌矿： $N_V \approx 8.0 \times 10^{15} T^{1.5}$ (cm^{-3})　　　　　　(3.86)

3.13.4　金刚石

当温度为 300 K 时，能带隙随温度的变化由以下方程给出(Ioffe Institute，2015c)

$$dE_g/dT = -(5.4 \pm 0.5) \times 10^{-5}\,eV \cdot K^{-1}$$　　　(3.87)

3.14　讨论与小结

当考虑半导体器件在低温环境下的工作时，如果我们考虑自由载流子浓度和迁移率对温度的依赖性，则有必要区分两种不同的温度——液氮温度(77 K)与液氦温度(4.2 K)。研究表明，随着液氮温度的升高，载流子浓度和迁移率不会发生剧烈变化，但低于这个温度，情况就不同了。随着温度从 77 K 进一步降低，不同的低温现象发生作用，特别是载流子冻析和杂质散射。再次，当考虑这些现象对载流子浓度和迁移率的影响时，必须注意半导体材料的纯度，无论是未掺杂的还是本征的，低掺杂的还是高掺杂的杂质。此外还必须考虑半导体的补偿程度，即是完全无补偿、部分补偿还是完全补偿。这些方面的知识是至关重要的，因为在纯材料中，载流子浓度和迁移率在低温下降低，前者由于载流子冻析而降低，后者由于电离杂质散射而降低，即使杂质的含量很低。在高掺杂简并材料中，载流子浓度和迁移率与温度无关。非补偿半导体和补偿半导体在温度对迁移率的影响方面不同。在非补偿半导体中，迁移率随温度的降低而降低。但在补偿半导体中，温度对迁移率几乎没有影响。

思　考　题

3.1　为什么当温度下降时，半导体材料的能带隙减小，反之呢？写出能带隙随温度变化的 Varshini 方程。解释这些方程中所用符号的含义。4H-SiC 模型中拟合系数 α 和 β 的值是多少？

3.2　写出半导体本征载流子浓度的方程，并指出方程中与温度有关的物理参数。在导带和价带中有效态密度中使用的砷化镓电子和空穴的有效质量是多少？ 使用此数值，写出砷化镓中本征载流子浓度与温度的关系式。

3.3　思考硅，计算在 4.2 K 和 600 K 下的本征载流子浓度。考虑载流子的有效质量和能带隙随温度变化的特性。

3.4　写出 Quay 等人给出的电荷载流子饱和速度随温度变化的方程,并在硅模型中提及两个参数的值。

3.5　写出半导体电导率的方程。电导率随温度变化的方程中有哪些参数？

3.6　根据电离施主浓度 $N_D^+(T)$、电离受体浓度 $N_A^-(T)$ 和本征载流子浓度 $n_i(T)$，写出温度相关自由电子浓度 $n(T)$ 和温度相关自由空穴浓度 $p(T)$ 的方程。用总施主和受主浓度 N_D, N_A 表示电离施主和受主浓度 N_D^+, N_A^-。

3.7　写出费米-狄拉克分布函数 $f(E)$ 的方程。关于电子在温度 T 时占据能量 E 处的电子态，这个函数表示什么？在 $T=0$ K 时，为 $E=E_F, E<E_F$ 和 $E>E_F$ 提供该函数的解，其中 E_F 是费米能量。

3.8　将费米-狄拉克分布函数应用于非简并半导体，说明在接近绝对零度的温度条件下，自由载流子的密度非常小。解释在这样的低温下半导体中载流子冻析的现象。同样的现象在简并半导体中发生吗？如果不发生，简并半导体和非简并半导体在载流子冻析方面有什么区别？请解释上述区别。

3.9　为什么载流子冻析会发生在非简并半导体中？而在简并半导体中自由载流子密度不是温度的函数？

3.10　在半导体中杂质原子电离的情况下，温度区域 100 K$\leqslant T \leqslant$500 K 被称为什么？对于这种区域内的机制，写出电离施主杂质原子浓度与施主杂质原子总浓度之间的关系。

3.11　半导体中杂质原子的高温本征激发区是什么意思？它与掺杂区有何不同？

3.12　晶格和杂质散射现象如何影响半导体中载流子的迁移率？这些散射机制对迁移率的影响如何取决于温度？这两种机制结合在一起如何影响载流子在半导体中的迁移率？

3.13　声学声子散射和光学声子散射的温度依赖性有何不同？杂质散射随杂质浓度变化吗？

3.14　为什么非补偿半导体中带电杂质的密度随温度下降而降低，而补偿半导体中带电杂质的密度几乎不受温度的影响？非补偿材料和补偿材料之间的这种性能差异对随温度变化的迁移率有何影响？

3.15　电离杂质散射如何能降低低温下非简并半导体的载流子迁移率？为什么在简并半导体中，即使在很低的温度下也能观察到高载流子迁移率？

3.16　写出半导体中电子/空穴迁移率的 Arora-Hauser-Roulston 方程，并解释使用的符号。这些符号与方程的应用温度范围是多少？

3.17　晶格散射迁移率如何表示为：(a)克拉森方程和(b)MINIMOS 中的 4 种模型？

3.18　随着温度的降低，MOSFET 隧道中的载流子迁移率是如何变化的？这种随温度变化的迁移率对器件工作有利还是不利？

3.19　为什么在纯半导体中载流子浓度和迁移率随温度下降而降低，而在简并半导体中载流子浓度和迁移率不受温度的影响？

3.20　评述载流子浓度和迁移率随温度的变化在以下温度范围内的差异：(a)室温到液氮温度；(b)液氮温度到液氦温度。

3.21　复合寿命的定义是什么？半导体中的三种复合机制是什么？在低载流子浓度下，哪种机制决定了硅中载流子的寿命？在高载流子密度下，哪种机制对寿命控制起决定性作用？哪种机制对硅不重要？

3.22　如何用巨阱模型解释低温下复合寿命的降低？在这个模型中，捕获截面的典型数量级是多少？这个模型适用于哪种杂质水平，低的还是高的？

3.23　为什么低温下低能级寿命不重要？写出幂律，给出高能级寿命的温度依赖性。在公式中使用 1.5 的简单幂指数有什么限制？

原著参考文献

Ali-Omar M and Reggiani L 1987 Drift and diffusion of charge carriers in silicon and their empirical relation to the electric field *Solid-State Electron.* **30** 693-7

Arora N D, Hauser J R and Roulston D J 1982 Electron and hole mobilities in silicon as a function of concentration and temperature *IEEE Trans. Electron Devices* **29** 292-5

Barber H D 1967 Effective mass and intrinsic concentration in silicon *Solid-State Electron.* **10** 1039-51

Bludau W, Onton A and Heinke W 1974 Temperature dependence of the band gap of silicon *J. Appl. Phys.* **45** 1846-8

Caiafa A, Wang X, Hudgins J L, Santi E and Palmer P R 2003 Cryogenic study and modeling of IGBTs 34th *Annual IEEE Power Electronics Specialists Conference* (*Acapulco, Mexico, June 2003*) vol 4, paper 59_02, pp 1897-903

Cole D C and Johnson J B 1989 Accounting for incomplete ionization in modeling silicon-based semiconductor devices *Proc. Workshop Low Temperature Semiconductor Electronics* (7–8 August) (Piscataway, NJ: IEEE) pp 73-7

Hairapetian A, Gitlin D and Viswanathan C R 1989 Low-temperature mobility measurements on CMOS devices *IEEE Trans. Electron Devices* **36** 1448-55

Hudgins J L, Godbold C V, Portnoy W M and Mueller O M 1994 Temperature effects on GTO characteristics *IEEE–IAS Annual Meeting Rec.* (*October*) pp 1182-6

Ichimura M, Tajiri H, Ito T and Arai E 1998 Temperature dependence of carrier recombination lifetime in Si wafers *J. Electrochem. Soc.* **145** 3265-71

Ioffe Institute 2015a GaAs—gallium arsenide: band structure and carrier concentration *Ioffe Institute*

Ioffe Institute 2015b Physical properties of silicon (Si) Ioffe Institute

Ioffe Institute 2015c C-diamond: band structure and carrier concentration Ioffe Institute

Ioffe Institute 2015d SiC—silicon carbide: band structure and carrier concentration Ioffe Institute

Jacoboni C, Canali C, Ottaviani G and Alberigi Quaranta A 1977 A review of some charge transport properties of silicon *Solid-State Electron.* **20** 77-89

Jonscher A K 1964 Semiconductors at cryogenic temperatures Proc. IEEE **52** 1092-104

Klaassen D B M 1992a A unified mobility model for device simulation—I. Model equations and concentration dependence *Solid State Electron.* **35** 953-9

Klaassen D B M 1992b A unified mobility model for device simulation—II. Temperature dependence of carrier mobility and lifetime *Solid State Electron.* **35** 961-7

Lax M 1959 Giant traps *J. Phys. Chem. Solids.* **8** 66-73

Madelung O, Rössler U and Schulz M (ed) 2002 Gallium arsenide (GaAs), intrinsic carrier concentration, electrical and thermal conductivity *Group IV Elements, IV–IV and III–V Compounds. Part b—Electronic, Transport, Optical and Other Properties* (*Landolt–Börnstein— Group III CondensedMatter* vol 41A1b) (Berlin: Springer)

Palmer P R, Santi E, Hudgins J L, Kang X, Joyce J C and Eng P Y 2003 Circuit simulator models for the diode and IGBT with full temperature dependent features *IEEE Trans. Power Electron* **18** 1220-9

Park I S, Haller E E, Grossman E N and Watson D M 1988 Germanium: gallium photoconductors for far infrared heterodyne detection *Appl. Opt.* **27** 4143-50

Park J-M 2004 Novel power devices for smart power applications *Dissertation* (Sydney: Macquarie University) section 3.1.4

Pieper R J and Michael S 2005 An exact analysis for freeze-out and exhaustion in single impurity semiconductors *Proc. 2005 American Society of Engineering Education Annual Conf. and Exposition* (Washington, DC: American Society for Engineering Education)

Quay R, Moglestue C, Palankovski V and Selberherr S 2000 A temperature dependent model for the saturation velocity in semiconductor materials *Mater. Sci. Semicond. Process.* **3** 149-55

Selberherr S, Hänsch W, Seavey M and Slotboom J 1990 The evolution of the MINIMOS mobility model *Solid-State Electron.* **33** 1425-36

Silvaco 2000 Simulation standard: simulating impurity freeze-out during low temperature operation *Silvaco*

Singh J 1993 *Physics of Semiconductors and their Heterostructures* (New York: McGraw-Hill), 851 pages

Stefanakis D and Zekentes K 2014 TCAD models of the temperature and doping dependence of the bandgap and low field carrier mobility in 4H-SiC Microelectron. *Eng.* **116** 65-71

Sze S M 1981 *Physics of Semiconductor Devices* 2nd edn (New York: Wiley), 868 pages

Van Zeghbroeck B J 1997 *Effective Mass in Semiconductors*

Van Zeghbroeck B J 2011 *Principles of Semiconductor Devices* (Boulder, CO: University of Colorado)

Varshini P 1967 Temperature dependence of the energy gap in semiconductors *Physica* **34** 149-54

Wilkinson V and Adams A 1993 The effect of temperature and pressure on InGaAs band structure *Properties of Lattice-matched and Strained Indium Gallium Arsenide* (*EMIS Data Reviews* Series vol 8) ed Bhattacharya (Berlin: Wiley) pp 70-5

第 4 章　硅双极型器件及硅电路的温度依赖电特性

硅是电子分立器件和集成电路的主体,并由砷化镓和宽禁带材料(例如碳化硅,氮化镓等)补充支持。本章将概述硅技术的基本原理,对双极型常用器件(如 pn 结、肖特基二极管、BJT)的重要电参数的变化进行了研究。研究关注的参数包括二极管和晶体管的正向压降,反向击穿电压和漏电流。本章特别关注双极型晶体管的电流增益,以及设备的开关参数。本章还将介绍研究人员对双极型模拟电路和数字电路进行的研究。

4.1　硅 的 特 性

硅是用于制作电子器件与设备的一种主流材料。根据许多军用系统的要求,通常使用的硅器件的最高临界温度为 125℃,但这并不一定意味着硅器件在此温度下停止工作。相反,当达到这个温度时,它们更容易失效。器件的失效是一个复杂的过程,除了温度造成的影响外,还涉及边缘终端、偏压和漏电流水平。双极型和 CMOS 电路的温度边界很容易扩展到 150℃,通过降低电源电压进一步扩展到 200℃到 250℃。采用介质隔离(4.3.13 节)可显著降低漏电流,将工作范围扩大至 300℃。与半导体器件工作相关的硅特性见表 4.1。硅晶体的结构如图 4.1 所示。

表 4.1　硅的特性

特　性	数　值
原子序数	14
原子质量	28
类别	非金属
晶胞结构	两个互穿面心立方晶格
颜色	灰色
300 K 时的密度 (g·cm^{-3})	2.329
原子数 (cm^{-3})	5×10^{22}
晶格常数 (Å)	5.43
熔点 (℃)	1410
介电常数	11.7
热导率 (W·cm·K^{-1})	1.5
300 K 时的能带隙 E_g (eV)	1.12
击穿电场 (V·cm^{-1})	3×10^5
本征载流子浓度 (cm^{-3})	1×10^{10}
本征电阻 (Ω·cm)	3.2×10^5
电子迁移率 (cm^2·V^{-1}·s^{-1})	1400
空穴迁移率 (cm^2·V^{-1}·s^{-1})	450
电子扩散系数 (cm^2·s^{-1})	36
空穴扩散系数 (cm^2·s^{-1})	12
电子饱和速率 (cm·s^{-1})	2.3×10^7
空穴饱和速率 (cm·s^{-1})	1.65×10^7
少数载流子寿命 (s)	10^{-6}

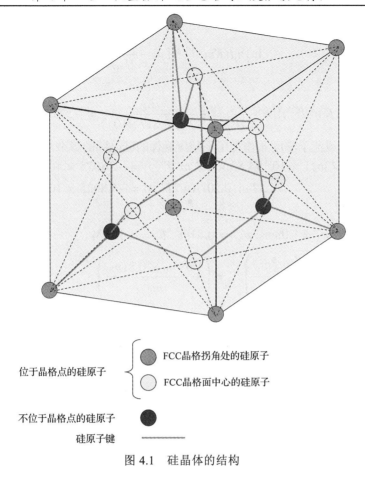

位于晶格点的硅原子 { ⬤ FCC晶格拐角处的硅原子

⚪ FCC晶格面中心的硅原子

不位于晶格点的硅原子　　⚫

硅原子键　　——————

图 4.1　硅晶体的结构

4.2　硅的本征温度

为了计算硅的本征温度，假设载流子和半导体能带隙的有效质量不随温度变化，则有以下公式可以近似本征载流子浓度方程(3.7)：

$$n_i = 4.83 \times 10^{15} \times \left(\frac{m_n^* m_p^*}{m_0^2}\right)^{0.75} T^{1.5} \exp\left(-\frac{E_g}{2k_B T}\right) \text{cm}^{-3}$$

$$= Km^* T^{1.5} \exp\left(-\frac{E_g}{2k_B T}\right)$$

$$(4.1)$$

其中，常数 $K = 4.83 \times 10^{15}$，m^* 用电子有效质量 m_n^*、空穴有效质量 m_p^* 和电子静止质量 m_0 表示：

$$m^* = \frac{m_n^* m_p^*}{m_0^2} \tag{4.2}$$

式(4.1)中，T 为温度，E_g 为能带隙，k_B 为玻尔兹曼常数。取式(4.1)两边的自然对数，可得

$$\ln(n_i) = \ln(Km^* T^{1.5}) - \frac{E_g}{2k_B T} \tag{4.3}$$

或

$$\ln\{n_\text{i}/(Km^*T^{1.5})\} = -\frac{E_\text{g}}{2k_\text{B}T} \tag{4.4}$$

或

$$T\ln\{n_\text{i}/(Km^*T^{1.5})\} = -\frac{E_\text{g}}{2k_\text{B}} = -\frac{E_\text{g}}{2 \times 8.617 \times 10^{-5}} = -5.8025 \times 10^3 E_\text{g} \tag{4.5}$$

本征温度下，将本征载流子浓度 n_i 作为用于制作器件的硅晶圆的掺杂浓度（$1 \times 10^{15}\text{cm}^{-3}$），

$$T\ln\{1 \times 10^{15}/(4.83 \times 10^{15}m^*T^{1.5})\} = -5.8025 \times 10^3 E_\text{g}$$
$$\therefore\ T\ln\{0.207/(m^*T^{1.5})\} = -5.8025 \times 10^3 E_\text{g} \tag{4.6}$$

对于硅而言，

$$m_\text{n}^* = 1.08m_0,\ m_\text{p}^* = 0.81m_0,\ E_\text{g} = 1.12\ \text{eV}$$
$$\therefore\ m^* = \left(\frac{m_\text{n}^* m_\text{p}^*}{m_0^2}\right)^{0.75} = \left(\frac{1.08m_0 \times 0.81m_0}{m_0^2}\right)^{0.75} = 0.9046 \tag{4.7}$$

因此，

$$T\ln\{0.207/(0.9046T^{1.5})\} = -5.8025 \times 10^3 \times 1.12 \tag{4.8}$$

或

$$T\ln(0.229/T^{1.5}) = -6498.8$$

或

$$T\ln 0.229 - T\ln T^{1.5} = -6498.8$$
$$\therefore\ -1.474T - T\ln T^{1.5} = -6498.8 \tag{4.9}$$

若令 $T = 588\text{K}$，

$$\text{左手侧（lhs）} = -1.474 \times 588 - 588\ln 588^{1.5} \tag{4.10}$$
$$= -866.71 - 5624.27 = -6490.98$$

当 $T = 589\ \text{K}$ 时，

$$\text{lhs} = -1.474 \times 589 - 589\ln 589^{1.5} = -868.19 - 5635.34 = -6503.53 \tag{4.11}$$

当 $T = 588.6\ \text{K}$ 时，

$$\text{lhs} = -1.474 \times 588.6 - 588.6\ln 588.6^{1.5} \tag{4.12}$$
$$= -867.60 - 5630.91 = -6498.51$$

因此，当 $T \approx 588.63\ \text{K}$ 时，

$$\text{lhs} = -1.474 \times 588.63 - 588.635\ln 588.63^{1.5}$$
$$= -867.64 - 5631.245 = -6498.885 \tag{4.13}$$

该值代表了本征温度的近似值，因为计算的前提是基于假设条件的。

4.3　单晶硅片技术概要

4.3.1　电子级多晶硅生产

　　通过还原二氧化硅，可获得含2%杂质的冶金级（MG）多晶硅。硅石还原是通过在 1900℃

的电弧炉中加热来实现的(Fisher，et al.，2012)。MG 多晶硅提纯是将其转化为沸点 31.8℃的三氯氢硅(TCS)而实现的。这种转化在 300℃的流化床反应炉中与 HCl 反应：

$$\text{Si（MG）} + 3\text{HCl} \rightarrow \text{SiHCl}_3\text{（液体）} + \text{H}_2 \tag{4.14}$$

TCS 经过蒸馏得到高纯度的液体。例如，电子级(EG)多晶硅是在 1000℃ 至 1200℃的 CVD 反应炉中，提纯的 TCS 与氢气反应生成的：

$$\text{SiHCl}_3\text{（液体）} + \text{H}_2 \rightarrow \text{Si（EG）} + 3\text{HCl} \tag{4.15}$$

还有一种中间化合物，如 SiH_4，也可以被分解生成 EG 多晶硅：

$$\text{SiH}_4 + \text{H}_2 \rightarrow \text{Si（EG）} + 3\text{H}_2 \tag{4.16}$$

4.3.2　单晶生长法

丘克拉斯基法(The Czochralski method，又名提拉法，CZ 法)

在提拉法(CZ 法)中，如上所述获得的 EG 多晶硅在石英坩埚中熔化(见图 4.2)。籽晶晶体被浸入熔融的多晶硅中，慢慢地向上拉。在拉动的同时，它也会旋转。通过从熔体中拉出/旋转出晶体，形成一个圆柱形的单晶硅锭。在操作过程中必须严格监控的重要参数有：温度梯度、晶体的拉速和旋转速度。该过程在石英室中的氩气环境中进行。

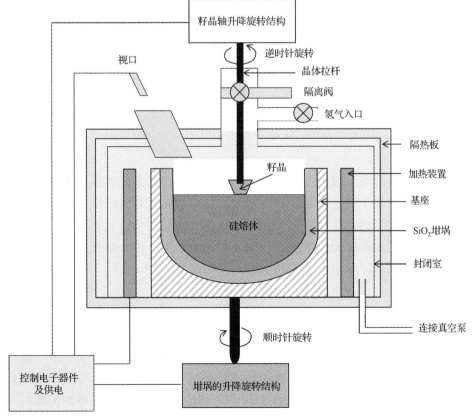

图 4.2　CZ 法单晶硅生长技术

悬浮区熔法（Float-zone method，区熔法）

熔区沿硅棒缓慢移动（见图 4.3），杂质向液化侧分离，使固化部分处于纯净状态。

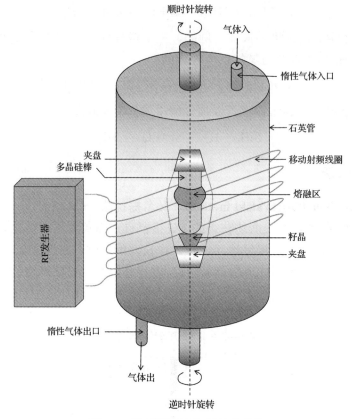

图 4.3　通过区熔法生长的硅晶体

4.3.3　光刻

光刻曝光和掩模对准系统有若干种。光刻技术已承担硅器件和集成电路制造的主要重任。这项技术广泛应用于确定微米和亚微米的几何结构，直到对最小特征尺寸施加限制的光的波长。有两种类型的光敏材料可供使用：正性光刻胶和负性光刻胶。曝光时正性光刻胶变软，而负性光刻胶在曝光区域变硬。图 4.4(a)所示为一种光学掩模对准器，即投影蚀刻系统。在纳米范围内，采用电子束(e-beam)光刻技术[图 4.4(b)]。

4.3.4　硅热氧化

硅热氧化工艺通过将硅片曝露于氧气或纯氧气体中，或通过将氧气吹入热水中并将水蒸气输送到高温 900℃ 至 1200℃ 的炉内，在晶片表面形成优质二氧化硅。当单独使用氧气时，该过程称为干式氧化。如果氧气流经热水，则称为湿式氧化。这些氧化物起到绝缘作用，它们用作扩散掩模以产生窗口，通过该窗口可在指定区域执行选择性扩散：

$$Si + O_2 = SiO_2 \tag{4.17}$$

$$Si + 2H_2O = SiO_2 + 2H_2 \ (g) \tag{4.18}$$

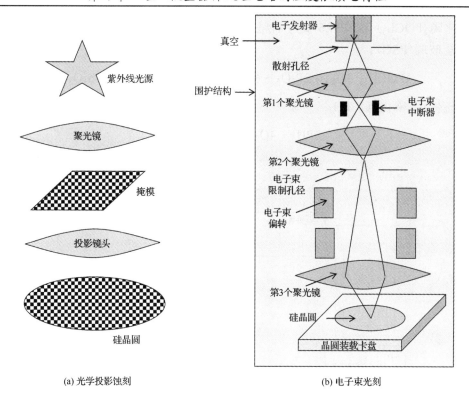

(a) 光学投影蚀刻　　　　　　　　　　　　(b) 电子束光刻

图 4.4　光刻技术

4.3.5　硅的 n 型热扩散掺杂

在图 4.5 中，绘制了硅的能带图，显示了通常用作生产 n 型和 p 型材料的掺杂剂的杂质的能级。

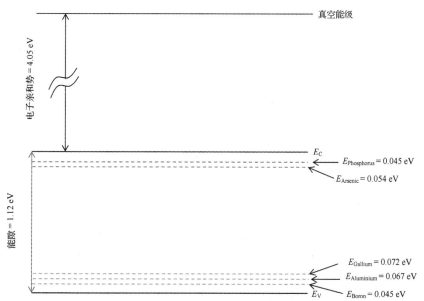

图 4.5　硅的能带图显示了 n 型掺杂常用杂质（P 和 As）和 p 型掺杂常用杂质（B, Al, Ga）的能级

氯氧化磷（POCL$_3$）（见图 4.6）是一种液体掺杂源，用于在 900℃ 至 1000℃ 下在硅片上形成磷硅酸盐玻璃（PSG）：

$$4POCl_3 + 3O_2 \rightarrow 2P_2O_5 + 6Cl_2;\ 2P_2O_5 + 5Si \rightarrow 4P + 5SiO_2 \tag{4.19}$$

也可使用气体源（磷化氢，PH$_3$）：

$$2PH_3 + 4O_2 \rightarrow P_2O_5 + 3H_2O \tag{4.20}$$

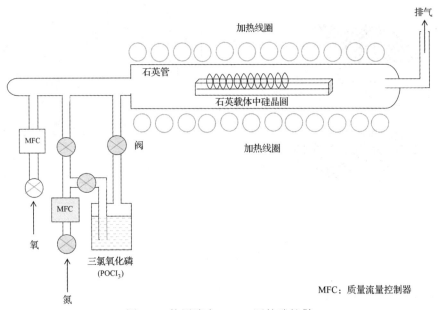

图 4.6　使用液态 POCl$_3$ 源的磷扩散

4.3.6　硅的 p 型热扩散掺杂

硼（B）源是氮化硼的陶瓷晶片，在 1000℃ 氧气环境下氧化形成 B$_2$O$_3$ 玻璃。在硼沉积过程中，B$_2$O$_3$ 从氮化硼晶片蒸发并在硅片上冷凝为玻璃层［硼硅酸盐玻璃（BSG）］，用作元素硼的来源：

$$2B_2O_3 + 3Si \rightarrow 4B + 3SiO_2 \tag{4.21}$$

有时也使用二硼烷（B$_2$H$_6$）等气体源形成 B$_2$O$_3$ 玻璃：

$$B_2H_6 + 3O_2 \rightarrow B_2O_3 + 3H_2O \tag{4.22}$$

4.3.7　离子注入掺杂

作为扩散的替代方法，预沉积是通过离子注入进行的（见图 4.7），这是一种室温下的技术，在这种技术中，从气体源获得的离子束，例如硼的三氟化硼（BF$_3$）、磷的磷化氢（PH$_3$）等，通过离子的电荷质量比分离、聚焦、加速电场，并扫描整个硅片。离子束的能量决定掺杂深度，以（离子·cm^{-2}）为单位测量的剂量决定浓度。离子注入后，在 900℃ 下进行 30

分钟的热退火。这一步骤至关重要，原因有二。首先，对离子轰击造成的损伤进行退火处理；其次，将杂质离子从间隙位置转移到替代位置。为了将注入的离子扩散到半导体晶体的更深处，可能需要在 1100℃ 到 1200℃ 的温度下进行高温注入。离子注入的典型参数是：加速器能量 = 1～500 keV，剂量=10^{11}～10^{16} 离子·cm^{-2}。离子注入机是根据它们所使用的束流大小来分类的。中束流注入机的离子束电流范围从约 10 μA 到 2 mA；大束流注入机的离子束电流可达 30 mA。

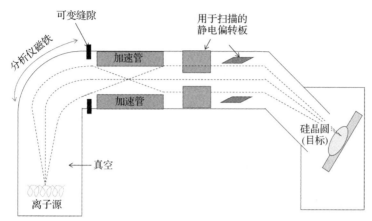

图 4.7　离子注入机

4.3.8　低压化学气相沉积（LPCVD）

对于低压 CVD（Low-Pressure Chemical Vapor Depositon，LPCVD），石英管（见图 4.8）中的启动压力为 0.1 Pa，工作气体(稀释气体+反应物质)在 10～1000 Pa 下引入，用于沉积多晶硅、氮化硅和掺杂的氧化物，如硼硅酸盐玻璃（BSG）和磷硅酸盐玻璃（PSG）。多晶硅的温度范围为 600℃ 至 660℃，BSG 为 850℃ 至 950℃，PSG 为 950℃ 至 1100℃。

可通过硅烷（SiH_4）的热解获得多晶硅：

$$SiH_4 = Si + 2H_2 \tag{4.23}$$

或使用三氯氢硅（$SiHCl_3$）：

$$SiHCl_3 + H_2 = Si + 3HCl \tag{4.24}$$

还可使用硅烷（SiH_4）、二氯硅烷（SiH_2Cl_2）或四乙基原硅酸酯［TEOS、$Si(OC_2H_5)_4$］沉积二氧化硅：

$$SiH_4 + O_2 = SiO_2 + 2H_2 \tag{4.25}$$

$$SiH_2Cl_2 + 2N_2O = SiO_2 + 2N_2 + 2HCl \tag{4.26}$$

$$Si(OC_2H_5)_4 + 12O_2 = SiO_2 + 10H_2O + 8CO_2 \tag{4.27}$$

氮化硅（Si_3N_4）的沉积反应如下：

$$3SiH_4 + 4NH_3 = Si_3N_4 + 12H_2 \tag{4.28}$$

$$3SiH_2Cl_2 + 4NH_3 = Si_3N_4 + 6HCl + 6H_2 \tag{4.29}$$

使用六氟化钨（WF$_6$）和硅烷沉积钨：

$$WF_6 + 2SiH_4 = W + 2SiHF_3 + 3H_2 \tag{4.30}$$

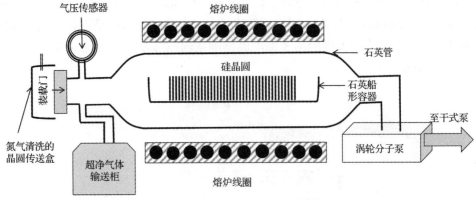

图 4.8 低压化学气相沉积系统

4.3.9 等离子体增强化学气相沉积（PECVD）

在采用平行板电极的等离子体增强 CVD（Plasma-Enhanced Chemiced Vapor Depositon，PECVD）中，等离子体由射频信号激发（见图 4.9）。低温等离子体中电子的能量有助于 PECVD 比 LPCVD 在相对较低的温度（100～400℃）下工作。该方法广泛用于二氧化硅（SiO$_2$）、氮化硅（Si$_3$N$_4$）和氮氧化硅（Si$_x$O$_y$N$_z$）膜的沉积。

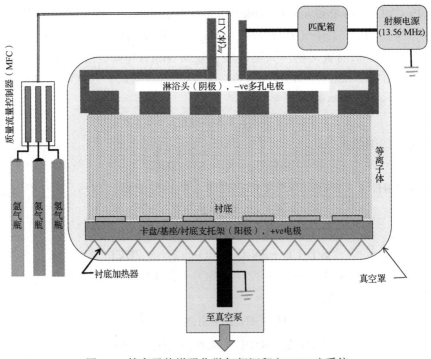

图 4.9 等离子体增强化学气相沉积（PECVD）系统

4.3.10　原子层沉积

原子层沉积（Atomic Layer Deposition，ALD）可称为 CVD 的子类或先进的薄膜涂层技术。在这种方法中，以精确控制的方式沉积了具有纳米厚度的超薄、共形、致密、无缺陷的薄膜（主要是氧化物，例如 Al_2O_3，HfO_2，Ta_2O_5，V_2O_5，ZrO_2 等）。连续的原子层通常是由两个称为前驱体的化学物质与衬底材料按顺序反应形成的。该反应可分为两个反应步骤，并且所有前驱体不得相互接触。该过程也是自限性的。

首先，使衬底材料表面曝露于第一前驱体。然后，通过在反应室中引入清洁气体，将任何未反应的过量前驱体排出。在去除前驱体之后，将衬底材料曝露于第二前驱体。然后再次对反应室进行吹扫以除去第二前驱体。重复几次这样的循环，直到达到所需的薄膜厚度。

4.3.11　硅的欧姆（非整流）接触

金属化技术包括热蒸发或电子束蒸发（见图 4.10）和溅射（见图 4.11）。所用材料包括：p型硅上的铝或重掺杂 n 型硅；n 型硅上的硅化物（$TiSi_2$、$CoSi_2$、WSi_2、$TaSi_2$ 和 $MoSi_2$）、W、TiN 等（Sinha，1981）。

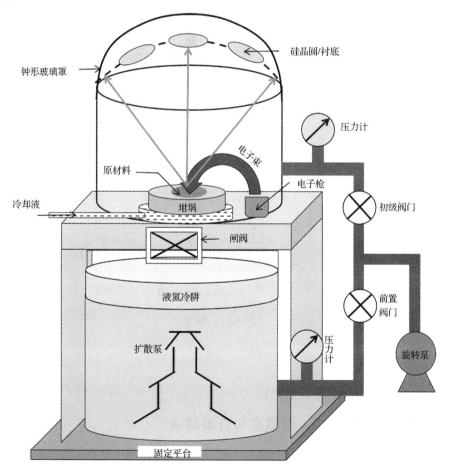

图 4.10　电子束蒸发系统

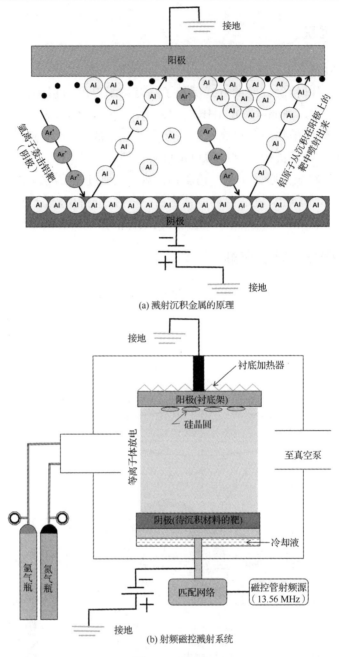

(a) 溅射沉积金属的原理

(b) 射频磁控溅射系统

图 4.11　溅射

4.3.12　硅的肖特基接触

例如：中等或低掺杂 n 型硅上的铝。

4.3.13　硅集成电路中的 pn 结隔离与介电隔离

在集成电路芯片上制作的各种元件由两种主要类型的硅隔离技术隔开，即结隔离和介电隔离。在 pn 结隔离 (见图 4.12) 中，n 型岛形成于 p 型起始衬底上，基于此制造了不同的器件与设备。在电路工作期间，p 型衬底相对于剩余芯片保持在最负电位。以这种方式，反向偏压 pn 结二极管用作电绝缘材料。使用这种方法的显著优势是它与集成电路处理的兼容性。缺点是产生隔离所需的扩散时间长、横向扩散消耗大量芯片面积以及引入杂散电容。在高温下，结隔离漏电流严重，使芯片的性能降低。由光子辐射产生的电子空穴对(EHP)进一步恶化了这种情况。

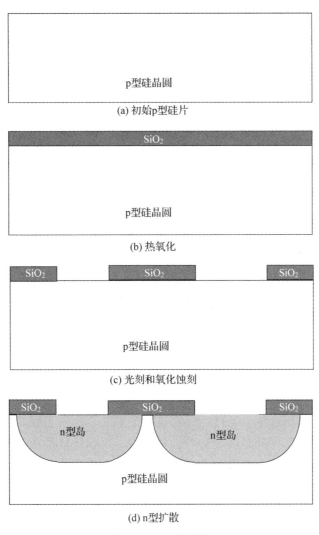

图 4.12　pn 结隔离

介电隔离(见图 4.13)解决了杂散电容和漏电流问题。二氧化硅的介电常数(3.9 F/m)是硅的介电常数(11.7 F/m)的 1/3，从而减小了电容效应。SiO_2 热电阻的直流电阻为 $10^{14} \sim 10^{16} \Omega \cdot cm$，无须按照结隔离的要求将其保持在负电位。SOI 技术是一种半导体制造技术，它不使用传统的块状硅晶圆作为初始材料，而是使用一种复合材料，包括形成在薄的热生长 SiO_2 绝缘层上的几纳米到几微米厚的单晶硅的最顶层薄层，称为活性硅层，其厚度范围从亚微米到 1 μm，称为氧化物埋层(BOX)，也称埋氧层，其在几百微米厚的底部硅层上，此时的晶圆被称为处理晶圆。晶体管和其他器件形成于有源硅层中，其下方的 BOX 层提供了隔离。

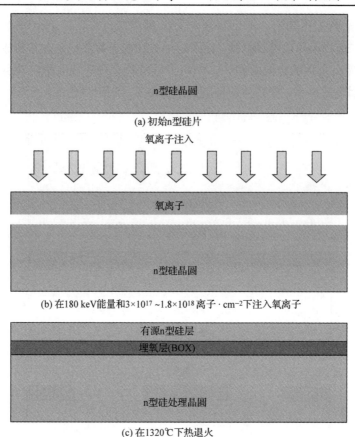

图 4.13   SOI 晶圆制作的介电隔离。该过程称为氧注入分离（SIMOX）

4.4   温度对双极型器件的影响

由于许多具体应用要求电子器件能够在较宽的温度范围内工作，因此在整个器件设计过程中必须考虑半导体器件随温度变化的性能参数，以保证器件在热漂移过程中能够很好地工作。有趣的是，许多器件参数随着温度的降低呈现有利变化，而还有一些参数则随着温度的升高呈现有利变化。因此，温度的升高或降低，其影响不能总是说对现有的应用有利或不利，必须分别检查每个参数。

4.4.1   pn 结二极管电流-电压特性的肖克莱方程

最简单的半导体器件是 pn 结二极管，包括 p 型和 n 型半导体之间的界面或边界（见图 4.14）。其特性是只允许电流在一个方向上流动，而在相反的方向阻塞电流。

根据理论推导的肖克莱（Shockley）方程（Leach，2004），给出了通过平行平面 pn 结二极管的电流 i，它是施加在其端子上的电压 v 的函数：

$$i = I_S \left\{ \exp\left(\frac{qv}{\eta k_B T} \right) - 1 \right\} \tag{4.31}$$

式中，I_S 是无光照区的反向饱和电流（$= 1 \times 10^{-12}$A），η 是发射系数或理想因子（$1 \leqslant \eta \leqslant 2$），$q$

是电子电荷(= 1.6×10⁻¹⁹ C)，k_B 是玻尔兹曼常数(= 8.62×10⁻⁵ eV·K⁻¹)，T 是热力学温度。

发射系数 η 解释了耗尽区电子和空穴的复合导致流过二极管的电流减少。当这种复合很小时，$\eta = 1$。但如果发生明显的复合，则 $\eta = 2$。因此，η 的值取决于两个因素：(i)半导体材料和(ii)二极管 p 区和 n 区的掺杂浓度。通常，对于间接能带隙半导体，如 Si、Ge，$\eta=1$；对于直接能带隙半导体，如 GaAs、InP，$\eta = -2$。有时对于形成 IC 的子组件的 Si 二极管而言，$\eta = 1$，以及对于分立硅二极管，$\eta = 2$。

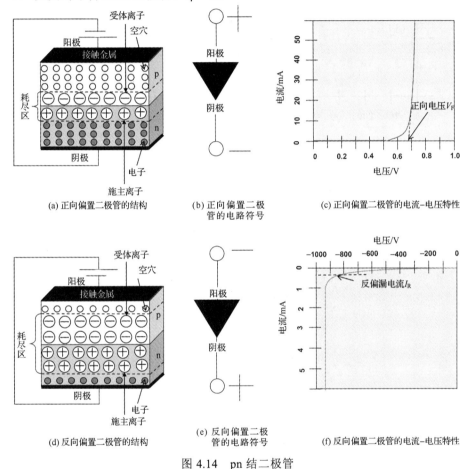

图 4.14 pn 结二极管

子表达式 $k_B T/q$ 具有电压的维数，被称为热电压 V_{Thermal}。室温下，

$$V_{\text{Thermal}} = (k_B T)/q = 25.9 \text{ mV} \tag{4.32}$$

根据热电压 V_{Thermal}，二极管电流方程(4.31)可写为

$$i = I_S \left\{ \exp\left(\frac{v}{\eta V_{\text{Thermal}}}\right) - 1 \right\} \tag{4.33}$$

根据该关系，饱和电流随温度变化(Leach，2004)，

$$I_S = KT^{3/\eta} \exp\left(-\frac{E_G}{\eta V_{\text{Thermal}}}\right) \tag{4.34}$$

式中 K 是与结的横截面积成正比的常数，E_G 是制造二极管的半导体的能带隙。

4.4.2 pn 结二极管正向压降

图 4.15 显示了 pn 结二极管的正向电流-电压特性随温度变化的趋势。

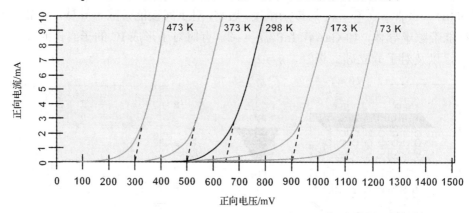

图 4.15 pn 结二极管的正向电流-电压特性与温度的关系

方程(4.33)求解二极管电压 v 如下:

$$\frac{i}{I_S} = \exp\left(\frac{v}{\eta V_{\text{Thermal}}}\right) - 1$$

或

$$\frac{i}{I_S} + 1 = \exp\left(\frac{v}{\eta V_{\text{Thermal}}}\right)$$

或

$$\ln\left(\frac{i}{I_S} + 1\right) = \frac{v}{\eta V_{\text{Thermal}}} \tag{4.35}$$

所以,

$$v = \eta V_{\text{Thermal}}\ln\left(\frac{i}{I_S} + 1\right) \approx \eta V_{\text{Thermal}}\ln\left(\frac{i}{I_S}\right) \tag{4.36}$$

在这个方程中,V_{Thermal} 和 I_S 与温度有关。保持 i 不变,应用导数的除法法则和复合函数求导法则,得到

$$\begin{aligned}
\frac{dv}{dT} &= \eta\frac{dV_{\text{Thermal}}}{dT}\ln\left(\frac{i}{I_S}\right) + \eta V_{\text{Thermal}}\frac{d}{dT}\left\{\ln\left(\frac{i}{I_S}\right)\right\} \\
&= \eta\frac{dV_{\text{Thermal}}}{dT}\ln\left(\frac{i}{I_S}\right) + \eta V_{\text{Thermal}}\left\{1\Big/\left(\frac{i}{I_S}\right)\right\}\left(\frac{-i}{I_S^2}\right)\left(\frac{dI_S}{dT}\right) \\
&= \eta\frac{dV_{\text{Thermal}}}{dT}\ln\left(\frac{i}{I_S}\right) - \eta V_{\text{Thermal}}\left(\frac{1}{I_S}\right)\left(\frac{dI_S}{dT}\right)
\end{aligned} \tag{4.37}$$

为了确定 dv/dT,有必要确定 dV_{Thermal}/dT 和 dI_S/dT,则有,

$$\frac{\mathrm{d}V_{\mathrm{Thermal}}}{\mathrm{d}T} = \frac{\mathrm{d}}{\mathrm{d}T}\left(\frac{k_{\mathrm{B}}T}{q}\right) = \left(\frac{k_{\mathrm{B}}}{q}\right) \tag{4.38}$$

$$\frac{\mathrm{d}I_{\mathrm{S}}}{\mathrm{d}T} = \frac{\mathrm{d}}{\mathrm{d}T}\left\{KT^{3/\eta}\exp\left(-\frac{E_{\mathrm{G}}}{\eta V_{\mathrm{Thermal}}}\right)\right\} = \frac{\mathrm{d}}{\mathrm{d}T}\left\{KT^{3/\eta}\exp\left(-\frac{qE_{\mathrm{G}}}{\eta k_{\mathrm{B}}T}\right)\right\}$$

$$= \frac{3}{\eta}KT^{(3/\eta)-1}\exp\left(-\frac{qE_{\mathrm{G}}}{\eta k_{\mathrm{B}}T}\right) + KT^{3/\eta}\left(\frac{qE_{\mathrm{G}}}{\eta k_{\mathrm{B}}T^2}\right)\exp\left(-\frac{qE_{\mathrm{G}}}{\eta k_{\mathrm{B}}T}\right)$$

$$= \frac{3}{\eta T}KT^{3/\eta}\exp\left(-\frac{qE_{\mathrm{G}}}{\eta k_{\mathrm{B}}T}\right) + \left(\frac{qE_{\mathrm{G}}}{\eta k_{\mathrm{B}}T}\right)\left(\frac{1}{T}\right)KT^{3/\eta}\exp\left(-\frac{qE_{\mathrm{G}}}{\eta k_{\mathrm{B}}T}\right)$$

$$= \frac{3}{\eta T}KT^{3/\eta}\exp\left\{-\frac{E_{\mathrm{G}}}{\eta\left(\frac{k_{\mathrm{B}}T}{q}\right)}\right\} + \left\{\frac{E_{\mathrm{G}}}{\eta\left(\frac{k_{\mathrm{B}}T}{q}\right)}\right\}\left(\frac{1}{T}\right)KT^{3/\eta}\exp\left\{-\frac{E_{\mathrm{G}}}{\eta\left(\frac{k_{\mathrm{B}}T}{q}\right)}\right\} \tag{4.39}$$

$$= \frac{3}{\eta T}KT^{3/\eta}\exp\left(-\frac{E_{\mathrm{G}}}{\eta V_{\mathrm{Thermal}}}\right) + \left(\frac{E_{\mathrm{G}}}{\eta V_{\mathrm{Thermal}}}\right)\left(\frac{1}{T}\right)KT^{3/\eta}\exp\left(-\frac{E_{\mathrm{G}}}{\eta V_{\mathrm{Thermal}}}\right)$$

$$= \frac{3}{\eta T}I_{S} + \left(\frac{E_{\mathrm{G}}}{\eta V_{\mathrm{Thermal}}}\right)\frac{1}{T}I_{S} = I_{S}\left(\frac{3}{\eta T} + \frac{E_{\mathrm{G}}}{\eta T V_{\mathrm{Thermal}}}\right)$$

将方程 (4.38) 中的 $\mathrm{d}V_{\mathrm{Thermal}}/\mathrm{d}T$ 和方程 (4.39) 中的 $\mathrm{d}I_{\mathrm{S}}/\mathrm{d}T$ 代入方程 (4.37)，得到

$$\frac{\mathrm{d}v}{\mathrm{d}T} = \eta\left(\frac{k_{\mathrm{B}}}{q}\right)\ln\left(\frac{i}{I_{\mathrm{S}}}\right) - \eta V_{\mathrm{Thermal}}\left(\frac{1}{I_{\mathrm{S}}}\right)I_{S}\left(\frac{3}{\eta T} + \frac{E_{\mathrm{G}}}{\eta T V_{\mathrm{Thermal}}}\right) \tag{4.40}$$

从式 (4.36) 中已知

$$v = \eta V_{\mathrm{Thermal}}\ln\left(\frac{i}{I_{\mathrm{S}}}\right) \tag{4.41}$$

所以，

$$\frac{\mathrm{d}v}{\mathrm{d}T} = \frac{1}{T}\eta\left(\frac{k_{\mathrm{B}}T}{q}\right)\ln\left(\frac{i}{I_{\mathrm{S}}}\right) - \eta V_{\mathrm{Thermal}}\left(\frac{3}{\eta T} + \frac{E_{\mathrm{G}}}{\eta T V_{\mathrm{Thermal}}}\right)$$

$$= \frac{v}{T} - \frac{3V_{\mathrm{Thermal}}}{T} - \frac{E_{\mathrm{G}}}{T} = \frac{v - (3V_{\mathrm{Thermal}} + E_{\mathrm{G}})}{T} \tag{4.42}$$

对于硅二极管，$v = 0.7$ V，$E_{\mathrm{G}} = 1.11$ eV。由于室温下 $V_{\mathrm{Thermal}} = 0.0259$ V，$T = 300$ K，可得

$$\frac{\mathrm{d}v}{\mathrm{d}T} = \frac{0.7 - (3\times0.0259 + 1.11)}{300} = -\frac{0.4877}{300} \tag{4.43}$$

$$= -0.0016 \text{ V}\cdot\text{K}^{-1} = -1.6 \text{ mV}\cdot\text{K}^{-1} \approx -2 \text{ mV}\cdot\text{K}^{-1}$$

因此，通过硅 pn 结二极管的正向电压下降了约 2 mV·K^{-1} 或 2 mV·℃$^{-1}$。

温度每下降 1℃，二极管的正向电压降就会增大 2 mV（Godse and Bakshi，2009）。因此，如果硅二极管的正向电压在 25℃ 时为 0.71 V，当温度降低到 −55℃，正向电压的增大量为 $2\times10^{-3}\times(25+55) = 0.16$ V，电压为 0.71+0.16 V = 0.87 V。

4.4.3　肖特基二极管正向电压

图 4.16 显示了肖特基二极管(SBD)的原理图及其电路符号。SBD 的正向电压随温度的变化趋势如图 4.17 所示。

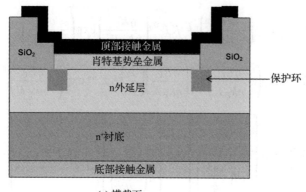

(a) 横截面

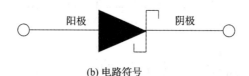

(b) 电路符号

图 4.16　肖特基二极管原理图及其电路符号

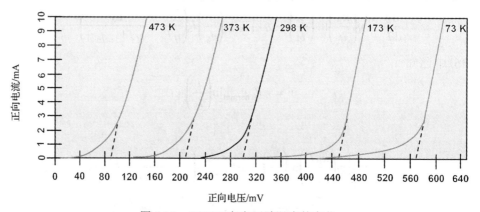

图 4.17　SBD 正向电压随温度的变化

根据经典的热电子发射理论,肖特基二极管的静态电流(I_d)-电压(V_d)特性由以下方程描述(Cory,2009):

$$I_\mathrm{d} = I_\mathrm{D0}\Big[\exp\big\{(qV_\mathrm{d})/(nk_\mathrm{B}T)\big\} - 1\Big] \tag{4.44}$$

其中 I_D0 为反向饱和电流,由下式给出:

$$I_\mathrm{D0} = K_\mathrm{SB}T^2\exp\big\{(-q\phi_\mathrm{B})/(k_\mathrm{B}T)\big\} \tag{4.45}$$

式中,$K_\mathrm{SB} = A^*A$,A^* 是有效理查森常数,A 是二极管的有效面积,而 ϕ_B 是肖特基势垒的高度。常数 n 是描述实际肖特基二极管偏离理论的理想因素,$n = 1$ 表示理想二极管。

取 $n=1$，方程（4.44）可写为

$$I_d/I_{D0} = \exp\{(qV_d)/(k_BT)\} - 1 \tag{4.46}$$

忽略右侧的统一性，等式（4.46）简化为

$$I_d/I_{D0} = \exp\{(qV_d)/(k_BT)\} \tag{4.47}$$

两边取自然对数，则有

$$\ln(I_d/I_{D0}) = (qV_d)/(k_BT)$$

或

$$V_d = \{k_BT\ln(I_d/I_{D0})\}/q \tag{4.48}$$

根据式（4.48），保持 I_d 不变，两边对 T 求导，则有

$$
\begin{aligned}
\frac{dV_d}{dT} &= \left(\frac{k_B}{q}\right)\ln(I_d/I_{D0}) + \left(\frac{k_BT}{q}\right)\frac{1}{(I_d/I_{D0})} \times \frac{-I_d(dI_{D0}/dT)}{(I_{D0})^2} \\
&= \frac{1}{T}\left(\frac{k_BT}{q}\right)\ln(I_d/I_{D0}) - \left(\frac{k_BT}{q}\right)\frac{dI_{D0}/dT}{I_{D0}} \\
&= \frac{V_d}{T} - \left(\frac{k_BT}{q}\right)\frac{dI_{D0}/dT}{I_{D0}}
\end{aligned}
\tag{4.49}
$$

由式（4.45），

$$
\begin{aligned}
\frac{dI_{D0}}{dT} &= \frac{d\left[K_{SB}T^2\exp\{(-q\phi_B)/(k_BT)\}\right]}{dT} \\
&= K_{SB} \times 2T\exp\{(-q\phi_B)/(k_BT)\} \\
&\quad + K_{SB}T^2\exp\{(-q\phi_B)/(k_BT)\} \times \left(\frac{-q}{k_B}\right) \times \frac{-\phi_B}{T^2} \\
&= \left(\frac{2}{T}\right)\left[K_{SB} \times T^2\exp\{(-q\phi_B)/(k_BT)\}\right] \\
&\quad + \left(\frac{1}{T}\right)K_{SB}T^2\exp\{(-q\phi_B)/(k_BT)\} \times \left(\frac{q}{k_B}\right) \times \frac{\phi_B}{T} \\
&= \left(\frac{2}{T}\right)I_{D0} + \left(\frac{1}{T}\right)I_{D0} \times \left(\frac{q\phi_B}{k_BT}\right)
\end{aligned}
\tag{4.50}
$$

再次使用式（4.45）得

$$\frac{dI_{D0}}{dT} = \left(\frac{I_{D0}}{T}\right)\left\{2 + \left(\frac{q\phi_B}{k_BT}\right)\right\} \tag{4.51}$$

将式（4.51）中的 dI_{D0}/dT 代入式（4.49），得到

$$\frac{dV_d}{dT} = \frac{V_d}{T} - \left(\frac{k_BT}{q}\right)\frac{\left(\frac{I_{D0}}{T}\right)\left\{2 + \left(\frac{q\phi_B}{k_BT}\right)\right\}}{I_{D0}} = \frac{V_d}{T} - \left(\frac{k_BT}{q}\right)\left(\frac{1}{T}\right)\left\{2 + \left(\frac{q\phi_B}{k_BT}\right)\right\} \tag{4.52}$$

对于使用硅上的铝肖特基接触制成的肖特基二极管，在 $T = 300$ K 时，$\phi_B = 0.7$ eV。如果 $V_d = 0.4$ V，

$$
\begin{aligned}
\frac{\mathrm{d}V_d}{\mathrm{d}T} &= \frac{0.4}{300} - (8.62 \times 10^{-5} \times 300) \times \left(\frac{1}{300}\right) \times \left\{ 2 + \left(\frac{0.7}{8.62 \times 10^{-5} \times 300}\right) \right\} \\
&= 1.33 \times 10^{-3} - (8.62 \times 10^{-5}) \times (2 + 27.0688) \\
&= 1.33 \times 10^{-3} - 2.50573 \times 10^{-3} \\
&= -1.17573 \times 10^{-3} \ \mathrm{V \cdot K^{-1}} \\
&= -1.17573 \ \mathrm{mV \cdot K^{-1}} \approx -1.2 \ \mathrm{mV \cdot K^{-1}}
\end{aligned}
\tag{4.53}
$$

因此，肖特基二极管正向压降的温度系数 (TC) 约为 -1.2 mV $\cdot$ K^{-1}，小于 pn 结二极管正向压降的温度系数 (约为 -2 mV $\cdot$ K^{-1})。

4.4.4　pn 结二极管反向漏电流

当二极管处于反向偏置时，会在结上流过小电流，该电流是由跨结在 n 侧上的少数载流子空穴和 p 侧上的少数载流子电子的扩散引起的。因此，其大小取决于少数载流子的扩散系数。另外，在耗尽区中产生的载流子也有助于该电流。在一定范围内，该电流随着反向电压的增大而保持恒定，因此称为反向饱和电流。但是它对温度变化非常敏感 (见图 4.18)。

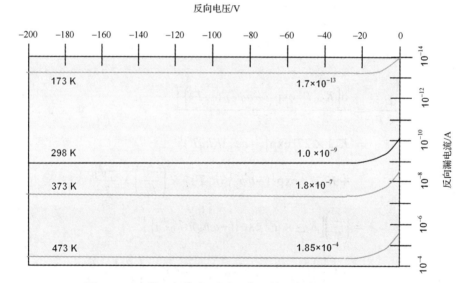

图 4.18　pn 结二极管在不同温度下的反向电流-电压特性

由于

$$
\frac{\mathrm{d}\{\ln(I_S)\}}{\mathrm{d}T} = \left(\frac{1}{I_S}\right)\frac{\mathrm{d}I_S}{\mathrm{d}T}
\tag{4.54}
$$

代入由式 (4.39) 得出的 $\mathrm{d}I_S/\mathrm{d}T$ 的值，

$$
\begin{aligned}
\frac{\mathrm{d}\{\ln(I_S)\}}{\mathrm{d}T} &= \left(\frac{1}{I_S}\right)\frac{\mathrm{d}I_S}{\mathrm{d}T} = \left(\frac{1}{I_S}\right)I_S\left(\frac{3}{\eta T} + \frac{E_G}{\eta T V_{\mathrm{Thermal}}}\right) \\
&= \frac{3}{\eta T} + \frac{E_G}{\eta T V_{\mathrm{Thermal}}}
\end{aligned}
$$

或

$$\frac{\Delta\{\ln(I_S)\}}{\Delta T} = \frac{3}{\eta T} + \frac{E_G}{\eta T V_{Thermal}} \tag{4.55}$$

所以，

$$\Delta\{\ln(I_S)\} = \left(\frac{3}{\eta T} + \frac{E_G}{\eta T V_{Thermal}}\right)\Delta T \tag{4.56}$$

如果温度为 T 时 $I_S = I_{S1}$，温度为 $T+\Delta T$ 时 $I_S = I_{S2}$，则

$$\ln\left(\frac{I_{S2}}{I_{S1}}\right) = \left(\frac{3}{\eta T} + \frac{E_G}{\eta T V_{Thermal}}\right)\Delta T$$

或

$$\frac{I_{S2}}{I_{S1}} = \exp\left\{\left(\frac{3}{\eta T} + \frac{E_G}{\eta T V_{Thermal}}\right)\Delta T\right\} \tag{4.57}$$

对于室温下的硅二极管，$T = 300$ K，$E_G = 1.11$ eV，$V_{Thermal} = 0.0259$ V。假设 $\Delta T = 10℃$，取 $\eta=1$，

$$\begin{aligned}\frac{I_{S2}}{I_{S1}} &= \exp\left\{\left(\frac{3}{1 \times 300} + \frac{1.11}{1 \times 300 \times 0.0259}\right) \times 10\right\}\\ &= \exp\{(0.01 + 0.1429) \times 10\}\\ &= \exp(1.529) = 4.61\end{aligned} \tag{4.58}$$

取 $\eta=2$，

$$\begin{aligned}\frac{I_{S2}}{I_{S1}} &= \exp\left\{\left(\frac{3}{2 \times 300} + \frac{1.11}{2 \times 300 \times 0.0259}\right) \times 10\right\}\\ &= \exp\{(0.005 + 0.07143) \times 10\}\\ &= \exp(0.7643) = 2.15\end{aligned} \tag{4.59}$$

因此，对于每 10℃ 的温升，如果 $\eta = 1$，硅二极管的漏电流增大四倍，如果 $\eta = 2$，则增大一倍。当 $\eta = 2$ 时，硅二极管的反向漏电流每下降 10℃ 就减半。因此，如果 25℃ 时反向电流为 1 nA，则 15℃ 时反向电流将降至 1/2 nA，5℃ 时为 1/4 nA，−5℃ 时为 1/8 nA，−15℃ 时为 1/16 nA，−25℃ 时为 1/32 nA，−35℃ 时为 1/64 nA，−45℃ 时为 1/128 nA，−55℃ 时为 1/256 nA= 0.0039 nA=3.9 pA。温度降低了 80℃=8×10℃。因此，反向电流=$(1/2^8)×1$ nA=$(1/256)×1$ nA= 3.9 pA。

温度每升高 10℃，反向漏电流就增大一倍，用数学公式表示为

$$I_S(T) = I_S(T_0)2^{(T-T_0)/10℃} \tag{4.60}$$

其中，$I_S(T)$ 和 $I_S(T_0)$ 分别是温度 T，T_0 时的漏电流。

4.4.5　pn 结二极管雪崩击穿电压

如图 4.19 所示，pn 结二极管的击穿电压随温度的升高而升高。

在称为临界电场(于硅而言约为 $3×10^5$ V·cm^{-1})的超高电场中，电子(少数载流子)获得能量的速度非常快。在反向偏置 pn 结中，电子通过发射光学声子而获得能量的速度高于电子通过发射光学声子而失去能量的速度。结果，高能电子与价带中的束缚电子碰撞。通过

碰撞，它们激发结合的电子进入导带，产生一个自由电子-空穴对。这种现象被称为碰撞电离（Mukherjee，2011）。

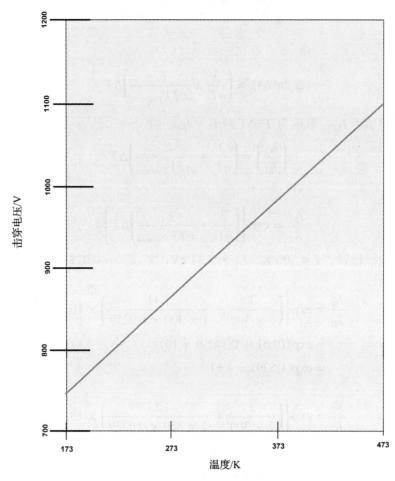

纵轴：击穿电压/V（700、800、900、1000、1100、1200）
横轴：温度/K（173、273、373、473）

图 4.19　pn 结二极管击穿电压随温度的变化

雪崩击穿是用基于一个重要参数电离系数 α 的电离积分来解释的。它是载流子沿电场方向穿越单位距离所完成的电离碰撞的平均数。电离积分在临界电场处变成一个单位，

$$\int_0^W \alpha_p \exp\left\{ \int_0^x (\alpha_n - \alpha_p)\mathrm{d}x \right\} \mathrm{d}x = 1 \tag{4.61}$$

式中，W 是耗尽区的宽度，α_n，α_p 分别是电子和空穴的电离系数。为了研究击穿电压随温度的变化，应特别注意电离系数。

根据 Chang 等人（1971）的分析，电子或空穴的电离率 α 与 3 个材料参数相关：

(i) 电离阈值能量（W_I），即引起电离碰撞所需的最小能量。如果同时考虑到能量和动量守恒，则对于具有相同有效质量的抛物线能带结构，约为 $1.5E_g$（Maes，et al.，1990）：

$$W_I = 1.5E_g \tag{4.62}$$

(ii) 光学声子散射引起的平均能量损失（E_p）：

$$\langle E_p \rangle = E_p \tanh\left(\frac{E_p}{2k_B T} \right) \tag{4.63}$$

式中，E_p 是光学声子能量（对于硅而言，$E_p = 0.063\ \text{eV}$）

（iii）由 Crowell-Sze 方程（Crowell and Sze，1966）给出的散射引起的平均载流子平均自由程（λ）：

$$\lambda = \lambda_0 \tanh\left(\frac{E_p}{2k_B T}\right) \tag{4.64}$$

其中 λ_0 是高能低温渐近声子平均自由程（对于硅而言，$\lambda_0 = 76\ \text{Å}$）。

对于硅，在 4.2 K，77.2 K 和 300 K 下散射的平均能量损失计算如下：

当 4.2 K 时，

$$\langle E_p \rangle = 0.063 \tanh\left(\frac{0.063}{2 \times 8.617 \times 10^{-5} \times 4.2}\right) = 0.0630\ \text{eV} \tag{4.65}$$

当 77.2 K 时，

$$\langle E_p \rangle = 0.063 \tanh\left(\frac{0.063}{2 \times 8.617 \times 10^{-5} \times 77.2}\right) = 0.06299\ \text{eV} \tag{4.66}$$

当 300 K 时，

$$\langle E_p \rangle = 0.063 \tanh\left(\frac{0.063}{2 \times 8.617 \times 10^{-5} \times 300}\right) = 0.05287\ \text{eV} \tag{4.67}$$

300 K 时的平均能量损失小于 77.2 K 时的平均能量损失，而 77.2 K 时的平均能量损失小于 4.2 K 时的平均能量损失。平均能量损失的变化主要发生在 300～77.2 K 之间，77.2～4.2 K 之间变化较小。

这三种温度下相应的平均自由程为：

当 4.2 K 时，

$$\lambda = 76 \tanh\left(\frac{0.063}{2 \times 8.617 \times 10^{-5} \times 4.2}\right) = 76\ \text{Å} \tag{4.68}$$

当 77.2 K 时，

$$\lambda = 76 \tanh\left(\frac{0.063}{2 \times 8.617 \times 10^{-5} \times 77.2}\right) = 75.9883\ \text{Å} \tag{4.69}$$

当 300 K 时，

$$\lambda = 76 \tanh\left(\frac{0.063}{2 \times 8.617 \times 10^{-5} \times 300}\right) = 63.78053\ \text{Å} \tag{4.70}$$

4.2 K 时的平均自由程大于 77.2 K 时的平均自由程，大于 300 K 时的平均自由程。与之前一样，变化主要发生在 300 K 和 77.2 K 之间，但从 77.2 K 到 4.2 K 之间的变化要小得多。表 4.2 汇编了上述计算结果。

表 4.2　不同温度下的平均能量损失和平均自由程

温度/K	平均能量损失/eV	平均自由程/Å
4.2	0.630	76.0
77.2	0.06299	75.99
300	0.053	63.78

载流子从电场获得能量，并通过光学声子散射损失部分能量。在低温下，会发生以下事件：

(i) E_g 和 W_I 随着 T 的减小而增大：$T\downarrow$，$W_I\uparrow$。因此，更难引起电离。

(ii) 载流子的平均自由程 λ 更长，$T\downarrow$，$\lambda\uparrow$。因此，载流子可从场中获得更多能量，更容易电离。

(iii) 散射的平均能量损失更高，$T\downarrow$，$\langle E_p \rangle \uparrow$。因此，载流子的电离效率降低。

(iv) 散射事件频率降低。单位时间内散射事件的数量较少。散射造成的能量损失变得微不足道。很少的散射事件会造成能量损失，尽管在较低的温度下，每次散射事件的能量比在较高的温度下要大，但并不能阻止载流子获得较高的能量值，这大大抵消了第(iii)项的影响。

第(ii)和(iv)项的优势超过了第(i)和(iii)项，导致两个连续散射事件之间的加速能量大幅增加，由此，更多的载流子成功地达到了使电子从价带边缘迁移到导带所必需的电离阈能 W_I。因此，低温时击穿电压降低。

击穿电压随温度的降低而降低的原因是由于声子散射频率的降低增加了载流子的平均自由程。所以，在电荷载流子与晶格结构碰撞之前，耗尽区的电场可以获得更高的能量。较高的能量是在较低温度下发生碰撞电离和器件击穿的原因。

4.4.6 雪崩击穿电压温度系数分析模型

Waldron 等人(2005)从 Chynoweth 公式(Chynoweth，1958)开始，建立了碰撞电离的一阶模型，根据该公式，电子和空穴的电离系数 α_n，α_p 表示为(Reisch，2003)

$$\alpha_n = a_n \exp(-b_n/E) \tag{4.71}$$

$$\alpha_p = a_p \exp(-b_p/E) \tag{4.72}$$

其中，a_n、b_n、a_p、b_p 是取决于材料的设置参数，E 是横向电场的强度。在与电子运动方向垂直的大电场中，如在 MOSFET 的隧道中，Chynoweth 方程被修改为

$$\alpha_n = a_n \exp\{-(b_n|\boldsymbol{J}_n|)/(|\boldsymbol{E} \cdot \boldsymbol{J}_n|)\} \tag{4.73}$$

$$\alpha_p = a_p \exp\{-(b_p|\boldsymbol{J}_p|)/(|\boldsymbol{E} \cdot \boldsymbol{J}_p|)\} \tag{4.74}$$

其中，$\boldsymbol{J}_n$，$\boldsymbol{J}_p$ 是电子和空穴电流密度。在如今的分析中，同样的方程同时用于电子与空穴，

$$\alpha = a \exp(-b/E) \tag{4.75}$$

局部电场相关的电离系数的计算可以用肖克莱碰撞电离幸运电子模型来理解。肖克莱模型考虑了电子能量损失的两种主要机制，即光学声子散射和电子空穴对产生电子的能量超过电离阈值能量 W_I。肖克莱将 Chynoweth 方程中的参数 b 解释为

$$b = \frac{W_I(T)}{q\lambda(T)} \tag{4.76}$$

对于电荷 q，电子的平均自由程 λ。平均自由程由 Crowell–Sze 方程(4.64)给出。

根据 Ershov 和 Ryzhii(1995)对阈值电离能的建模，基于其与硅能带隙成比例的假设，可以写出

$$W_I(T) = C_1 + C_2 T + C_3 T^2 \tag{4.77}$$

其中，

$$C_1 = 1.1785 \text{ eV}$$

$$C_2 = -9.025 \times 10^{-5} \text{ eV·K}^{-1}$$

$$C_3 = -3.05 \times 10^{-7} \text{ eV·K}^{-2}, \quad T > 170 \text{ K}$$

电离系数的温度依赖性由温度系数定义为

$$\text{TC} = (1/\alpha)(\text{d}\alpha/\text{d}T) \tag{4.78}$$

将式(4.75)中的 α 代入式(4.78)，可以得到

$$
\begin{aligned}
\text{TC} &= \frac{1}{a\exp(-b/E)} \times \frac{\text{d}}{\text{d}T}\{a\exp(-b/E)\} \\
&= \frac{1}{a\exp(-b/E)} \times a\exp(-b/E) \times \frac{\text{d}}{\text{d}T}(-b/E) \\
&= \frac{\text{d}}{\text{d}T}(-b/E) = -\frac{1}{E}\left(\frac{\text{d}b}{\text{d}T}\right) = -\frac{1}{E}\frac{\text{d}}{\text{d}T}\left\{\frac{W_{\text{I}}(T)}{q\lambda(T)}\right\} \\
&= -\frac{1}{qE}\frac{\text{d}}{\text{d}T}\left\{\frac{W_{\text{I}}(T)}{\lambda(T)}\right\} \\
&= -\frac{1}{qE}\frac{(\text{d}W_{\text{I}}/\text{d}T)\lambda - W_{\text{I}}(\text{d}\lambda/\text{d}T)}{\lambda^2} \\
&= -\left(\frac{1}{qE}\right)\left\{\frac{(\text{d}W_{\text{I}}/\text{d}T)\lambda}{\lambda^2}\right\} + \left(\frac{1}{qE}\right)\left\{\frac{W_{\text{I}}(\text{d}\lambda/\text{d}T)}{\lambda^2}\right\} \\
&= \left(\frac{W_{\text{I}}}{qE\lambda}\right)\left\{\frac{1}{\lambda}\left(\frac{\text{d}\lambda}{\text{d}T}\right) - \frac{1}{W_{\text{I}}}\left(\frac{\text{d}W_{\text{I}}}{\text{d}T}\right)\right\}
\end{aligned}
\tag{4.79}
$$

式(4.79)中，大括号内的第一项是 λ 的温度系数。由式(4.64)可得

$$
\begin{aligned}
\frac{1}{\lambda}\left(\frac{\text{d}\lambda}{\text{d}T}\right) &= \left(\frac{1}{\lambda}\right)\frac{\text{d}}{\text{d}T}\left\{\lambda_0\tanh\left(\frac{E_{\text{p}}}{2k_{\text{B}}T}\right)\right\} \\
&= \left(\frac{\lambda_0}{\lambda}\right)\frac{E_{\text{p}}}{2k_{\text{B}}}\left\{1 - \tanh^2\left(\frac{E_{\text{p}}}{2k_{\text{B}}T}\right)\right\} \times \frac{0-1}{T^2} \\
&= -\left(\frac{\lambda_0}{\lambda}\right)\frac{E_{\text{p}}}{2k_{\text{B}}T^2}\text{sech}^2\left(\frac{E_{\text{p}}}{2k_{\text{B}}T}\right)
\end{aligned}
\tag{4.80}
$$

因为

$$\tanh^2 x + \text{sech}^2 x = 1 \tag{4.81}$$

式(4.79)中，大括号内的第二项是 W_{I} 的温度系数。由式(4.77)，可得

$$
\begin{aligned}
\frac{1}{W_{\text{I}}}\left(\frac{\text{d}W_{\text{I}}}{\text{d}T}\right) &= \left(\frac{1}{W_{\text{I}}}\right)\frac{\text{d}}{\text{d}T}(C_1 + C_2T + C_3T^2) \\
&= \left(\frac{1}{W_{\text{I}}}\right)(0 + C_2 \times 1 + C_3 \times 2T^{2-1}) = \left(\frac{1}{W_{\text{I}}}\right)(C_2 + 2C_3T)
\end{aligned}
\tag{4.82}
$$

将式(4.80)和式(4.82)中的 λ 和 W_{I} 的温度系数 TC 值，代入式(4.79)，得到

$$\begin{aligned}
\text{TC} &= -\left(\frac{W_\text{I}}{qE\lambda}\right)\left\{\left(\frac{\lambda_0}{\lambda}\right)\left(\frac{E_\text{p}}{2k_\text{B}T^2}\right)\text{sech}^2\left(\frac{E_\text{p}}{2k_\text{B}T}\right) + \left(\frac{1}{W_\text{I}}\right)(C_2 + 2C_3T)\right\} \\
&= -\left(\frac{1}{E}\right)\left[\left(\frac{W_\text{I}\lambda_0 E_\text{p}}{2q\lambda^2 k_\text{B}T^2}\right)\text{sech}^2\left(\frac{E_\text{p}}{2k_\text{B}T}\right) + \left(\frac{1}{q\lambda}\right)(C_2 + 2C_3T)\right]
\end{aligned}$$

(4.83)

λ 的温度系数 TC 为负值。由于 C_2 和 C_3 均为负,因此 W_I 的 TC 也为负。因此,击穿电压温度系数 TC 的正负符号由上述方程中两个项的比较大小决定。通过示例计算,可以清楚地知道温度系数 TC 是正的还是负的。

对于室温下的硅,$T = 300\ \text{K}$

$$\begin{aligned}
W_\text{I}(T) &= 1.1785 + (-9.025 \times 10^{-5}) \times 300 + (-3.05 \times 10^{-7}) \times (300)^2 \\
&= 1.1785 - 2.7075 \times 10^{-2} - 2.745 \times 10^{-2} = 1.123975\ \text{eV}
\end{aligned}$$

(4.84)

$$\lambda_0 = 7.6\ \text{nm},\ E_\text{p} = 0.053\ \text{eV},\ q = 1.6 \times 10^{-19}\ \text{C}$$

$$\lambda = 6.378\ \text{nm},\ k_\text{B} = 1.381 \times 10^{-23}\ \text{J} \cdot \text{K}^{-1}$$

将上述值代入式 (4.83) 中,

$$\begin{aligned}
\text{TC} &= -\left(\frac{1}{E}\right)\left[\left\{\frac{1.123975 \times 1.6 \times 10^{-19} \times 7.6 \times 10^{-9} \times 0.053 \times 1.6 \times 10^{-19}}{2 \times 1.6 \times 10^{-19} \times (6.378 \times 10^{-9})^2 \times (1.381 \times 10^{-23}) \times (300)^2}\right\}\right. \\
&\quad \text{sech}^2\left\{\frac{0.053 \times 1.6 \times 10^{-19}}{2 \times (1.381 \times 10^{-23}) \times 300}\right\} \\
&\quad + \left(\frac{1}{1.6 \times 10^{-19} \times 6.378 \times 10^{-9}}\right)\left\{-9.025 \times 10^{-5} \times 1.6 \times 10^{-19}\right. \\
&\quad \left.\left.+ 2 \times (-3.05 \times 10^{-7}) \times 1.6 \times 10^{-19} \times 300)\right\}\right] \\[4pt]
&= -\left(\frac{1}{E}\right)\left[\left\{\frac{1.159 \times 10^{-47}}{1.6179 \times 10^{-53}}\right\} \times \text{sech}^2\left\{\frac{8.48 \times 10^{-21}}{8.286 \times 10^{-21}}\right\}\right. \\
&\quad \left.+ \left(\frac{1}{1.02048 \times 10^{-27}}\right)\left\{-1.444 \times 10^{-23} - 2.928 \times 10^{-23}\right\}\right] \\[4pt]
&= -\left(\frac{1}{E}\right)\left[(7.163607145 \times 10^5) \times \text{sech}^2(1.023412985759)\right. \\
&\quad \left.+ (9.799310128 \times 10^{26}) \times (-4.372 \times 10^{-23})\right] \\[4pt]
&= -\left(\frac{1}{E}\right)\left[(7.163607145 \times 10^5) \times (0.6365287)^2 - (42842.58388)\right] \\[4pt]
&= -\left(\frac{1}{E}\right)[290247.000977 - 42842.58388] \\[4pt]
&= -\left(\frac{1}{E}\right)\left(\frac{247404.4171}{E}\right)\ \text{V} \cdot \text{m}^{-1} \cdot \text{K}^{-1} \approx -\left(\frac{1}{E}\right)2474\ \text{V}\ \text{cm}^{-1} \cdot \text{K}^{-1}
\end{aligned}$$

(4.85)

计算结果表明:(i) 硅的击穿电压的 TC 为负值;(ii) TC 值较小,说明温度依赖性较弱。

4.4.7   二极管齐纳击穿电压

二极管的反向雪崩击穿电压随温度的降低而降低,而二极管的反向齐纳击穿电压随温度变化的关系则与前者完全相反(见表 4.3)。

表 4.3 雪崩击穿电压和齐纳击穿电压的温度依赖性

特　征	雪崩击穿	齐纳击穿
结类型	低掺杂	高掺杂
耗尽区宽度	大	小
耗尽区电场	低	高
击穿电压范围	$>6\,E_g/q = 6 \times 1.11 = 6.66$ V	$< 4E_g/q = 4 \times 1.11 = 4.44$ V
击穿电压温度系数	正值。电压随着击穿电压的增大而增大，例如，对于 8 V 二极管，为 $3 \sim 6$ mV·K^{-1}；对于 18 V 二极管，为 $13 \sim 18$ mV·K^{-1}	负值。与击穿电压额定值无关；通常为 -3 mV·K^{-1}
热机制	随着温度的升高，晶格原子在其平衡位置附近的振动位移增大。因此，载流子受到晶格原子的更多碰撞，并且不易被加速到高速以引起晶格原子的电离。需要更高的电压来触发雪崩击穿	随着温度的升高，硅原子中价电子的能量增加。它们很容易从共价键上脱落。将这些电子从键中释放出来以参与传导，所需的电压较低。因此，击穿电压随着温度的升高而降低，因为能带隙减小

4.4.8 p$^+$n 结二极管的存储时间(t_s)

存储时间是表征二极管瞬态特性的一个主要指标。p$^+$n 二极管的存储时间 t_s 用正向电流 I_F、反向电流 I_R 和空穴寿命 τ_p 表示(Dokić and Blanuša，2015)

$$t_s = \tau_p \ln\left(1 + \frac{I_F}{I_R}\right) \tag{4.86}$$

如果空穴寿命较低，则存储时间较短。由于要移除的电荷量较小，正向电流 I_F 较低。而反向电流 I_R 较高，因为存储的电荷可以以较快的速率被清除。在两种不同温度 T，T_0 下的空穴寿命 $\tau_p(T)$，$\tau_p(T_0)$ 的关系为(Dokić and Blanuša，2015)

$$\tau_p(T) = \tau_p(T_0)(T/T_0)^r \tag{4.87}$$

其中，r 为常数，硅的 r 为 3.5，低载流子注入水平的锗二极管的 r 为 2.2。若温度从-55℃增加至$+175$℃，载流子寿命为

$$\tau_p(175 + 273\text{ K}) = \tau_p(-55 + 273)\{(175 + 273)/(-55 + 273)\}^{3.5}$$

或

$$\tau_p(448\text{ K}) = \tau_p(218)(448/218)^{3.5} = 12.44\,\tau_p(218) \tag{4.88}$$

由于硅中的载流子寿命增加了一个大于 12 的因数，因此存储时间大大延长。这种存储时间的延长表现为开关损耗的增加。

4.4.9 双极型晶体管电流增益

图 4.20 给出了双极型晶体管(BJT)的原理图和电路符号。

如图 4.21 所示，BJT 的直流电流增益-集电极电流曲线显示电流增益随着温度的下降而降低。

　　Buhanan 使用逐项方法对电流增益方程进行了全面的理论分析(Buhanan，1969)。为了检测电流增益的温度依赖性，使用共基电流增益 α。由于在共发射极结构中 npn BJT 的电流增益

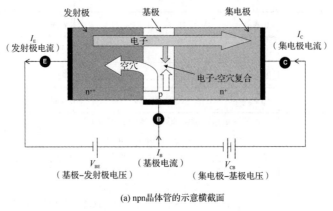

(a) npn晶体管的示意横截面

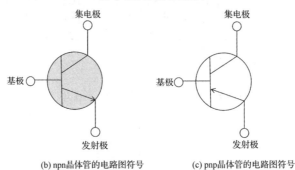

(b) npn晶体管的电路图符号　　　(c) pnp晶体管的电路图符号

图 4.20　双极型晶体管

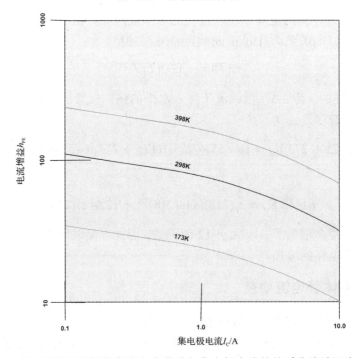

图 4.21　硅双极型晶体管的直流电流增益与集电极电流的关系曲线随温度的变化

$$\beta = \text{集电极电流}(I_C)/\text{基极电流}(I_B) \tag{4.89}$$

与共基连接中的电流增益 α 有关，

$$\alpha = \text{集电极电流}(I_C)/\text{发射极电流}(I_E) \tag{4.90}$$

由熟悉的公式

$$\beta = \alpha/(1-\alpha) \tag{4.91}$$

β 的温度依赖性从 α 的温度依赖性开始，变得更明显。共基电流增益 α 是三个因素的乘积：

(i) 文献 (Kauffman and Bergh，1968) 给出了发射极注入效率 γ，

$$\gamma = I_{nB}/(I_{nB} + I_{pE}) \tag{4.92}$$

其中 I_{nB} 是从 n^+ 发射极到 p^- 基极的电子电流，I_{pE} 是从 p^- 基极到 n^+ 发射极的空穴电流，因此注入效率是从发射极到基极的电子电流与穿过发射极-基极的总电流（电子电流+空穴电流）的比率。用于电流的符号表示向其中注入电子(n)/空穴(p)的晶体管端子（发射极，基极或集电极）。

(ii) 基极传输因子 α_T 表示为

$$\alpha_T = I_{nC}/I_{nB} \tag{4.93}$$

式中 I_{nC} 是集电极中的电子电流。

(iii) 集电极倍增比 M 表示为

$$M = I_C/I_{nC} = (I_{nC} + I_{pC})/I_{nC} \tag{4.94}$$

式中 I_{pC} 是集电极中的空穴电流。因此，

$$\alpha = \gamma \alpha_T M \tag{4.95}$$

当电压 $<<$ BV$_{CEO}$，$M = 1$；故，

$$\alpha = \gamma \alpha_T = \left\{1 + (D_{pE}/D_{nB})(p_{nE}/n_{pB})(W/L_{pE})\right\}^{-1} \times \{\mathrm{sech}(W/L_{nB})\} \tag{4.96}$$

其中，在乘法符号($\times$)之前的大括号中的第一倒数项表示 γ，而在该符号之后的第二项表示 α_T。其中，$D_{pE} = n^+$ 发射极中少数载流子空穴的扩散常数；$D_{nB} = p$ 基极中少数载流子电子的扩散常数；$p_{nE} = n^+$ 发射极中的空穴数；$n_{pB} = p$ 基极中的电子数；$W = $ 基区的宽度；$L_{pE} = $ 发射极中空穴的扩散长度；$L_{nB} = $ 基极中电子的扩散长度。分别检查这个方程中每个项和每个因素，以了解温度对电流增益的影响。将温度对各项的影响结合起来，有助于我们从整体上直观地看到温度对电流增益的影响。

(1) 少数载流子扩散常数之比 (D_{pE}/D_{nB})

(i) D_{pE} 通过爱因斯坦方程与发射极空穴的迁移率 μ_{pE} 有关，

$$D_{pE} = \mu_{pE}\{(k_B T)/q\} \tag{4.97}$$

晶体管的发射极是电子浓度大于 10^{19} cm^{-3} 的高掺杂区。在此区，杂质散射将主导晶格散射。在晶格散射中，迁移率随温度的升高而降低，而杂质散射则呈现相反的趋势。因此，杂质散射的优势将使空穴迁移率随温度的升高而提高。因此扩散常数随温度的升高而增大。

(ii) D_{nB} 与电子在基极中的迁移率 μ_{nB} 有关，公式为

$$D_{nB} = \mu_{nB}\{(k_B T)/q\} \tag{4.98}$$

晶体管的基区是一个中等掺杂区。因此，晶格散射预示着杂质散射。晶格散射随温度的升高而提高，从而降低了迁移率。因此，迁移率 μ_{nB} 随温度的升高而降低。由于 D_{nB} 方程中含有因子 T，而 T 本身是增大的，μ_{nB} 的减小将 T 的增大进行补偿，因此 D_{nB} 将保持不变。

鉴于上述(i)和(ii)，随着温度的升高，(D_{pE}/D_{nB}) 的比率将增大。

(2) 少数载流子浓度比 (p_{nE}/n_{pB})

发射极中的高杂质浓度会导致晶格变形和其他缺陷。这些缺陷将发射极中的硅能带隙从初始值 ξ_g 降低了 $\Delta\xi_g$，最终值为 $\xi_g-\Delta\xi_g$。在不缩小能带隙的情况下，少数载流子浓度为

$$p_{nE} = n_i^2/N_D \tag{4.99}$$

其中，N_D 为发射极施主浓度，且

$$n_{pB} = n_i^2/N_A \tag{4.100}$$

其中，N_A 是基极的受主浓度。此外，本征载流子浓度 n_i 为

$$n_i^2 = \text{constant} \times T^3 \exp\{-\xi_g/(2k_BT)\} \tag{4.101}$$

能带隙减小后，本征载流子浓度表达式变为

$$n_i^2 = \text{constant} \times T^3 \exp\{-(\xi_g-\Delta\xi_g)/(2k_BT)\} \tag{4.102}$$

因此，能带隙减小后有

$$p_{nE} = \left[\text{constant } A \times T^3 \exp\{-(\xi_g-\Delta\xi_g)/(2k_BT)\}\right]/N_D \tag{4.103}$$

但是与发射极不同的是，在中等掺杂的基区中能带隙没有变窄。因此，n_{pB} 的方程式包含初始能带隙 ξ_g：

$$n_{pB} = \left[\text{constant } B \times T^3 \exp\{-\xi_g/(2k_BT)\}\right]/N_A \tag{4.104}$$

故，少数载流子浓度比写为

$$\begin{aligned}
p_{nE}/n_{pB} &= \frac{\left[\text{constant } A \times T^3 \exp\{-(\xi_g-\Delta\xi_g)/(2k_BT)\}\right]/N_D}{\left[\text{constant } B \times T^3 \exp\{-\xi_g/(2k_BT)\}\right]/N_A} \\
&= \frac{\text{constant } A}{\text{constant } B} \times \exp\{(-\xi_g+\Delta\xi_g+\xi_g)/(2k_BT)\} \\
&\times \frac{N_A}{N_D} = \frac{AN_A}{BN_D} \times \exp\{\Delta\xi_g/(2k_BT)\} \\
&= K\exp\{\Delta\xi_g/(2k_BT)\}
\end{aligned} \tag{4.105}$$

式中 $K = AN_A/(BN_D)$。此方程表明，随着温度的降低，少数载流子浓度比呈指数增长，从而导致电流增益的大幅降低。随着温度的升高，电流增益增强。变化的指数性质使得这个因素在确定电流增益的温度诱导变化方面发挥了突出作用。

(3) 发射极中少数载流子基区宽与扩散长度之比 (W/L_{pE})

基区宽度 W 由基极轮廓确定，基极轮廓取决于基区中扩散的杂质原子的电离。硼引入的受主能级非常靠近价带的边缘，在价带边缘之上约 0.045 eV。在高达 100 K 或 −173℃的温度环境

下，所有杂质原子都可以视为已被电离，因此自由载流子浓度等于扩散的杂质原子浓度。因此，在高于 100 K 的温度环境下，可以肯定地假定，所有杂质原子都被电离并且基区宽度恒定。对于此温度范围，基区宽度 W 在电流增益的温度依赖性中不起作用。扩散长度 L_{pE} 由下式给出：

$$L_{pE} = \sqrt{D_{pE}\tau_{pE}} \tag{4.106}$$

其中 τ_{pE} 是发射极中空穴的少数载流子寿命。如上，扩散常数 D_{pE} 直接随温度变化，随温度下降而减小。另外，τ_{pE} 也随着温度下降而降低。因此，总体效果是因子（W/L_{pE}）随着温度降低而增大。因此，发射极注入效率下降并导致电流增益下降。

（4）基区少数载流子宽度与扩散长度之比的双曲正割 $\{\mathrm{sech}(W/L_{nB})\}$

扩散长度 L_{nB} 为

$$L_{nB} = \sqrt{D_{nB}\tau_{nB}} \tag{4.107}$$

如上所述，基区是晶体管结构中的低掺杂区。晶格散射占优势，杂质散射不太明显。晶格散射随温度下降而减少。迁移率 μ_{nB} 随温度的降低而增大。然而温度 T 本身降低了，方程（4.98）给出的扩散常数 D_{nB} 大致保持不变。τ_{nB} 随温度下降而减小，参数 L_{nB} 也随之减小，因此（W/L_{nB}）增大。因为函数的双曲正割随函数值的增大而减小，所以电流增益将减小。

表 4.4 总结了上述分析（1）~（4）的结果。

表 4.4　温度降低对晶体管参数和电流增益的影响

参　　数	温度降低造成的影响	对电流增益的影响
D_{pE}/D_{nB}	减小	增大
p_{nE}/n_{pB}	呈指数级增大	严重衰减
W/L_{pE}	增大	衰减
$\mathrm{sech}(W/L_{nB})$	减小	衰减

总的来说，降低温度会降低双极型晶体管的电流增益。实际上，当前的增益下降了 0.3%~0.6% K^{-1}。Buhanan（1969）还推断，由于晶体管制造被限定在掺杂浓度的几个数量级内，因此，与 p_{nE}/n_{pB} 相比，所有的效应，无论是有利的还是不利的，都起次要作用。因此，通过改变本征载流子浓度来降低发射极中高掺杂引起的能带隙窄化（BGN）所产生的电流增益，值得进一步关注。

4.4.10　大致分析

不可否认，随着温度的降低，电流增益的降低是由于发射极的能带隙小于基极的能带隙。基极电流通常受到发射极空穴注入的限制，其温度依赖性很大程度上取决于发射极的有效能带隙，由于考虑了高掺杂效应，有效能带隙减小。另外，集电极电流由穿过基极的电子组成，因此其温度依赖性由基极中的能带隙决定。发射极和基极之间的能带隙差异导致理想增益在室温（~300 K）和液氮（= 80 K）之间随温度呈指数级变化，下降 2 到 3 个数量级。

忽略空间电荷复合电流（非理想基极电流），并假设基极传输因子是统一的，则有

$$I_{nB} = I_C \tag{4.108}$$

$$I_{pE} = I_B \tag{4.109}$$

$$h_{fE} = I_C/I_B = I_{nB}/I_{pE} \tag{4.110}$$

I_{nB} 和 I_{pE} 的温度依赖性分别由发射区和基区的本征载流子浓度 n_i 的温度依赖性决定。但是，

$$n_i^2 \propto \exp\left(-\frac{\xi_g}{k_B T}\right) \tag{4.111}$$

式中，ξ_g 是能带隙，k_B 是玻尔兹曼常数（$k_B = 8.617 \times 10^{-5} \text{ eV} \cdot \text{K}^{-1}$），$T$ 为热力学温度。

因此，可得分别表示基极材料和发射极材料的能带隙：

$$I_C(T) = I_{nB}(T) \propto \exp\left(-\frac{\xi_{gB}}{k_B T}\right) \tag{4.112}$$

$$I_B(T) = I_{pE}(T) \propto \exp\left(-\frac{\xi_{gE}}{k_B T}\right) \tag{4.113}$$

式中，ξ_{gB}，ξ_{gE} 分别表示基极材料和发射极材料的能带隙。因此，共发射极电流增益为

$$h_{fE} = \frac{I_C(T)}{I_B(T)} = \frac{I_{nB}(T)}{I_{pE}(T)}$$
$$= \frac{\exp\left(-\dfrac{\xi_{gB}}{k_B T}\right)}{\exp\left(-\dfrac{\xi_{gE}}{k_B T}\right)} = \exp\left\{-\left(\frac{\xi_{gB} - \xi_{gE}}{k_B T}\right)\right\} = \exp\left(-\frac{\Delta\xi_{gBE}}{k_B T}\right) \tag{4.114}$$

如果 $\Delta\xi_{gBE} = 0$，则 $h_{fE} = 1 = h_{fE0}$（假设）。那么对于任何 $\Delta\xi_{gBE}$ 的值，

$$h_{fE} = h_{fE0} \exp\left(-\frac{\Delta\xi_{gBE}}{k_B T}\right) \tag{4.115}$$

对于典型值 $\Delta\xi_{gBE} = 0.05 \text{ eV}$，300 K 时的电流增益为 $(h_{fE})_{300K} = 0.1445$，而 77.2 K 时的电流增益为 $(h_{fE})_{77.2K} = 5.4421 \times 10^{-4}$，减小的量为 265.5225。这表明，对于 $\Delta\xi_{gBE}$ 的有限值，随着温度的降低，h_{fE} 也减小。

当 $\Delta\xi_{gBE} = 0.1 \text{ eV}$ 较高时，300 K 时的电流增益为 $(h_{fE})_{300K} = 0.02089$，而 77.2 K 时的电流增益为 $(h_{fE})_{77.2K} = 2.9617 \times 10^{-7}$，减小的量为 9.7579×10^4。

表 4.5 给出了特定温度下的电流增益值以及下降因子，即两个选定温度下的电流增益比。观察到，ΔE_{gBE} 越大，随着温度的降低，h_{fE} 的降低越大。

基于上述考虑，由于直流电流增益不足，通常不考虑在液氮温度下运行的同质结双极型晶体管（Stork，et al.，1987）。

表 4.5 电流增益及相关的下降因子

电流增益(h_{fE})/下降因子	$\Delta\xi_{gBE} = 0.05$ eV	$\Delta\xi_{gBE} = 0.1$ eV
$(h_{fE})_{300\text{ K}}$	0.1445	0.02089
$(h_{fE})_{77.2\text{ K}}$	5.4421×10^{-4}	2.9617×10^{-7}
$(h_{fE})_{4.2\text{ K}}$	1.007×10^{-60}	1.0015×10^{-120}
$(h_{fE})_{300\text{ K}}/(h_{fE})_{77.2\text{ K}}$	265.5225	9.7579×10^4
$(h_{fE})_{300\text{ K}}/(h_{fE})_{4.2\text{ K}}$	1.435×10^{59}	2.0859×10^{118}

4.4.11 双极型晶体管饱和电压

图 4.22 显示了温度升高时双极型晶体管的集电极电流和集电极-发射极电压之间曲线的平移。

双极型晶体管在饱和模式下工作时的集电极-发射极电压 v_{CES} 由基极-发射极电压 v_{BE} 和基极-集电极电压 v_{BC} 之差给出：

$$v_{CES} = v_{BE} - v_{BC} \tag{4.116}$$

式(4.116)两边对温度 T 求导，则有

$$\frac{dv_{CES}}{dT} = \frac{dv_{BE}}{dT} - \frac{dv_{BC}}{dT} \tag{4.117}$$

此方程表明，集电极-发射极电压的温度系数 TC 等于基极-发射极电压的温度系数减去基极-集电极电压的温度系数。将 pn 结二极管正向电压温度系数的方程(4.42)依次应用于基极-发射极和基极-集电极结形成的两个二极管中的每一个，可得

$$\begin{aligned}
\frac{dv_{CES}}{dT} &= \frac{dv_{BE}}{dT} - \frac{dv_{BC}}{dT} \\
&= \frac{v_{BE} - (3V_{Thermal} + E_G)}{T} - \frac{v_{BC} - (3V_{Thermal} + E_G)}{T} = \frac{v_{BE}}{T} - \frac{v_{BC}}{T}
\end{aligned} \tag{4.118}$$

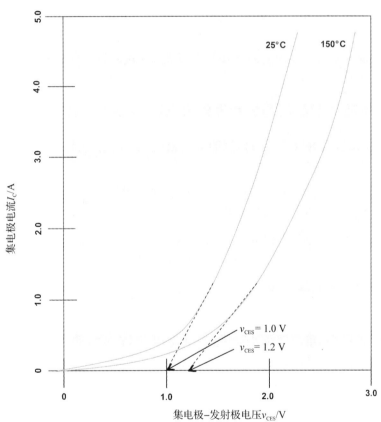

图 4.22　温度对双极型晶体管饱和电压的影响

受主掺杂浓度为 N_A，施主掺杂浓度为 N_D 的 pn 结二极管的内建电势 φ_{bi} 为

$$\varphi_{bi} = V_{Thermal} \ln\left(\frac{N_A N_D}{n_i^2}\right) \tag{4.119}$$

式中，$V_{Thermal}$ 是室温下的热电压，等于 25.9 mV，n_i 是本征载流子浓度。使用该方程式表示基极-发射极和基极-集电极二极管的内建电势 v_{BE} 和 v_{BC}，可为一个 npn 晶体管得到

$$\frac{\mathrm{d}v_{\mathrm{CES}}}{\mathrm{d}T} = \frac{V_{\mathrm{Thermal}}}{T}\ln\frac{(N_{\mathrm{D}})_{\mathrm{Emitter}}(N_{\mathrm{A}})_{\mathrm{Base}}}{n_i^2} - \frac{V_{\mathrm{Thermal}}}{T}\ln\frac{(N_{\mathrm{A}})_{\mathrm{Base}}(N_{\mathrm{D}})_{\mathrm{Collector}}}{n_i^2}$$

$$= \frac{V_{\mathrm{Thermal}}}{T}\ln\left[\left\{\frac{(N_{\mathrm{D}})_{\mathrm{Emitter}}(N_{\mathrm{A}})_{\mathrm{Base}}}{n_i^2}\right\} \bigg/ \left\{\frac{(N_{\mathrm{A}})_{\mathrm{Base}}(N_{\mathrm{D}})_{\mathrm{Collector}}}{n_i^2}\right\}\right] \qquad (4.120)$$

$$= \frac{V_{\mathrm{Thermal}}}{T}\ln\left\{\frac{(N_{\mathrm{D}})_{\mathrm{Emitter}}}{(N_{\mathrm{D}})_{\mathrm{Collector}}}\right\}$$

在 $T = 300$ K 时，对于晶体管的发射极 $(N_{\mathrm{D}})_{\mathrm{Emitter}} = 1 \times 10^{20}\ \mathrm{cm}^{-3}$ 和集电极 $(N_{\mathrm{D}})_{\mathrm{Collector}} = 1 \times 10^{15}\ \mathrm{cm}^{-3}$，则有

$$\frac{\mathrm{d}v_{\mathrm{CES}}}{\mathrm{d}T} = \frac{25.9\ \mathrm{mV}}{300}\ln\left(\frac{1 \times 10^{20}}{1 \times 10^{15}}\right) = 0.086333\ \ln(1 \times 10^5) = 0.994\ \mathrm{mV \cdot K^{-1}} \qquad (4.121)$$

对于高压功率晶体管的发射极 $(N_{\mathrm{D}})_{\mathrm{Emitter}} = 1 \times 10^{20}\ \mathrm{cm}^{-3}$ 和集电极 $(N_{\mathrm{D}})_{\mathrm{Collector}} = 1 \times 10^{14}\ \mathrm{cm}^{-3}$，则有

$$\frac{\mathrm{d}v_{\mathrm{CES}}}{\mathrm{d}T} = \frac{25.9\ \mathrm{mV}}{300}\ln\left(\frac{1 \times 10^{20}}{1 \times 10^{14}}\right) = 0.086333\ln(1 \times 10^6) = 1.1927\ \mathrm{mV \cdot K^{-1}} \qquad (4.122)$$

比较温度系数(TC)的数值，发现双极型晶体管饱和电压温度系数低于二极管正向电压温度系数。从正负值符号来看，双极型晶体管的饱和电压温度系数明显为正，而二极管的正向电压温度系数明显为负。实际上，v_{CES} 的变化速率为 $+0.2\% \sim 0.4\%$ ℃$^{-1}$。

4.4.12　双极型晶体管反向基极和发射极电流 (I_{CBO} 和 I_{CEO})

I_{CBO} 和 I_{CEO} 表示集电极结反向偏置的集电极电流，I_{CBO} 不为零时，发射极开路；I_{CEO} 不为零时，基极开路。它们之间的关系如下：

$$I_{\mathrm{CEO}} = I_{\mathrm{CBO}}/(1 - \alpha) = (\beta + 1)I_{\mathrm{CBO}} \qquad (4.123)$$

其中 α，β 分别是共基极和共发射极配置中晶体管的电流增益。I_{CBO} 和 I_{CEO} 都与温度有关。温度每升高 10℃，I_{CBO} 的值就会倍增。对于 I_{CBO}，下面的方程成立：

$$I_{\mathrm{CBO}}(T) = I_{\mathrm{CBO}}(T_0)\,2^{(T-T_0)/10℃} \qquad (4.124)$$

考虑 I_{CEO}，则式(4.123)可改写为

$$I_{\mathrm{CEO}} = (\beta + 1)I_{\mathrm{CBO}} \approx \beta I_{\mathrm{CBO}} \qquad (4.125)$$

增长的指数函数用于表示电流增益 β 随温度的变化。但是，在有限的温度范围内(250～330 K)，该图就本质而言几乎是线性的，

$$\beta(T) = \beta(T_0) + \varsigma\{1 + \beta(T_0)\}(T - T_0) \qquad (4.126)$$

式中，ς 为温度系数(TC)。对于硅二极管而言，

$$\varsigma = \frac{1}{\beta(T_0)}\frac{\mathrm{d}\beta}{\mathrm{d}T} = 0.1 \sim 1.0 \qquad (4.127)$$

因此，

$$I_{\mathrm{CEO}}(T) = \left[\beta(T_0) + \varsigma\{1 + \beta(T_0)\}(T - T_0)\right]\left\{I_{\mathrm{CBO}}(T_0)2^{(T-T_0)/10\ ℃}\right\} \qquad (4.128)$$

例如，对于 $\beta(300\ \mathrm{K}) = 50$ 和 $I_{\mathrm{CBO}}(300\ \mathrm{K}) = 1$ nA 的晶体管，取 $\varsigma = 0.5$，$T = 300$ K 和 $T = 320$ K 时的 I_{CEO} 值为

$$I_{CEO}(300\,K) = [50 + 0.5 \times \{1 + 50\} \times (300 - 300)] \times \{1 \times 2^{(300-300)/10℃}\}$$

$$= 50 \times 1 = 50\,nA \tag{4.129}$$

$$I_{CEO}(320\,K) = [50 + 0.5 \times \{1 + 50\}(320 - 300)] \times \{1 \times 2^{(320-300)/10℃}\}$$

$$= 560 \times 2^2 = 2240\,nA \tag{4.130}$$

但是，

$$I_{CBO}(320\,K) = 1 \times 2^{(320-300)/10℃} = 1 \times 2^2 = 4\,nA \tag{4.131}$$

因此，I_{CBO} 仅增加 4 倍，但当温度从 300 K 升高到 320 K 时，$I_{CEO} \times (2240/50) = 44.8$，即增加了 44.8 倍。

4.4.13　双极型晶体管动态响应

　　双极型晶体管的开关行为是由储存在基区的电荷决定的。在基极电流反转后，只要基极区域内有足够的电荷存在，集电极电流就会继续流动。这种电荷通过载流子复合而衰减。只有当基极中的多余电荷被移除时，基极-发射极结才会放电，从而使晶体管关闭。因此，基极中的少数载流子寿命在晶体管开关中起着至关重要的作用，如在 pn 结二极管中。温度升高与关断时间延长有关，因此会减慢关断速度，从而降低晶体管性能（见表 4.6）。

表 4.6　温度对器件参数的增强和降低作用

序号	器件	参数	降温造成的影响	效应	升温造成的影响	效应
1	二极管	正向压降	上升	损害	下降	有利
		反向漏电流	下降	有利	上升	损害
		击穿电压	下降	损害	上升	有利
2	双极型晶体管	储存时间	下降	有利	上升	损害
		电流增益	下降	损害	上升	有利
		饱和电压	下降	有利	上升	损害
		发射极-基极与集电极-基极的反向击穿电压	下降	损害	上升	有利
		漏电流	下降	有利	上升	损害
		关断时间	下降	有利	上升	损害

4.5　25℃至300℃范围内的双极型模拟电路

　　Beasom 和 Patterson（1982）描述了在 25℃ 至 300℃ 范围内工作的四路运算放大器（OP-AMP）的工艺和设计考虑。制作过程中采用了介质隔离代替传统的结隔离。垂直 pnp 晶体管结构补充了高性能横向 npn 器件，使其在宽温度范围内稳定工作。采用较深的（3.5 μm n 发射极和 4.5 μm p 发射极）结构避免了互连点蚀的脆弱性。

　　在开始实际实验之前，研究人员对在 25℃ 至 300℃ 下的电路元件进行了先验表征，以确定关键问题，并决定可以采取哪些适当的纠正措施。显然，在高温电路设计中起关键作用的参数是漏电流。为此，在 25℃，200℃ 和 300℃ 下测量了 npn 和 pnp 晶体管的特性。对于 pnp 晶体管，在 300℃时的特性偏移为 $I_B = 2$ μA，对于 npn 晶体管，$I_B = 1.5$ μA。发生偏移是因为集电极-基极泄漏电流 I_{CBO} 的流向与基极电流 I_B 的流向相反。当温度从 200℃升高到 300℃时，I_{CBO} 升高到超过本征基极电流 I_B 的程度。同时，发现增量电流增益 h_{fE} 增加。另一个值得注意的影响是随着温度的升高，基极-发射极电压 V_{BE} 降低。V_{BE} 的变化遵循 -2 mV·℃$^{-1}$ 的速率，直至 300℃，此时 V_{BE} 通常为 50～100 mV。扩散的电阻值随电阻的正温度系数(电阻温度系数)线性增大。对于 pnp 和 npn 晶体管，单位增益频率 f_T 在 300℃时的值，是其在 25℃时的一半。

从室温到 300℃的升温期间，铝的金属化性能尤为突出。可观测到以下事实：(i) 在 325℃和 $3.3×10^4$ A·cm^{-2} 的情况下，在长达 500 小时的人工智能化结构测试中未观察到失效；(ii) 在 325℃环境下，长达 500 小时的结构测试中，p$^+$ 和 n$^+$ 掺杂的 Si 接触电阻未出现任何重大变化；(iii) 在 $I_C = 1$ mA 上施加 $V_{CB} = 30$ V 后，将其在 325℃下保持 500 小时，未观察到金属化铝晶体管的劣化。

根据上述观察，电路设计采用了以下规则：(i) 由于正向偏置结的低电压量级，二极管连接晶体管被认为是不可行的；(ii) 由于基极电流的反向，电流源链的基极电压节点将具有电流源和电流下沉的能力；(iii) 选择 300℃下扩散电阻的值作为 25℃下扩散电阻值的两倍，以抵消正向结电压随温度的变化。

利用齐纳二极管、扩散电阻和基极-发射极电压的线性依赖关系，在较宽的温度范围内从偏置网络中获得稳定的电流。该电路由一个齐纳二极管与四个温度补偿二极管和一个电阻器并联组成，在 -55℃到 $+300$℃的温度范围内提供小于 $±0.2$ A 的输出电流。

偏置网络产生的电流通过晶体管耦合到正负电源轨，在四个四路运算放大器中重复。这些晶体管的发射极电阻器提供负反馈，为每个放大器提供源和汇电流，以抵消输出级功率耗散不均导致的温度梯度。具有正确值的偏置电阻与晶体管连接，当集电极电阻增大和 V_{BE} 减小时，晶体管可能在高温下饱和。在基础电流方向反转时，限定正负偏压线之间的源极/陷极电流。对泄漏补偿二极管的几何尺寸进行适当的缩放，以匹配源极/陷极装置的面积之和。

在输入级和增益级，pnp 晶体管由于其较低的 I_{CBO} 导致较小的输入偏置和偏置电流而被用作输入对。高温下的输入电流被 I_{CBO} 补偿晶体管降低为 1/10～1/5。pnp 晶体管输入对的集电极将信号传输到 npn 晶体管对的接地基极，该基极将信号转换到镜像恒流源和产生电压增益的高阻抗点。由两个 pnp 晶体管提供基础电流反向保护。齐纳二极管降低了输出电导对偏置电压的影响。当集电极-基极漏电流增大时，这种降低在高温下会产生重大影响。

在输出级，在高阻抗点产生的电压通过发射极跟随器对传输到输出端。I_{CBO} 通过两个晶体管进行补偿。这种补偿减少了漏电流，并将其作为偏置电压反射到输入端。

Beasom 和 Patterson(1982) 给出了集成运算放大器在 -55℃至 $+300$℃温度范围内的主要性能参数。除 300℃外，电源电流变化小于 10%。300℃时漏电流的影响表现为偏置电压和输入偏置电流的增大。在 300℃时，开环增益的降低是由输出电导的降低引起的。增益带宽积随温度升高而减小，但在 300℃时仍高于 25℃时的几个运算放大器。这归因于在电路中使用了 $f_T = 100$ MHz 的垂直 pnp 晶体管，实现了非常低的输入噪声值(4.2 nV·Hz$^{-1/2}$)。

4.6　25℃至340℃范围内的双极型数字电路

Prince 等人(1980)在 25℃ 到 340℃ 的温度范围内对双极型数字集成电路的直流和动态特性进行了广泛的研究。晶体管-晶体管逻辑(TTL)是一种饱和逻辑。在这种逻辑中，金掺杂通过降低少数载流子寿命来减少存储时间。作为替代方案，肖特基势垒钳位二极管连接在基极和集电极端子之间。饱和情况不会发生，因为肖特基二极管的正向电压比集电极-基极结的正向电压低，多余的基极电流会通过肖特基二极管。由于肖特基二极管是一种大载流子器件，它的小载流子存储量可以忽略不计。利用肖特基二极管钳位晶体管，可获得 1~2 ns 的存储时间。对于掺金器件，这些值小于 5~10 ns。此外，非掺金晶体管的增益比掺金晶体管的高。

Prince 等人(1980)注意到掺金 TTL 和肖特基钳位 TTL 之间的区别。前者可在 250℃ 环境下工作，而后者可在 325℃ 环境下工作。被测集成电路由二输入与非门和四输入与非门组成。除了掺金器件的温度下限和某些参数的标度行为，掺金和肖特基钳位 TTL 器件在高温下的性能相当好。在噪声裕度方面可观察到故障，尤其是随着温度的升高，输出电压 V_{OH} 降低。通过分析集成电路的电压传输特性与温度的关系，发现 V_{OH} 减小的主要原因是分相晶体管集电极-基极结的漏电流。电流流过分相器集电极电阻器。通过检测电源电流 I_{CCH} 在高输出条件下的行为和集成电路的高输出电压与高输出拉电流的关系，并将这些数据与输入低电流 I_{IL} 在高温下的行为联系起来，揭示了高温下的失效机理。人们注意到，I_{CCH} 的高温增大很大一部分可以由零输入电压下 I_{IL} 的增大来解释。这种电流的增大是在分相晶体管中产生的。它似乎是 I_{IL} 的一个附加组件。电流流过分相晶体管的集电极电阻。由于在中等输出和电源电流下，V_{OH} 跟踪集电极电阻上的电压降，因此漏电流引起的电压降降低了 V_{OH}。因此，漏电流和电阻值结合起来，在 325℃ 附近产生肖特基钳位 TTL 器件的功能上限。

在接近最高工作温度时，这些集成电路的扇出能力大于 1。由于高温下电路电阻的增加，吸电流能力下降。在这种温度环境下，通过增加灌电流晶体管的增益，吸电流能力增加。

这些实验表明，双极型 TTL 逻辑门可以在接近 325℃ 的温度环境下正常工作。

4.7　讨论与小结

半导体器件(如二极管和双极型晶体管)的数据表提供了特定温度下器件的规格。在给定温度下列出的组件的这些值容易随温度变化而变化。由于这些组件很少在数据手册中提到的极端温度下工作，因此了解它们的值在应用中的实际工作温度下如何变化很重要。在某些情况下，由于程序可能需要计算机模拟，因此很难获得正确的值。然而，在许多情况下，可以从简单的分析模型中推测变化的趋势或方向。本章的目的是对文献中可用的模型进行概述，以帮助读者进行初步推测。

分立器件电气参数的变化会影响以其作为组件制造的电路的性能。本章给出了具体示例，以说明器件参数变化对电路性能的热影响。通常可以在设计阶段就考虑温度因素，并进行必要的校正以确保高温环境下的正常运行。

思 考 题

4.1　硅器件的温度上限是多少？超过此上限是否意味着硅器件就此停止工作？若采用适当的技术，该温度上限能提高到多少？

4.2　硅是金属还是非金属？还是其他类别的材料？硅的本征电阻率是多少？其本征载流子浓度是多少？硅的(电子迁移率/空穴迁移率)的值是多少？

4.3　计算掺杂浓度为 $1 \times 10^{15}\ \text{cm}^{-3}$ 的硅本征温度。假设电子和空穴的有效质量以及硅的能带隙不随温度变化。

4.4　如何从冶金级多晶硅中获得电子级多晶硅？举出两种从电子级多晶硅中生长单晶硅的技术。讨论它们的主要特点。

4.5　如何使用热扩散过程将硅片掺杂为 n 型或 p 型？用相关的化学方程式描述。

4.6　离子注入与杂质的热扩散有何不同？说出常用的掺杂气体。在半导体器件的离子注入中，离子能量和剂量的典型范围是什么？为什么离子注入过程之后是热退火步骤？

4.7　在半导体器件上沉积接触金属的主要技术是什么？在高浓度掺杂 n 型硅上通常使用什么材料形成欧姆接触？如果 n 型硅被低浓度掺杂，会形成什么样的接触？

4.8　如何用 pn 结隔离技术将集成电路中的不同部件分开？这种技术的优缺点是什么？

4.9　如何用介质隔离技术将集成电路的器件分开？如果采用这种技术，集成电路制造用的是哪种晶圆？这些晶圆有什么特别之处？这些晶圆如何提供绝缘隔离？

4.10　写下 pn 结二极管电流-电压特性的肖克莱方程，并解释所用符号的含义。发射系数 η 的意义是什么？η 的典型值是什么？它的值取决于哪些因素？

4.11　为什么 $(k_{\text{B}}T/q)$ 这个表达式被称为热电压？室温下的热电压值是多少？

4.12　二极管的反向饱和电流 I_{S} 是否随温度 T 而变化？如果是，是如何变化的？证明下式：

$$\frac{\mathrm{d}I_{\text{S}}}{\mathrm{d}T} = I_{\text{S}}\left(\frac{3}{\eta T} + \frac{E_{\text{G}}}{\eta T V_{\text{Thermal}}}\right)$$

其中 η 为发射系数，E_{G} 为能带隙，V_{Thermal} 为热电压。

4.13　如果 E_{G} 表示能带隙，V_{Thermal} 表示热电压，证明 pn 结二极管正向压降的温度系数 $\mathrm{d}v/\mathrm{d}T$ 由下式给出：

$$\frac{\mathrm{d}v}{\mathrm{d}T} = \frac{v - (3V_{\text{Thermal}} + E_{\text{G}})}{T}$$

4.14　证明肖特基二极管的温度系数 $\mathrm{d}V_{\text{d}}/\mathrm{d}T$ 可写为下式：

$$\frac{\mathrm{d}V_{\text{d}}}{\mathrm{d}T} = \frac{V_{\text{d}}}{T} - \left(\frac{k_{\text{B}}T}{q}\right)\left(\frac{1}{T}\right)\left\{2 + \left(\frac{q\phi_{\text{B}}}{k_{\text{B}}T}\right)\right\}$$

式中 ϕ_{B} 为肖特基势垒高度。

4.15　如果 I_{S1}，I_{S2} 分别是温度 T 和 $T + \Delta T$ 下 pn 结二极管的反向泄漏电流，η 是发射系数，E_{G} 是能带隙，V_{Thermal} 是热电压，证明下式：

$$\frac{I_{S2}}{I_{S1}} = \exp\left\{\left(\frac{3}{\eta T} + \frac{E_G}{\eta T V_{Thermal}}\right)\Delta T\right\}$$

取 $\eta=2$，证明对于硅二极管，温度每升高 $10\,^{\circ}\mathrm{C}$，漏电流加倍。

4.16　硅的临界电场是多少？在此电场发生了什么？解释碰撞电离现象。

4.17　什么是电子和空穴的电离系数？写出电离积分方程。它在临界电场的值是多少？

4.18　电离阈能是多少？它与能带隙有什么关系？写出平均载流子平均自由程的 Cromwell–Sze 方程。

4.19　根据温度对电离阈能、散射能量损失、载流子平均自由程和散射事件频率的影响，解释为什么 pn 结的击穿电压随温度降低。

4.20　写出电子和空穴电离系数 α_n，α_p 的 Chynoweth 方程。肖克莱是如何解释这些方程中的设定参数 b 的？

4.21　推导电离系数温度系数 TC 的下列方程：

$$\mathrm{TC} = \left(\frac{W_I}{qE\lambda}\right)\left\{\frac{1}{\lambda}\left(\frac{\mathrm{d}\lambda}{\mathrm{d}T}\right) - \frac{1}{W_I}\left(\frac{\mathrm{d}W_I}{\mathrm{d}T}\right)\right\}$$

式中 W_I 是电离阈能，E 是横向电场强度，λ 是电子的平均自由程，q 是电子电荷，T 为热力学温度。根据 λ 的温度系数 TC 和 W_I，上述方程可写为

$$\mathrm{TC} = -\left(\frac{1}{E}\right)\left[\left(\frac{W_I\lambda_0 E_p}{2q\lambda^2 k_B T^2}\right)\operatorname{sech}^2\left(\frac{E_p}{2k_B T}\right) + \left(\frac{1}{q\lambda}\right)(C_2 + 2C_3 T)\right]$$

式中，λ_0 是高能低温渐近声子平均自由程，E_p 是光学声子散射引起的平均能量损失，k_B 是玻尔兹曼常数；C_2，C_3 是 Ershov-Ryzhii 模型中的常数。

4.22　区分与温度系数 TC 有关的 pn 结二极管雪崩击穿和齐纳击穿机制。阐述两种机制相反表现的原因。

4.23　为什么 p^+n 二极管的存储时间会随着温度的升高而增加？对开关损耗有什么影响？

4.24　共发射极 (β) 中双极型晶体管的电流增益与共基极连接 (α) 中的电流增益有何关系？

4.25　解释双极型晶体管的下列术语：(a) 发射极注入效率 γ；(b) 基极传输因子 α_T；(c) 集电极倍增比 M。双极型晶体管的共基电流增益 α 与 γ，α_T 与 M 有何关系？

4.26　解释温度对共基极电流增益 α 方程中 $\{1 + (D_{pE}/D_{nB})\}$ 项的影响。这里，D_{pE} 表示 n^+ 发射极中空穴的扩散常数，D_{nB} 表示 p 基极中电子的扩散常数。

4.27　证明：对于双极型晶体管，n^+ 发射极 (p_{nE}) 中的空穴数与 p 基极 (n_{pB}) 中的电子数之比由 $p_{nE}/n_{pB} = K\exp\{\Delta\xi_g/(2k_B T)\}$ 给出，其中 K 为常数，$\Delta\xi_g$ 为由高浓度掺杂引起的缺陷导致的发射极能带隙减小，k_B 为玻尔兹曼常数，T 为温度。使用上式，说明：由于温度对少数载流子浓度比的影响，电流增益随温度的降低而显著降低。

4.28　讨论温度对发射极中基区宽度与少数载流子扩散长度之比 (W/L_{pE}) 的影响，并由此，进一步解释电流增益随温度下降而降低的原因。

4.29　若 h_{fE} 是双极型晶体管在温度 T 下的共发射极电流增益，h_{fE0} 是双极型晶体管在温度 $T = 0\,\mathrm{K}$ 下的共发射极电流增益，而 $\Delta\xi_{gBE} = \xi_{gB} - \xi_{gE} =$ 发射极和基极之间的能带隙差，证明下式：

$$h_{\text{fE}} = h_{\text{fE0}} \exp\left(-\frac{\Delta\xi_{\text{gBE}}}{k_{\text{B}}T}\right)$$

并由此证明：发射极能带隙相对于基极能带隙的减小$(\Delta\xi_{\text{gBE}})$是导致双极型晶体管在温度下降时电流增益明显降低的主要原因。

4.30 证明双极型晶体管的饱和电压温度系数 TC 由下式给出：

$$\frac{\mathrm{d}v_{\text{CES}}}{\mathrm{d}T} = \frac{V_{\text{Thermal}}}{T} \ln\left\{\frac{(N_{\text{D}})_{\text{Emitter}}}{(N_{\text{D}})_{\text{Collector}}}\right\}$$

其中 V_{Thermal} 为热电压，T 为温度，$(N_{\text{D}})_{\text{Emitter}}$ 和 $(N_{\text{D}})_{\text{Collector}}$ 分别是发射极和集电极的施主掺杂浓度。

4.31 双极型晶体管的 I_{CBO} 和 I_{CEO} 分别代表什么？哪个对环境温度变化更敏感？

4.32 根据文献（Beasom and Patterson，1982），描述在 25℃ 至 300℃ 范围内工作的四路运算放大器的工艺和设计考虑。

4.33 哪些实验得出了双极型 TTL 逻辑门可以在 325℃ 环境下正常工作的推断？

原著参考文献

Beasom J D and Patterson R B 1982 Process characteristics and design methods for a 300℃ quad operational amplifier *IEEE Trans. Ind. Electron.* **29** 112-7

Buhanan D 1969 Investigation of current-gain temperature dependence in silicon transistors *IEEE Trans. Electron. Devices* **16** 117-24

Chang C Y, Chiu S S and Hsu L P 1971 Temperature dependence of breakdown voltage in silicon abrupt p-n junctions *IEEE Trans. Electron Devices* **18** 391-3

Chynoweth A G 1958 Ionization rates for electron and holes in silicon *Phys. Rev.* **109** 1537

Cory R 2009 Schottky diodes *Skyworks Solutions* February, pp 1-5

Crowell C R and Sze S M 1966 Temperature dependence of avalanche multiplication in semiconductors *Appl. Phys. Lett.* **92** 42-244

Dokić B L and Blanuša B 2015 Diodes and transistors *Power Electronics Converters and Regulators*（Cham: Springer）ch 4 pp 43-141

Ershov M and Ryzhii V 1995 Temperature dependence of the electron impact ionization coefficient in silicon *Semicond. Sci. Technol.* **10** 138-42

Fisher G, Seacrist M R and Standley R W 2012 Silicon crystal growth and wafer technologies *Proc. IEEE* **100** 1454-74

Godse A P and Bakshi U A 2009 *Basic Electronics*, Technical Publications, Pune, vol 1 pp 3-30

Kauffman W L and Bergh A A 1968 The temperature dependence of ideal gain in double diffused silicon transistors *IEEE Trans. Electron Devices* **15** 732-5

Leach W M 2004 Chapter 2: the junction diode *Lecture Notes*

Maes W, De Meyer K and Van Overstraeten R 1990 Impact ionization in silicon: a review and update *Solid-State Electron.* **33** 705-18

Mukherjee M 2011 SiC devices on different polytypes: prospects and challenges *Silicon Carbide—Materials,*

Processing and Applications in Electronic Devices ed M Mukherjee（Rijeka: InTech）, pp 337-68

Prince J L, Draper B L, Rapp E A, Kronberg J N and Fitch L T 1980 Performance of digital integrated circuit technologies at very high temperatures *IEEE Trans. Compon. Hybrids Manuf. Technol.* **3** 571-9

Reisch M 2003 *High-Frequency Bipolar Transistors: Physics, Modeling, Applications*（Berlin: Springer）pp. 149-50

Sinha A K 1981 Refractory metal silicides for VLSI applications *J. Vac. Sci. Technol.* **19** 778

Stork J M C, Harame D L, Meyerson B S and Nguyen T N 1987 High performance operation of silicon bipolar transistors at liquid nitrogen temperature *IEEE–IEDM Tech. Dig.* pp. 405-8

Waldron N S, Pitera A J, Lee M L, Fitzgerald E A and del Alamo J A 2005 Positive temperature coefficient of impact ionization in strained-Si *IEEE Trans. Electron Devices* **52** 1627-33

第5章　硅基 MOS 器件与电路电特性的温度依赖性

根据栅极电压的不同，MOSFET 可以用作反偏置、零偏置与正偏置特性转移器件。MOSFET 这种工作状态原因在于其导电机制中存在相反的作用因素，主要表现为载流子浓度随温度增加，载流子迁移率的降低会反过来抑制载流子浓度的增加。栅极偏置电压较大时，当漏极电流增加到过高幅度时，载流子迁移率的降低有助于阻止热失控，因此可将其视为内置保护机制。本章主要进行温度对 MOSFET 关键电参数，如阈值电压、导通电阻、跨导、击穿电压等的影响的研究。温度对 MOSFET 动态响应影响的研究也有所提及。随着温度升高或降低到室温以下，一些参数会受到不利影响，然而对另外一些参数则是有利的。因此，无论是 MOS 模拟电路还是 MOS 数字电路，MOSFET 参数温度依赖性对其影响都是有利有弊的。低温环境下 CMOS 电路锁存敏感性降低就是典型案例。

5.1　引　　言

为了研究温度对 MOSFET 的影响，首先对双极型晶体管进行分析。对于电流增益为 β 的共发射极双极型晶体管，集电极电流 I_C 可以利用基极电流 I_B 和集电极与基极间漏电流 I_{CBO} 表示：

$$I_C = \beta I_B + (\beta + 1)I_{CBO} \tag{5.1}$$

漏电流 I_{CBO} 具有较强的温度依赖性，温度每增长 10℃ 漏电流会增加一倍。随着温度的提高，I_{CBO} 增大，集电极电流 I_C 也会由于 $(\beta+1)I_{CBO}$ 因子而呈增大趋势。随着集电极电流 I_C 的急剧增大，晶体管会被加热，通过加热效应，I_C 进一步增大。这种再生或增强循环过程逐渐累积，直到 I_C 增大至晶体管烧坏。晶体管的这种自毁称为热失控。

温度对 MOSFET 性能的影响与对双极型晶体管的影响完全不同，因为 MOSFET 具有热稳定性，且不易出现失控的正反馈机制，例如，不易发生随温度或漏极电流增大而发生的热失控。MOS 晶体管的截面图和电路图符号如图 5.1 所示。

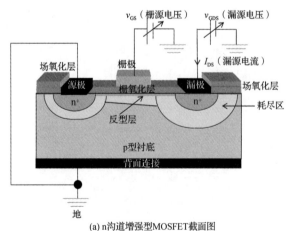

(a) n 沟道增强型 MOSFET 截面图

图 5.1　金属氧化物半导体场效应晶体管

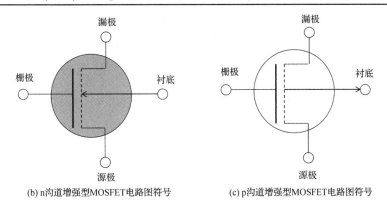

(b) n沟道增强型MOSFET电路图符号　　　(c) p沟道增强型MOSFET电路图符号

图 5.1(续)　金属氧化物半导体场效应晶体管

5.2　n 沟道增强型 MOSFET 阈值电压

随着温度的升高，n 沟道和 p 沟道 MOSFET 的阈值电压变化趋势相反，如图 5.2 所示。

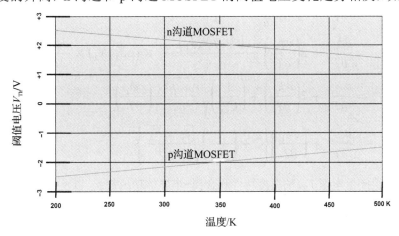

图 5.2　n 沟道和 p 沟道 MOSFET 阈值电压随温度的变化

对于 n 沟道增强型 MOS 晶体管，其阈值电压计算公式为（Wang, et al., 1971）

$$V_{\mathrm{Th}} = V_{\mathrm{FB}} + 2\phi_{\mathrm{F}} + \frac{\sqrt{2\varepsilon_0\varepsilon_s q N_{\mathrm{A}}(2\phi_{\mathrm{F}} + V_{\mathrm{SB}})}}{C_{\mathrm{ox}}} \tag{5.2}$$

式中，V_{FB} 为平带电压，ϕ_{F} 为体区电势，ε_0 为自由空间介电常数，ε_s 为硅介电常数，q 为电子电荷，N_{A} 为受体掺杂浓度，V_{SB} 为衬底偏压，C_{ox} 为单位面积氧化物电容。此外，

$$V_{\mathrm{FB}} = \phi_{\mathrm{ms}} - \frac{Q_{\mathrm{f}}}{C_{\mathrm{ox}}} - \frac{1}{\varepsilon_0\varepsilon_{\mathrm{ox}}} \int_0^{t_{\mathrm{ox}}} \rho_{\mathrm{ox}}(x)x\mathrm{d}x \tag{5.3}$$

式中，ϕ_{ms} 为金属-半导体功函数，Q_{f} 为氧化物固定电荷，$\varepsilon_{\mathrm{ox}}$ 为二氧化硅相对介电常数，$\rho_{\mathrm{ox}}(x)$ 表示氧化物中距离 x 处氧化物厚度为 t_{ox} 时的电荷浓度。对于 n 型多晶硅栅极（STMicroelectronics，2006）

$$\phi_{\mathrm{ms}} = -\left(\frac{k_{\mathrm{B}}T}{q}\right)\ln\left(\frac{N_{\mathrm{D(g)}}N_{\mathrm{A}}}{n_{\mathrm{i}}^2}\right) \tag{5.4}$$

式中，k_{B} 为玻尔兹曼常数，T 为温度（K），q 为电子电荷，$N_{\mathrm{D(g)}}$ 为多晶硅栅掺杂浓度，N_{A} 为受体掺杂浓度，n_{i} 为本征载流子浓度。

对于 p 型衬底，

$$\phi_{\mathrm{F}} = \left(\frac{k_{\mathrm{B}}T}{q}\right)\ln\left(\frac{N_{\mathrm{A}}}{n_{\mathrm{i}}}\right) \tag{5.5}$$

根据式（5.2）和式（5.3），在氧化物电荷忽略不计，衬底偏压 V_{SB} 取 0 时，阈值电压可近似表示为

$$V_{\mathrm{Th}} \approx \phi_{\mathrm{ms}} + 2\phi_{\mathrm{F}} + \frac{\sqrt{2\varepsilon_0\varepsilon_s qN_{\mathrm{A}}(2\phi_{\mathrm{F}}+0)}}{C_{\mathrm{ox}}} = \phi_{\mathrm{ms}} + 2\phi_{\mathrm{F}} + \frac{2\sqrt{\varepsilon_0\varepsilon_s qN_{\mathrm{A}}\phi_{\mathrm{F}}}}{C_{\mathrm{ox}}} \tag{5.6}$$

式（5.6）等号两边对温度 T 进行微分，

$$
\begin{aligned}
\frac{\partial V_{\mathrm{Th}}}{\partial T} &= \frac{\partial \phi_{\mathrm{ms}}}{\partial T} + 2\left(\frac{\partial \phi_{\mathrm{F}}}{\partial T}\right) + 2\times\frac{1}{2}\frac{(\varepsilon_0\varepsilon_s qN_{\mathrm{A}}\phi_{\mathrm{F}})^{1/2-1}}{C_{\mathrm{ox}}}\times(\varepsilon_0\varepsilon_s qN_{\mathrm{A}})\times\frac{\partial \phi_{\mathrm{F}}}{\partial T} \\
&= \frac{\partial \phi_{\mathrm{ms}}}{\partial T} + 2\left(\frac{\partial \phi_{\mathrm{F}}}{\partial T}\right) + \frac{(\varepsilon_0\varepsilon_s qN_{\mathrm{A}}\phi_{\mathrm{F}})^{-1/2}}{C_{\mathrm{ox}}}\times(\varepsilon_0\varepsilon_s qN_{\mathrm{A}})\times\frac{\partial \phi_{\mathrm{F}}}{\partial T} \\
&= \frac{\partial \phi_{\mathrm{ms}}}{\partial T} + 2\left(\frac{\partial \phi_{\mathrm{F}}}{\partial T}\right) + \left(\frac{1}{C_{\mathrm{ox}}}\right)\sqrt{\frac{\varepsilon_0\varepsilon_s qN_{\mathrm{A}}}{\phi_{\mathrm{F}}}}\left(\frac{\partial \phi_{\mathrm{F}}}{\partial T}\right) \\
&= \frac{\partial \phi_{\mathrm{ms}}}{\partial T} + \left(\frac{\partial \phi_{\mathrm{F}}}{\partial T}\right)\left\{2 + \left(\frac{1}{C_{\mathrm{ox}}}\right)\sqrt{\frac{\varepsilon_0\varepsilon_s qN_{\mathrm{A}}}{\phi_{\mathrm{F}}}}\right\}
\end{aligned} \tag{5.7}
$$

从上式可以看出，阈值电压 V_{Th} 的温度特性和金属-半导体功函数 ϕ_{ms} 以及体区电势 ϕ_{F} 有关。

将式（5.4）对温度 T 进行微分，

$$
\begin{aligned}
\frac{\partial \phi_{\mathrm{ms}}}{\partial T} &= -\frac{\partial}{\partial T}\left[\left(\frac{k_{\mathrm{B}}T}{q}\right)\ln\left(\frac{N_{\mathrm{D(g)}}N_{\mathrm{A}}}{n_{\mathrm{i}}^2}\right)\right] \\
&= -\left(\frac{k_{\mathrm{B}}}{q}\right)\ln\left(\frac{N_{\mathrm{D(g)}}N_{\mathrm{A}}}{n_{\mathrm{i}}^2}\right) - \left[\left(\frac{k_{\mathrm{B}}T}{q}\right)\frac{1}{\frac{N_{\mathrm{D(g)}}N_{\mathrm{A}}}{n_{\mathrm{i}}^2}}(N_{\mathrm{D(g)}}N_{\mathrm{A}})\times -2n_{\mathrm{i}}^{-2-1}\times\frac{\partial n_{\mathrm{i}}}{\partial T}\right] \\
&= -\{(k_{\mathrm{B}})/q\}\ln\left(\frac{N_{\mathrm{D(g)}}N_{\mathrm{A}}}{n_{\mathrm{i}}^2}\right) - \left[\left(\frac{k_{\mathrm{B}}T}{q}\right)\times n_{\mathrm{i}}^2\times -2n_{\mathrm{i}}^{-3}\times\frac{\partial n_{\mathrm{i}}}{\partial T}\right] \\
&= -\{(k_{\mathrm{B}})/q\}\ln\left(\frac{N_{\mathrm{D(g)}}N_{\mathrm{A}}}{n_{\mathrm{i}}^2}\right) + 2\left(\frac{k_{\mathrm{B}}T}{qn_{\mathrm{i}}}\right)\left(\frac{\partial n_{\mathrm{i}}}{\partial T}\right) \\
&= \frac{\phi_{\mathrm{ms}}}{T} + \left(\frac{2k_{\mathrm{B}}T}{qn_{\mathrm{i}}}\right)\left(\frac{\partial n_{\mathrm{i}}}{\partial T}\right)
\end{aligned} \tag{5.8}
$$

根据式（5.4）可以得到本征载流子浓度 n_{i} 为

$$n_i = \sqrt{N_C N_V}\, T^{3/2} \exp\left(-\frac{E_g}{2k_B T}\right)$$

$$(5.9)$$

$$= \sqrt{2.81 \times 10^{19} \times 1.83 \times 10^{19}}\, T^{3/2} \exp\left(-\frac{E_g}{2k_B T}\right)$$

式中，N_C 为导带中有效态密度（取 $2.81 \times 10^{19}\,\mathrm{cm}^{-3}$），$N_V$ 为价带中有效态密度（取 $1.83 \times 10^{19}\,\mathrm{cm}^{-3}$）。计算式 (5.9) 中的平方根项，可以得到

$$n_i = 2.26766 \times 10^{19} T^{3/2} \exp\left(-\frac{E_g}{2k_B T}\right) = K T^{3/2} \exp\left(-\frac{E_g}{2k_B T}\right) \qquad (5.10)$$

式中 $K = 2.26766 \times 10^{19}\,\mathrm{cm}^{-3}$。式 (5.10) 对温度 T 进行微分，可以得到下式：

$$\begin{aligned}
\frac{\partial n_i}{\partial T} &= \frac{\partial}{\partial T}\left\{ K T^{3/2} \exp\left(-\frac{E_g}{2k_B T}\right)\right\} \\
&= K \times \frac{3}{2} \times T^{3/2-1} \exp\left(-\frac{E_g}{2k_B T}\right) \\
&\quad + K T^{3/2} \exp\left(-\frac{E_g}{2k_B T}\right) \times \left(-\frac{E_g}{2k_B}\right) \times -T^{-1-1} \\
&= K \times \frac{3}{2} \times T^{1/2} \exp\left(-\frac{E_g}{2k_B T}\right) + n_i \times \frac{E_g}{2k_B} \times T^{-2} \\
&= \frac{3}{2T} K T^{3/2} \exp\left(-\frac{E_g}{2k_B T}\right) + \frac{n_i E_g}{2k_B T^2} \\
&= \frac{3 n_i}{2T} + \frac{n_i E_g}{2k_B T^2} = \left(\frac{n_i}{2T}\right)\left(3 + \frac{E_g}{k_B T}\right)
\end{aligned}$$

$$(5.11)$$

n_i 在式 (5.11) 中已经定义，将式 (5.11) 中的 $\partial n_i / \partial T$ 代入式 (5.8) 中可得

$$\frac{\partial \phi_{ms}}{\partial T} = \frac{\phi_{ms}}{T} + \left(\frac{2k_B T}{q n_i}\right)\left(\frac{n_i}{2T}\right)\left(3 + \frac{E_g}{k_B T}\right) = \frac{\phi_{ms}}{T} + \left(\frac{k_B}{q}\right)\left(3 + \frac{E_g}{k_B T}\right) \qquad (5.12)$$

根据式 (5.5) 可以得到其对温度 T 的微分表达式，利用式 (5.11) 可得到如下结果：

$$\begin{aligned}
\frac{\partial \phi_F}{\partial T} &= \frac{\partial}{\partial T}\left\{\left(\frac{k_B T}{q}\right)\ln\left(\frac{N_A}{n_i}\right)\right\} = \left(\frac{k_B}{q}\right)\ln\left(\frac{N_A}{n_i}\right) + \left(\frac{k_B T}{q}\right) \\
&\quad \times \frac{1}{\left(\dfrac{N_A}{n_i}\right)} \times N_A \times -n_i^{-1-1} \times \frac{\partial n_i}{\partial T} \\
&= \left(\frac{k_B}{q}\right)\ln\left(\frac{N_A}{n_i}\right) - \left(\frac{k_B T}{q n_i}\right) \times \frac{\partial n_i}{\partial T} \\
&= \left(\frac{k_B}{q}\right)\ln\left(\frac{N_A}{n_i}\right) - \left(\frac{k_B T}{q n_i}\right) \times \left(\frac{n_i}{2T}\right)\left(3 + \frac{E_g}{k_B T}\right)
\end{aligned}$$

$$= \left(\frac{k_B}{q}\right)\ln\left(\frac{N_A}{n_i}\right) - \left(\frac{k_B}{q}\right)\times\left(\frac{1}{2}\right)\left(3 + \frac{E_g}{k_B T}\right)$$

$$= \frac{1}{T}\left\{\left(\frac{k_B T}{q}\right)\ln\left(\frac{N_A}{n_i}\right)\right\} - \frac{3}{2}\left(\frac{k_B}{q}\right) - \frac{E_g}{2qT} \tag{5.13}$$

$$= \frac{\phi_F}{T} - \frac{3}{2}\left(\frac{k_B}{q}\right) - \frac{E_g}{2qT}$$

将式(5.12)和式(5.13)分别代入式(5.7)中，阈值电压随温度变化表达式为

$$\frac{\partial V_{Th}}{\partial T} = \frac{\phi_{ms}}{T} + \left(\frac{k_B}{q}\right)\left(3 + \frac{E_g}{k_B T}\right) + \left\{\frac{\phi_F}{T} - \frac{3}{2}\left(\frac{k_B}{q}\right) - \frac{E_g}{2qT}\right\}$$

$$\left\{2 + \left(\frac{t_{ox}}{\varepsilon_0\varepsilon_{ox}}\right)\sqrt{\frac{\varepsilon_0\varepsilon_s q N_A}{\phi_F}}\right\} \tag{5.14}$$

记

$$C_{ox} = \varepsilon_0\varepsilon_{ox}/t_{ox} \tag{5.15}$$

其中 ε_{ox} 为二氧化硅相对介电常数，t_{ox} 为氧化物厚度。

以 MOSFET 为例，

$$N_{D(g)} = 1\times10^{20}\,\text{cm}^{-3},\ N_A = 2\times10^{17}\,\text{cm}^{-3},\ T = 300\,\text{K}$$

$$E_g = 1.12\,\text{eV},\ \varepsilon_0 = 8.854\times10^{-14}\,\text{F}\cdot\text{cm}^{-1},\ \varepsilon_s = 11.9$$

$$\varepsilon_{ox} = 3.9,\ t_{ox} = 50\,\text{nm} = 50\times10^{-9}\,\text{m} = 50\times10^{-9}\times100\,\text{cm} = 5\times10^{-6}\,\text{cm}$$

则有

$$k_B = 8.62\times10^{-5}\,\text{eV}\cdot\text{K}^{-1},\quad n_i = 1.45\times10^{10}\,\text{cm}^{-3}$$

$$\phi_{ms} = -\left(8.62\times10^{-5}\times300\right)\ln\left\{\frac{1\times10^{20}\times2\times10^{17}}{(1.45\times10^{10})^2}\right\} \tag{5.16}$$

$$= -0.02586\ln\left(9.512485\times10^{16}\right) = -1.011\,\text{V}$$

$$\phi_F = \left(8.62\times10^{-5}\times300\right)\ln\left(\frac{2\times10^{17}}{1.45\times10^{10}}\right) = 0.02586\ln\left(1.37931\times10^7\right) \tag{5.17}$$

$$= 0.42513\,\text{V}$$

$$\frac{\partial V_{Th}}{\partial T} = \left[-\frac{1.011}{300} + \left(8.62\times10^{-5}\right)\times\left(3 + \frac{1.12}{8.62\times10^{-5}\times300}\right)\right.$$

$$+ \left\{\frac{0.42513}{300} - \frac{3}{2}\left(8.62\times10^{-5}\right) - \frac{1.12}{2\times300}\right\}$$

$$\times\left\{2 + \left(\frac{5\times10^{-6}}{8.854\times10^{-14}\times3.9}\right)\right.$$

$$\left.\left.\times\sqrt{\frac{8.854\times10^{-14}\times11.9\times1.6\times10^{-19}\times2\times10^{17}}{0.42513}}\right\}\right]\,\text{V}\cdot\text{K}^{-1}$$

$$= \left\{ -0.00337 + \left(8.62 \times 10^{-5}\right) \times (3 + 43.31) \right.$$
$$+ \left(1.4171 \times 10^{-3} - 1.293 \times 10^{-4} - 1.867 \times 10^{-3}\right)$$
$$\left. \times \left(2 + 1.44799 \times 10^{7} \times 2.816 \times 10^{-7}\right) \right\} \text{V·K}^{-1} \quad (5.18)$$
$$= \left\{ -0.00337 + \left(8.62 \times 10^{-5}\right) \times (46.31) + \left(-5.792 \times 10^{-4}\right) \times 6.07754 \right\} \text{V·K}^{-1}$$
$$= \left(-0.00337 + 3.9919 \times 10^{-3} - 3.5201 \times 10^{-3} \right) \text{V·K}^{-1}$$
$$= -2.8982 \times 10^{-3} \text{V·K}^{-1} = -2.9 \text{ mV·K}^{-1}$$

图 5.3 给出了温度对 MOSFET 亚阈值电流随栅源电压变化曲线的影响。

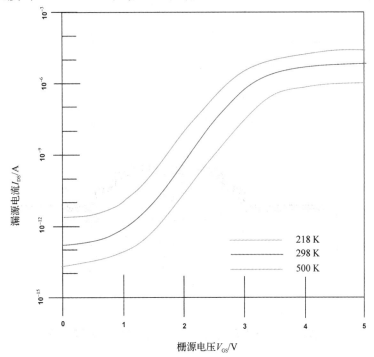

图 5.3　不同温度下 MOSFET 亚阈值电流与栅源电压关系曲线

5.3　双扩散垂直 MOSFET 导通电阻（$R_{\text{DS(ON)}}$）

MOSFET 导通电阻随温度升高而增加，其变化情况如图 5.4 所示。

图 5.5 给出了垂直 MOSFET 结构，从图中可以看出，垂直结构 MOSFET 的导通电阻 $R_{\text{DS(ON)}}$ 由多个部分组成，由于这些电阻串行连接，导通电阻为各独立阻值之和。导通电阻可以表示为

$$R_{\text{DS(ON)}} = R_{\text{n+SOURCE}} + R_{\text{CHANNEL}} + R_{\text{ACCUMULATION}} + R_{\text{JFET}} + R_{\text{DRIFT}}$$
$$+ R_{\text{SUBSTRATE}} + R_{\text{METALLIZATION+WIRE+LEADFRAME}} \quad (5.19)$$

其中，$R_{\text{n+SOURCE}}$ 为重掺杂源区电阻（通常可以忽略），R_{CHANNEL} 为沟道区电阻，与沟道宽长比、栅氧厚度、栅极驱动电压相关；$R_{\text{ACCUMULATION}}$ 为形成于 n⁻ 外延层内的积累层电阻，其连接沟道与 JFET 区（p 体区之间的 n⁻ 外延层）；R_{JFET} 为 JFET 区电阻，p 体区作为 JFET 栅

极；R_{DRIFT} 为漂移区电阻；$R_{\text{SUBSTRATE}}$ 为衬底电阻；$R_{\text{METALLIZATION+WIRE+LEADFRAME}}$ 为源/漏金属层接触电阻、连接线电阻、引线框架电阻以及封装内金属层电阻。

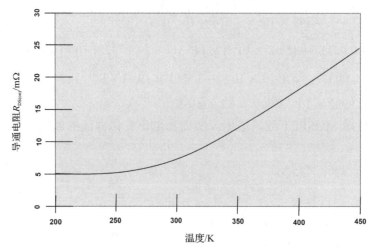

图 5.4　MOSFET 导通电阻随温度变化曲线

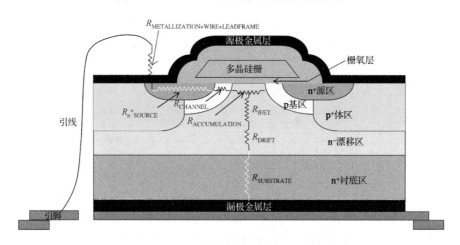

图 5.5　MOSFET 导通电阻组成

R_{CHANNEL} 和 R_{DRIFT} 为导通电阻的主要部分，因此导通电阻表达式可以简化为

$$R_{\text{DS(ON)}} = R_{\text{CHANNEL}} + R_{\text{DRIFT}} \tag{5.20}$$

为了分析 R_{CHANNEL}，回顾传统长沟道 MOSFET 的静态特性方程，其沟道宽度为 W，沟道长度为 L，沟道电阻迁移率为 μ_{n}，氧化层单位面积电容为 C_{ox}。在 $V_{\text{DS}} < V_{\text{GS}} - V_{\text{Th}}$ 时

$$I_{\text{DS}} = (1/2)\mu_{\text{n}} C_{\text{ox}}(W/L)\left\{2(V_{\text{GS}} - V_{\text{Th}})V_{\text{DS}} - V_{\text{DS}}^2\right\}, \quad V_{\text{DS}} < (V_{\text{GS}} - V_{\text{Th}}) \tag{5.21}$$

导通电阻是表征 MOSFET 开关导通工作状态的特征参数。导通状态下，漏源电压 $V_{\text{DS}} \ll V_{\text{GS}} - V_{\text{Th}}$，因此 V_{DS}^2 项可以忽略，因此在 $V_{\text{DS}} \ll V_{\text{GS}} - V_{\text{Th}}$ 时，式(5.21)可简化为

$$I_{\text{DS}} = (1/2)\mu_{\text{n}} C_{\text{ox}}(W/L)\{2(V_{\text{GS}} - V_{\text{Th}})V_{\text{DS}}\}, \quad V_{\text{DS}} \ll (V_{\text{GS}} - V_{\text{Th}}) \tag{5.22}$$

沟道电阻可表示为

$$R_{\text{CHANNEL}} = \frac{\mathrm{d}V_{\text{DS}}}{\mathrm{d}I_{\text{DS}}} = \frac{1}{\dfrac{\mathrm{d}I_{\text{DS}}}{\mathrm{d}V_{\text{DS}}}} = \frac{1}{\dfrac{\mathrm{d}}{\mathrm{d}V_{\text{DS}}}[(1/2)\mu_{\text{n}}C_{\text{ox}}(W/L)\{2(V_{\text{GS}} - V_{\text{Th}})V_{\text{DS}}\}]}$$

$$= \frac{2}{\mu_{\text{n}}C_{\text{ox}}(W/L)\{2(V_{\text{GS}} - V_{\text{Th}})\}} \tag{5.23}$$

$$= \frac{1}{\mu_{\text{n}}C_{\text{ox}}(W/L)(V_{\text{GS}} - V_{\text{Th}})}$$

上式中电子迁移率和阈值电压为温度敏感参数。温度为 T 时的迁移率 $\mu_{\text{n}}(T)$ 与温度为 T_0 时的迁移率 $\mu_{\text{n}}(T_0)$ 之间存在以下关系式：

$$\mu_{\text{n}}(T) = \mu_{\text{n}}(T_0)(T/T_0)^{-n} \tag{5.24}$$

其中，$1.5 < n < 2.5$。

阈值电压存在一个温度转移系数 $\kappa = -2 \sim 4 \text{ mV} \cdot \text{K}^{-1}$，阈值电压随温度变化可表示为

$$V_{\text{Th}}(T) = V_{\text{Th}}(T_0) - \kappa(T - T_0) \tag{5.25}$$

因此，沟道电阻为

$$R_{\text{CHANNEL}}(T) = \frac{1}{\mu_{\text{n}}(T_0)(T/T_0)^{-n}C_{\text{ox}}(W/L)\{V_{\text{GS}} - V_{\text{Th}}(T_0) + \kappa(T - T_0)\}}$$

$$= \frac{(T/T_0)^n}{\mu_{\text{n}}(T_0)C_{\text{ox}}(W/L)\{V_{\text{GS}} - V_{\text{Th}}(T_0)\}\left\{1 + \dfrac{\kappa(T - T_0)}{V_{\text{GS}} - V_{\text{Th}}(T_0)}\right\}}$$

$$= \frac{1}{\mu_{\text{n}}(T_0)C_{\text{ox}}(W/L)\{V_{\text{GS}} - V_{\text{Th}}(T_0)\}} \times \frac{(T/T_0)^n}{1 + \dfrac{\kappa(T - T_0)}{V_{\text{GS}} - V_{\text{Th}}(T_0)}} \tag{5.26}$$

$$= R_{\text{CHANNEL}}(T_0) \times \frac{(T/T_0)^n}{1 + \dfrac{\kappa(T - T_0)}{V_{\text{GS}} - V_{\text{Th}}(T_0)}}$$

漂移区电阻为

$$R_{\text{DRIFT}} = 电阻率(\rho) \times \frac{厚度(d)}{横截面(S)}$$

$$= \frac{1}{电子电荷(q) \times 电子迁移率(\mu_{\text{n}}) \times 施主载流子浓度(N_{\text{D}})} \times \frac{d}{S} \tag{5.27}$$

$$= \frac{d}{q\mu_{\text{n}}N_{\text{D}}S}$$

其中，d 为漂移区厚度，N_{D} 为该区域施主载流子浓度，S 为 MOSFET 表面积。结合迁移率的温度特性，可以得到

$$R_{\text{DRIFT}}(T) = \frac{d}{q\mu_{\text{n}}(T_0)(T/T_0)^{-n}N_{\text{D}}S}$$

$$= \frac{d}{q\mu_{\text{n}}(T_0)S} \times (T/T_0)^n = R_{\text{DRIFT}}(T_0) \times (T/T_0)^n \tag{5.28}$$

因此，考虑温度依赖性的导通电阻可表示为

$$R_{\text{DS(ON)}}(T) = R_{\text{CHANNEL}}(T_0) \times \frac{(T/T_0)^n}{1 + \dfrac{\kappa(T - T_0)}{V_{\text{GS}} - V_{\text{Th}}(T_0)}} + R_{\text{DRIFT}}(T_0) \times (T/T_0)^n \tag{5.29}$$

在温度升高时，MOSFET 导通电阻由于沟道以及漂移区电阻分量增大而增大。

当

$$\frac{\kappa(T - T_0)}{V_{\text{GS}} - V_{\text{Th}}(T_0)} \ll 1 \tag{5.30}$$

式 (5.29) 中导通电阻可以表示为

$$\begin{aligned}
R_{\text{DS(ON)}}(T) &= R_{\text{CHANNEL}}(T_0) \times (T/T_0)^n + R_{\text{DRIFT}}(T_0) \times (T/T_0)^n \\
&= (R_{\text{CHANNEL}} + R_{\text{DRIFT}})(T/T_0)^n = R_{\text{DS(ON)}}(T_0)(T/T_0)^n
\end{aligned} \tag{5.31}$$

在给定温度 T 时，n 沟道或 p 沟道功率 MOSFET 的导通电阻 $R_{\text{DS(ON)}}(T)$ 可以根据室温 $T_0 = 27\,℃$ 下的导通电阻值 $R_{\text{DS(ON)}}(T_0)$ 利用近似公式计算求得（Fairchild Semiconductor Corporation，2000），

$$R_{\text{DS(ON)}}(T) = R_{\text{DS(ON)}}(300)(T/300)^{2.3} \tag{5.32}$$

根据 300 K 时的导通电阻值，利用式 (5.32) 估算功率 MOSFET 在不同工作温度 T 下的导通电阻值，结果如表 5.1 所示。

表 5.1   不同温度下 MOSFET 导通电阻与室温值间的计算因子（T=27℃）

温度 T/K	4.2	77.2	150	300	600
$R_{\text{DS(ON)}}(T)/R_{\text{DS(ON)}}(300)$	5.4462×10^{-5}	4.406978×10^{-2}	0.2030631	1	4.92457765

当多个 MOSFET 并联时，随着温度的升高，MOSFET 导通电阻增大是有好处的。流经电流增大会使 MOSFET 发热，从而提高了其导通电阻。这种特殊 MOSFET 导通电阻的增大会自动降低其所承载的电流，能防止其过驱动损坏。因此，MOSFET 导通电阻具有正向温度系数。该系数限制了以并联方式连接的单个 MOSFET 传导的电流，并确保了 MOSFET 之间传导电流的合理分配。

5.4   MOSFET 跨导 g_m

在多数 MOSFET 电路应用中，输出信号为栅源电压 V_{GS}，输出信号为漏源电流 I_{DS}。对于一个施加的漏源电压 V_{DS} 来说，MOSFET 放大输入信号的能力可以用跨导 g_m 来测量。其定义式为

$$g_\text{m} = \left(\frac{\partial I_{\text{DS}}}{\partial V_{\text{GS}}} \right)_{V_{\text{DS}}} \tag{5.33}$$

如果施加的漏源电压值使 MOSFET 工作在饱和区，则称该跨导为饱和跨导。不同温度下 MOSFET 跨导随漏源电流变化的曲线如图 5.6 所示。

当 V_{DS} 为常数时，根据式 (5.22) 和式 (5.33) 可以得到

$$g_{\mathrm{m}} = \frac{\partial}{\partial V_{\mathrm{GS}}} \big[(1/2) \mu_{\mathrm{n}} C_{\mathrm{ox}} (W/L) \{2(V_{\mathrm{GS}} - V_{\mathrm{Th}}) V_{\mathrm{DS}} \} \big]$$
$$= (1/2) \mu_{\mathrm{n}} C_{\mathrm{ox}} (W/L) \{2(1-0) V_{\mathrm{DS}} \} = \mu_{\mathrm{n}} C_{\mathrm{ox}} (W/L) V_{\mathrm{DS}} \tag{5.34}$$

根据迁移率的温度依赖性，式(5.34)可以表示为

$$g_{\mathrm{m}}(T) = \mu_{\mathrm{n}}(T_0)(T/T_0)^{-n} C_{\mathrm{ox}} (W/L) V_{\mathrm{DS}} = \mu_{\mathrm{n}}(T_0) C_{\mathrm{ox}} (W/L) V_{\mathrm{DS}} \times (T/T_0)^{-n}$$
$$= g_{\mathrm{m}}(T_0) \times (T/T_0)^{-n} \tag{5.35}$$

随着温度的升高，载流子迁移率下降，MOSFET 跨导也会随之减小。与 MOSFET 导通电阻类似，可以利用式(5.36)简略地表示温度为 T_0 时跨导 $g_{\mathrm{m}}(T_0)$ 到温度为 T 时跨导值 $g_{\mathrm{m}}(T)$ 的退化关系(Fairchild Semiconductor Corporation，2000)：

$$g_{\mathrm{m}}(T) = g_{\mathrm{m}}(300)(T/300)^{-2.3} \tag{5.36}$$

基于 300 K 温度的跨导值，利用式(5.36)外推了不同温度下跨导变化因子，表 5.2 给出了粗略的变化趋势。

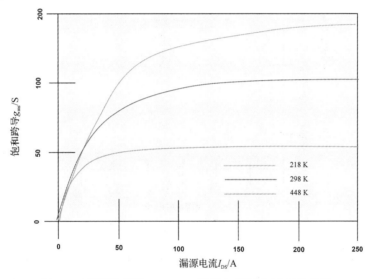

图 5.6　不同温度下 MOSFET 跨导与漏源电流变化曲线

表 5.2　MOSFET 跨导的温度效应

温度 T/K	4.2	77.2	150	300	600
$g_{\mathrm{m}}(T)/g_{\mathrm{m}}(300)$	1.8136×10^4	22.69	4.92458	1	0.203063

5.5　MOSFET 击穿电压 $\mathrm{BV_{DSS}}$ 与漏源电流 I_{DSS}

$\mathrm{BV_{DSS}}$ 表示 MOSFET 栅极与源极短接状态下漏极-源极间的击穿电压，即器件漏极与体区间二极管发生雪崩击穿前所能承受的最大漏源电压。I_{DSS} 为相应的漏极-源极间电流(Fairchild Semiconductor Corporation，2000)。可以根据对 pn 结二极管和双极型晶体管相应参数的理解来分析 MOSFET 击穿电压和漏电流的变化。

5.6　MOSFET 零温度系数偏置点

MOSFET 器件在特定栅源电压 V_{GSO} 下，漏源电流随温度变化较小，甚至不变，这一特性使 MOSFET 组成的电路在高温环境中工作成为可能。这一栅源电压值称为零温度系数(ZTC)偏置点，如图 5.7 所示。因此，MOSFET 的 ZTC 是指漏源电流几乎不随温度变化时的栅源电压。

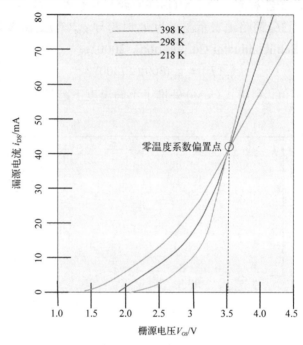

图 5.7　三种温度下 MOSFET 的转移特性曲线

为了分析 MOSFET 的 ZTC，对漏源电流 I_{DS} 随温度变化的公式进行简化处理，令 V_{GS}，V_{DS} 为常数。通过代入迁移率和阈值电压随温度变化的表达式(5.24)和式(5.25)，可将 MOSFET 饱和工作模式下的电流表达式(5.22)改写为

$$
\begin{aligned}
I_{DS}(T) &= (1/2)\mu_{n}(T_0)(T/T_0)^{-n}C_{ox}(W/L)\Big[2\{V_{GS} - V_{Th}(T_0) + \kappa(T - T_0)\}V_{DS}\Big] \\
&= \mu_{n}(T_0)(T/T_0)^{-n}C_{ox}(W/L)\{V_{GS} - V_{Th}(T_0)\}V_{DS} \\
&\quad + \mu_{n}(T_0)(T/T_0)^{-n}C_{ox}(W/L)\kappa T V_{DS} \\
&\quad - \mu_{n}(T_0)(T/T_0)^{-n}C_{ox}(W/L)\kappa T_0 V_{DS}
\end{aligned} \tag{5.37}
$$

所以

$$
\begin{aligned}
\frac{\mathrm{d}I_{DS}}{\mathrm{d}T} &= \mu_{n}(T_0)\left(\frac{1}{T_0}\right)^{-n}(-nT^{-n-1})C_{ox}(W/L)\{V_{GS} - V_{Th}(T_0)\}V_{DS} \\
&\quad + \mu_{n}(T_0)\left(\frac{1}{T_0}\right)^{-n}(-nT^{-n-1})C_{ox}(W/L)\kappa T V_{DS} + \mu_{n}(T_0)(T/T_0)^{-n}C_{ox}(W/L)\kappa V_{DS} \\
&\quad - \mu_{n}(T_0)\left(\frac{1}{T_0}\right)^{-n}(-nT^{-n-1})C_{ox}(W/L)\kappa T_0 V_{DS}
\end{aligned}
$$

$$= -n\mu_n(T_0)C_{ox}(W/L)\left(\frac{T}{T_0}\right)^{-n}(T^{-1})\{V_{GS} - V_{Th}(T_0)\}V_{DS}$$

$$- n\mu_n(T_0)C_{ox}(W/L)\left(\frac{T}{T_0}\right)^{-n}(T^{-1})\kappa T V_{DS} + \kappa \mu_n(T_0)(T/T_0)^{-n}C_{ox}(W/L)V_{DS}$$

$$+ n\mu_n(T_0)C_{ox}(W/L)\left(\frac{T}{T_0}\right)^{-n}(T^{-1})\kappa T_0 V_{DS}$$

$$= -\frac{n}{T}\mu_n(T_0)C_{ox}(W/L)\left(\frac{T}{T_0}\right)^{-n}\{V_{GS} - V_{Th}(T_0)\}V_{DS}$$

$$- n\mu_n(T_0)C_{ox}(W/L)\left(\frac{T}{T_0}\right)^{-n}\kappa V_{DS} + \kappa \mu_n(T_0)(T/T_0)^{-n}C_{ox}(W/L)V_{DS} \qquad (5.38)$$

$$+ \left(\frac{nT_0}{T}\right)\mu_n(T_0)C_{ox}(W/L)\left(\frac{T}{T_0}\right)^{-n}\kappa V_{DS}$$

$$= \mu_n(T_0)C_{ox}(W/L)\left(\frac{T}{T_0}\right)^{-n}V_{DS}\left[\left(-\frac{n}{T}\right)\{V_{GS} - V_{Th}(T_0)\} - n\kappa + \kappa + \left(\frac{nT_0}{T}\right)\kappa\right]$$

$$= \mu_n(T_0)C_{ox}(W/L)\left(\frac{T}{T_0}\right)^{-n}V_{DS}\left[\left(-\frac{n}{T}\right)\{V_{GS} - V_{Th}(T_0)\} + \left\{-n + 1 + \left(\frac{nT_0}{T}\right)\right\}\kappa\right]$$

$$= \mu_n(T_0)C_{ox}(W/L)\left(\frac{T}{T_0}\right)^{-n}V_{DS}\left[\left\{1 - n + \left(\frac{nT_0}{T}\right)\right\}\kappa - \frac{n}{T}\{V_{GS} - V_{Th}(T_0)\}\right]$$

对于 ZTC，

$$\frac{dI_{DS}}{dT} = 0 \qquad (5.39)$$

因此，

$$\left\{1 - n + \left(\frac{nT_0}{T}\right)\right\}\kappa - \frac{n}{T}\{V_{GS} - V_{Th}(T_0)\} = 0 \qquad (5.40)$$

或者

$$\frac{n}{T}\{V_{GS} - V_{Th}(T_0)\} = \left\{1 - n + \left(\frac{nT_0}{T}\right)\right\}\kappa$$

$$V_{GS} - V_{Th}(T_0) = \frac{T}{n}\left\{1 - n + \left(\frac{nT_0}{T}\right)\right\}\kappa = \frac{T\kappa}{n} - T\kappa + T_0\kappa = \frac{T\kappa}{n} - \kappa(T - T_0) \qquad (5.41)$$

$$V_{GS} = V_{Th}(T_0) - \kappa(T - T_0) + \frac{T\kappa}{n}$$

$$V_{GS} = V_{Th}(T) + \frac{T\kappa}{n}$$

根据式 (5.25)，由于 V_{GS} 值与 ZTC 相关，可以用 $V_{GS(ZTC)}$ 表示，如下所示：

$$V_{GS(ZTC)} = V_{Th}(T) + \frac{T\kappa}{n} \qquad (5.42)$$

取 $n = 2$，$\kappa = -4 \, mV \cdot K^{-1}$，对于室温 $T = 300 \, K$ 条件下，阈值电压 $V_{Th} = 1 \, V$ 的 MOSFET，

$$V_{GS(ZTC)} = 1 + \frac{300 \times (4 \times 10^{-3})}{2} = 1.60 \, V \qquad (5.43)$$

5.7   MOSFET 动态响应

MOSFET 的开关速率特性优于双极型器件，原因为其开关速率不会由于少数载流子存储而产生延迟，这与 pn 结二极管和双极型晶体管工作过程不同。MOSFET 的本征电容 C_g 和本征电阻 R_g 是决定其开关特性的主要因素(Sattar and Tsukanov，2007)。本征电容 C_g 的主要组成部分包括：

(i) 输入电容 C_{iss} 由栅源电容 C_{gs} 和栅漏电容 C_{gd} 组成，如图 5.8 所示，

$$C_{iss} = C_{gs} + C_{gd} \tag{5.44}$$

(ii) 输出电容由漏源电容 C_{ds} 和栅漏电容 C_{gd} 组成：

$$C_{oss} = C_{ds} + C_{gd} \tag{5.45}$$

(iii) 反向转移电容

$$C_{rss} = C_{gd} \tag{5.46}$$

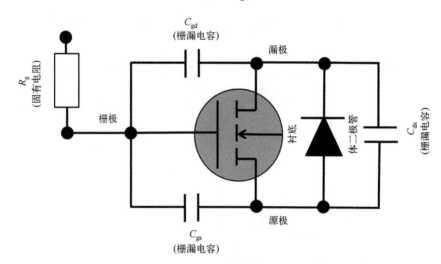

图 5.8   功率 MOSFET 的寄生参数

本征电阻 R_g 是栅极总电阻的一个组成部分，栅极总电阻还包括驱动电阻在内的外部连接电阻。由于其量级较小，对开关时间的影响可忽略不计。

MOSFET 本征电阻 R_g 和输入电容 C_{iss} 之间形成的电阻-电容网络具有时间常数 τ，由下式得出：

$$\tau = R_g C_{iss} \tag{5.47}$$

电容 C_{iss} 的充电和放电时间，即，这些电容上电荷的收集和释放时间(由电阻 R_g 决定在栅极绝缘体上建立电压，从而在源极和漏极之间产生电流的速度决定)。由于输入电容不受温度变化影响，因此当环境温度变化时，MOSFET 的开关速率几乎保持不变。C_{iss} 或 R_g 的细微变化都可能引起开关参数的改变，但通常这些变化都可以忽略不计。因此，MOSFET 的开关损耗也是随温度保持不变的。

5.8　25℃至 300℃范围内 MOS 模拟电路特性分析

Shoucair(1986)提出使用商业 CMOS 工艺设计出工作温度达 250℃的 CMOS 模拟电路，考虑的设计参数包括跨导、输出电导和增益等。下面将详细分析 MOSFET 的热行为，分析过程中温度系数中阈值电压符号记为 p_0，而不再使用之前使用的符号 κ。为得到较好的近似值，阈值电压随温度的变化用一阶多项式形式描述：

$$V_{\text{Th}}(T) = p_0 T + q_0 \tag{5.48}$$

其中，对于 n 沟道 MOSFET，

$$p_0 = \frac{\mathrm{d}V_{\text{Th}}}{\mathrm{d}T} = -2.4\,\text{mV} \cdot \text{K}^{-1}, q_0 = +1.72\,\text{V} \tag{5.49}$$

对于 p 沟道 MOSFET，

$$p_0 = \frac{\mathrm{d}V_{\text{Th}}}{\mathrm{d}T} = +2.4\,\text{mV} \cdot \text{K}^{-1}, q_0 = -1.72\,\text{V} \tag{5.50}$$

相比室温(25℃)下阈值电压值，250℃时不同极性的 MOSFET 阈值电压 V_{Th} 变化量达到 0.55 V。阈值电压的变化使偏置电压漂移，进而影响模拟电路性能，以下描述的零温度系数 (ZTC) 偏置点除外。而在数字电路中，噪声裕度是降低的。平均载流子迁移率符合以下关系式：

$$\mu(T) = \mu(T_0)\left(\frac{T}{T_0}\right)^{-1.5} \tag{5.51}$$

在 ZTC 偏置点，漏电流不随温度变化。因此，漏源电流 I_{DS} 相对于温度 T 的归一化导数等于零。对于线性工作区，导数可以表示为

$$
\begin{aligned}
\frac{\mathrm{d}I_{\text{DS}}}{\mathrm{d}T} &= \frac{\mathrm{d}}{\mathrm{d}T}\left[\mu(T)C_{\text{ox}}\left(\frac{W}{L}\right)\{V_{\text{GS(ZTC)}} - V_{\text{Th}}(T)\}V_{\text{DS}}\right] \\
&= \frac{\mathrm{d}\mu(T)}{\mathrm{d}t}C_{\text{ox}}\left(\frac{W}{L}\right)\{V_{\text{GS(ZTC)}} - V_{\text{Th}}(T)\}V_{\text{DS}} \\
&\quad + \mu C_{\text{ox}}\left(\frac{W}{L}\right)\left(0 - \frac{\mathrm{d}V_{\text{Th}}(T)}{\mathrm{d}T}\right)V_{\text{DS}} \\
&= \frac{\mathrm{d}\mu}{\mathrm{d}t}C_{\text{ox}}\left(\frac{W}{L}\right)\{V_{\text{GS(ZTC)}} - V_{\text{Th}}(T)\}V_{\text{DS}} - \mu C_{\text{ox}}\left(\frac{W}{L}\right)\left\{\frac{\mathrm{d}V_{\text{Th}}(T)}{\mathrm{d}T}\right\}V_{\text{DS}}
\end{aligned}
\tag{5.52}
$$

进行归一化，可以得到

$$\frac{1}{I_{\text{DS}}}\left(\frac{\mathrm{d}I_{\text{DS}}}{\mathrm{d}T}\right) = \frac{1}{\mu}\left(\frac{\mathrm{d}\mu}{\mathrm{d}t}\right) - \frac{1}{V_{\text{GS(ZTC)}} - V_{\text{Th}}(T)}\left\{\frac{\mathrm{d}V_{\text{Th}}(T)}{\mathrm{d}T}\right\} \tag{5.53}$$

因此

$$\frac{1}{\mu}\left(\frac{\mathrm{d}\mu}{\mathrm{d}t}\right) = \frac{1}{\mu(T_0)\left(\dfrac{T}{T_0}\right)^{-1.5}} \times \mu(T_0) \times -1.5\left(\frac{T}{T_0}\right)^{-1.5-1} \times \frac{T_0 - 0}{T_0^2} = -\frac{1.5}{T_0} \tag{5.54}$$

令

$$\frac{\mathrm{d}V_{\mathrm{Th}}}{\mathrm{d}T} = p_0 \tag{5.55}$$

$$\frac{1}{I_{\mathrm{DS}}}\left(\frac{\mathrm{d}I_{\mathrm{DS}}}{\mathrm{d}T}\right) = -\frac{1.5}{T_0} - \frac{p_0}{V_{\mathrm{GS(ZTC)}} - V_{\mathrm{Th}}(T)} \tag{5.56}$$

因此

$$-\frac{1.5}{T_0} - \frac{p_0}{V_{\mathrm{GS(ZTC)}} - V_{\mathrm{Th}}(T)} = 0 \tag{5.57}$$

或者

$$\frac{p_0}{V_{\mathrm{GS(ZTC)}} - V_{\mathrm{Th}}} = -\frac{1.5}{T_0} \tag{5.58}$$

所以

$$V_{\mathrm{GS(ZTC)}} - V_{\mathrm{Th}} = -\frac{T_0}{1.5} p_0 \tag{5.59}$$

$$I_{\mathrm{DS}} = \mu(T) C_{\mathrm{ox}}\left(\frac{W}{L}\right)\left\{-\frac{T_0}{1.5} p_0\right\} V_{\mathrm{DS}} \tag{5.60}$$

对于饱和工作区，漏电流对温度的导数为

$$\frac{\mathrm{d}I_{\mathrm{DS}}}{\mathrm{d}T} = \frac{\mathrm{d}}{\mathrm{d}T}\left[(1/2)\mu(T) C_{\mathrm{ox}}\left(\frac{W}{L}\right)\left\{V_{\mathrm{GS(ZTC)}} - V_{\mathrm{Th}}(T)\right\}^m\right] \tag{5.61}$$

当 $m = 2$ 时

$$\begin{aligned}
\frac{\mathrm{d}I_{\mathrm{DS}}}{\mathrm{d}T} &= \frac{\mathrm{d}\mu(T)}{\mathrm{d}t}(1/2) C_{\mathrm{ox}}\left(\frac{W}{L}\right)\left\{V_{\mathrm{GS(ZTC)}} - V_{\mathrm{Th}}(T)\right\}^m \\
&+ (1/2)\mu(T) C_{\mathrm{ox}}\left(\frac{W}{L}\right) m\left\{V_{\mathrm{GS(ZTC)}} - V_{\mathrm{Th}}(T)\right\}^{m-1} \times -\left(\frac{\mathrm{d}V_{\mathrm{Th}}(T)}{\mathrm{d}T}\right)
\end{aligned} \tag{5.62}$$

因此

$$\begin{aligned}
\frac{1}{I_{\mathrm{DS}}}\frac{\mathrm{d}I_{\mathrm{DS}}}{\mathrm{d}T} &= \frac{1}{\mu(T)}\left\{\frac{\mathrm{d}\mu(T)}{\mathrm{d}t}\right\} - \frac{m}{V_{\mathrm{GS(ZTC)}} - V_{\mathrm{Th}}(T)}\frac{\mathrm{d}V_{\mathrm{Th}}(T)}{\mathrm{d}T} \\
&= -\frac{1.5}{T_0} - \frac{m}{V_{\mathrm{GS(ZTC)}} - V_{\mathrm{Th}}(T)} \times p_0
\end{aligned} \tag{5.63}$$

利用式(5.54)，令

$$\frac{1}{I_{\mathrm{DS}}}\frac{\mathrm{d}I_{\mathrm{DS}}}{\mathrm{d}T} = 0 \tag{5.64}$$

$$-\frac{1.5}{T_0} - \frac{m}{V_{\mathrm{GS(ZTC)}} - V_{\mathrm{Th}}(T)} \times p_0 = 0 \tag{5.65}$$

或者

$$\frac{mp_0}{V_{\mathrm{GS(ZTC)}} - V_{\mathrm{Th}}(T)} = -\frac{1.5}{T_0}$$

$$V_{\mathrm{GS(ZTC)}} - V_{\mathrm{Th}}(T) = -\frac{mT_0}{1.5} p_0 \tag{5.66}$$

可以得到

$$I_{\mathrm{DS}} = (1/2)\mu(T) C_{\mathrm{ox}}\left(\frac{W}{L}\right)\left\{-\frac{mT_0}{1.5} p_0\right\}^m \tag{5.67}$$

对于在 (T_1, T_2) 温度范围内已知参数 (p_0, q_0) 的 MOSFET 器件，存在两个单独的 ZTC 栅源偏置电压 $V_{GS(ZTC)}$，一个位于线性工作区，一个位于饱和工作区。在该工作点，MOSFET 漏电流温度敏感性最低。在 (T_1, T_2) 温度范围内偏置电压遵循通过最小二乘法得出的解析方程(Shoucair, 1986)，

$$V_{GS(ZTC)} = -(1/6)p_0(T_1 + T_2)(2m - 3) + q_0 \tag{5.68}$$

其中，m 为漏源电流 I_{DS} 近似方程中的指数，

$$I_{DS} \sim (V_{GS} - V_{Th})^m \tag{5.69}$$

在理想平方律条件下，线性区的指数 $m = 1$，饱和区的指数 $m = 2$。对应于 $m = 1, 2$ 的两个值，$V_{GS(ZTC)}$ 的方程式(5.68)有两种形式：

$$\begin{aligned} V_{GS(ZTC)|Linear(m=1)} &\approx -(1/6)p_0(T_1 + T_2)(2 \times 1 - 3) + q_0 \\ &= +(1/6)p_0(T_1 + T_2) + q_0 \end{aligned} \tag{5.70}$$

$$\begin{aligned} V_{GS(ZTC)|Saturation(m=2)} &\approx -(1/6)p_0(T_1 + T_2)(2 \times 2 - 3) + q_0 \\ &= -(1/6)p_0(T_1 + T_2) + q_0 \end{aligned} \tag{5.71}$$

例如，对于工作在饱和区的 n 沟道 MOSFET，温度范围在 273～523 K 时，

$$\begin{aligned} V_{GS(ZTC)|Saturation(m=2)} &= -(1/6) \times -2.4 \times 10^{-3} \times (273 + 523) + 1.72 \\ &= -0.4 \times 10^{-3} \times 796 + 1.72 \\ &= -0.3184 + 1.72 = 1.4016 \text{ V} \end{aligned} \tag{5.72}$$

根据线性区和饱和区的漏电流方程可得到漏电流的 $I_{GS(ZTC)}$ 值，对 MOSFET 传输特性的测量表明，250℃以上时漏电流有明显的上升。这是由于漏极-体区间电流显著增加导致的，其增幅与 MOSFET 正向电流相当。源、漏结的漏电流包括来自产生和扩散电流的贡献，且与温度有关。对于 CMOS 工艺，其转移特性温度 T_{trans} 约为 130℃ 至 150℃。低于转移特性温度时，产生电流占主导地位，温度 T 在 25℃ 至 150℃ 时，

$$I_{gen}(T) = (qAw / \tau)n_i(T) \tag{5.73}$$

其中 A 是 pn 结的有效面积，w 是耗尽区宽度，τ 是载流子寿命。

高于转移特性温度时，扩散电流占主导地位，对于 n 沟道 MOSFET，温度 T 在 150℃ 至 300℃ 时，

$$I_{diff}(T) = (qAD_n / L_n)\{n_i^2(T) / N_A\} \tag{5.74}$$

式中，D_n，L_n 为电子扩散系数和扩散长度，N_A 为受主浓度。同样的方程也适用于 p 沟道器件。在 25℃ 到 300℃ 的温度范围内，泄漏电流和泄漏电导会增加 5 个数量级。因此，增益降低。在模拟电路中，偏置电压点是漂移的，而在数字电路中，由于漏电流上升，噪声裕度会减小。n 沟道 MOSFET 具有更高漏电流的一个可能原因是在其制造过程中需要额外的处理，即 p 阱形成，这会引入更多的缺陷，从而降低载流子寿命。围绕源和漏扩散的保护环有助于防止少数载流子到达关键区域，从而避免损坏 CMOS 锁存槽。

饱和区的跨导在 25℃ 到 300℃ 范围内变化量可达 50%。它由下式给出：

$$g_m(T) = 2I_{DS}(T)/\{V_{GS} - V_{Th}\} \tag{5.75}$$

体效应电导 g_{mb} 利用跨导 g_m 表示为

$$g_{mb}(T) \approx \{\partial V_{Th}(T)/\partial V_{sub}\}g_m(T) \tag{5.76}$$

其中，V_{sub} 是衬底电压。与跨导一样，在上述温度范围内体效应跨导也会减半。

沟道输出电导也会减半(Shoucair and Early, 1984),

$$g_d(T) = I_D(T)/V_a \tag{5.77}$$

其中 V_a 为早期电压。在上述综合影响下增益带宽积减半。

Shoucair(1986)提出了设计 CMOS 运算放大器两级拓扑的指导原则。为了使电路在温度变化的情况下也能稳定运行,通过使用分压 MOSFET,或使用类似多晶硅电阻的无源器件对电流源施加电压 $V_{GS(ZTC)|sat}$,控制每一极偏置状态,两级增益状态分别被偏置于各自饱和区的 ZTC 漏电流值处。在 CMOS 运算放大器的差分输入级,增加了一个二极管来补偿漏电流。低频小信号增益取决于输出电导,而不是跨导和小信号漏感电导,后者在温度高于 200℃时明显增大。在输出状态下,允许两个漏-体结泄漏等量的电流。如果漏电流密度相等,则漏区匹配。

MOSFET 电容由重叠电容和结电容组成,重叠电容由栅-源和栅-漏区金属化的重叠产生,而结电容由源-体结和漏-体结产生。重叠电容具有较小的温度系数约 25 ppm/℃,在 25℃ 至 300℃温度范围内,电容增大量小于 5%,结电容温度系数较大,约为 100～1500 ppm/℃,在 25℃ 至 300℃温度范围内,电容增大量达到 5%～50%。前者可描述为温度效应相对敏感,后者则描述为温度敏感效应。电容增大对模拟电路的影响表现为电路速度的减慢。

考虑到源极与体区短接,$V_{Body\text{-}Source} = 0$。电容 C_{DS} 即为漏体结电容。如果该结为突变结,

$$C_{DS} = \sqrt{\frac{q\varepsilon_0\varepsilon_{Si}(N_A + N_D)}{2(V_{bi} + V_R)}} \tag{5.78}$$

其中,ε_{Si} 为硅介电常数,N_A 为受主浓度,N_D 为掺杂浓度,V_{bi} 为内建电势,V_R 为反向应用偏压。内建电势如下式所示:

$$V_{bi} = \left(\frac{k_B T}{q}\right)\ln\left\{\frac{N_A N_D}{n_i^2(T)}\right\} \tag{5.79}$$

对式(5.78)等号两边进行微分,可以得到(Shoucair, et al., 1984)

$$
\begin{aligned}
\frac{dC_{DS}(T)}{dT} &= \left(\frac{1}{2}\right) \times \left\{\frac{q\varepsilon_0\varepsilon_{Si}(N_A + N_D)}{2(V_{bi} + V_R)}\right\}^{1/2-1} \\
&\quad \times \frac{0 - 2(dV_{bi}/dT)\{q\varepsilon_0\varepsilon_{Si}(N_A + N_D)\}}{\{2(V_{bi} + V_R)\}^2} \\
&= \left(\frac{1}{2}\right) \times \left\{\frac{2(V_{bi} + V_R)}{q\varepsilon_0\varepsilon_{Si}(N_A + N_D)}\right\}^{1/2} \times \frac{-2(dV_{bi}/dT)\{q\varepsilon_0\varepsilon_{Si}(N_A + N_D)\}}{\{2(V_{bi} + V_R)\}^2} \\
&= -(dV_{bi}/dT)\frac{\{q\varepsilon_0\varepsilon_{Si}(N_A + N_D)\}^{1/2}}{\{2(V_{bi} + V_R)\}^{1.5}}
\end{aligned}
\tag{5.80}
$$

因此

$$\left(\frac{1}{C_{DS}}\right)\frac{dC_{DS}(T)}{dT} = -\frac{1}{2(V_{bi} + V_R)}(dV_{bi}/dT) \tag{5.81}$$

但是

$$
\begin{aligned}
\frac{dV_{bi}}{dT} &= \left(\frac{k_B}{q}\right)\ln\left\{\frac{N_A N_D}{n_i^2(T)}\right\} + \left(\frac{k_B T}{q}\right)\left\{\frac{n_i^2(T)}{N_A N_D}\right\} \times \frac{0 - 2n_i(T)(dn_i/dT)N_A N_D}{\{n_i^2(T)\}^2} \\
&= \left(\frac{k_B}{q}\right)\ln\left\{\frac{N_A N_D}{n_i^2(T)}\right\} - \left(\frac{k_B T}{q}\right)\frac{2(dn_i/dT)}{n_i(T)}
\end{aligned}
\tag{5.82}
$$

由于

$$n_i(T) = 4.68 \times 10^{15} T^{3/2} \exp\left(-\frac{E_g}{2k_B T}\right) \tag{5.83}$$

所以

$$\frac{\mathrm{d}n_i(T)}{\mathrm{d}T} = 4.68 \times 10^{15} \times \left(\frac{3}{2}\right) T^{3/2-1} \exp\left(-\frac{E_g}{2k_B T}\right) + 4.68$$

$$\times 10^{15} T^{3/2}\left\{\exp\left(-\frac{E_g}{2k_B T}\right)\right\} \times \frac{+2k_B E_g}{(2k_B T)^2}$$

$$= 4.68 \times 10^{15} \times \left(\frac{3}{2}\right) T^{1/2} \exp\left(-\frac{E_g}{2k_B T}\right) + \tag{5.84}$$

$$4.68 \times 10^{15}\left\{\exp\left(-\frac{E_g}{2k_B T}\right)\right\} \times \frac{E_g}{2k_B T^{1/2}}$$

$$= 4.68 \times 10^{15} \exp\left(-\frac{E_g}{2k_B T}\right)\left\{\left(\frac{3}{2}\right) T^{1/2} + \frac{E_g}{2k_B T^{1/2}}\right\}$$

$$\frac{2(\mathrm{d}n_i/\mathrm{d}T)}{n_i(T)} = \left[2 \times 4.68 \times 10^{15} \exp\left(-\frac{E_g}{2k_B T}\right)\left\{\left(\frac{3}{2}\right) T^{\frac{1}{2}} + \frac{E_g}{2k_B T^{\frac{1}{2}}}\right\}\right] \Bigg/$$

$$\left\{4.68 \times 10^{15} T^{\frac{3}{2}} \exp\left(-\frac{E_g}{2k_B T}\right)\right\} \tag{5.85}$$

$$= 2T^{-3/2}\left\{\left(\frac{3}{2}\right) T^{1/2} + \frac{E_g}{2k_B T^{1/2}}\right\} = T^{-3/2}\left(3T^{1/2} + \frac{E_g}{k_B T^{1/2}}\right)$$

$$= \left(\frac{3}{T} + \frac{E_g}{k_B T^2}\right) = \frac{1}{T}\left(3 + \frac{E_g}{k_B T}\right)$$

联合式 (5.81)，式 (5.82)，式 (5.85)，可以得到

$$\left(\frac{1}{C_{DS}}\right)\frac{\mathrm{d}C_{DS}(T)}{\mathrm{d}T} = -\frac{1}{2(V_{bi} + V_R)}\left[\left(\frac{k_B}{q}\right)\ln\left\{\frac{N_A N_D}{n_i^2(T)}\right\} - \left(\frac{k_B T}{q}\right)\frac{2(\mathrm{d}n_i/\mathrm{d}T)}{n_i(T)}\right]$$

$$= -\frac{1}{2(V_{bi} + V_R)}\left(\frac{k_B}{q}\right)\left[\ln\left\{\frac{N_A N_D}{n_i^2(T)}\right\} - T \times \frac{1}{T}\left(3 + \frac{E_g}{k_B T}\right)\right] \tag{5.86}$$

$$= -\frac{1}{2(V_{bi} + V_R)}\left(\frac{k_B}{q}\right)\left[\ln\left\{\frac{N_A N_D}{n_i^2(T)}\right\} - \left(3 + \frac{E_g}{k_B T}\right)\right]$$

在 $T = 300K$，利用 $V_{bi} = 0.7\,V$，$V_R = 0\,V$，$k_B/q = 8.62 \times 10^{-5}\,eV \cdot K^{-1}$，$N_A = 1 \times 10^{16}\,cm^{-3}$，$N_D = 2 \times 10^{16}\,cm^{-3}$，$n_i = 1.45 \times 10^{10}\,cm^{-3}$，$E_g = 1.12\,eV$，可以得到

$$\left(\frac{1}{C_{DS}}\right)\frac{\mathrm{d}C_{DS}(T)}{\mathrm{d}T} = -\frac{1}{2 \times (0.7 + 0)}(8.62 \times 10^{-5})$$

$$\times\left[\ln\left\{\frac{1 \times 10^{16} \times 2 \times 10^{15}}{(1.45 \times 10^{10})^2}\right\} - \left\{3 + \frac{1.12}{8.62 \times 10^{-5} \times 300}\right\}\right] \tag{5.87}$$

$$= -6.157 \times 10^{-5} \times [\ln(9.51 \times 10^{10}) - 3 - 43.31]$$

$$= -6.157 \times 10^{-5} \times [25.28 - 46.31] = 1.295 \times 10^{-4}/°C$$

当 V_R=5 V 时，

$$\left(\frac{1}{C_{DS}}\right)\frac{dC_{DS}(T)}{dT} = -\frac{1}{2\times(0.7+5)}\times(8.62\times10^{-5})\times[25.28-46.31] \tag{5.88}$$
$$= 1.59\times10^{-4}/{}^\circ C$$

在 V_R = 0 V 时，当温度升高 300℃时，结电容增大 39%，而在 V_R = 5 V 时，当温度升高 300℃时，结电容增大 4.8%。

5.9   −196℃至 270℃范围内 CMOS 数字电路特性分析

Prince 等人(1980)的研究表明，CMOS 集成电路无论是非缓冲型还是缓冲型，如与非门，在 270℃以下均具有较好的静态与动态性能特性。高于此温度时，较高的 p 阱衬底漏电流会成为限制器件性能的主要因素。原因在于 n 沟道晶体管不能吸收漏电流，导致高温下输出低电压 V_{OL} 值过大。

MOSFET 数字集成电路工作在室温以下具有诸多优势：(i)通过改善迁移率和电导从而提高工作速度；(ii)减缓热能促进的化学反应、电迁移等降解机制；(iii)降低噪声；(iv)容易吸热，使填料密度(packing density)更加紧密(Gaensslen, et al.，1977)。

随着温度降低，对 CMOS 电路的关注主要集中在锁定现象的减少上(Estreich and Dutton，1982)。锁定效应可以通过使用特殊的结构来抑制，如保护环、深沟槽隔离或外延层。

锁定效应可由以下因素触发：过压应力、电容耦合及瞬时辐射。锁定效应的维持需要外界电源提供电流，所需提供的最小电流称为维持电流。当温度从 300 K 降至 77 K 时，维持电流增大了 2～4 倍(Dooley and Jaeger，1984)。如果需要完全消除锁定现象，则可能需要低于 77 K 的工作温度。大多数 n 型和 p 型外延双槽 CMOS 结构在 77 K 到 400 K 温度范围内进行检测，根据结果可认为在 100 K 到 200 K 之间没有发生锁定效应(Sangiorgi, et al.，1986)。

CMOS 电路锁定敏感性由两个重要参数决定：(i)寄生双极型晶体管的电流增益；(ii)相应的基极-发射极分流电阻。这两个参数均随温度的降低而降低(Shoucair，1988)。

5.10   讨论与小结

温度升高在某些方面对 MOS 器件性能有利，而在有些方面则不利。电路设计师必须牢记这些变化趋势及其物理机制。在多数情况下，这些变化趋势可以转化为器件的一种优势，并在建立适当的电路工作状态中得到充分利用。适当地考虑 MOSFET 器件热限制有助于开展电路设计。

思 考 题

5.1   写出 MOSFET 阈值电压方程并解释所用符号的含义。应用该方程说明 MOSFET 阈

值电压 V_{Th} 的温度系数依赖于金属-半导体功函数 ϕ_{ms} 和体区电势 ϕ_F 的温度系数。

5.2　证明半导体能带隙 E_g 中本征载流子浓度 n_i 随温度 T 的变化关系为

$$\frac{\partial n_i}{\partial T} = \left(\frac{n_i}{2T}\right)\left(3 + \frac{E_g}{k_B T}\right)$$

其中，k_B 为玻尔兹曼常数。

5.3　证明金属-半导体功函数 ϕ_{ms} 随温度 T 的变化关系可用如下方程描述：

$$\frac{\partial \phi_{ms}}{\partial T} = \frac{\phi_{ms}}{T} + \left(\frac{k_B}{q}\right)\left(3 + \frac{E_g}{k_B T}\right)$$

其中 E_g 为半导体能带隙，k_B 为玻尔兹曼常数。

5.4　证明半导体体区电势 ϕ_F 随温度 T 变化关系如下所示：

$$\frac{\partial \phi_F}{\partial T} = \frac{\phi_F}{T} - \frac{3}{2}\left(\frac{k_B}{q}\right) - \frac{E_g}{2qT}$$

其中 q 为电子电荷，E_g 为半导体能带隙。

5.5　证明了 n 沟道增强型 MOSFET 阈值电压的温度依赖性可以表示为

$$\frac{\partial V_{Th}}{\partial T} = \frac{\phi_{ms}}{T} + \left(\frac{k_B}{q}\right)\left(3 + \frac{E_g}{k_B T}\right) + \left\{2 + \left(\frac{t_{ox}}{\varepsilon_0 \varepsilon_{ox}}\right)\sqrt{\frac{\varepsilon_0 \varepsilon_s q N_A}{\phi_F}}\right\}$$

符号含义解释如下：T 表示热力学温度，ϕ_{ms} 表示金属-半导体功函数，k_B 为玻尔兹曼常数，q 为电子电荷，E_g 为半导体能带隙，t_{ox} 为栅氧化层厚度，ϕ_F 为半导体体区电势，N_A 为 p 型衬底掺杂浓度，ε_0，ε_{ox}，ε_s 分别为自由空间介电常数、SiO_2 材料介电常数以及 Si 材料介电常数。以具有典型结构参数的 MOSFET 为例，证明 $(\partial V_{Th})/\partial T = -2.9\,\text{mV}\cdot\text{K}^{-1}$。

5.6　MOSFET 导通电阻的 7 个组成部分包括哪些？其中哪两种占主导地位？

5.7　推导 MOSFET 沟道电阻 $R_{CHANNEL}(T)$ 随温度 T 变化的表达式：

$$R_{CHANNEL}(T) = R_{CHANNEL}(T_0) \times \frac{(T/T_0)^n}{1 + \dfrac{\kappa(T - T_0)}{V_{GS} - V_{Th}(T_0)}}$$

其中，κ 是阈值电压 V_{th} 的温度系数。

5.8　考虑到沟道电阻和场效应晶体管漂移区的温度依赖性，证明场效应晶体管的导通电阻 $R_{DS(ON)}$ 的温度依赖关系为

$$R_{DS(ON)}(T) = R_{DS(ON)}(T_0)(T/T_0)^n$$

5.9　证明 MOSFET 跨导 g_m 随温度 T 的变化关系为

$$g_m(T) = g_m(T_0) \times (T/T_0)^{-n}$$

5.10　讨论 MOSFET 的 BV_{DSS} 和 I_{DSS} 随温度的变化。

5.11　MOSFET 的 ZTC 是什么含义？利用 MOSFET 饱和区的漏源电流 I_{DS} 方程及 ZTC 条件 $dI_{DS}/dT = 0$，推导出偏压 $V_{GS(ZTC)}$ 的表达式：

$$V_{GS(ZTC)} = V_{Th}(T) + \frac{T\kappa}{n}$$

式中 κ 为阈值电压 V_{Th} 的温度系数，n 为迁移率温度依赖方程中的指数。

5.12 分析 MOSFET 工作速度优于双极型晶体管的原因？解释为什么 MOSFET 开关参数具有较小的温度偏移？

5.13 根据 Shoucair 的分析，说明 MOSFET 具有两个 ZTC，一个位于线性区，另一个位于 I-V 特性的饱和区。在已知参数 (p_0, q_0) 时，写出其推导的对 MOSFET 施加栅源偏压 $V_{\text{GS(ZTC)}}$ 时 ZTC 的分析方程，温度范围为 (T_1, T_2)。

5.14 根据 Shoucair 定律，证明 MOSFET 工作在线性区和饱和区时，漏源电流 I_{DS} 的方程分别为

$$I_{\text{DS}} = \mu(T)C_{\text{ox}}\left(\frac{W}{L}\right)\left\{-\frac{T_0}{1.5}p_0\right\}V_{\text{DS}}$$

$$I_{\text{DS}} = (1/2)\mu(T)C_{\text{ox}}\left(\frac{W}{L}\right)\left\{-\frac{mT_0}{1.5}p_0\right\}^m$$

式中 p_0 表示阈值电压的温度系数，指数 $m = 2$。其余符号采用其通常的含义。

5.15 在 MOSFET 漏电流从以产生电流为主到以扩散电流为主转变的背景下解释术语"转变温度"。写出漏电流中产生电流和扩散电流分量的方程。CMOS 器件典型转移温度是多少？为什么 n 沟道 MOSFET 漏电流高于 p 沟道 MOSFET？

5.16 Shoucair 对 CMOS 运算放大器两级拓扑结构设计提出了哪些指导原则？

5.17 MOSFET 中的重叠和结电容如何表示？两种电容中哪一种对温度更敏感？

5.18 证明 MOSFET 漏源电容 C_{DS} 随温度 T 的变化符合以下方程：

$$\left(\frac{1}{C_{\text{DS}}}\right)\frac{\mathrm{d}C_{\text{DS}}(T)}{\mathrm{d}T} = -\frac{1}{2(V_{\text{bi}} + V_{\text{R}})}\left(\frac{k_{\text{B}}}{q}\right)\left[\ln\left\{\frac{N_{\text{A}}N_{\text{D}}}{n_{\text{i}}^2(T)}\right\} - \left(3 + \frac{E_{\text{g}}}{k_{\text{B}}T}\right)\right]$$

其中 V_{bi} 为内建电势，V_{R} 为施加反向电压，k_{B} 为玻尔兹曼常数，q 为电子电荷，n_{i} 为本征载流子浓度，E_{g} 为能带隙，$N_{\text{A}}, N_{\text{D}}$ 分别表示受主和施主浓度。

5.19 概括 MOSFET 数字集成电路在室温以下工作的三个优点，分析温度对 CMOS 电路锁定效应的影响。

原著参考文献

Dooley J G and Jaeger R C 1984 Temperature dependence of latchup in CMOS circuits *IEEE Electron. Device Lett.* **5** 41-3

Estreich D B and Dutton R W 1982 Modeling latch-up in CMOS integrated circuits *IEEE Trans. Comput.-Aided Des. Integr. Circuits Syst.* **4** 157-62

Fairchild Semiconductor Corporation 2000 MOSFET basics *Fairchild Semiconductor Corporation*

Gaensslen F H, Rideout V L, Walker E J and Walker J J 1977 Very small MOSFETs for lowtemperature operation *IEEE Trans. Electron Devices.* **24** 218-29

Prince J L, Draper B L, Rapp E A, Kronberg J N and Fitch L T 1980 Performance of digital integrated circuits at very high temperatures *IEEE Trans. Components Hybrids Manuf. Technol.* **3** 571-9

Sangiorgi E, Johnston R L, Pinto M R, Bechtold P F and Fichtner W1986 Temperature dependence of latch-up phenomena in scaled CMOS structures *IEEE Electron Device Lett.* **7** 28-31

Sattar A and Tsukanov V 2007 MOSFETs withstand stress of linear-mode operation *Power Electronics Technology* April, pp 34-39

Shoucair F S and Early J M 1984 High-temperature diffusion leakage current-dependent MOSFET small signal conductance *IEEE Trans. Electron Devices* **31** 1866-72

Shoucair F S, Hwang W and Jain P 1984 Electrical characteristics of large scale integration (LSI) MOSFETs at very high temperatures: Parts I and II *Microelectron. Rel.* **24** 465-85 and 487-510

Shoucair F S 1986 Design considerations in high temperature analog CMOS integrated circuits *IEEE Trans. Components Hybrids Manuf. Technol.* **9** 242-51

Shoucair F S 1988 High-temperature latchup characteristics in VLSI CMOS circuits *IEEE Trans. Electron Devices* **35** 2424-6

STMicroelectronics 2006 How to achieve the threshold voltage thermal coefficient of the MOSFET acting on design parameter *STMicroelectronics Application Note*

Wang R, Dunkley J, DeMassa T A and Jelsma L F 1971 Threshold voltage variations with temperature in MOS transistors *IEEE Trans. Electron Devices* 386-8

第6章 温度对硅锗异质结双极型晶体管性能的影响

在设计具有所需电流增益和开关频率的同质结 BJT 时面临的约束条件需要权衡取舍和折中方案。本章将介绍异质结结构带来的设计灵活性，并描述异质结双极型晶体管(HBT)的制造过程。本章将比较硅 BJT 和 Si/SiGe HBT 之间的差异，特别是在电流增益和频率响应特性方面，结果是 HBT 比 BJT 拥有更优异的低温性能。

6.1 引　言

传统的 BJT 是由相同的、不易区分的硅材料制成的，由于其相同的成分，通常被称为同质结 BJT。BJT 的两个重要参数是电流增益和开关速度。为了使这些参数最大化，可改变的器件结构参数是发射极与基极的掺杂浓度和基极宽度。为了增加电流增益，这些掺杂浓度的比例必须很大。只有这样，才会有一个从发射极到基极的大浓度梯度，从而实现高发射极注入效率。当发射极与基极掺杂浓度的比值较大时，基极掺杂浓度必须较低。这意味着当集电极-基极结反偏时，耗尽区在低电压下扩展到基极侧更大的深度。这种结的一个明显缺点是在低电压下容易被击穿。为了提高击穿电压，需要较大的基区宽度。但在基区宽度较大的晶体管中，从发射极注入到较宽基区的载流子穿过基区进入集电极的时间较长，即载流子通过基区的传输时间延长。结果，晶体管的开关速度变慢了。因此，如果我们坚持保持高电流增益，就必须牺牲抗穿通击穿能力或开关速度。

考虑另一种方式：为了提高设备的运行速度，基极必须很薄。基极薄，它的掺杂浓度必须很高，以防止耗尽区从基极扩展到发射极边缘，从而导致穿通击穿。但是高掺杂浓度的基极会降低发射极注入效率，从而降低晶体管的电流增益。实际上，晶体管的设计涉及不同参数之间的权衡。鉴于这些限制，必须在电气参数之间做出折中，以获得适合给定应用的最佳解决方案。

顾名思义，HBT 含有异质结。这种异质结是两种不同材料之间的连接。其中一种包含这种异质连接的材料是硅，另一种材料是硅锗，这是一种硅和锗的合金，化学式为 $Si_{1-x}Ge_x$，其中 x 是合金中锗的摩尔分数，值为 0 到 1(Ioffe Institute，2015)。图 6.1 显示了硅锗的晶体结构。

硅锗合金是一种间接能带隙半导体。它的能带隙由以下方程给出(Virginia Semiconductor，2002)：

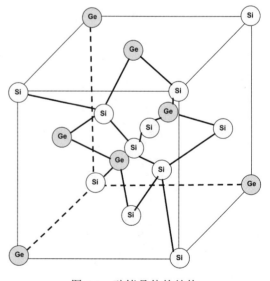

图 6.1　硅锗晶体的结构

当 $T = 300$ K，$x < 0.85$ 时，

$$E_{g\,(\text{indirect})} = 1.155 - 0.43x + 0.206x^2 \text{ eV} \tag{6.1}$$

当 $T = 300$ K，$x > 0.85$ 时，

$$E_{g\,(\text{indirect})} = 2.010 - 1.27x \text{ eV} \tag{6.2}$$

SiGe 的能带隙小于 Si 的能带隙。SiGe 能带隙小于硅能带隙的量取决于 x 的值。在 HBT 中，发射区和集电区两个区域由硅构成。第三个区域是 HBT 基区，由能带隙较低的材料 SiGe 构成。基区材料(SiGe)比发射区材料(Si)具有更小的能带隙，这是一个很好的结果。如果考虑 npn 晶体管，则可以防止从 p 基极向 n 发射极注入空穴。这样，发射极注入效率得到了提高。具有近似晶格匹配或赝晶外延层的 HBT 结构非常适合于 npn HBT 制造，因为带偏移只发生在价带中。从发射极向基极注入电子时，没有引入势垒(Shiraki and Usami，2011)。Si BJT 和 SiGe HBT 之间的能带差异可以通过参考图 6.2 来理解。

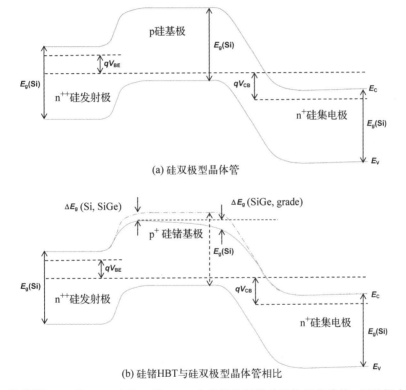

(a) 硅双极型晶体管

(b) 硅锗HBT与硅双极型晶体管相比

图 6.2　能带图。$\Delta E_g(\text{Si}, \text{SiGe})$ 是 Si 和 SiGe 在基极发射端边缘的能带隙差，用基极中的位置 x 表示为 $\Delta E_{gB,Ge}(x = 0)$，$\Delta E_g(\text{SiGe}, \text{grade})$ 是 SiGe 基极从发射极边缘到集电极边缘的能带隙差，用 $\Delta E_{gB,Ge}(x = W_B)$ 表示，其中 W_B 是基区宽度。$\Delta E_{gB,Ge}(x = W_B) - \Delta E_{gB,Ge}(x = 0) = \Delta E_{g,Ge}(\text{grade})$

　　由于上述因素，无须依靠发射极和基区的掺杂浓度比来实现高电流增益值所需的发射极注入效率。相反，发射极和基区之间的能带隙差会影响这种效率。这意味着，从电流增益的角度对基区载流子浓度施加的限制被消除。高载流子浓度可用于该区域。显然，在不丧失抗穿通击穿能力的情况下，可以使基区变薄。因此，可以在器件中实现高电流增益、抗穿通击穿能力，以及高开关速度。通过锗在基区中的分级掺杂方案，随着锗浓度从发射

极边缘向集电极边缘降低，可在基区层上形成一个加速电场。这种电场有助于通过电场辅助传输机制将从发射极注入基区的载流子快速扫入集电极，从而进一步提高晶体管的速度。这样，HBT 的结构为晶体管设计人员提供了一体化的解决方案，以满足高电流增益、大击穿电压和超高速的要求。

6.2　制造 HBT

图 6.3 显示了 SiGe HBT 的横截面示意图。外延层生长出高品质的 p 型 SiGe 基区层。采用减压化学气相沉积法 (RPCVD) 或超高真空化学气相沉积法 (UHVCVD) 进行外延生长。外延生长有两种方式：选择性外延生长和非选择性外延生长。选择性外延生长可以制造具有小叠层的自对准结构，将寄生效应降至最低。非选择性外延生长是一种简单的工艺，可以更好地控制 SiGe 层的厚度均匀性。硼掺杂是在外延层生长过程中原位进行的。在 SiGe 层中加入小于等于 1% 的少量碳可以明显抑制硼在后续热处理过程中的向外扩散 (Hållstedt，2004)。因此，它可以防止基区层扩大，并保持短传输时间所需的狭窄基区宽度 (Mitrovic, et al.，2005)。基区层沉积后，形成多晶硅发射层。

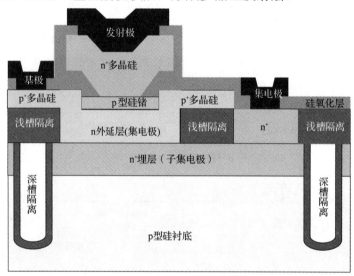

图 6.3　硅/硅锗 HBT 横截面示意图

6.3　Si/Si$_{1-x}$Ge$_x$ 型 HBT 的电流增益和正向渡越时间

考虑具有均匀掺杂发射极和基极的 npn HBT。设 N_{DE} 为宽度为 W_E 的 n 型发射层中的掺杂浓度，N_{AB} 为宽度为 W_B 的 p 型基区层中的受主浓度。设 $D_n(T)$ 为电子在温度 T 下的扩散系数，电子是基极中的少数载流子。设 D_p 为温度 T 时空穴的扩散系数，空穴是发射极中的少数载流子。设 ΔE_g 为发射极和基极半导体材料之间的能带隙差。那么共发射极电流增益 β 为 (Basu and Sarkar，2011)，

$$\beta = \left(\frac{N_{DE}}{N_{AB}}\right)\left(\frac{W_E}{W_B}\right)\left\{\frac{D_n(T)}{D_p(T)}\right\}\exp\left(\frac{\Delta E_g}{k_B T}\right) \tag{6.3}$$

式中，根据爱因斯坦方程，电子和空穴扩散系数 $D_n(T)$，$D_p(T)$ 与相应的迁移率 $\mu_n(T)$，$\mu_p(T)$ 有关，可分别写为

$$D_n(T) = \left(\frac{k_B T}{q}\right)\mu_n(T) \tag{6.4}$$

$$D_p(T) = \left(\frac{k_B T}{q}\right)\mu_p(T) \tag{6.5}$$

通过 HBT 的正向渡越时间 (τ_F)＝发射极渡越时间 (τ_E)＋基极渡越时间 (τ_B)，可写为

$$\tau_F = \tau_E + \tau_B \tag{6.6}$$

式中，

$$\tau_E(T) = W_E^2/\{2\beta D_p(T)\} \tag{6.7}$$

$$\tau_B(T) = W_B^2/\{2D_n(T)\} \tag{6.8}$$

对于 $Si/Si_{1-x}Ge_x$ HBT，电流增益 $(\beta)_{Si/SiGe}$ 的方程式为

$$(\beta)_{Si/SiGe} = \left(\frac{N_{DE}}{N_{AB}}\right)\left(\frac{W_E}{W_B}\right)\left\{\frac{D_{n,SiGe}(T)}{D_{p,Si}(T)}\right\}\exp\left(\frac{\Delta E_g}{k_B T}\right) \tag{6.9}$$

Si 中的电子迁移率 $\mu_{n,Si}$ 为

$$\mu_{n,Si}(T) \propto T^{-2.42}$$

或

$$\mu_{n,Si}(T) = K_3 T^{-2.42} \tag{6.10}$$

因此，

$$K_3 = \mu_{n,Si}(T)/T^{-2.42} = \mu_{n,Si}(T) \times T^{2.42} \tag{6.11}$$

因为，当 $T = 300$ K 时，$\mu_{n,Si} = 1350 \text{ cm}^2 \cdot \text{V}^{-1} \cdot \text{s}^{-1}$，所以

$$K_3 = 1350 \times T^{2.42} = 1350 \times (300)^{2.42} = 9.8772 \times 10^5 \text{ cm}^2 \cdot \text{V}^{-1} \cdot \text{s}^{-1} \cdot \text{K}^{2.42} \tag{6.12}$$

因此，

$$\mu_{n,Si}(T) = 9.88 \times 10^5 T^{-2.42} \tag{6.13}$$

Ge 中的电子迁移率为

$$\mu_{n,Ge}(T) \propto T^{-1.66}$$

或

$$\mu_{n,Ge}(T) = K_4 T^{-1.66} \tag{6.14}$$

因此，

$$K_4 = \mu_{n,Ge}(T)/T^{-1.66} = \mu_{n,Ge}(T) \times T^{1.66} \tag{6.15}$$

又因为，当 $T = 300$ K 时，$\mu_{n,Ge} = 3900 \text{ cm}^2 \cdot \text{V}^{-1} \cdot \text{s}^{-1}$，所以

$$K_4 = 3900 \times T^{1.66} = 3900 \times (300)^{1.66} = 1.294 \times 10^4 \cdot \text{cm}^2 \text{ V}^{-1} \cdot \text{s}^{-1} \cdot \text{K}^{1.66} \tag{6.16}$$

因此，

$$\mu_{n,Ge}(T) = 1.29 \times 10^4 T^{-1.66} \tag{6.17}$$

现在可知

$$\mu_{n,SiGe}(T) = (1-x)\mu_{n,Si}(T) + x\mu_{n,Ge}(T) = 9.88 \times 10^5 (1-x)T^{-2.42}$$
$$+ 1.29 \times 10^4 x T^{-1.66} \tag{6.18}$$

所以，$\qquad D_{\mathrm{n,SiGe}}(T) = \left(\dfrac{k_{\mathrm{B}}T}{q}\right)\{9.88 \times 10^5(1-x)T^{-2.42} + 1.29 \times 10^4 x T^{-1.66}\}$ $\qquad$ (6.19)

硅中空穴迁移率为

$$\mu_{\mathrm{p,Si}}(T) \propto T^{-2.2}$$

或

$$\mu_{\mathrm{p,Si}}(T) = K_5 T^{-2.2} \tag{6.20}$$

因为，当 $T = 300\ \mathrm{K}$ 时，$\mu_{\mathrm{p,Si}} = 500\ \mathrm{cm^2 \cdot V^{-1} \cdot s^{-1}}$，所以

$$K_5 = \mu_{\mathrm{p,Si}}(T)/T^{-2.2} = \mu_{\mathrm{p,Si}}(T) \times T^{2.2} = 500 \times (300)^{2.2} \tag{6.21}$$

$$= 1.408 \times 10^8\ \mathrm{cm^2 \cdot V^{-1} \cdot s^{-1} \cdot K^{2.2}}$$

因此，$\qquad \mu_{\mathrm{p,Si}}(T) = 1.408 \times 10^8 T^{-2.2}$ $\qquad$ (6.22)

$$D_{\mathrm{p,Si}}(T) = \left(\frac{k_{\mathrm{B}}T}{q}\right) 1.408 \times 10^8 T^{-2.2} \tag{6.23}$$

Si 发射极和 $\mathrm{Si}_x\mathrm{Ge}_{1-x}$ 基极的能带隙之间的差值为（Basu and Sarkar，2011；Shur，1995）

$$(\Delta E_{\mathrm{g}})_{\mathrm{Si/SiGe}} = 0.43x - 0.0206x^2 \tag{6.24}$$

此外，发射极和基极的渡越时间可写为

$$\{\tau_{\mathrm{E}}(T)\}_{\mathrm{Si/SiGe}} = W_{\mathrm{E}}^2 / \left[2\beta D_{\mathrm{p,Si}}(T)\right] = W_{\mathrm{E}}^2 / \left[2(\beta)_{\mathrm{Si/SiGe}} D_{\mathrm{p,Si}}(T)\right]$$

$$= W_{\mathrm{E}}^2 \Big/ \left[2\left(\frac{N_{\mathrm{DE}}}{N_{\mathrm{AB}}}\right)\left(\frac{W_{\mathrm{E}}}{W_{\mathrm{B}}}\right)\left\{\frac{D_{\mathrm{n,SiGe}}(T)}{D_{\mathrm{p,Si}}(T)}\right\}\exp\left(\frac{\Delta E_{\mathrm{g}}}{k_{\mathrm{B}}T}\right) D_{\mathrm{p,Si}}(T)\right] \tag{6.25}$$

$$= W_{\mathrm{B}}^2 \Big/ \left[2\left(\frac{N_{\mathrm{DE}}}{N_{\mathrm{AB}}}\right)\left(\frac{W_{\mathrm{E}}}{W_{\mathrm{B}}}\right) D_{\mathrm{n,SiGe}}(T)\exp\left(\frac{\Delta E_{\mathrm{g}}}{k_{\mathrm{B}}T}\right)\right]$$

$$\{\tau_{\mathrm{B}}(T)\}_{\mathrm{Si/SiGe}} = W_{\mathrm{B}}^2 / \{2 D_{\mathrm{n,SiGe}}(T)\} \tag{6.26}$$

该模型可预测 HBT 器件的性能，包括电流增益和正向渡越时间，作为不同发射极/基极组合的功能，以及工作温度范围。

6.4　硅 BJT 与硅/硅锗 HBT 的比较

图 6.4 和图 6.5 显示了 Si/SiGe HBT 的电流-电压特性和电流增益-集电极电流与温度的关系。在硅 BJT 中，电流增益的温度依赖性主要源于发射极和基极由掺杂导致的能带隙变窄。为了获得高的发射极注入效率，发射区的掺杂水平远高于基区。因此，发射区的能带隙变窄情况比基区明显得多。如果 ΔE_{gE} 是发射区变窄的能带隙，而 ΔE_{gB} 是基区变窄的能带隙，则发射区和基区的能带隙之间的差为

$$\Delta E_{\mathrm{gEB}} = \Delta E_{\mathrm{gE}} - \Delta E_{\mathrm{gB}} \tag{6.27}$$

硅 BJT 的电流增益为

$$\beta_{\mathrm{Si}}(T) \propto \exp\left\{-\left(\Delta E_{\mathrm{gE}} - \Delta E_{\mathrm{gB}}\right)/(k_{\mathrm{B}}T)\right\} \propto \exp\left\{-(\Delta E_{\mathrm{gEB}})/(k_{\mathrm{B}}T)\right\} \tag{6.28}$$

因此，硅 BJT 的电流增益随温度呈指数下降，当 $T = 77\ \mathrm{K}$ 时，增益大幅度下降。

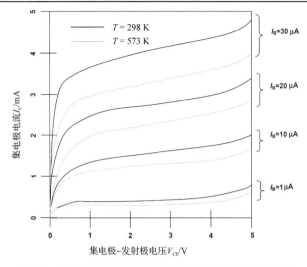

图 6.4　Si/SiGe HBT 的电流-电压特性与温度的关系

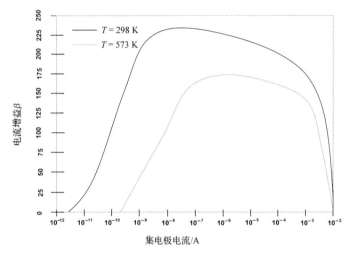

图 6.5　Si/SiGe HBT 的电流增益-集电极电流与温度的关系

在 Si/SiGe HBT 中，在硅基区层中夹杂锗形成 SiGe 基区层，增加了基区能带隙的窄化 ΔE_{gB}。因此，发射区 ΔE_{gE} 和基区 ΔE_{gB} 中的能带隙窄化效应类似。差值 $\Delta E_{gE} - \Delta E_{gB} = \Delta E_{gEB}$ 变小。因此，随着温度的降低，Si/SiGe HBT 的电流增益 $\beta_{Si/SiGe}(T)$ 降低比 Si BJT 的 $\beta_{Si}(T)$ 慢。换言之，由于锗在 Si/SiGe HBT 的 SiGe 基区层中的存在，能带隙减小了，以补偿发射区中高掺杂对发射区能带隙的缩小效应，由此，在既定温度下 Si/SiGe HBT 的电流增益高于 Si BJT 的电流增益。

为了更深入地研究 HBT，回顾由 Kroemer 概括的 Moll-Ross 关系。这种关系对低注入条件有效，非常重要，因为它表明集电极电流密度不受基区中掺杂性质的影响，而受基区中电荷总量的影响。它涉及双极型晶体管的集电极电流密度 J_C，在既定温度 T 下，该双极型晶体管具有均匀或非均匀掺杂的基区，所使用的基极-发射极电压 V_{BE}（Cressler and Niu，2003）可写为

$$J_C = \frac{q\left\{\exp\left(\dfrac{qV_{BE}}{k_B T}\right) - 1\right\}}{\displaystyle\int_{x=0}^{x=W_B} \frac{p_B(x)\mathrm{d}x}{D_{nB}(x)n_{iB}^2(x)}} \tag{6.29}$$

式中，$x = 0$ 是发射极侧基区的边界，$x = W_B$ 是集电极侧基区的边界，$p_B(x)$ 是基区内随位置 x 变化而变化的相关位置空穴浓度，$D_{nB}(x)$ 是电子在基区的位置相关扩散系数，$n_{iB}(x)$ 是基区的位置相关本征载流子浓度。$D_{nB}(x)$ 的位置相关性源于锗分布引起的电子迁移率 $\mu_{nB}(x)$ 变化的方程：

$$D_{nB}(x) = \left(\frac{k_B T}{q}\right)\mu_{nB}(x) \tag{6.30}$$

$n_{iB}(x)$ 的位置相关性是由锗引起的能带隙变化造成的。SiGe 中本征载流子浓度的平方为

$$n_{iB}^2(x) = N_{C,\mathrm{SiGe}}(x)N_{V,\mathrm{SiGe}}(x)\exp\left\{-\frac{E_{gB}(x)}{k_B T}\right\} \tag{6.31}$$

式中，$N_{C,\mathrm{SiGe}}(x)$ 为 SiGe 导带中态的位置相关有效密度，$N_{V,\mathrm{SiGe}}(x)$ 为 SiGe 价带中态的位置相关有效密度，$E_{gB}(x)$ 为 SiGe 基区层的位置相关能带隙。在具有线性梯度基区层的 HBT 中，假设 $E_{gB0} =$ 零掺杂下的硅能带隙 $= 1.12$ eV，$\Delta E_{gB,A}$ 是由于受主杂质掺杂效应导致的基区层窄化能带隙，$\Delta E_{gB,Ge}(x = 0)$ 是基区层在 $x = 0$ 时的带隙偏移，而 $\Delta E_{gB,Ge}(x = W_B)$ 是基区层在 $x = W_B$ 时的带隙偏移。使用上述符号，可得

$$\begin{aligned}
E_{gB}(x) = E_{gB0} - \Delta E_{gB,A} &+ \left\{\Delta E_{gB,Ge}(x = 0) - \Delta E_{gB,Ge}(x = W_B)\right\} \times (x/W_B) \\
&- \Delta E_{gB,Ge}(x = 0)
\end{aligned} \tag{6.32}$$

因此，

$$\begin{aligned}
n_{iB}^2(x) &= N_{C,\mathrm{SiGe}}(x)N_{V,\mathrm{SiGe}}(x) \\
&\quad \times \exp\left[-\frac{E_{gB0} - \Delta E_{gB,A} + \left\{\Delta E_{gB,Ge}(x=0) - \Delta E_{gB,Ge}(x=W_B)\right\} \times (x/W_B) - \Delta E_{gB,Ge}(x=0)}{k_B T}\right] \\
&= N_{C,\mathrm{SiGe}}(x)N_{V,\mathrm{SiGe}}(x) \\
&\quad \times \exp\left[\frac{-E_{gB0} + \Delta E_{gB,A} - \left\{\Delta E_{gB,Ge}(x=0) - \Delta E_{gB,Ge}(x=W_B)\right\} \times (x/W_B) + \Delta E_{gB,Ge}(x=0)}{k_B T}\right] \\
&= N_{C,\mathrm{SiGe}}(x)N_{V,\mathrm{SiGe}}(x)\exp\left(-\frac{E_{gB0}}{k_B T}\right)\exp\left(\frac{\Delta E_{gB,A}}{k_B T}\right) \\
&\quad \times \exp\left[\left\{\frac{\Delta E_{gB,Ge}(x=W_B) - \Delta E_{gB,Ge}(x=0)}{k_B T}\right\} \times (x/W_B)\right]\exp\left\{\frac{\Delta E_{gB,Ge}(x=0)}{k_B T}\right\} \\
&= \frac{N_{C,\mathrm{SiGe}}(x)N_{V,\mathrm{SiGe}}(x)}{N_{C,\mathrm{Si}}(x)N_{V,\mathrm{Si}}(x)}N_{C,\mathrm{Si}}(x)N_{V,\mathrm{Si}}(x)\exp\left(-\frac{E_{gB0}}{k_B T}\right)\exp\left(\frac{\Delta E_{gB,A}}{k_B T}\right) \\
&\quad \times \exp\left[\left\{\frac{\Delta E_{gB,Ge}(x=W_B) - \Delta E_{gB,Ge}(x=0)}{k_B T}\right\} \times (x/W_B)\right]\exp\left\{\frac{\Delta E_{gB,Ge}(x=0)}{k_B T}\right\}
\end{aligned} \tag{6.33}$$

定义

$$\frac{N_{C,\mathrm{SiGe}}(x)N_{V,\mathrm{SiGe}}(x)}{N_{C,\mathrm{Si}}(x)N_{V,\mathrm{Si}}(x)} = N \tag{6.34}$$

$$\Delta E_{gB,Ge}(x = W_B) - \Delta E_{gB,Ge}(x = 0) = \Delta E_{g,Ge}(\mathrm{grade}) \tag{6.35}$$

显然，

$$N_{C,\mathrm{Si}}(x)N_{V,\mathrm{Si}}(x)\exp\left(-\frac{E_{gB0}}{k_B T}\right) = n_{i,\mathrm{Si}}^2 \tag{6.36}$$

因此，

$$n_{\text{ib}}^2(x) = Nn_{\text{i,Si}}^2 \exp\left(\frac{\Delta E_{\text{gB,A}}}{k_{\text{B}}T}\right) \exp\left[\left\{\frac{\Delta E_{\text{g,Ge}}(\text{grade})}{k_{\text{B}}T}\right\}(x/W_{\text{B}})\right]$$

$$\times \exp\left\{\frac{\Delta E_{\text{gB,Ge}}(x=0)}{k_{\text{B}}T}\right\} \tag{6.37}$$

将关于 $n_{\text{ib}}^2(x)$ 的表达式由式 (6.37) 代入式 (6.29) 中 J_{C} 的表达式，可得

$$J_{\text{C,SiGe}} = \frac{q\left\{\exp\left(\frac{qV_{\text{BE}}}{k_{\text{B}}T}\right) - 1\right\}}{\displaystyle\int_{x=0}^{x=W_{\text{B}}} \frac{p_{\text{B}}(x)\text{d}x}{D_{\text{nB}}(x)Nn_{\text{i,Si}}^2 \exp\left(\frac{\Delta E_{\text{gB,A}}}{k_{\text{B}}T}\right)\exp\left[\left\{\frac{\Delta E_{\text{g,Ge}}(\text{grade})}{k_{\text{B}}T}\right\}(x/W_{\text{B}})\right]\exp\left\{\frac{\Delta E_{\text{gB,Ge}}(x=0)}{k_{\text{B}}T}\right\}}}$$

$$= \frac{q\left\{\exp\left(\frac{qV_{\text{BE}}}{k_{\text{B}}T}\right) - 1\right\}}{\left(\frac{1}{\tilde{D}_{\text{nB}}}\right)\left(\frac{1}{\tilde{N}}\right)N_{\text{A,B}}\left\{\frac{1}{n_{\text{i,Si}}^2 \exp\left(\frac{\Delta E_{\text{gB,A}}}{k_{\text{B}}T}\right)}\right\}\left\{\frac{1}{\exp\left(\frac{\Delta E_{\text{gB,Ge}}(x=0)}{k_{\text{B}}T}\right)}\right\}\displaystyle\int_{x=0}^{x=W_{\text{B}}}\frac{\text{d}x}{\exp\left[\left\{\frac{\Delta E_{\text{g,Ge}}(\text{grade})}{k_{\text{B}}T}\right\}(x/W_{\text{B}})\right]}} \tag{6.38}$$

其中，$\tilde{D}_{\text{nB}}$ 被定义为穿过基区的位置平均扩散系数。$\tilde{N}$ 被定义为 SiGe 和 Si 中有效态密度在基区的位置平均比，$N_{\text{A,B}}$ 是基区受主掺杂浓度，则有

$$J_{\text{C,SiGe}} = q\frac{\tilde{D}_{\text{nB}}\tilde{N}}{N_{\text{A,B}}}\frac{n_{\text{i,Si}}^2 \exp\left(\frac{\Delta E_{\text{gB,A}}}{k_{\text{B}}T}\right)\exp\left\{\frac{\Delta E_{\text{gB,Ge}}(x=0)}{k_{\text{B}}T}\right\}\left\{\exp\left(\frac{qV_{\text{BE}}}{k_{\text{B}}T}\right) - 1\right\}}{\displaystyle\int_{x=0}^{x=W_{\text{B}}}\exp\left[\left\{-\Delta E_{\text{g,Ge}}(\text{grade})\right\}\left\{x/(W_{\text{B}}k_{\text{B}}T)\right\}\right]\text{d}x}$$

$$= q\frac{\tilde{D}_{\text{nB}}\tilde{N}}{N_{\text{A,B}}}\frac{n_{\text{i,Si}}^2 \exp\left(\frac{\Delta E_{\text{gB,A}}}{k_{\text{B}}T}\right)\exp\left\{\frac{\Delta E_{\text{gB,Ge}}(x=0)}{k_{\text{B}}T}\right\}\left\{\exp\left(\frac{qV_{\text{BE}}}{k_{\text{B}}T}\right) - 1\right\}}{\left[-\frac{1}{\left\{\Delta E_{\text{g,Ge}}(\text{grade})/(W_{\text{B}}k_{\text{B}}T)\right\}}\exp\left[\left\{-\Delta E_{\text{g,Ge}}(\text{grade})\right\}\left\{x/(W_{\text{B}}k_{\text{B}}T)\right\}\right]\right]_{x=0}^{x=W_{\text{B}}}} \tag{6.39}$$

因为，

$$\int \exp(-ax)\text{d}x = -(1/a)\exp(-ax)$$

因此，

$$J_{\text{C,SiGe}} = q\frac{\tilde{D}_{\text{nB}}\tilde{N}}{N_{\text{A,B}}}$$

$$\times \frac{n_{\text{i,Si}}^2 \exp\left(\frac{\Delta E_{\text{gB,A}}}{k_{\text{B}}T}\right)\exp\left\{\frac{\Delta E_{\text{gB,Ge}}(x=0)}{k_{\text{B}}T}\right\}\left\{\exp\left(\frac{qV_{\text{BE}}}{k_{\text{B}}T}\right) - 1\right\}}{\left[-\frac{1}{\left\{\Delta E_{\text{g,Ge}}(\text{grade})/(W_{\text{B}}k_{\text{B}}T)\right\}}\right]\left[\exp\left[\left\{-\Delta E_{\text{g,Ge}}(\text{grade})\right\}\left\{W_{\text{B}}/(W_{\text{B}}k_{\text{B}}T)\right\}\right] - \exp\left[\left\{-\Delta E_{\text{g,Ge}}(\text{grade})\right\}\left\{0/(W_{\text{B}}k_{\text{B}}T)\right\}\right]\right]}$$

$$= q\frac{\tilde{D}_{\text{nB}}\tilde{N}}{N_{\text{A,B}}}\frac{n_{\text{i,Si}}^2 \exp\left(\frac{\Delta E_{\text{gB,A}}}{k_{\text{B}}T}\right)\exp\left\{\frac{\Delta E_{\text{gB,Ge}}(x=0)}{k_{\text{B}}T}\right\}\left\{\exp\left(\frac{qV_{\text{BE}}}{k_{\text{B}}T}\right) - 1\right\}}{\left\{-(W_{\text{B}}k_{\text{B}}T)/\Delta E_{\text{g,Ge}}(\text{grade})\right\}\left[\exp\left[\left\{-\Delta E_{\text{g,Ge}}(\text{grade})\right\}\left\{1/(k_{\text{B}}T)\right\}\right] - \exp(0)\right]} \tag{6.40}$$

$$= q\frac{\tilde{D}_{\text{nB}}\tilde{N}}{N_{\text{A,B}}W_{\text{B}}}\frac{n_{\text{i,Si}}^2 \exp\left(\frac{\Delta E_{\text{gB,A}}}{k_{\text{B}}T}\right)\left\{-\Delta E_{\text{g,Ge}}(\text{grade})/(k_{\text{B}}T)\right\}\exp\left\{\frac{\Delta E_{\text{gB,Ge}}(x=0)}{k_{\text{B}}T}\right\}\left\{\exp\left(\frac{qV_{\text{BE}}}{k_{\text{B}}T}\right) - 1\right\}}{\left[\exp\left\{-\Delta E_{\text{g,Ge}}(\text{grade})/(k_{\text{B}}T)\right\} - 1\right]}$$

$$= q\frac{\tilde{D}_{\text{nB}}\tilde{N}}{N_{\text{A,B}}W_{\text{B}}}n_{\text{i,Si}}^2 \exp\left(\frac{\Delta E_{\text{gB,A}}}{k_{\text{B}}T}\right)\left\{\exp\left(\frac{qV_{\text{BE}}}{k_{\text{B}}T}\right) - 1\right\} \times \frac{\left\{\Delta E_{\text{g,Ge}}(\text{grade})/(k_{\text{B}}T)\right\}\exp\left\{\frac{\Delta E_{\text{gB,Ge}}(x=0)}{k_{\text{B}}T}\right\}}{\left[1 - \exp\left\{-\Delta E_{\text{g,Ge}}(\text{grade})/(k_{\text{B}}T)\right\}\right]}$$

在这个方程中，观察乘法符号 (×) 后的第二个因子，很明显，集电极电流密度 $J_{C,SiGe}$ 与能带隙梯度的程度 $\Delta E_{g,Ge}(\text{grade})$ 成正比，并且指数与基极边缘朝向发射极侧的 Ge 引起的能带隙偏移量 $\Delta E_{gB,Ge}(x=0)$ 相关。这两种相关性使 HBT 设计人员能够在任何温度下轻松实现所需的增益。

如果我们将注意力集中在使用与 SiGe HBT 类似的工艺参数制作的 Si HBT 器件上，并假设中性基区的发射极侧的锗元素没有延伸到距发射极足够近，无法显著地改变基极电流密度，从逻辑上推断，Si HBT 的基极电流密度 J_B 与 SiGe HBT 相同。因为 $\beta = J_C/J_B$，所以可以为类似构造的 SiGe/Si HBT 写出以下公式 (Cressler，1998)：

$$
\frac{\beta_{SiGe}}{\beta_{Si}} = \frac{J_{C,SiGe}}{J_{C,Si}} = \left\{ \frac{\tilde{N}_{C,SiGe}(x)\tilde{N}_{V,SiGe}(x)}{\tilde{N}_{C,Si}(x)\tilde{N}_{V,Si}(x)} \right\} \left(\frac{\tilde{D}_{nB,SiGe}}{\tilde{D}_{nB,Si}} \right)
$$

$$
\times \frac{\{\Delta E_{g,Ge}(\text{grade})/(k_B T)\}\exp\left\{ \frac{\Delta E_{gB,Ge}(x=0)}{k_B T} \right\}}{\left[1 - \exp\{-\Delta E_{g,Ge}(\text{grade})/(k_B T)\} \right]} \tag{6.41}
$$

其中，变量上方的符号 "~" 表示已对其值进行了位置平均。β_{SiGe}/β_{Si} 表示在硅晶体管上使用 SiGe 增强电流增益。

假设基区掺杂恒定，SiGe HBT 的正向基区渡越时间由 Krömer 公式给出 (Harame, et al.，1995)：

$$
\tau_{b,SiGe} = \int_{x=0}^{x=W_B} \frac{n_{iB}^2(x)}{N_B(x)} \left[\int_{y=x}^{y=W_B} \left\{ \frac{N_B(y)dy}{D_{nb}(y)n_{iB}^2(y)} \right\} \right] dx
$$

$$
= \int_{x=0}^{x=W_B} \frac{n_{iB}^2(x)}{N_B(x)} \left[\frac{N_B(y)}{D_{nb}(y)} \int_{y=x}^{y=W_B} \left\{ \frac{dy}{n_{iB}^2(y)} \right\} \right] dx
$$

$$
= \int_{x=0}^{x=W_B} \frac{n_{iB}^2(x)}{N_B(x)} \left[\frac{N_B(y)}{D_{nb}(y)} \int_{y=x}^{y=W_B} \left\{ \frac{dy}{Nn_{i,Si}^2 e^{\frac{\Delta E_{gB,A}}{k_B T}} e^{\frac{\Delta E_{g,Ge}(\text{grade})y}{W_B k_B T}} e^{\frac{\Delta E_{gB,Ge}(x=0)}{k_B T}}} \right\} \right] dx
$$

$$
= \int_{x=0}^{x=W_B} \frac{n_{iB}^2(x)}{N_B(x)} \left[\frac{N_B(y)}{D_{nb}(y)} \int_{y=x}^{y=W_B} \left\{ \frac{1}{Nn_{i,Si}^2} e^{-\frac{\Delta E_{gB,A}}{k_B T}} e^{-\frac{\Delta E_{g,Ge}(\text{grade})y}{W_B k_B T}} e^{-\frac{\Delta E_{gB,Ge}(x=0)}{k_B T}} dy \right\} \right] dx
$$

$$
= \int_{x=0}^{x=W_B} \frac{n_{iB}^2(x)}{N_B(x)} \left[\frac{N_B(y)}{D_{nb}(y)} \times \frac{e^{-\frac{\Delta E_{gB,A}}{k_B T}} e^{-\frac{\Delta E_{gB,Ge}(x=0)}{k_B T}}}{Nn_{i,Si}^2} \int_{y=x}^{y=W_B} \left\{ e^{-\frac{\Delta E_{g,Ge}(\text{grade})y}{W_B k_B T}} dy \right\} \right] dx
$$

$$
= \int_{x=0}^{x=W_B} \frac{n_{iB}^2(x)N_B(y)e^{-\frac{\Delta E_{gB,A}}{k_B T}} e^{-\frac{\Delta E_{gB,Ge}(x=0)}{k_B T}}}{N_B(x)D_{nb}(y)Nn_{i,Si}^2} \left[-\frac{1}{\frac{\Delta E_{g,Ge}(\text{grade})}{W_B k_B T}} e^{-\frac{\Delta E_{g,Ge}(\text{grade})y}{W_B k_B T}} \right]_{y=x}^{y=W_B} dx \tag{6.42}
$$

$$
= \int_{x=0}^{x=W_B} \frac{n_{iB}^2(x)N_B(y)e^{-\frac{\Delta E_{gB,A}}{k_B T}} e^{-\frac{\Delta E_{gB,Ge}(x=0)}{k_B T}}}{N_B(x)D_{nb}(y)Nn_{i,Si}^2} \left[-\frac{W_B k_B T}{\Delta E_{g,Ge}(\text{grade})} e^{-\frac{\Delta E_{g,Ge}(\text{grade})y}{W_B k_B T}} \right]_{y=x}^{y=W_B} dx
$$

$$
= \int_{x=0}^{x=W_B} \frac{n_{iB}^2(x)N_B(y)e^{-\frac{\Delta E_{gB,A}}{k_B T}} e^{-\frac{\Delta E_{gB,Ge}(x=0)}{k_B T}}}{N_B(x)D_{nb}(y)Nn_{i,Si}^2} \left[-\frac{W_B k_B T}{\Delta E_{g,Ge}(\text{grade})} e^{-\frac{\Delta E_{g,Ge}(\text{grade})W_B}{W_B k_B T}} \right.
$$

$$
\left. + \frac{W_B k_B T}{\Delta E_{g,Ge}(\text{grade})} e^{-\frac{\Delta E_{g,Ge}(\text{grade})x}{W_B k_B T}} \right] dx
$$

$$
= \int_{x=0}^{x=W_B} \frac{n_{iB}^2(x)N_B(y)W_B k_B T e^{-\frac{\Delta E_{gB,A}}{k_B T}} e^{-\frac{\Delta E_{gB,Ge}(x=0)}{k_B T}}}{N_B(x)D_{nb}(y)Nn_{i,Si}^2 \Delta E_{g,Ge}(\text{grade})} \left[e^{-\frac{\Delta E_{g,Ge}(\text{grade})x}{W_B k_B T}} - e^{-\frac{\Delta E_{g,Ge}(\text{grade})W_B}{W_B k_B T}} \right] dx
$$

将式 (6.37) 中关于 $n_{iB}^2(x)$ 的表达式代入式 (6.42) 中, 可得

$$\tau_{b,SiGe} = \int_{x=0}^{x=W_B} \frac{N n_{i,Si}^2 e^{\frac{\Delta E_{gB,A}}{k_B T}} e^{\left\{\frac{\Delta E_{g,Ge(grade)}}{k_B T}\right\}(x/W_B)} e^{\frac{\Delta E_{gB,Ge(x=0)}}{k_B T}}}{N_B(x) D_{nb}(y) N n_{i,Si}^2 \Delta E_{g,Ge}(grade)} \tag{6.43}$$

$$N_B(y) W_B k_B T e^{-\frac{\Delta E_{gB,A}}{k_B T}} e^{-\frac{\Delta E_{gB,Ge(x=0)}}{k_B T}} \times \left[e^{-\frac{\Delta E_{g,Ge(grade)}x}{W_B k_B T}} - e^{-\frac{\Delta E_{g,Ge(grade)}W_B}{W_B k_B T}} \right] dx$$

$$= \int_{x=0}^{x=W_B} \frac{N n_{i,Si}^2 e^{\frac{\Delta E_{gB,A}}{k_B T}} e^{-\frac{\Delta E_{gB,A}}{k_B T}} e^{\frac{\Delta E_{gB,Ge(x=0)}}{k_B T}} e^{-\frac{\Delta E_{gB,Ge(x=0)}}{k_B T}}}{N_B(x) D_{nb}(y) N n_{i,Si}^2 \Delta E_{g,Ge}(grade)} N_B(y) W_B k_B T$$

$$e^{\left\{\frac{\Delta E_{g,Ge(grade)}}{k_B T}\right\}(x/W_B)}$$

$$\times \left[e^{-\frac{\Delta E_{g,Ge(grade)}x}{W_B k_B T}} - e^{-\frac{\Delta E_{g,Ge(grade)}W_B}{W_B k_B T}} \right] dx$$

$$= \int_{x=0}^{x=W_B} \frac{N_B(y) W_B k_B T}{N_B(x) D_{nb}(y) \Delta E_{g,Ge}(grade)} e^{\left\{\frac{\Delta E_{g,Ge(grade)}}{k_B T}\right\}(x/W_B)} \tag{6.44}$$

$$\times \left[e^{-\frac{\Delta E_{g,Ge(grade)}x}{W_B k_B T}} - e^{-\frac{\Delta E_{g,Ge(grade)}W_B}{W_B k_B T}} \right] dx$$

$$= \int_{x=0}^{x=W_B} \frac{N_B(y) W_B k_B T}{N_B(x) D_{nb}(y) \Delta E_{g,Ge}(grade)} \left[1 - e^{\left\{\frac{\Delta E_{g,Ge(grade)}}{k_B T}\right\}(x/W_B)} e^{-\frac{\Delta E_{g,Ge(grade)}}{k_B T}} \right] dx$$

$$= \frac{W_B}{D_{nb}(y)} \frac{k_B T}{\Delta E_{g,Ge}(grade)} \int_{x=0}^{x=W_B} \left[1 - e^{\left\{\frac{\Delta E_{g,Ge(grade)}}{k_B T}\right\}(x/W_B)} e^{-\frac{\Delta E_{g,Ge(grade)}}{k_B T}} \right] dx$$

其中取

$$N_B(y) = N_B(x)$$

可得

$$\tau_{b,SiGe} = \frac{W_B}{D_{nb}(y)} \frac{k_B T}{\Delta E_{g,Ge}(grade)} \left[\int_{x=0}^{x=W_B} dx \right.$$

$$\left. - \int_{x=0}^{x=W_B} e^{\left\{\frac{\Delta E_{g,Ge(grade)}}{k_B T}\right\}(x/W_B)} e^{-\frac{\Delta E_{g,Ge(grade)}}{k_B T}} dx \right]$$

$$= \frac{W_B}{D_{nb}(y)} \frac{k_B T}{\Delta E_{g,Ge}(grade)} [x]_{=0}^{x=W_B} - \frac{W_B}{D_{nb}(y)}$$

$$\frac{k_B T}{\Delta E_{g,Ge}(grade)} \int_{x=0}^{x=W_B} e^{\left\{\frac{\Delta E_{g,Ge(grade)}}{k_B T}\right\}(x/W_B)} e^{-\frac{\Delta E_{g,Ge(grade)}}{k_B T}} dx$$

$$
\begin{aligned}
&= \frac{W_{\mathrm{B}}}{D_{\mathrm{nb}}(y)} \frac{k_{\mathrm{B}}T}{\Delta E_{\mathrm{g,Ge}}(\mathrm{grade})}[W_{\mathrm{B}}] - \frac{W_{\mathrm{B}}}{D_{\mathrm{nb}}(y)} \frac{k_{\mathrm{B}}T\mathrm{e}^{-\frac{\Delta E_{\mathrm{g,Ge}}(\mathrm{grade})}{k_{\mathrm{B}}T}}}{\Delta E_{\mathrm{g,Ge}}(\mathrm{grade})} \\
&\quad \times \int_{x=W_{\mathrm{B}}}^{x=0} \mathrm{e}^{\left\{\frac{\Delta E_{\mathrm{g,Ge}}(\mathrm{grade})}{k_{\mathrm{B}}T}\right\}(x/W_{\mathrm{B}})} \mathrm{d}x \\
&= \frac{W_{\mathrm{B}}^{2}}{D_{\mathrm{nb}}(y)} \frac{k_{\mathrm{B}}T}{\Delta E_{\mathrm{g,Ge}}(\mathrm{grade})} - \frac{W_{\mathrm{B}}}{D_{\mathrm{nb}}(y)} \frac{k_{\mathrm{B}}T\mathrm{e}^{-\frac{\Delta E_{\mathrm{g,Ge}}(\mathrm{grade})}{k_{\mathrm{B}}T}}}{\Delta E_{\mathrm{g,Ge}}(\mathrm{grade})} \frac{1}{\left\{\frac{\Delta E_{\mathrm{g,Ge}}(\mathrm{grade})}{k_{\mathrm{B}}T}\right\}(1/W_{\mathrm{B}})} \\
&\quad \times \left[\mathrm{e}^{\left\{\frac{\Delta E_{\mathrm{g,Ge}}(\mathrm{grade})}{k_{\mathrm{B}}T}\right\}(x/W_{\mathrm{B}})} \right]_{x=0}^{x=W_{\mathrm{B}}} \\
&= \frac{W_{\mathrm{B}}^{2}}{D_{\mathrm{nb}}(y)} \frac{k_{\mathrm{B}}T}{\Delta E_{\mathrm{g,Ge}}(\mathrm{grade})} - \frac{W_{\mathrm{B}}^{2}}{D_{\mathrm{nb}}(y)} \frac{k_{\mathrm{B}}T}{\Delta E_{\mathrm{g,Ge}}(\mathrm{grade})} \\
&\quad \times \frac{k_{\mathrm{B}}T}{\Delta E_{\mathrm{g,Ge}}(\mathrm{grade})} \mathrm{e}^{-\frac{\Delta E_{\mathrm{g,Ge}}(\mathrm{grade})}{k_{\mathrm{B}}T}} \left[\mathrm{e}^{\frac{\Delta E_{\mathrm{g,Ge}}(\mathrm{grade})}{k_{\mathrm{B}}T}} - \mathrm{e}^{0} \right] \\
&= \frac{W_{\mathrm{B}}^{2}}{D_{\mathrm{nb}}(y)} \frac{k_{\mathrm{B}}T}{\Delta E_{\mathrm{g,Ge}}(\mathrm{grade})} - \frac{W_{\mathrm{B}}^{2}}{D_{\mathrm{nb}}(y)} \frac{k_{\mathrm{B}}T}{\Delta E_{\mathrm{g,Ge}}(\mathrm{grade})} \\
&\quad \times \frac{k_{\mathrm{B}}T}{\Delta E_{\mathrm{g,Ge}}(\mathrm{grade})} \left\{ 1 - \mathrm{e}^{-\frac{\Delta E_{\mathrm{g,Ge}}(\mathrm{grade})}{k_{\mathrm{B}}T}} \right\} \\
&= \frac{W_{\mathrm{B}}^{2}}{D_{\mathrm{nb}}(y)} \frac{k_{\mathrm{B}}T}{\Delta E_{\mathrm{g,Ge}}(\mathrm{grade})} \left[1 - \frac{k_{\mathrm{B}}T}{\Delta E_{\mathrm{g,Ge}}(\mathrm{grade})} \left\{ 1 - \mathrm{e}^{-\frac{\Delta E_{\mathrm{g,Ge}}(\mathrm{grade})}{k_{\mathrm{B}}T}} \right\} \right]
\end{aligned} \tag{6.45}
$$

但由于

$$
\tau_{\mathrm{b,Si}} = \frac{W_{\mathrm{B}}^{2}}{2D_{\mathrm{nb}}(y)} \tag{6.46}
$$

所以，

$$
\begin{aligned}
\tau_{\mathrm{b,SiGe}} &= 2 \times \frac{W_{\mathrm{B}}^{2}}{2D_{\mathrm{nb}}(y)} \times \frac{k_{\mathrm{B}}T}{\Delta E_{\mathrm{g,Ge}}(\mathrm{grade})} \\
&\quad \times \left[1 - \frac{k_{\mathrm{B}}T}{\Delta E_{\mathrm{g,Ge}}(\mathrm{grade})} \left\{ 1 - \mathrm{e}^{-\frac{\Delta E_{\mathrm{g,Ge}}(\mathrm{grade})}{k_{\mathrm{B}}T}} \right\} \right] \\
&= 2\tau_{\mathrm{b,Si}} \times \frac{k_{\mathrm{B}}T}{\Delta E_{\mathrm{g,Ge}}(\mathrm{grade})} \left[1 - \frac{k_{\mathrm{B}}T}{\Delta E_{\mathrm{g,Ge}}(\mathrm{grade})} \left\{ 1 - \mathrm{e}^{-\frac{\Delta E_{\mathrm{g,Ge}}(\mathrm{grade})}{k_{\mathrm{B}}T}} \right\} \right]
\end{aligned} \tag{6.47}
$$

或

$$
\frac{\tau_{\mathrm{b,SiGe}}}{\tau_{\mathrm{b,Si}}} = \frac{2k_{\mathrm{B}}T}{\Delta E_{\mathrm{g,Ge}}(\mathrm{grade})} \left[1 - \frac{k_{\mathrm{B}}T}{\Delta E_{\mathrm{g,Ge}}(\mathrm{grade})} \left\{ 1 - \mathrm{e}^{-\frac{\Delta E_{\mathrm{g,Ge}}(\mathrm{grade})}{k_{\mathrm{B}}T}} \right\} \right] \tag{6.48}
$$

当 $T = 300\,\mathrm{K}$ 时，取 $\Delta E_{\mathrm{g,Ge}}(\mathrm{grade}) = 75\,\mathrm{meV} = 75 \times 10^{-3}\,\mathrm{eV} = 0.075\,\mathrm{eV}$，$k_{\mathrm{B}} = 8.62 \times 10^{-5}\,\mathrm{eV \cdot K^{-1}}$，

$$\left(\frac{\tau_{b,SiGe}}{\tau_{b,Si}}\right)_{300K} = \frac{2 \times 8.62 \times 10^{-5} \times 300}{0.075}$$
$$\times \left[1 - \frac{8.62 \times 10^{-5} \times 300}{0.075}\left\{1 - e^{-\frac{0.075}{8.62 \times 10^{-5} \times 300}}\right\}\right] \quad (6.49)$$
$$= 0.6896 \times (1 - 0.3448 \times 0.9449895) = 0.4649$$

当 $T = 4.2$ K 时，

$$\left(\frac{\tau_{b,SiGe}}{\tau_{b,Si}}\right)_{4.2K} = \frac{2k_B \times 4.2}{\Delta E_{g,Ge}(grade)}\left[1 - \frac{k_B \times 4.2}{\Delta E_{g,Ge}(grade)}\left\{1 - e^{-\frac{\Delta E_{g,Ge}(grade)}{k_B \times 4.2}}\right\}\right]$$
$$= \frac{2 \times 8.62 \times 10^{-5} \times 4.2}{0.075}\left[1 - \frac{8.62 \times 10^{-5} \times 4.2}{0.075}\left\{1 - e^{-\frac{0.075}{8.62 \times 10^{-5} \times 4.2}}\right\}\right] \quad (6.50)$$
$$= 0.0096544(1 - 0.0048272 \times 1) = 0.009608$$

$$\left(\frac{\tau_{b,SiGe}}{\tau_{b,Si}}\right)_{300K} \bigg/ \left(\frac{\tau_{b,SiGe}}{\tau_{b,Si}}\right)_{4.2K} = \frac{0.4649}{0.009608} = 48.38676 \quad (6.51)$$

上述计算表明，当 $T = 300$ K 时，$\tau_{b,SiGe} = 0.5 \times \tau_{b,Si}$。当 $T = 4.2$ K 时，$\tau_{b,SiGe} = 0.01 \times \tau_{b,Si}$，变得非常短。器件工作更快了。因此，降低温度有利于 SiGe HBT，使其比 Si HBT 工作速度更快。

6.5　讨论与小结

异质结 BJT 在低温下比同质结 BJT 具有更好的性能，这对于设计低温工作的模拟电路、数字电路和混合信号电路的工程师而言令人欣慰。

SiGe HBT 与 Si CMOS 结构兼容且易于集成，可为有线/无线射频通信网络和计算应用提供 BiCMOS 电路（见图 6.6）。SiGe BiCMOS 是用于混合信号射频和微波电路的一个灵活的技术平台。通过将双极技术提供的高增益和高速度与 CMOS 技术的低功耗逻辑门相结合，可以结合这两种技术的最佳特性来构建高性能电路（Harame, et al.，2001）。

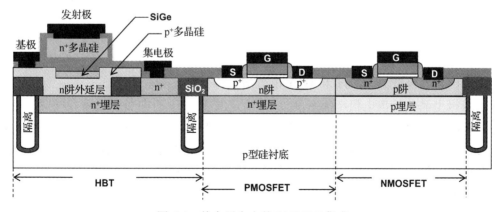

图 6.6　单个平台上的 BiCMOS 集成

思　考　题

6.1　同质结 BJT 与异质结 BJT 有何不同？讨论为什么不能设计一个具有高电流增益和快速开关能力的同质结 BJT。在这个设计中，BJT 的哪些结构参数需要权衡？

6.2　硅锗异质结结构的使用如何解决同质结 BJT 中电流增益与开关速度之间的矛盾？说明异质结 BJT 如何同时实现高增益和短基区渡越时间？

6.3　与异质结 BJT 的硅发射极相比，硅锗基的较低能带隙如何有助于增加异质结结构的发射极注入效率？

6.4　HBT 中硅锗基的梯度方案如何提高开关速度？

6.5　硅和锗哪个能带隙更小？写出硅锗合金能带隙随锗含量变化的公式。

6.6　什么是 BiCMOS 技术？与单双极技术或单 CMOS 技术相比，这种技术的主要优势是什么？

6.7　Si/SiGe HBT 的 SiGe 基区层是如何形成的？探讨选择性外延生长和非选择性外延生长的优缺点。

6.8　为什么有必要在 Si/SiGe HBT 的基区层中加入碳？碳与 SiGe 的比例是多少？

6.9　写出 Si/Si$_{1-x}$Ge$_x$ HBT 的电流增益 $\beta_{\text{Si/SiGe}}$ 的方程式，并解释使用的符号。使用 $\beta_{\text{Si/SiGe}}$ 的这个方程，写出通过 Si/Si$_{1-x}$Ge$_x$ HBT 发射极的正向渡越时间的方程。

6.10　假设 Si 中的电子迁移率 $\mu_{\text{n,Si}}$ 为

$$\mu_{\text{n,Si}}(T) \propto T^{-2.42}$$

Ge 中的电子迁移率为

$$\mu_{\text{n,Ge}}(T) \propto T^{-1.66}$$

推导 Si$_{1-x}$Ge$_x$ 中电子的扩散系数

$$D_{\text{n,SiGe}}(T) = \left(\frac{k_B T}{q}\right)\{9.88 \times 10^5(1 - x)T^{-2.42} + 1.29 \times 10^4 x T^{-1.66}\}$$

假设 $T = 300$ K 时，$\mu_{\text{n,Si}} = 1350$ cm$^2 \cdot$V$^{-1} \cdot$s^{-1}，$\mu_{\text{n,Ge}} = 3900$ cm$^2 \cdot$V$^{-1} \cdot$s^{-1}。

6.11　当 Si BJT 的温度从室温降至绝对零度时，其电流增益随温度迅速下降。然而，当 Si/SiGe 异质结 BJT 经受类似的温度下降时，其电流增益随温度的下降并不严重。给出原因，解释低温下 BJT 和 HBT 电流增益特性的差异。

6.12　从双极型晶体管集电极电流密度 J_C 与给定温度 T 下所施加的基极-发射极电压 V_{BE} 之间的 Moll-Ross 关系出发，已导出 Si/SiGe HBT 和 Si BJT 的电流增益比 $\beta_{\text{SiGe}}/\beta_{\text{Si}}$ 与带隙梯度 $\Delta E_{\text{g,Ge}}(\text{grade})$ 的关系式和 Ge 引起的能带隙偏移量 $\Delta E_{\text{g,Ge}}(x = 0)$，位于基极边缘，朝向发射极侧。对于一个设计可在特定温度环境下工作的 HBT 工程师来说，这个方程的重要性是什么？

6.13　借助于 Si/SiGe HBT 和 Si BJT 的电流增益比 $\beta_{\text{SiGe}}/\beta_{\text{Si}}$ 方程式，解释为什么可以通过选择适当的基极边缘朝向发射极侧、由锗引起的能带隙梯度 $\Delta E_{\text{g,Ge}}(\text{grade})$ 和能带隙偏移量 $\Delta E_{\text{g,Ge}}(x = 0)$，设计在既定温度 T 环境下电流增益为 β_{SiGe} 的一种 Si/SiGe

HBT? 进一步阐述低温工作环境下，HBT 优于 BJT 的灵活性设计。

6.14　根据能带隙梯度 $\Delta E_{g,Ge}$（grade）的比率，推导 SiGe HBT 和 Si BJT 的正向基区渡越时间比（$\tau_{b,SiGe}/\tau_{b,Si}$）。由此进一步证明，当温度从 300 K 降低到 4.2 K 时，SiGe HBT 的运行速度比 Si BJT 更快。

6.15　根据电流增益和基区渡越时间，解释在低温环境下工作时，SiGe HBT 相较于 Si BJT 的优越性。

原著参考文献

Basu S and Sarkar P 2011 Analytical modeling of AlGaAs/GaAs and Si/SiGe HBTs including the effect of temperature *J. Electron Devices* **9** 325–9

Cressler J D 1998 SiGe HBT technology: a new contender for Si-based RF and microwave circuit applications *IEEE Trans. Microw. Theory Tech.* **46** 572-89

Cressler J D and Niu G 2003 *Silicon-Germanium Heterojunction Bipolar Transistors*（Boston, MA: Artech House）pp 98-104

Hållstedt J 2004 Epitaxy and characterization of SiGeC layers grown by reduced pressure chemical vapor deposition *Licentiate Thesis* Stockholm Royal Institute of Technology（KTH）, Stockholm, 39 pages

Harame D L, Ahlgren D C, Coolbaugh D D, Dunn J S and Freeman G G et al 2001 Current status and future trends of SiGe BiCMOS technology *IEEE Trans. Electron Devices* **48** 2575-94

Harame D L, Comfort J H, Cressler J D, Crabbé E F, Sun J Y-C, Meyerson B S and Tice T 1995 *IEEE Trans. Electron Devices* **42** 455-68

Ioffe Institute 2015 SiGe—silicon germanium: band structure and carrier concentration *Ioffe Institute*

Mitrovic I Z, Buiu O, Hall S, Bagnall D M and Ashburn P 2005 Review of SiGe HBTs on SOI *Solid-State Electron* **49** 1556-67

Shiraki Y and Usami N 2011 *Silicon-Germanium（Si-Ge）Nanostructures: Production, Properties and Applications in Electronics*（Cambridge: Woodhead）p 424

Shur M 1995 *Physics of Semiconductor Devices*（New Delhi: Prentice Hall India）, 704 pages

Virginia Semiconductor 2002 The general properties of Si, Ge, SiGe, SiO$_2$ and Si$_3$N$_4$ *Virginia Semiconductor*

第7章 砷化镓电子器件的温度耐受能力

砷化镓(GaAs)仅在两个主要方面次于硅，它是一种能带隙更宽的半导体(也称宽禁带半导体)，适合高温环境下工作，技术成熟。GaAs 中的高电子迁移率及其直接能带隙使其在制备高温微波和光电子器件及电路方面，成为硅的有力竞争对手。人们发现，出于某些原因，利用现有最先进技术制造的 GaAs 电路在不断升高的温度下过早失效，但砷化镓材料本身，并非这些原因之一。为了实现 GaAs 的基础物理学极限所表述的最高耐热性能，有必要引入热稳定接触金属化，改进许多工艺，并制定创新的器件结构和设计，以便完全消除与 GaAs 材料本身无关的任何原因引起的失效。

7.1 引　言

与硅相比，GaAs 能带隙更宽，为 1.424-1.12 eV = 0.304 eV，可将 GaAs 电子器件的工作温度上限提升至 400℃，而硅的工作温度上限只有 200～300℃。虽然从理论上讲，GaAs 允许的工作温度上限延伸到了约 500℃，但实际上种种限制会制约其耐高温性。表 7.1 汇编了器件和电路设计者感兴趣的砷化镓的特性。图 7.1 展示了砷化镓的晶体结构。

表 7.1　砷化镓的各种特性

特　性	数　值	特　性	数　值	特　性	数　值
化学式	GaAs	熔点(℃)	1238	空穴迁移率 $(cm^2 \cdot V^{-1} \cdot s^{-1})$	400
分子质量	144.65	介电常数	12.9	电子扩散系数 $(cm^2 \cdot s^{-1})$	200
分类	Ⅲ-Ⅴ类化合物 半导体	热导率$(W \cdot cm^{-1} \cdot K^{-1})$	0.46	空穴扩散系数 $(cm^2 \cdot s^{-1})$	10
晶体结构	闪锌矿型	300 K 时的能带隙 E_g (eV)	1.424	电子饱和速度 $(cm \cdot s^{-1})$	4.4×10^7
颜色	深红色	击穿电场$(V \cdot cm^{-1})$	4×10^5	空穴饱和速度 $(cm \cdot s^{-1})$	1.8×10^7
300 K 时的密度 $(g \cdot cm^{-3})$	5.32	本征载流子(cm^{-3})	2.1×10^6	少数载流子寿命(s)	10^{-8}
原子数/cm³	4.42×10^{22}	本征电阻$(\Omega \cdot cm)$	3.3×10^8		
点阵常数(Å)	5.65	电子迁移率$(cm^2 \cdot V^{-1} \cdot s^{-1})$	8500		

砷化镓与硅或锗之间的一些显著的差异：

(i)锗和硅都是基础的半导体材料。在化学元素周期表中，这些元素归为第Ⅳ族。与元素 Ge 和 Si 不同，砷化镓是一种Ⅲ-Ⅴ族化合物半导体，由Ⅲ族和Ⅴ族元素结合而成，因其含有镓(Ga)和砷(As)两种不同的元素而得名。镓位于元素周期表的第Ⅲ族，砷位于元素周期表的第Ⅴ族。

(ii)砷化镓与锗或硅的另一个对比特征与晶体结构有关。众所周知，Ge 和 Si 的晶体结构类似金刚石结构，但砷化镓的晶体结构与金刚石结构不同，为闪锌矿结构(又名立方硫化锌结构)。砷化镓晶体由两个面心立方(fcc)亚晶格组成。这些 fcc 子点阵彼此之间的距离等于 fcc 子点阵对角线长度的一半。

(iii)与硅的间接能带隙特性相反,砷化镓是一种直接能带隙半导体,可用于制造发光二极管和激光器。此外,GaAs 中的高电子迁移率使其可用于微波和高频器件。

(iv)由于大气中存在氧,在硅表面上自发生长出厚度为 1 nm 的二氧化硅薄膜。这种氧化物层,称为天然氧化物,有益于微电子器件。但在 GaAs 表面上,已有的氧化物 Ga_2O_3、As_2O_3 和 As_2O_5,对器件造成的问题远超其带来的益处。

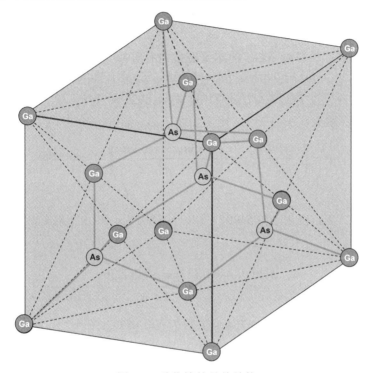

图 7.1　砷化镓的晶体结构

硅集成电路和砷化镓集成电路其他值得关注的差异如下:

(i)在砷化镓电路中,主要器件是金属半导体场效应晶体管(MESFET)。它在 GaAs 电路中的作用与硅技术中的 MOSFET 相同。在 GaAs 技术中不使用 MOSFET 是由于没有类似热 SiO_2 那样易黏附的氧化物层,该氧化物层在硅电路的制造中很容易实现。因此,MESFET 中的选通作用是通过肖特基势垒二极管(SBD)提供的。MESFET 中 SBD 的反向漏电流比 MOSFET 的栅氧化物的数量级高。此外,在漏极附近的高电场中,MESFET 的工作受到电子从沟道注入衬底的影响。尽管受益于氧化物电介质的易得性,但由于漏电流的限制,使得硅 MOSFET 的应用温度上限低于 GaAs MESFET,另外 GaAs 的能带隙较高,在与硅应用环境相比更高的温度下,扩散主导的漏电流在 GaAs 中占主导地位。

(ii)在 GaAs 电路中,没有类似绝缘体上硅(SOI)技术的介电隔离过程。对于中低温工作环境,GaAs 电路是在半绝缘衬底上制作的,由于其导电性的提高,不能在高温下使用。当然,必须采用结隔离。

(iii) 表面钝化是一个棘手的问题。可以通过使用氮化硅或二氧化硅层作为钝化剂来克服该问题。

除 GaAs MESFET 外，GaAs 电路中的另一个重要器件是 GaAs HBT。HBT 如今已可支援 MESFET 技术。使用 GaAs MESFET 和 HBT 的电路共同构成了迈向高温工作的又一个里程碑。用于微波和光电应用的基于 GaAs MESFET 的模拟电路和数字电路，已使 HTE 占领了诸多具体应用领域，这些领域内的工作环境温度略高于硅技术所允许的温度。

7.2　砷化镓的本征温度

与硅的计算类似，本书对 GaAs 的本征温度进行计算。对于 GaAs，
$$m_n^* = 0.85m_0,\ m_p^* = 0.53m_0,\ E_g = 1.424\ \text{eV}$$
$$T\ln\{0.207/(m_*T^{1.5})\} = -5.8025 \times 10^3 E_g \tag{7.1}$$

我们将改写式 (7.1)[参考公式 (4.6)]。因为对于 GaAs 而言，
$$m^* = \left(\frac{m_n^* m_p^*}{m_0^2}\right)^{0.75} = \left(\frac{0.85m_0 \times 0.53m_0}{m_0^2}\right)^{0.75} = 0.5499 \tag{7.2}$$

可得
$$T\ln\{0.207/(0.5499T^{1.5})\} = -5.8025 \times 10^3 \times 1.424 \tag{7.3}$$

或
$$T\ln(0.3764/T^{1.5}) = -8262.76$$

或
$$T\ln 0.3764 - T\ln T^{1.5} = -8262.76 \tag{7.4}$$

所以，
$$-0.9771T - T\ln T^{1.5} = -8262.76 \tag{7.5}$$

当 $T = 756.5$ K 时，
$$T = 756.5\text{K}$$
$$\text{lhs} = -0.9771 \times 756.5 - 756.5\ln 756.5^{1.5} = -739.176 - 7521.92 \tag{7.6}$$
$$= -8261.096$$

当 $T = 756.6$K 时，
$$T = 756.6\ \text{K}$$
$$\text{lhs} = -0.9771 \times 756.6 - 756.6\ln 756.6^{1.5} = -739.274 - 7523.0645 \tag{7.7}$$
$$= -8262.3385$$

当 $T = 756.7$K 时，
$$T = 756.7\ \text{K}$$
$$\text{lhs} = -0.9771 \times 756.7 - 756.7\ln 756.7^{1.5} = -739.3716 - 7524.2088 \tag{7.8}$$
$$= -8263.58$$

因此，
$$T = 756.6\ \text{K} \tag{7.9}$$

GaAs（756.6 K）的本征温度比 Si（588.63 K）高 756.6−588.63=167.97 K。

7.3　单晶砷化镓生长

制造微电子器件需要 GaAs 单晶片。在液体包裹丘克拉斯基法（Czochralshi method，又名直拉法/Cz 法）中（见图 7.2），元素 Ga 和 As 被放置在热解氮化硼（pBN）坩埚中，加入氧化硼（B_2O_3）球团。坩埚在高压晶体拉拔器内加热。当温度达到 460℃时，氧化硼熔化。氧化硼是一种高黏度的液体，它包围熔体，在其周围形成一个封闭体。B_2O_3 位于坩埚和熔体之间，因此与坩埚分离。熔体的上表面被 B_2O_3 完全覆盖，形成保护层。因此 GaAs 熔体被液态 B_2O_3 完全封闭。因此，此方法称为液体包裹丘克拉斯基法（Liquid Encapsulated Czochralski，LEC）。为了防止挥发性 As 升华，必须用液态 B_2O_3 包裹 GaAs 熔体。如果 As 升华，熔体会富含镓，其化学计量将受到干扰。生长单晶需将籽晶放入熔体中，穿过 B_2O_3 层并接触 GaAs 表面。晶体被缓慢向上提起，在取出过程中，晶体也不断旋转。这种运动的结果是 GaAs 单晶从熔体中被缓慢拉出。

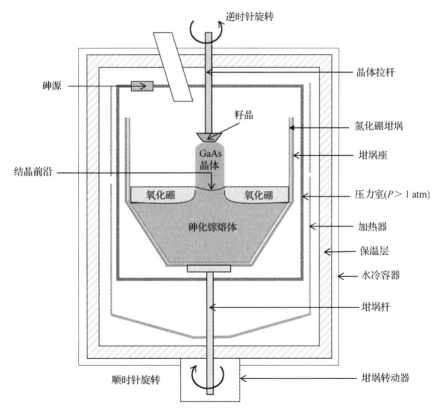

图 7.2　使用直拉法生长砷化镓单晶

7.4　砷化镓掺杂

图 7.3 给出了 GaAs 的能带图，显示了用于掺杂的杂质能级。对于 n 型掺杂 GaAs，使用 Ⅳ 族或 Ⅵ 族元素作为杂质（Shur，1987）。常见的 Ⅳ 族杂质是硅（Si）和锡（Sn）。这些元素必须

占据 Ga 的原子位置才能充当施主。由于镓的共价半径(1.26 Å)大于砷的共价半径(1.14 Å),因此Ⅳ组杂质(硅的共价半径为 1.11 Å,锡的共价半径为 1.45 Å)倾向于占据镓的原子位置。第Ⅵ族杂质包括硫(S)、碲(Te)和硒(Se)。这些元素必须占据 As 的原子位置才能充当受主。掺杂效率被定义为:掺杂密度与注入离子密度之比。如果样品在离子注入过程中被加热,则会增强该特性。由于对晶格的损害较小,较低的剂量可提供较高的掺杂效率。掺杂步骤之后是在 850℃ 至 950℃ 之间的退火步骤。等离子体增强化学气相沉积(PECVD)氮化硅用于钝化 GaAs 表面,否则在高于 600℃ 的温度下加热时会损失 As。

对于 p 型掺杂,铍(Be)、锌(Zn)、碳(C)或镁(Mg)离子可被注入 GaAs 中。掺杂效率随剂量变化。当低剂量值最高为 10^{14} cm^{-2} 时,掺杂效率为 100%,但当剂量再增加时,掺杂效率降低。这种下降受限于固体溶解度极限。此外,退火温度也会影响掺杂效率。

铬(Cr)在能带隙中间附近引入了受主能级。进行 Cr 掺杂以制备半绝缘 GaAs 衬底(SI-GaAs:Cr),其在 300 K 的黑暗中(无光照的环境)电导率为 $3×10^{-9}$ S · cm^{-1},接近于 GaAs 的本征电导率。

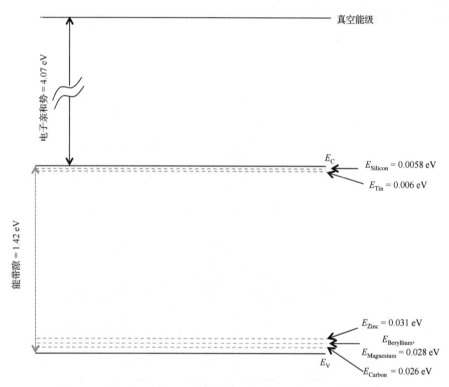

图 7.3   砷化镓的能带图显示了 n 型(Si,Sn)和 p 型掺杂(Zn,Be,Mg,C)中常用杂质的能级

7.5   砷化镓欧姆接触

7.5.1   室温工作环境下 n 型砷化镓的 Au-Ge/Ni/Ti 接触

金(Au)是一种可以与导线结合的金属。Au-Ge 共晶温度为 356℃。金与砷化镓起反应,产生空位,使锗迁移到砷化镓中。

在合金化过程中，Ga 向外扩散到接触金属中，Ge 扩散到晶格位置中。Ge 是一种掺杂元素，会退化性地掺杂 GaAs，形成 n^+ 半导体层。它还在合金化过程中引发接触金属的熔化：Au + GaAs→Au-Ga + As。镍（Ni）是一种催化合金化的金属，将锗注入 GaAs 并促进工艺的均匀性：Ni + As→Ni-As。而钛（Ti）的作用则是扩散屏障，以防止金过度扩散。金属间的相互扩散和金属间化合物的形成取决于合金化条件。快速热退火（RTA）最适合合金化，因为如果加热和冷却时间延长，可能会形成不需要的化合物。该金属化系统的热稳定性较差，主要是由于金属间的扩散效应造成的，然而，这种金属化过程会产生低接触电阻，有利于室温环境下工作。

7.5.2　高温工作环境下 n 型砷化镓欧姆接触

Eun 和 Cooper（1993）讨论了与这些接触相关的异常问题。高温金属化方案具有层状结构（Fricke, et al.，1989）：一个共价半径为 200 Å 的 Ge 薄层、25 Å 的 Au（金）薄层、100 Å 的 Ni（镍）薄层、1000 Å 的扩散势垒层[由 9 个层叠的电子束蒸发 W（钨）薄层和 Si 薄层组成，在第 4 个 Si 薄层和第 5 个 W 薄层之间插入一个 50 Å 厚的 Ti 薄层]、500 Å 厚的 Au 薄层（见图 7.4）。Ti 薄层上方的 W 薄层和 Si 薄层的总厚度为 500 Å，Ti 薄层以下的 W 薄层和 Si 薄层的总厚度相同。如前所述，Ge 掺杂 n 型 GaAs，Au 和 Ga 之间的反应导致了 Ge 向 GaAs 扩散的空位形成，Ni 在退火过程中也促使 Ge 向 GaAs 扩散。由于添加了 Au，退火温度降低到 590℃。退火过程中必须消耗所有 Au。如果不消耗光，任何残余的 Au 都可能导致随后的性能退化，因为 Au 和 GaAs 之间的相互扩散是高温下接触退化的主要原因。640℃ 下快速热退火之后，施主浓度为 $1×10^{17}$ cm^{-3} 的 GaAs 上的接触电阻为 $5×10^{-6}$ $\Omega \cdot cm^{-2}$。在 300℃ 下存放超过 1000 小时后，接触面未显示任何劣化。具有这种接触的 MESFET 器件在上述高温存放后可在 400℃ 环境下工作且使用寿命超过 100 小时。

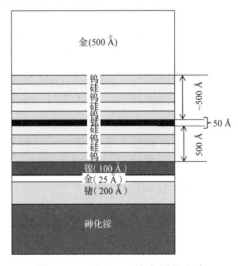

图 7.4　n 型 GaAs 的金属化方案

7.6　砷化镓肖特基接触

常见的多层接触方式是 Ti-Pt-Au（Fricke, et al.，1989），其中 Ti 是黏附层，Pt（铂）是扩

散势垒层，Au 是高导电层。Ti-Pt-Au 栅 MESFET 器件在 300℃下存放超过 1000 小时，性能未见任何下降，其势垒高度为 0.78 eV，理想值为 1.1 eV。在 GaAs 上溅射 WSi_2，再沉积 Ti-Pt-Au 金属，可提高触点的热稳定性。然而，势垒高度则降低到 0.7 eV，理想值为 1.4 eV。

Au-LaB_6 肖特基接触 GaAs（见图 7.5）会产生更大的势垒高度，约为 0.9 eV，以确保在高温下运行时的低漏电流（Würfi, et al., 1990）。这种接触法的可靠性取决于加工条件和退火条件。适度退火的样品（20 小时 20 分钟）可靠性最佳。在 400℃环境下持续数百小时，肖特基接触仍旧稳定。

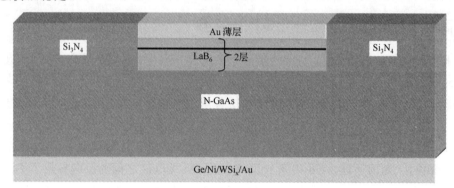

图 7.5　六硼化镧（LaB_6）二极管

7.7　25℃至 400℃温度范围内商用砷化镓设备评估

本节在 25℃至 400℃的温度范围内对一些器件与设备进行研究（Shoucair and Ojala, 1992）。测试的 MESFET 器件具有 Au-Ge/Ni/Au 欧姆接触和氮化钨（WN_x）肖特基接触。这些 MESFET 器件使用由直拉法生产的半绝缘衬底制造，在 n 沟道下方包含一个 p 型掩埋层，用于与衬底隔离。此外，本节将 GaAs MESFET 器件在高温下的性能与高温下 Si MOSFET 器件的性能进行比较。研究表明，总体而言，GaAs 器件与 Si MOSFET 器件一样，在高温下性能参数均会下降。此外，在具体应用环节，上述器件面临的问题与困难相当复杂，需要特别重视。

MESFET 器件跨导参数 β 的温度依赖性主要受载流子迁移率和饱和速度的影响。与硅 MOSEFT 一样，电子迁移率随温度的变化遵循我们熟悉的幂律：

$$\mu = \mu_0 (T/T_0)^{-n} \tag{7.10}$$

其指数 n 介于 1.6 与 2 之间，饱和速度为

$$v_{sat} \propto T^{-1} \tag{7.11}$$

对于增强型和耗尽型 MESFET 器件，阈值电压随温度的变化由一个与 Si MOSFET 类似的方程给出，当温度 $25 \leqslant T \leqslant 250$℃时，

$$V_{Th}(T) = p_0 T + q_0, \qquad p_0 = -1.2 \text{ mV·K}^{-1} \tag{7.12}$$

式中，q_0 是通过外推法得出的 0 K 下的 V_{Th} 值。与 Si MOSFET 相似，可证实存在零温度系数（ZTC）偏置点，一个在线性区，另一个在饱和区。

虽然上述特性类似于 Si MOSFET 器件的特性，但不同之处在于，MESFET 器件栅极有明显的漏电流。这是因为 MESFET 栅极依赖于反向偏置模式下的肖特基势垒结，而 Si MOSFET 栅极则依赖于 SiO_2 介电层，使得漏电流不易察觉。栅极漏电流中被加入了衬底漏电流，该漏电流是在 MESFET 漏极附近的高电场影响下，从沟道向衬底注入电子而产生的。衬底漏电流可占漏极电流的 50% 之多。MESFET 器件也受到旁栅效应和背栅效应的影响。在 25~400℃ 范围内，漏电流的主要分量是产生-复合电流，与本征载流子浓度呈正比关系。在 GaAs 中，产生-复合分量漏电流在高温下有所转变，原因在于该材料具有较大的能带隙值。因此，在 Si 与 Si MOSFET 器件中，这种转变发生在 125℃ 到 150℃ 之间。GaAs MESFET 的开关态电流比 Si MOSFET 低 2~3 个数量级。跨导随温度升高单调下降，漏极输出电阻随温度的升高（范围为 25~250℃）而增大，工作频率范围为 1~10⁶ Hz。随着温度从 25℃ 升高到 400℃，耗尽型 MESFET 的栅输入电阻下降了 4~6 个数量级。肖特基势垒高度从 25℃ 时的 0.65 eV 下降到 400℃ 时的 0.55 eV。总体而言，研究表明，就性能而言，GaAs MESFET 在许多方面劣于 Si MOSFET 的高温性能。尽管 GaAs 的能带隙比 Si 大，但 GaAs 器件在较低的温度下仍会受到损伤。用现有技术制造的 GaAs 器件过早失效意味着，仍需要大量的研究和开发工作以改善其特性（Shoucair and Ojala，1992）。

7.8　减小砷化镓 MESFET 300℃下漏电流的创新型结构

对 n 沟道 MESFET 电特性的计算机模拟表明，温度升高会导致阈值电压降低，跨导降低，漏电流增大（Kacprzak and Materka，1983；Wilson and O'Neill，1995）。在这 3 个参数中，漏电流的增大是最严重的问题，因为它会导致晶体管失效。在 GaAs 中，从漏电流的产生-复合成分变成与扩散相关的成分，出现在 250℃ 左右，而不是 Si 器件的 150℃。两种漏电流对器件电流至关重要：(i) 栅极漏电流，这种漏电流由肖特基势垒高度通常约为 0.7 eV 决定，并随着温度的升高而减小，从而导致从金属栅极到沟道中的增强型电子注入。(ii) 漏极漏电流，在关断状态下，载流子耗尽。随着温度的升高，背景载流子浓度呈指数增长。漂移电流流过漏极、栅极和源极之间的传导路径。另一条路径是向衬底，并会导致额外的漏电流。衬底漏电流占漏极漏电流的大部分。

上述两个因素导致的漏电流情况已经非常严重，这两个因素源于设备的构造从 MOSFET 变为 MESFET，从而导致 Si 器件更受青睐，而非 GaAs 器件。必须改进器件的设计，以制约甚至制止 GaAs MESFET 器件中出现的漏电流，因为此类漏电流会导致器件在高温下无法正常工作。隔离栅极会阻止载流子从栅极进入沟道的热电子发射。还必须阻塞通往衬底的传导路径，以减少衬底漏电流。可引入异质结势垒，一个在栅极与沟道之间，另一个在沟道与衬底之间，以抑制两种漏电流。基于上述考虑，可在 MESFET 沟道的上方和下方都引入更宽能带隙的 AlGaAs 势垒，以密封从栅极到衬底的导电路径。该势垒被称为异质结势垒，因为它们由能带隙不同的两种半导体组成。较低的 AlGaAs/GaAs 势垒称为后壁势垒。异质结晶体管设计可将 GaAs MESFET 的可靠工作温度上限提高至 300℃。图 7.6 显示了初始和改进型 GaAs MESFET 结构。

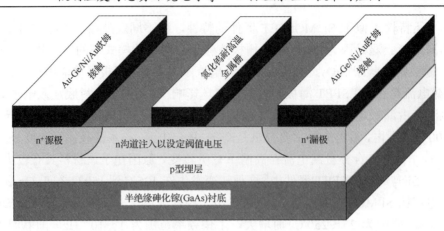

(a) 初始结构

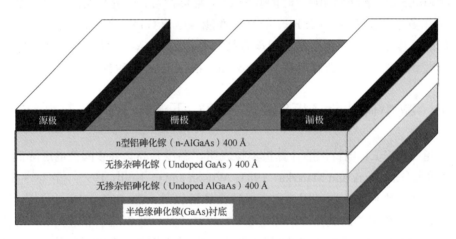

(b) 引入两层AlGaAs的改进型结构：第1层位于栅极表面，第2层用作缓冲层，位于有源区和衬底之间

图 7.6　GaAs MESFET

在一项单独的实验研究中，通过在欧姆接触中插入 WSi$_2$ 防扩散屏障，并使用经等离子体增强化学气相沉积（PECVD）Si$_3$N$_4$ 优化的表面钝化技术防止 Au 向外扩散，开发了一种稳定的 MESFET，可在 300℃ 的环境下运行（Fricke, et al.，1989）。

7.9　一个砷化镓 MESFET 阈值电压模型

在漏源电压 V_{DS} 和栅源电压 V_{GS} 下工作的，沟道宽度为 W，沟道长度为 L 和阈值电压为 V_{Th} 的 MESFET（见图 7.7）的漏极电流由下式（Won, et al.，1999）给出：

若 $V_{DS} \leqslant (V_{GS} - V_{Th})$，

$$I_{DS} = \beta\{2(V_{GS} - V_{Th})V_{DS} - V_{DS}^2\}(1 + \lambda V_{DS}) \tag{7.13}$$

若 $V_{DS} \geqslant (V_{GS} - V_{Th})$，

$$I_{DS} = \beta(V_{GS} - V_{Th})^2(1 + \lambda V_{DS}) \tag{7.14}$$

式中，β 是包含电子迁移率 μ_n 的跨导参数，λ 是沟道长度调制参数。

由于迁移率和阈值电压随温度降低，漏极电流也与温度有关。迁移率的下降与温度变化呈线性关系，而阈值电压随温度下降这一关系则需要仔细检测。考虑到耗尽型 MESFET，阈值电压是施加在栅极上的电压，栅极可产生厚度等于有源区深度 a 的耗尽层电压。因此，阈值电压表达式由设备中存在的三种不同电压组成，关系如下：

$$
\begin{aligned}
V_{\text{Th}} = \ & 肖特基势垒的内建电势(V_{\text{bi}}) \\
& -夹断电压(V_{\text{po}}) \\
& -漏电流产生的电压降(V_1)
\end{aligned} \tag{7.15}
$$

$$
= \left\{ \Phi_{\text{bn}} - \left(\frac{k_{\text{B}}T}{q}\right)\ln\left(\frac{N_{\text{C}}}{N_{\text{D}}}\right) \right\} - \left(\frac{qN_{\text{D}}a^2}{2\varepsilon_0\varepsilon_{\text{s}}}\right) - \left\{ R_{\text{g}}WLA^*T^2\exp\left(\frac{q\Phi_{\text{bn}}}{k_{\text{B}}T}\right) \right\} \tag{7.16}
$$

此处需对公式中的符号进行解释说明。Φ_{bn} 是金属-半导体界面的肖特基势垒高度，即金属层与 n 型半导体的交汇边界，此处指 GaAs。在量级上，它等于两个量之间的能量差，一个在金属侧，另一个在半导体侧。于金属而言，取金属的费米能级 E_{F}。于半导体而言，其导带边缘 E_{C} 的能量是相关量。通常，N_{C} 是导带中的有效态密度，与温度有关，等于 $4.7\times10^{17}(T/300)^{1.5}$。$N_{\text{D}}$ 为施主浓度，ε_{s} 是半导体的相对介电常数。符号 R_{g} 表示栅极电流所面临的总电阻，包括两个分量，本征电阻与外电阻。本征电阻由耗尽区的宽度决定，外电阻则由接触电阻组成。A^* 是有效的理查森常数，等于 $14.7\times10^4\ \text{A}\cdot\text{m}^{-2}\cdot\text{K}^{-2}$。

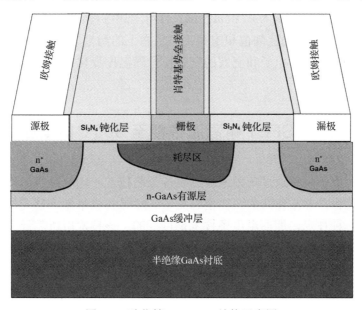

图 7.7 砷化镓 MESFET 结构示意图

式 (7.16) 中，第三项基于此条件：漏电流需流经肖特基势垒二极管区域 A，可写为

$$
I_{D0} = A^*AT^2\exp\{(-q\phi_{\text{bn}})/(k_{\text{B}}T)\} \tag{7.17}
$$

此外，在式 (7.16) 中，第一项内建电势 V_{bi} 和第三项漏电流产生的电压 V_1 与温度相关，而第二项夹断电压 V_{po} 与温度无关。假设费米能级 E_{F} 位于导带边缘 E_{C} 和本征能级 E_{i} 间的中部位置，可改写式 (7.16) 中关于 V_{bi} 的表述，近似为 (Shoucair and Ojala，1992)：

$$V_{bi} = \left(\frac{k_B T}{q}\right)\ln\left(\frac{N_D}{n_i}\right) - \frac{E_C - E_F}{q} = \left(\frac{k_B T}{q}\right)\ln\left(\frac{N_D}{n_i}\right) - \left(\frac{k_B T}{q}\right)\ln\left(\frac{N_C}{N_D}\right)$$
$$= \left(\frac{k_B T}{q}\right)\ln\left(\frac{N_D}{n_i} \times \frac{N_D}{N_C}\right) = \left(\frac{k_B T}{q}\right)\ln\left(\frac{N_D^2}{n_i N_C}\right) \tag{7.18}$$

因此，

$$V_{Th} = \left(\frac{k_B T}{q}\right)\ln\left(\frac{N_D^2}{n_i N_C}\right) - \left(\frac{q N_D a^2}{2\varepsilon_0 \varepsilon_s}\right) - \left\{R_g WLA^* T^2 \exp\left(\frac{q\Phi_{bn}}{k_B T}\right)\right\} \tag{7.19}$$

式中，

$$N_C = 4.7 \times 10^{17}\left(\frac{T}{300}\right)^{1.5} \tag{7.20}$$

$$n_i = 2.51 \times 10^{19}\left\{\left(\frac{m_n^*}{m_0}\right)\left(\frac{m_p^*}{m_0}\right)\right\}^{0.75}\left(\frac{T}{300}\right)^{1.5}\exp\left(-\frac{E_g}{2k_B T}\right) \tag{7.21}$$

$$= 2.51 \times 10^{19}[\{1.028 + (6.11 \times 10^{-4})T - (3.09 \times 10^{-7})T^2\}$$
$$\times\{0.61 + (7.83 \times 10^{-4})T - (4.46 \times 10^{-7})T^2\}]^{0.75}$$
$$\times\left(\frac{T}{300}\right)^{1.5}\exp\left(-\frac{E_g}{2k_B T}\right) \tag{7.22}$$

用与温度有关的表达式代替 m_n^*/m_0 和 m_p^*/m_0，可得上述方程。该模型可用于计算 MESFET 在 273～673 K 温度范围内的亚阈值和饱和工作状态下的漏极电流(Won, et al.，1999)。此处需要注意，该模型考虑了电子和空穴的有效质量随温度变化的关系，但忽略了由温度变化引起的能带隙变化。

7.10 提升 MESFET 耐高温性能至 300℃ 的高温电子工艺

从前文来看，似乎只有通过巧妙地改进设备工艺技术才能解决器件高温环境下工作的问题。改变工艺流程是非常复杂的。简便起见，必须寻找成本低，且无须更改工艺流程的解决方案。其中一种技术，即高温电子技术是可行的。该技术用所需量级的正确极性电压对衬底施加偏压(Narasimhan, et al.，1999)。MESFET 在室温(25℃)和 300℃ 下的 I_{DS}–V_{DS} 特性表明：(i)跨导 g_m 从 25℃ 时的 160 mS·mm^{-1} 下降到 300℃ 时的 70 mS·mm^{-1}，下降了 56%；(ii)从 25℃ 增温到 275℃ 时，漏电流增大超过五个数量级。仔细检查发现，I_{DS}–V_{DS} 特性中这些由温度引起的变化是由漏电流增大引起的，而漏电流也是温度变化导致的。这种漏电流改变了 25℃ 环境下 GaAs 衬底的半绝缘特性，使其在 300℃ 下变为半导通的。因此，饱和区的输出电阻在 300℃ 时是一个较低的有限值，而非预期的极限值。

通过在衬底上施加 6 V 偏压，可以使器件在 300℃ 环境下仍旧保持其在 25℃ 环境时的性能(Narasimhan, et al.，1999)。在 300℃ 环境下再次测量 I_{DS}–V_{DS} 性能，可发现：(i)跨导 g_m 与其在 25℃ 时的值相当；(ii)漏电流降低，低于其在 25℃ 时的值。总体而言，在 300℃ 时的漏极电流，高于其在 25℃ 时的值，并且栅极可控。因此，在不更改任何复杂工艺流程的情况下，可使 MESFET 在高温下稳定工作。

7.11　25℃至500℃环境下运行砷化镓 CHFET

砷化镓器件使用的术语与硅器件所用术语类似，GaAs 互补异质结场效应晶体管（Complementary Heterostructure Field Effect Transistor），简称 GaAs CHFET（CHFET；Wilson，et al.，1996）；Si 互补金属氧化物半导体（Complementary Metal Oxide Semiconductor），简称 Si CMOS。类似于 CMOS 结构的 n 沟道和 p 沟道 MOSFET 结构，CHFET 结构由 n 沟道和 p 沟道 GaAs FET 组成（见图 7.8）。从图中的分层结构来看，异质结构为：$Al_{0.75}Ga_{0.25}As/In_{0.25}Ga_{0.75}As/GaAs$。在这种异质结构中，能带隙值 2 eV 的 $Al_{0.75}Ga_{0.25}As$ 层在 MESFET 器件中的作用，与 MOSFET 中的二氧化硅作用相同。由于 CHFET 的绝缘特性，其栅极漏电流与体 GaAs MESFET 的栅极漏电流相比，大幅度降低。CHFET 的沟道由 $In_{0.25}Ga_{0.75}As$ 层组成，该层的优点是载流子迁移率（电子和空穴）比体 GaAs MESFET 高 30%。在 $In_{0.25}Ga_{0.75}As$ 层下面是以硅为掺杂剂的 δ 掺杂层，用来控制阈值电压。欧姆接触由 InGe 合金制成，其稳定性可达到 400℃。在 500℃时，接触电阻开始增大，但保持在 2 Ω·mm 以下。栅极接触位于耐溶金属化层（WSi）之上。n 沟道 CHFET 器件在 400℃环境下，参数方面表现良好。而 p 沟道器件与设备则并非如此。对于 n 沟道 CHFET 器件和 p 沟道 CHFET 器件而言，前者的漏电流不但比后者的漏电流低，其正向栅极漏电流还小于 MESFET 器件中的正向栅极漏电流。据记录，基于 CHFET 结构、未做任何改进的环形振荡器可在 420℃环境下工作。在 350℃时，环形振荡器的功耗从室温（25℃）环境的 4.3 mW 跃升至 10.9 mW（Wilson，et al.，1996）。

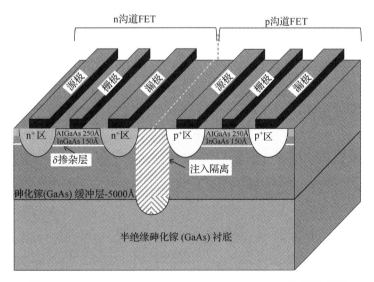

图 7.8　$Al_{0.75}Ga_{0.25}As/In_{0.25}Ga_{0.75}As/GaAs$ CHFET 结构示意图

CHFET 结构具备迅捷的数字化特性，使其能在高温环境下工作。模拟结果表明，该结构虽然有漏极漏电流，但由于施加了反向偏压，有效的肖特基势垒降低，所以栅极会限制漏极漏电流。

7.12　400℃环境下运行砷化镓双极型晶体管

在特定的应用场合，与 MESFET 相比，双极型晶体管更受青睐，它们具有较低的 1/f 噪声，由其造成的互调失真也更易处理。此外，双极型晶体管还具有本征电流增益。

双极型晶体管（以 n$^+$ 外延层为发射极，表面 n 型层为集电极的向上模式）通过以下步骤制成（Doerbeck, et al., 1982）：在 n$^+$ 体 GaAs 中注入离子，制备表面 n 型层作为集电极：Se 注入（浅层）为 n 型层→退火→Be 注入（深层）为 p 型基区层→退火→局部 Be 注入为 p$^+$ 区形成接触→退火→局部注入形成隔离区，如此可获得 npn 结构。用于离子注入和表面钝化层的掩模是通过氮化硅完成的。n 型区的接触材料为 Au-Ge-Ni 合金，p 型区的接触材料为 Au-Zn 合金，互连材料使用 Ti-Au。

当温度升高至 300℃ 时，双极型晶体管电流增益随温度的升高而略有增加。高于此温度，电流增益开始下降。然而砷化镓双极型晶体管在温度超过 400℃ 后，仍有电流增益。基极开路时的集电极-发射极漏电流（I_{CEO}）在 200℃ 以下时，不受温度变化影响。但超过 200℃ 后，由于集电极-基极二极管漏电流增大，集电极-发射极漏电流随温度上升而增大。若温度超过 400℃，GaAs 双极型晶体管的金接触层会熔化流失，引发灾难性故障。

在 25℃ 到 390℃ 的温度范围内，测试了陶瓷封装的 15 级环形振荡器电路。在 1.75 V 的偏置电压下，25℃ 时输入电流为 5 mA，但在 385℃ 时输入电流增大至 7 mA。在相同的温度区间内，栅极延迟时间从 2.5 ns 延长到 4.8 ns，输出信号增大了 3 倍。由于金属化层破裂，电路在 390℃ 时发生故障（Doerbeck, et al., 1982）。

7.13　350℃环境下应用砷化镓 HBT

在 350℃ 的环境下测量具有 AlGaAs/GaAs 异质结的 npn HBT 的性能特征（Fricke, et al., 1992）。宽能带隙 AlGaAs 发射区层中的 Al 摩尔分数被设定为 0.45，以在较高的工作温度下获得合理的电流增益值。得出该值的理由如下：如果 N_D 和 N_A 分别是发射极和基极的掺杂浓度，则 v_{nB} 是基极的发射极末端电子速度，v_{pE} 是发射极的基极末端空穴速度，k_B 为玻尔兹曼常数，在温度 T 下，HBT 的最大电流增益 β_{max} 用价带偏移 ΔE_V 表示为

$$\beta_{max} = \left(\frac{N_D}{N_A}\right)\left(\frac{v_{nB}}{v_{pE}}\right)\exp\left(\frac{\Delta E_V}{k_B T}\right) \tag{7.23}$$

因为对于 Al 摩尔分数为 0.45 而言，$\Delta E_V = 0.2$ eV，可得

$$\left[\exp\left(\frac{\Delta E_V}{k_B T}\right)\right]_{298 \text{ K}} = \exp\left(\frac{0.2}{8.617 \times 10^{-5} \times 298}\right) = \exp(7.7886) = 2412.94 \tag{7.24}$$

$$\left[\exp\left(\frac{\Delta E_V}{k_B T}\right)\right]_{623 \text{ K}} = \exp\left(\frac{0.2}{8.617 \times 10^{-5} \times 623}\right) = \exp(3.7255) = 41.49 \tag{7.25}$$

在室温下，$T = 298$ K，指数项为 2413。当 $T = 623$ K 时，指数项为 42。在两种情况下，指数项之比给出了异质结抑制向发射极注入空穴的因素，该值为 57.45。考虑到该值足以抑制

注入空穴，故将上述 Al 摩尔分数设定为 0.45。

发射极接触和集电极接触由 Ni-Au-Ge-Ni 制成（见图 7.9）。基极接触为 Ti-Pt-Au。对接触金属化均进行了快速热退火处理（Rapid Thermal Annealing）。$Si_xN_yO_z$ 被用作表面钝化剂，以防止 GaAs 向外扩散。在 300 K、423 K、573 K 和 623 K 时测量了 HBT 器件的直流特性，低于 623 K 均可正常工作，但随着温度的升高，其直流特性降低。由此可确定两个显著的温度范围：

(ⅰ)室温至 573 K，通过发射极-基极异质结的空穴电流增大。因此，基极电流的理想因子 n_B 减小。电流增益 β 和小信号电流增益 h_{fE} 一样，都减少了。

(ⅱ)573 K 至 623 K，通过集电极-基极二极管的漏电流增大，进而造成 n_B、β 和 h_{fE} 均减小。在室温至 673 K 的整个温度范围内，共发射极的小信号电流增益值保持在 35。此外，在进行了大量的加热/冷却高低温循环，以及处于 573 K 环境持续 24 小时后，可确认其稳定的直流特性（Fricke, et al., 1992）。

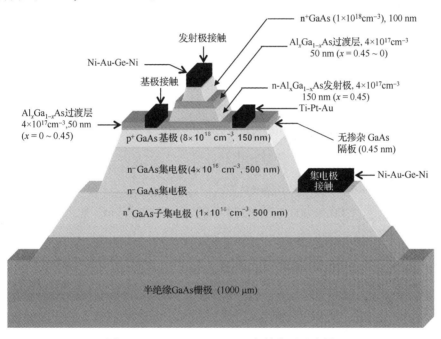

图 7.9　AlGaAs/GaAs HBT 中的分层示意图

7.14　Al_xGaAs_{1-x}/ GaAs HBT

Basu 和 Sarkar(2011) 提出了一种类似于 SiGe HBT 模型的分析模式，本书在第 6 章进行了描述。该模型的要点如下：对于 Al_xGaAs_{1-x}/GaAs HBT，电流增益 $(\beta)_{AlGaAs/GaAs}$ 的方程为

$$(\beta)_{AlGaAs/GaAs} = \left(\frac{N_{DE}}{N_{AB}}\right)\left(\frac{W_E}{W_B}\right)\left\{\frac{D_{n,GaAs}(T)}{D_{p,AlGaAs}(T)}\right\}\exp\left(\frac{\Delta E_g}{k_B T}\right) \tag{7.26}$$

GaAs 中的电子迁移率 $\mu_{n,GaAs}$ 为

$$\mu_{n,GaAs}(T) \propto T^{-2.1} \tag{7.27}$$

或

$$\mu_{n,GaAs}(T) = K_1 T^{-2.1} \tag{7.28}$$

式中，K_1 为常数。为计算 K_1 的值，已知当 $T = 300 \text{ K}$ 时，$\mu_{n,GaAs} = 8500 \text{ cm}^2 \cdot V^{-1} \cdot s^{-1}$，因此，

$$K_1 = \mu_{n,GaAs}(T)/T^{-2.1} = \mu_{n,GaAs}(T) \times T^{2.1}$$

$$= 8500 \times (300)^{2.1} = 1.353 \times 10^9 \text{ cm}^2 \cdot V^{-1} \cdot s^{-1} \cdot K^{2.1} \tag{7.29}$$

所以，

$$\mu_{n,GaAs}(T) = 1.353 \times 10^9 T^{-2.1} \tag{7.30}$$

$$D_{n,GaAs}(T) = \left(\frac{k_B T}{q}\right) 1.353 \times 10^9 T^{-2.1} \tag{7.31}$$

$Al_x Ga_{1-x} As$ 中的空穴迁移率为

$$\mu_{p,AlGaAs}(T) \propto T^{-1} \tag{7.32}$$

或

$$\mu_{p,AlGaAs}(T) = K_2 T^{-1} \tag{7.33}$$

式中，K_2 为常数，由 AlGaAs 在 $T = 300 \text{ K}$ 时的条件决定（Shur，1995；Basu and Sarkar，2011），

$$\mu_{p,AlGaAs}(300 \text{ K}) = 370 - 970x + 740x^2 \tag{7.34}$$

式中，x 为 $Al_x Ga_{1-x} As$ 中铝的摩尔分数，因此，

$$K_2 = \mu_{p,AlGaAs}(T)/T^{-1} = \mu_{p,AlGaAs}(T) \times T \tag{7.35}$$

$$= \mu_{p,AlGaAs}(300) \times 300 = 300(370 - 970x + 740x^2) \text{ cm}^2 \cdot V^{-1} \cdot s^{-1} \cdot K \tag{7.36}$$

所以，

$$\mu_{p,AlGaAs}(T) = 300(370 - 970x + 740x^2)T^{-1} \tag{7.37}$$

$$D_{p,AlGaAs}(T) = \left(\frac{k_B T}{q}\right) 300(370 - 970x + 740x^2)T^{-1} \tag{7.38}$$

$Al_x Ga_{1-x} As$ 发射极和 GaAs 基极的能带隙差为（Shur，1995；Basu and Sarkar，2011）

$$(\Delta E_g)_{AlGaAs/GaAs} = 1.25x, \qquad x < 0.4 \tag{7.39}$$

发射极渡越时间 $\{\tau_E(T)\}_{AlGaAs/GaAs}$ 与基极渡越时间 $\{\tau_B(T)\}_{AlGaAs/GaAs}$ 可写为

$$\{\tau_E(T)\}_{AlGaAs/GaAs} = W_E^2 / \left[2\beta D_{p,AlGaAs}(T)\right]$$

$$= W_E^2 / \left[2(\beta)_{AlGaAs/GaAs} D_{p,AlGaAs}(T)\right] \tag{7.40}$$

$$= W_E^2 / \left[2\left(\frac{N_{DE}}{N_{AB}}\right)\left(\frac{W_E}{W_B}\right)\left\{\frac{D_{n,GaAs}(T)}{D_{p,AlGaAs}(T)}\right\}\exp\left(\frac{\Delta E_g}{k_B T}\right) D_{p,AlGaAs}(T)\right]$$

$$= W_E^2 / \left[2\left(\frac{N_{DE}}{N_{AB}}\right)\left(\frac{W_E}{W_B}\right) D_{n,GaAs}(T)\exp\left(\frac{\Delta E_g}{k_B T}\right)\right] \tag{7.41}$$

$$\{\tau_B(T)\}_{AlGaAs/GaAs} = W_B^2 / \{2D_{n,GaAs}(T)\} \tag{7.42}$$

根据上述分析模型，Basu 和 Sarkar（2011）发现，当 AlGaAs/GaAs HBT 发射区电极引入少量 Al 时，可实现较高的电流增益和较短的正向渡越时间。

7.15　讨论与小结

就本质而言，砷化镓不同于硅，因为它是由两种不同的元素形成的化合物，其晶体结构、能带隙的性质和良好绝缘氧化物层的缺失，均不同于硅。对 GaAs 而言，这些基本差异使得诸类 MESFET 和 HBT 器件最引人关注。为了防止砷挥发，使用直拉法生长 GaAs 单晶。本章还论述了如何改进 GaAs 常规欧姆接触和肖特基接触金属化方案。尽管 GaAs 具有较高的本征温度，但在用于室温工作环境的商用器件上进行的初步实验表明，这些器件在高温下甚至不如硅 MOSFET 器件。GaAs 器件漏电流情况严重，这种情况源于栅极和漏极的分量漏电流。因此，使用异质结阻断漏电流路径，可提高 GaAs MESFET 器件能够稳定工作的温度上限。利用高温电子技术，可使 GaAs MESFET 器件的高温性能恢复到与其在室温环境时相同的水平，而无须更改任何工艺流程。GaAs 中的 CHFET 结构类似于硅技术中使用的 CMOS 结构。CHFET 结构中的 n 沟道设备，性能优于 p 沟道设备。此外，GaAs 双极型晶体管在高温下也能正常工作，而对于 GaAs HBT 器件而言，虽然高温环境下其性能确有衰减，但只要工作环境的温度不超过 623 K，其性能就不会大幅下降。

思　考　题

7.1　完成下列关于砷化镓的填空题。(a)硅是一种元素半导体，而砷化镓是_____。(b)硅的晶体结构与金刚石结构相同，而砷化镓晶体结构与_____结构相同。(c)硅是一种间接能带隙半导体，而砷化镓是一种_____。(d)硅表面形成的氧化物对于微电子器件是有利的，而砷化镓表面形成的氧化物是_____。(e)硅集成电路中最常见的是 MOSFET 结构，而砷化镓集成电路中最常见的则是_____。(f)Si MOSFET 中，通过二氧化硅电介质提供门控作用，而在 GaAs MESFET 中，门控作用由_____提供。

7.2　(a)以下哪一个有更高的漏电流：GaAs MESFET 中的肖特基势垒二极管 SBD，还是 Si MOSFET 中的绝缘氧化物层？(b)以下哪一个在高温时具有更高的扩散主导的漏电流：Si MOSFET 还是 GaAs MESFET？

7.3　GaAs 集成电路中的技术，是否类似于 SOI 技术？若无类似技术，IC 中不同的器件之间在(a)低温环境下；(b)高温环境下，如何彼此隔离？

7.4　除了 GaAs MESFET 器件，在砷化镓集成电路中，请说出另外一种重要的器件结构。

7.5　砷化镓的本征温度是多少？比硅的本征温度高了多少？

7.6　为什么在单晶生长过程中需要用液态氧化硼包围 GaAs 熔体？这种技术叫什么？GaAs 单晶是如何生长的？

7.7　砷化镓的 p 型掺杂使用哪些元素？砷化镓中常见的 n 型掺杂剂是什么？使用的掺杂技术是什么？

7.8 如果样品在离子注入过程中被加热，会发生什么？如何去除注入过程造成的损伤？

7.9 讨论构成 n 型 GaAs 的 Au/Ge/Ni/Ti 金属化方案中组成层的作用。为什么快速热退火技术适合此方案？从温度方面来说，该方案是否稳定？

7.10 描述可以持续在高温环境下工作的 n 型 GaAs 的合适金属化方案。该方案允许的最高温度是多少？如果在退火过程中有残余的金，怎么办？

7.11 Ti-Pt-Au 肖特基接触 GaAs 的势垒高度是多少？解释三个组成层的作用。如何提高这种接触方式的热稳定性？此方案的最高温度限制是多少？

7.12 Au-LaB$_6$ 肖特基接触 GaAs 的势垒高度是多少？在无损情况下，该接触允许的温度上限是多少？

7.13 描述在 25℃ 至 400℃ 范围内对商用砷化镓器件进行的实验。欧姆接触是由什么构成的？肖特基接触使用什么材料？写出描述迁移率、饱和速度和阈值电压变化的方程。虽然 GaAs 的能带隙比 Si 的大，但为什么 GaAs MESFET 的性能不如 Si MOSFET？

7.14 GaAs MESFET 在高温下漏电流的两个分量是什么？这些分量漏电流的流动路径是什么？解释如何利用异质结势垒来阻止漏电流，从而提高 GaAs MESFET 的工作温度极限？

7.15 写出线性区和饱和区 MESFET 漏极-源极电流的方程并解释公式中使用的符号。该方程中的哪些参数使得漏极电流随温度变化？

7.16 写出 MESFET 阈值电压的公式，并解释式中所用的符号。此公式中三个项的物理解释是什么？其中哪项与温度变化有关？

7.17 是否可以在不改变任何工艺流程的情况下，将 GaAs MESFET 的耐高温性能提升至 300℃？如果是，基于此目标的技术称为什么？

7.18 阐述高温电子技术可将砷化镓电参数在 300℃ 环境下的值恢复至其在室温环境时的值。

7.19 硅技术中的 CMOS 结构，可类比 GaAs 技术中的哪种结构？以此方式，NMOS 型、PMOS 型晶体管可类比何物？

7.20 Al$_{0.75}$Ga$_{0.25}$As/In$_{0.25}$Ga$_{0.75}$As/GaAs 异质结中的哪一层在 GaAs MESFET 中的作用，与二氧化硅在 MOSFET 中的作用相同？

7.21 Al$_{0.75}$Ga$_{0.25}$As/In$_{0.25}$Ga$_{0.75}$As/GaAs 异质结中的哪一层在 GaAs MESFET 中起沟道作用？与体 GaAs 相比，该层有什么优势？

7.22 如何为 Al$_{0.75}$Ga$_{0.25}$As/In$_{0.25}$Ga$_{0.75}$As/GaAs 异质结制作欧姆接触和肖特基接触？n 沟道和 p 沟道 CHFET 在高温下如何工作？基于 CHFET 的环形振荡器的功耗如何随温度变化？

7.23 描述制造 GaAs 双极型晶体管的工艺流程。该晶体管在 300℃ 环境下如何工作？温度对电流增益和漏电流有什么影响？使用该器件的环形振荡器电路在高温下如何工作？当温度为多少时，该器件会失效？

7.24 通过计算解释为什么 AlGaAs/GaAs HBT 的 AlGaAs 发射极中的 Al 摩尔分数被设为 0.45？发射极接触和集电极接触由什么制成？基极接触由什么制成？使用的钝化材料

是什么？HBT 设备在什么温度下可以正常工作？设备在室温至 573 K，573 K 至 623 K 这两个温度范围内如何工作？性能下降了多少？

原著参考文献

Basu S and Sarkar P 2011 Analytical modeling of AlGaAs/GaAs and Si/SiGe HBTs including the effect of temperature *J. Electron Devices* **9** 325–29

Doerbeck F H, Duncan W M, Mclevige W V and Yuan H-T 1982 Fabrication and high-temperature characteristics of ion-implanted GaAs bipolar transistors and ring-oscillators *IEEE Trans. Indust. Electron.* **29** 136-9

Eun J and Cooper J A Jr 1993 High-temperature ohmic contact technology to n-type GaAs ECE Technical *Reports, Purdue University* TR-EE 93-7, pp 14-18

Fricke K, Hartnagel H L, Lee W-Y and Würfl J 1992 AlGaAs/GaAs HBT for high-temperature applications *IEEE Trans. Electron Devices* **39** 1977-81

Fricke K, Hartnagel H L, Schütz R, Schweeger G and Würfl J 1989 A new GaAs technology for stable FETs at 300°C *IEEE Electron Device Lett.* **10** 577-9

Kacprzak T and Materka A 1983 Compact dc model of GaAs FETs for large-signal computer calculations *IEEE J. Solid State Circuits* **18** 211

Narasimhan R, Sadwick L P and Hwu R J 1999 Enhancement of high-temperature highfrequency performance of GaAs-based FETs by the high-temperature electronic technique *IEEE Trans. Electron Devices* **46** 24-31

Shoucair F S and Ojala P K 1992 High-temperature electrical characteristics of GaAs MESFETs（25-400℃）*IEEE Trans. Electron Devices* **39** 1551-7

Shur M 1987 *GaAs Devices and Circuits*（New York: Springer）pp 161-2

Shur M 1995 *Physics of Semiconductor Devices*（New Delhi: Prentice Hall India），704 pages

Wilson C D and O'Neill A G 1995 High temperature operation of GaAs based FETs *Solid-State Electron.* **38** 339-43

Wilson C D, O'Neill A G, Baier S M and Nohava J C 1996 High temperature performance and operation of HFETs *IEEE Trans. Electron Devices* **43** 201-6

Won C-S, Ahn H K, Han D-Y and El Nokali M A 1999 DC characteristic of MESFETs at high temperatures Solid-State Electron. **43** 537-42

Würfi J, Singh J K and Hartnagel H L 1990 Reliability aspects of thermally stable LaB6-AuSchottky contacts to GaAs *Reliability Physics Symposium*（New Orleans, LA 26-29 March），pp. 87-93

第8章 用于高温工作的碳化硅电子器件

碳化硅(SiC)具有独特的材料特性,可用于制造高温、大功率和快速开关器件。由于其具有较高的击穿电场,碳化硅比硅和砷化镓更适合制备高压器件。4H-SiC 多型体中的电子迁移率在垂直于 c 轴方向是 6H-SiC 多型体的两倍,而在平行于 c 轴方向的电子迁移率是 6H-SiC 的 10 倍。这种差异使 4H-SiC 更有吸引力。重要的 SiC 器件包括 pn 结二极管、SBD 和 JFET。由于沟道迁移率较低,MOSFET 的发展速度较为缓慢。BJT 通过电子注入和由此产生的电导调制能够实现较低的导通电阻,因而受关注程度更高。碳化硅技术正从半导体实验室的研究阶段向工业化生产阶段发展。低成本、无缺陷的大面积衬底将极大地促进这种转变,这是迈向技术成熟最令人关注的问题。

8.1 引　言

碳化硅电子器件已经从研究阶段发展到商业制造阶段,通常用最适合高温电路的 4H-SiC 多型体制造。碳化硅以众多多型体的形式存在,大约有 150 到 250 种,多型体中紧密结合的双原子层排列顺序构成了它们相互区别的标准。所有多型体都不易生长。我们发现,4H-SiC 和 6H-SiC 多型体均可用作制造器件的衬底,其中 4H-SiC 具有更高的载流子迁移率和更宽的能带隙(禁带宽度),在电子器件制造中具有更高的优越性。

碳化硅(4H-SiC 为 3.23 eV)的禁带宽度是硅(1.12 eV)的 2.9 倍,所以能够在 873 K 以上工作。它的击穿电场(3 MV·cm^{-1})是硅的(0.3 MV·cm^{-1})10 倍,更高的击穿电场使得碳化硅器件均匀掺杂导电区的厚度极大地减小,大幅减小了器件的导通电阻。它的热导率(4.9 W·cm^{-1}·K^{-1})是硅的(1.5 W·cm^{-1}·K^{-1})3.27 倍,因此可以从 SiC 中获得更大的功率密度,使单位面积的芯片能够承担更大的功率。然而,碳化硅的电子迁移率(800~900 cm^2·V^{-1}·s^{-1})比硅的(1400 cm^2·V^{-1}·s^{-1})更低,这是碳化硅的一个主要缺点。类似说明也适用于空穴迁移率。低载流子迁移率足以在 8×10^9 至 12×10^9 Hz 频率范围内提供 RF 性能,但不足以超过此限制。在微波频率($<10^{10}$ Hz)下,SiC 器件与 Si 和 GaAs 器件竞争激烈。pn 结二极管,JFET 和晶闸管均能用 SiC 制造,但 MOSFET 的发展相对滞后,主要是由于载流子迁移率较低。在表 8.1 中,列出了与器件和电路设计有关的碳化硅的特性。图 8.1 和图 8.2 展示了多型体碳化硅的晶体结构。

表 8.1　碳化硅的特性（4H-SiC 多型体）

特　　性	数　　值	特　　性	数　　值	特　　性	数　　值
化学式	4H-SiC	介电常数	9.7	电子饱和速度（$cm \cdot s^{-1}$）	2×10^7
分类	Ⅳ–Ⅵ族化合物半导体	热导率（$W \cdot cm^{-1} \cdot K^{-1}$）	4.9	施主杂质	N P
晶体结构	纤锌矿（六边形单元晶胞）	300 K 时的能带隙 E_g（eV）	3.23	施主电离能 ΔE_D（meV）	50，92（N） 54，93（P）
颜色	浅棕色（在 n 型低掺杂下）	击穿场强（$V \cdot cm^{-1}$）	在平行于 c 轴的方向上为 3×10^6	受主杂质	Al B
300 K 时的密度（$g \cdot cm^{-3}$）	3.211	本征载流子浓度（cm^{-3}）	5×10^{-9}	受主电离能 ΔE_A（meV）	200（Al） 285（B）
晶格常数（Å）	a =3.073 b=10.053	电子迁移率（$cm^2 \cdot V^{-1} \cdot s^{-1}$）	在平行于 c 轴的方向上为 900，在垂直于 c 轴的方向上为 800		
熔点（℃）	在 35 个大气压下 3103±40 K	空穴迁移率（$cm^2 \cdot V^{-1} \cdot s^{-1}$）	115		

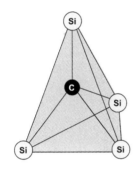

(a) 一个碳原子被4个硅原子包围的四面体排列

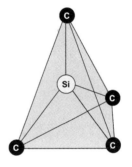

(b) 一个硅原子被4个碳原子包围的类似排列

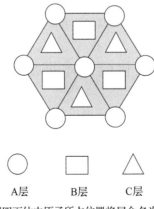

(c) 根据四面体中原子所占位置将层命名为A、B和C层

图 8.1　碳化硅的晶体结构

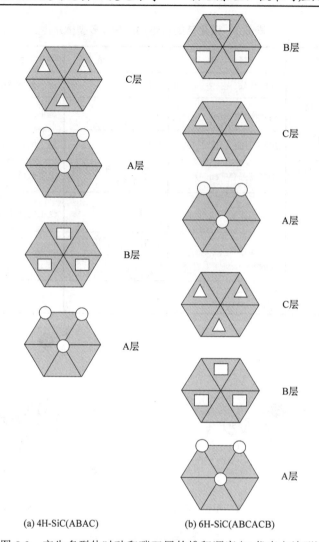

(a) 4H-SiC(ABAC)   (b) 6H-SiC(ABCACB)

图 8.2   产生多型体时硅和碳双层的堆积顺序（H 代表六边形）

8.2   碳化硅的本征温度

将碳化硅的本征温度计算结果与硅的本征温度计算结果进行比较。对于 4H-SiC，

$$m_n^* = 0.39m_0, \; m_p^* = 0.82m_0, \; E_g = 3.23 \text{ eV} \tag{8.1}$$

因此，

$$m^* = \left(\frac{m_n^* m_p^*}{m_0^2}\right)^{0.75} = \left(\frac{0.39m_0 \times 0.82m_0}{m_0^2}\right)^{0.75} = 0.4253 \tag{8.2}$$

对于 4H-SiC，等式

$$\ln\{0.207/(m^* T^{1.5})\} = -5.8025 \times 10^3 E_g \tag{8.3}$$

可改写为

$$T\ln\{0.207/(0.4253 T^{1.5})\} = -5.8025 \times 10^3 \times 3.23 = -18742.075 \tag{8.4}$$

或

$$T\ln 0.4867 - T\ln T^{1.5} = -18742.075 \tag{8.5}$$

所以,

$$-0.72011T - T\ln T^{1.5} = -18742.075$$

假设

$$T = 1590 \text{ K} \tag{8.6}$$

$$\text{lhs} = -0.72011T - T\ln T^{1.5} = -0.72011 \times 1590 - 1590\ln 1590^{1.5}$$
$$= -1144.9749 - 17581.001969 = -18725.976869 \tag{8.7}$$

当 $T = 1591.5$ K 时,

$$\text{lhs} = -0.72011T - T\ln T^{1.5} = -0.72011 \times 1591.5 - 1591.5\ln 1591.5^{1.5}$$
$$= -1146.055 - 17599.83888 = -18745.89388 \tag{8.8}$$

当 $T = 1592$ K 时,

$$\text{lhs} = -0.72011T - T\ln T^{1.5} = -0.72011 \times 1592 - 1592\ln 1592^{1.5}$$
$$= -1146.415 - 17606.1183 = -18752.5333 \tag{8.9}$$

因此,

$$T \approx 1591.5 \text{ K}$$

该温度比硅(588.63 K)高 1591.5 K − 588.63 K=1002.87 K,比砷化镓(756.6 K)高 1591.5 K − 756.6 K= 834.9 K。

8.3　碳化硅单晶生长

传统的从熔体中提取晶体生长大尺寸单晶硅的方法(如 CZ 法)为半导体器件制造提供了大量晶体。但是上述方法根本不适用于碳化硅,因为它不是通过熔化,而是在低于 2000℃的环境下升华得到的。

碳化硅单晶通过升华方法生长,即物理气相沉积法(见图 8.3),由含硅和碳的分子发生反应形成,直接沉积在籽晶上。这些分子是从籽晶附近的 SiC 升华源获得的,晶体生长通常使用{0001}衬底籽晶。SiC 单晶沿[0001] c 轴方向生长。这种生长方法称为 c 面生长。

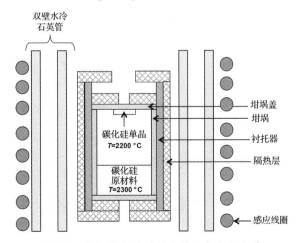

图 8.3　生长碳化硅单晶的物理气相沉积室

碳化硅晶体存在几种众所周知的缺陷，其中有几点需要注意：

（i）被称为微管的开核螺旋位错，是导致 SiC 二极管在达到雪崩击穿极限前失效的原因；

（ii）畴壁或晶界会导致漏电流增加并在外延晶圆中产生裂纹；

（iii）螺旋位错会对肖特基二极管漏电流产生影响；

（iv）基面位错降低了 PIN 器件的正向电压特性；

（v）残留的氮和硼污染会危害高纯非掺杂半绝缘碳化硅衬底。

8.4　碳化硅掺杂

氮（N）是一种公认的碳化硅 n 型掺杂剂，p 型掺杂则使用铝（Al）。但是，即使在非常高的温度环境下，如约 2000℃，这些掺杂剂在 SiC 中的扩散系数也非常低。这些杂质的能级如图 8.4 所示。因此，将杂质掺杂到半导体的热扩散技术被彻底排除在外，我们通常使用离子注入的方法进行掺杂。在离子注入过程中，碳化硅晶片温度可保持在室温至 900℃ 之间，注入步骤之后的退火，始终都在高于 1700℃ 的温度下进行。温度是 SiC 晶圆在离子注入和退火过程中合成掺杂产物的关键性因素，起决定作用。

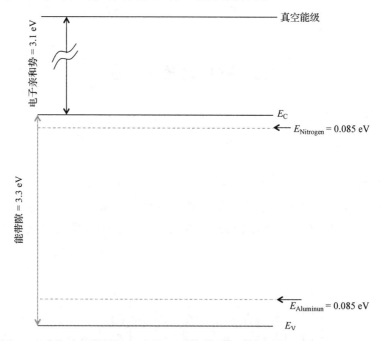

图 8.4　碳化硅能带图，包含了 n 型（氮）和 p 型掺杂（铝）常用杂质的能级

当需要在用于器件制造的 SiC 晶圆的指定区域选择性地进行掺杂时，使用上述技术。另外，在 SiC 外延生长过程中可以进行原位掺杂。

8.5　二氧化硅表面氧化

碳化硅晶片加工的一个令人鼓舞的方面是，氧化物薄膜可以在碳化硅表面生长，就像硅一样。但氧化速率比硅慢，而且还取决于硅或碳终止的表面是否朝向生长中的氧化物。同时，低界面态和陷阱密度是生长高质量氧化层的主要阻碍，特别是在高电场和高温下，氧化层的可靠性存在很大的问题。

8.6　碳化硅肖特基接触与欧姆接触

对于 n 型和 p 型 SiC 的肖特基接触，已经尝试了各种过渡金属的组合，这些金属的势垒高度在 0.9~1.7 eV 之间。然而，在超过 873 K 的温度下，肖特基行为要么转变为欧姆行为，要么性能严重恶化。n 型 SiC 的欧姆接触通常由积淀 Ni 获得的 Ni_2Si 形成，该硅化物在大于 900℃ 的高温下退火，从而提供热稳定的接触。对于 p 型碳化硅的欧姆接触，铝仍然是首选，但不建议在高温下操作，因为其熔点较低。为了平衡碳化硅的宽禁带和电子亲和力，需要具有高功函数的低电阻接触材料。

8.7　SiC pn 结二极管

利用边缘-终端技术，阻断电压为 1400 V 的平面 pn 结二极管在 4000 $A \cdot cm^{-2}$ 下具有 6.2 V 的正向压降。差额导通电阻小于 1 $mΩ \cdot cm^{-2}$（Peters, et al.，1997）。4.5 kV 的 4H-SiC 二极管可实现 770 A 以上的波形转换。二极管使用了一个由两个 p 型环围绕 p^+ 阳极构成的双注入结终端扩展（JTE）（Braun, et al.，2002）。

8.7.1　498 K 环境下测试 SiC 二极管

100 μm 厚的外延层能够承受 12.9 kV 的击穿电压。这些外延层生长在 n^+ 4H-SiC 衬底上（Sundaresan, et al.，2012）。利用开路电压衰减法（OCVD）测量载流子寿命，从室温下 2~4 μs 增加到 498 K 时的 14 μs。为了测试高电流下的开关特性，将一个由 5 个 10 千伏 PIN 整流器组成的模块连接到一个带有硅绝缘栅双极型晶体管（IGBT）的续流二极管上。在 498 K 下对 IGBT-PIN 模块进行 1100 V 100 A 的开关测试中，峰值恢复电流从 298 K 时的–48 A 上升到 498 K 时的–120 A，反向恢复时间从 298 K 时的 168 ns 上升到 498 K 时的 528 ns。这些现象的产生是由于注入 n 型基极载流子的寿命具有正的温度系数。

8.7.2　873 K 环境下测试 SiC 二极管

保证碳化硅二极管能在高温下工作的关键是提供热稳定的欧姆接触，这就要求选择耐高温金属。文献（Kakanakov, et al.，2002）提出，Ti/Al/p-SiC 和 Ni/n-SiC 接触在 773 K 至 783 K 温度下的氮气环境中能保持 100 h 而不退化。将这些接触加上高电流密度（10^3 $A \cdot cm^{-2}$）并将温度升高至 723 K 时，接触保持稳定。在一项相关研究（Chand, et al.，2014）中，将 Ni 或 Pt 溅射到 SiC 二极管中的 Ni/Si 欧姆接触上（见图 8.5），分别在 673 K、773 K 和 873 K 不同温度的空气中进行老化试验。为了检测二极管结电阻和串联电阻的变化，记录二极管的正向电流-电压特性。铂（Pt）金属化二极管在上述温度下的电流-电压特性均保持稳定，串联电阻也保持不变。在 873 K 的温度下，二极管理想因数为 1.02，表明二极管在此温度下工作正常。镍金属化二极管在 673 K 温度下经过 7 h 后，由于 Ni 表面氧化，串联电阻略微增大。

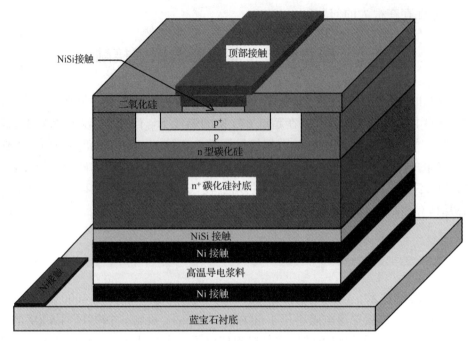

图 8.5　具有 NiSi 欧姆接触的 SiC pn 结二极管

8.7.3　773 K 环境下工作的 SiC 集成桥整流器

集成桥整流器电路在 773 K 环境下能够稳定运行(Shao, et al.，2014)。二极管的开启电压从室温(290 K)下的 2.6 V 下降到 773 K 时的 1.4 V，平均漂移率为 2.48 mV·K^{-1}。在相同的温度范围内，导通电阻从 2.3 kΩ 下降到 0.9 kΩ，平均下降率为 2.9 Ω·K^{-1}。从室温到 773 K，整流器的直流输出电压从 5.4 V 变为 6.4 V。整流器的一个重要优点是电压转换效率(V_{CE}) = 输出直流电压/输入正弦波的有效直流电压(0.707 V_{peak})。室温下 V_{CE} 大约为 76.4%，773 K 时则为 90.5%。因此，SiC 整流器电路有望在极端环境下应用。

8.8　SiC 肖特基势垒二极管

肖特基二极管与 pn 结二极管相比，在反向恢复充电和恢复软性方面更加接近理想开关。SiC SBD 的结构和 Si SBD 基本类似(见图 8.6)，它们都是多数载流子器件，不像 pn 结二极管那样表现出任何反向恢复。然而，由于电路中存在寄生电容、寄生电感以及集成在芯片中用于减小漏电流的 p 型环，实际上还是能够观测到一些反向恢复效应。

SBD 是第一个商业化应用的 SiC 器件。SiC SBD 将阻断电压从 Si SBD 的 200 V 增大到了 1000 V 以上。但是由于 SiC 的禁带宽度更大，SiC SBD 的正向压降(1~2 V)比 Si SBD 大。

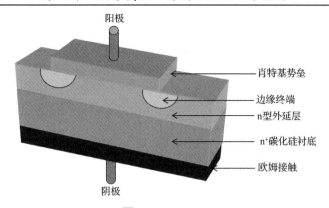

图 8.6　SiC SBD

8.8.1　温度对 Si 肖特基二极管和 SiC 肖特基二极管的影响

Si 二极管和 SiC 二极管的正向电压都随温度的升高而降低。在一项比较研究中发现，通过对商用 Si 二极管和 SiC 二极管的特性进行分析，发现二者的正向电压 V_D 可以表示为温度的函数（Ozpineci and Tolbert，2003）：

$$V_D^{Si} = 0.3306 \exp(-0.0103t\ ^\circ C) + 0.5724 \tag{8.10}$$

$$V_D^{SiC} = 0.2785 \exp(-0.0046t\ ^\circ C) + 0.7042 \tag{8.11}$$

可见，两种材料的器件的正向电压都随着温度的升高而降低。然而，这个结论并不适用于 Si 和 SiC 二极管的导通电阻 R_D。Si 和 SiC 二极管的导通电阻随温度变化的方程如下（Ozpineci and Tolbert，2003）：

$$R_D^{Si} = 0.2136 \exp(-0.293t\ ^\circ C) + 0.0529 \tag{8.12}$$

$$R_D^{SiC} = -0.1108 \exp(-0.0072t\ ^\circ C) + 0.2023 \tag{8.13}$$

与 Si SBD 导通电阻的负温度系数相反，SiC SBD 导通电阻的温度系数为正，因此 SiC SBD 更适合并联使用。

SiC SBD 的反向恢复时间（t_{rr}）（约 20 ns）比 Si SBD 的（约 40 ns）更短。因此，SiC SBD 可以在更高的开关频率下工作。此外，随着温度的升高，SiC SBD 的 t_{rr} 保持不变。我们知道功率损耗由两部分组成：传导损耗和开关损耗。由于反向恢复特性与温度无关，与 Si 二极管相比，SiC 二极管可以在高温环境下工作，具有更低的开关损耗。相反，Si SBD 的 t_{rr} 随温度的升高而增大，高温下 Si SBD 的 t_{rr} 越长，开关损耗越大。

据研究，6H-SiC SBD 在 $100\ A \cdot cm^{-2}$ 的电流密度下、298 K 至 473 K 的温度区间内具有 1.1 V 的正向压降，在 298 K 的温度下具有 400 V 的击穿电压特性（Bhatnagar, et al.，1992）。与快速硅 PIN 二极管相比，这些二极管表现出改良的反向恢复特性。由 4H-SiC 制成的 MPS 二极管具有 4300 V 的反向击穿电压 V_B，其特征导通电阻为 $20.9\ m\Omega \cdot cm$（Wu, et al.，2006）。

8.8.2　623 K 环境下测试肖特基二极管

在没有施加任何偏压、温度为 623 K 的 1000 小时真空储存条件下，研究人员研究了两个市售的 SiC 肖特基二极管裸片中欧姆接触的热稳定性（O'Mahony, et al.，2011）。这些二极管使用铝金属化作为肖特基阳极的连线，在阴极焊盘上则进行 Ni/Ag 金属化处理使其附着在裸片上。经过高温存储后，器件的铝阳极保持稳定，肖特基势垒高度和二极管理想因数变化率均小于 5%。但裸片的连接金属受到严重影响，高温存储使二极管的串联电阻增大了 100 倍。

8.8.3　523 K 环境下测试肖特基二极管

研究人员在 600 V，6 A 4H-SiC 肖特基二极管上进行了高温（523 K）反向偏压耐久性试验（Testa, et al., 2011）。电流为 100 μA 到 6 A 之间的正向电压和反向偏置为 600 V 时的反向电流在 1000 h 后变化不明显。本实验验证了这些器件在 523 K 温度下电参数的稳定性。

8.9　SiC JFET

20 世纪 80 年代末到 90 年代初期，由于迁移率低、跨导大和碳化硅材料质量存在问题，碳化硅 JFET 的发展受到阻碍。但是由于没有氧化物半导体界面质量问题，SiC JFET 比 MOSFET 更容易实现（Baliga，2006）。研究结果中出现了两种主要的结构设计（见图 8.7）：横向沟道 JFET（LCJFET）和垂直沟道 JFET（VTJFET）结构。LCJFET 和 VTJFET 的结构性差异表现为性能特性的不同。此外，有两种都是 n 型且带有 p 型埋层的 LCJFET，可用于高速开关或低开态损耗的应用：(i) 快速开关型具有较小的栅漏面积，栅漏电容也较小。源结和沟道间的前沟道区是产生高导通电阻的原因；(ii) 低导通电阻型的结构使得电流从源区通过沟道直接流向漂移区从而降低了导通电阻，但是由于栅极结是高电阻率的 p 型碳化硅材料，导致栅极电阻较大，因此会降低开关速率。

以上两类 LCJFET 通常是处于常开或耗尽模式的器件，要求负的栅源电压（大约为–15 V）小于施加在 p^+ 栅和 n^+ 端之间的夹断电压，以限制沟道并保持 JFET 关闭。栅源结的反向击穿电压大于–35 V。以常关模式工作时，可以将常开 JFET 与低压增强型硅 MOSFET 组合起来（Siemieniec and Kirchner，2011），这就是所谓的直接驱动概念。

功率电子应用需要增强型器件。虽然施加 2～3 V 的电压可以使它们开启，但这些器件具有更大的特征导通电阻。文献（Casady et al.，2010）实现了增强型 VTJFET（EMVTJFET）和耗尽型 VTJFET（DMVTJFET）。二者的横截面是相同的，前者垂直沟道的厚度比后者窄 10%，并且沟道掺杂浓度比后者低 10%。因此，前者的导通电阻比后者高 15%，饱和电流是后者的 50%。两种 JFET 均由 4H-SiC 制成，具有相同的裸片面积（4.5 mm^2），额定电压为 1200 V。

在 VTJFET 中不存在反并联体二极管，这种二极管在 LCJFET 中的存在是该结构的显著优点之一。因此，外部反并联二极管必须连接到 VTJFET 上，在开关转换期间使用。

研究人员使用 4H-SiC 材料制备了 5.3 kV 增强型 JFET，具有较低的特征导通电阻（69 mΩ · cm^2），关断时间为 47 ns（Asano, et al.，2001，2002）。这种 JFET 被称为静态扩展沟道 JFET（SEJFET），使用了面积优化的元胞结构，并采用了合适的结终端扩展（JTE）技术。

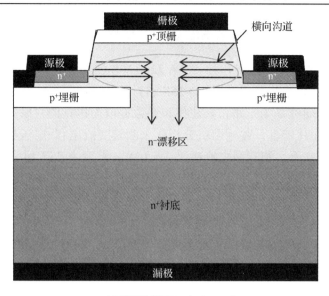

(a) 横向沟道JFET（LCJEET）

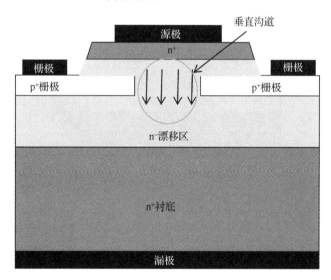

(b) 垂直沟道JFET（VTJFET）

图 8.7　SiC JFET 结构

　　埋栅 JFET（BGJFET）（Malhan, et al.，2006；Tanaka, et al.，2006；Malhan, et al.，2009；Lim, et al.，2010）由几个小间距的元胞组成。因此，它的导通电阻低，饱和电流高，但是比 LCJFET 更难制备。沟道宽度和沟道掺杂决定了这种类型的 JFET 工作在常开或常关状态。常关 BGJFET 的导通电阻比 VTJFET 低 30%（Lim, et al.，2010）。

　　双栅垂直沟道沟槽 JFET（DGVTJFET）（Malhan, et al.，2006，2009）结合了 LCJFET 和BGJFET 的特点，它的栅漏电容较低使其开关速度更快，同时更小的元胞间距和栅控使得导通电阻达到最小。DGVTJFET 有常开和常关两种类型，后者能够提供更大的饱和电流。但是这些场效应晶体管的制造过程非常复杂。

8.9.1　25℃至450℃温度区间的 SiC JFET 特性

文献（Funaki, et al.，2006）将几种 2.5 A 1200 V SiC JFET（见图 8.8）从室温（25℃）到 450℃进行了全面表征，这些器件采用 TO-258 的封装方式，利用特殊制造的固定装置使其能够承受高温。这些研究是为电路仿真建模和参数提取而进行的，研究人员使用曲线测量仪来测量直流电流-电压特性，使用阻抗分析仪来测量交流电容-电压和阻抗-电压特性。

从正向导通特性来看，饱和漏电流在 $V_{GS} = 0$ V、温度为 25℃时为约 4 A，450℃时降至约 0.75 A。阈值电压在 25℃时为–15.8 V，450℃时变为–18.2 V。跨导在 25℃温度下为 $2.4×10^{-2}$ S，450℃时减小到 $0.25×10^{-2}$ S。从反向导通特性来看，饱和电流从 25℃时的 10^{-10} A 增大到 450℃时的 10^{-6} A。从交流特性来看，$V_{GS} = 0$ V 时的电容 C_{GS} 从 25℃时的 450 pF 增大到 450℃时的 575 pF。电容 C_{GD} 呈现出相同的趋势。电容 C_{DS} 随 V_{DS} 的增大而减小，但基本上不受温度的影响。

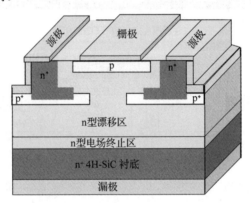

图 8.8　垂直拓扑 SiC JFET

8.9.2　500℃环境测试 6H-SiC JFET 与 IC

在超过 3007 小时的 500℃空气环境中，栅长为 10 μm 的耗尽型外延 JFET 的主要电学参数的变化率小于 10%（Neudeck, et al.，2008）。这些 JFET（见图 8.9）的 n 型源极和漏极由氮注入形成，其 p 型外延栅层则通过 Al 注入形成，并采用多层 Ti/TaSi₂/Pt 金属化的方法制备了三种接触。

差分放大器集成电路由三个电阻和两个 JFET 组成。源极耦合的 JFET，在 40 V 电压下工作。

NOR 门集成电路由三个 JFET 和电阻组成。NOR 栅极使用+20 V 和–24 V 电源。

Neudeck 等人将 JFET 和 IC 放在含有普通室内空气的烤箱中进行测试。在 500℃且加偏压的连续运行期间，定期记录测量数据。500℃存储条件下 JFET 参数的典型变化幅度结果如下（Neudeck, et al.，2008）：

(i)　50 V 应力下电容漏电流密度 J_R 从 100 h 后的 604 μA·cm⁻² 下降为 3007 h 后的 104 μA·cm⁻²；

(ii)　阈值电压始终保持在–11.8 V；

(iii) $V_G = 0\,V$，$V_D = 20\,V$ 时的漏极电流 I_{DSS} 从 100 h 后的 1.36 mA 减小为 3007 h 后的 1.31 mA；

(iv) $V_D = 20\,V$ 时的跨导 g_{m0} 从 100 h 后的 214 μS 下降为 3007 h 后的 205 μS；

(v) $V_G = 0\,V$ 时的漏源电阻 R_{DS} 从 100 h 后的 4.64 kΩ 增大为 3007 h 后的 4.83 kΩ；

(vi) $V_D = 50\,V$，$V_G = -15\,V$ 时漏极漏电流 I_{OFF} 从 100 h 后的 37.1 μA 减小为 3007 h 后的 0.19 μA。

对于差分放大器 IC：

(i) 100 Hz 时电压增益 A_V 在 100 h 后为 2.99，在 3007 h 后为 2.91；

(ii) 10 kHz 时电压增益 A_V 在 100 h 后为 2.18，在 3007 h 后为 2.19；

(iii) 单位电压增益频率 f_T 在 100 h 后为 32 kHz，在 3007 h 后升至 33 kHz。

对于 NOR 门 IC：

(i) 两个输入均为低电平 (= −7.5 V) 时的高电平输出 V_{OH} 在 100 h 后为 −1.47 V，3007 h 后为 −1.67 V；

(ii) 一个高电平输入 (−2.5 V) 和一个低电平输入 (−7.5 V) 时的低电平输出 V_{OL} 在 100 h 后为 −8.12 V，3007 h 后为 −8.14 V。

Neudeck 等人得出的上述数据充分证明了 JFET 和 IC 能够在 500℃环境下长时间工作。

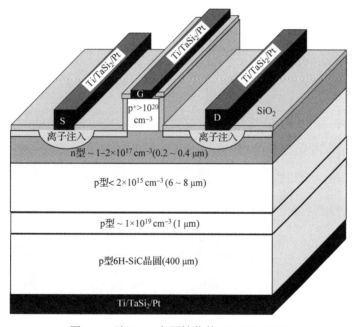

图 8.9　无 Si_3N_4 表面钝化的 6H-SiC JFET

8.9.3　25℃至 550℃温度区间内基于 6H-SiC JFET 的逻辑电路

为了提供 550℃环境下具有宽噪声容限的直流传输特性，可用耗尽型 JFET 制造逆变器、NAND 门电路和 NOR 门电路 (Soong, et al., 2012)。在 JFET 结构中，作为栅极的顶部 p^+

层，用于控制作为沟道层的下方 n 型外延层的耗尽。在这个 n 型外延层的下面是 p 型 SiC 衬底上的 p^+ 外延层。n^+ 源极和漏极则由氮离子的注入来形成。在积淀了 20 nm 厚的 SiO_2 层后，溅射 Ti、$TaSi_2$ 和 Pt 形成叠层以保护 Si_3N_4 层。至此则完成了 JFET 和逻辑电路，其互连也形成了，这些电路均使用金引线封装在双列直插式封装中。

可以用电压转移特性(VTC)来评价逆变器的性能。图 8.10 展示了逆变器电路的典型 VTC 形状。在 25℃ 至 550℃ 的温度区间中，Soong 等人注意到：(i) VTC 的梯度以几乎垂直的方式急剧下降；(ii) 温度高达 550℃ 时电压增益超过 −20；(iii) 逻辑阈值位于逻辑摆幅的中间。

为了了解温度对 SiC 逆变器的影响：(i) 在 25℃ 时 V_{OL}=输出逻辑低电平 = −8.00 V，550℃ 时 V_{OL} = −8.69 V；(ii) 在 25℃ 时 V_{OH} = 输出逻辑高电平 = −0.50 V，在 550℃ 时 V_{OH} = −3.97 V；(iii) 25℃ 时 V_{NML}=低电平噪声容限=1.80 V，550℃ 时 V_{NML} = 1.52 V；(iv) 在 25℃ 时 V_{NMH}=高电平噪声容限= 4.91 V，550℃ 时 V_{NML} = 2.17 V；(v) 在 25℃ 时电压增益为−26，500℃ 时电压增益为−20，550℃ 时电压增益为−12。

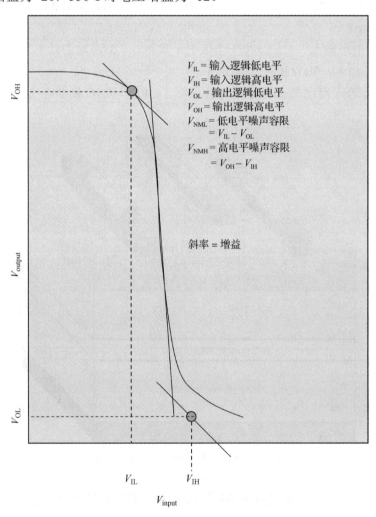

图 8.10　逆变器电路的电压转移特性

NAND 门和 NOR 门的直流特性与逆变电路相似，二者的动态测试表明，550℃ 时其性能令人满意,从而为制造 550℃下可靠的数字电路奠定了技术平台。

8.9.4 500℃环境长工作寿命(10 000 小时)的 6H-SiC 模拟 IC 和数字 IC

JFET 是在 6H-SiC 晶圆上制备的,在此晶圆上生长了 p 型 SiC 外延层(2×10^{15} cm^{-3})和 n 型 SiC 外延层(1×10^{17} cm^{-3})(Neudeck, et al., 2009)。器件采用台面刻蚀的重掺杂 Al 的 p$^+$(2×10^{19}cm^{-3})外延栅结构,其源极和漏极则采用 n 型离子注入的方法掺杂 N。为了减小衬底和沟道之间的寄生电容,应仔细控制沟道到衬底间 p 型层的厚度和掺杂浓度。一种自对准的氮离子注入方法可将栅极和源/漏之间的寄生电阻降至最低,其接触由 Ti/TaSi$_2$/Pt 制成。

Neudeck 等人将划片封装在具有 96%陶瓷衬底和 Au 金属化的定制陶瓷封装中。使用直径为 1 mil 的金线进行引线键合,封装被固定在陶瓷印制电路板(PCB)上。器件和电路被放在具有室内空气的烘箱中进行测试,在 500℃且有偏压的条件下进行且不考虑湿度的影响。研究人员在漏极电压 V_D = 50 V 的扫描下测试了 W/L=100 μm/10 μm 的 JFET,栅极偏置 V_G 以−2 V 的步长从 0 扫到−16 V。记录了 200 μm/10 μm 的 JFET 在 V_D = 50 V 和 V_G = −5 V 偏置下工作的第 1、第 100、第 1000 和第 10 000 小时后的 I_D–V_D 特性。JFET 零栅偏时的漏极饱和电流(I_{DSS})、跨导 g_m 和阈值电压 V_{Th} 在 500℃测试的第 100 小时后根据其对应的 I_{DSS0}、g_{m0} 和 V_{Th0} 值进行标准化。500℃环境时,电流 I_{DSS} 在超过 10 000 小时内的变化率小于 10%,跨导 g_m 也有类似的变化趋势,V_{Th} 在此时段内的变化率则小于 1%(Neudeck, et al., 2009)。

8.9.5 450℃环境下 6H-SiC JFET 与差分放大器的特性

通过生长掺 Al 的 p$^-$SiC 外延层、n$^-$SiC 外延层和 p$^+$SiC 外延层,研究人员在掺 Al 的 6H-SiC 晶圆上制备了 JFET(Patil, et al., 2007),见图 8.11。将源极和漏极进行高剂量的氮离子注入,用溅射法积淀源极、漏极、栅极的接触金属。300℃环境下,将芯片放在热卡盘上进行研究。为了在高于 300℃的温度下表征电特性,将划好的 JFET 芯片封装在陶瓷双列直插式封装(DIP)中。对 I_{DS}–V_{DS} 测量,以及对 W/L=100 μm/100 μm 的 JFET 在 25℃到 450℃区间内的 I_{DS}–V_{DS} 特性测量,结果表明上述特性在整个过程中表现良好,即其性质在整个温度范围内保持不变。然而,Al 接触在接近温度上限时会变得不稳定。经实验的特征完全符合 3/2 功率 JFET 模型,可从中提取、计算诸多 JFET 参数。25℃时夹断电流(I_p)为 0.28 A,450℃时则降低为上述值的一半;25℃时夹断电压(V_{po})为 11.90 V,在 450℃时为 11.13 V,变化值几乎可忽略不计。沟道长度调制参数(λ)的变化也不大。在升至 300℃的过程中,阈值电压 V_{Th} 以−2.3 mV · ℃$^{-1}$ 的速率变化。源极/漏极电阻 $R_{S,D}$ 从 25℃时的 4.54 kΩ 增大至 450℃时的 13.39 kΩ。

研究人员将由 SiC JFET 制作的差分放大器置于高温环境下工作,将片外元件置于室温环境下工作(Patil, et al., 2009)。尽管上述器件的参数值发生了改变,但其仍可在 450℃环境下正常地工作。在室温和 450℃环境下分别测量了带有外部偏置和无源负载的三级差分放大器的直流传输特性,这些 6H-SiC JFET 的 W/L=110 μm/10 μm。基于 JFET 的差分放大器的低频电压增益 25℃时为 87 dB,450℃时则下降至 50 dB。单位增益带宽积在 25℃时为 335 kHz,450℃时降至 201 kHz。

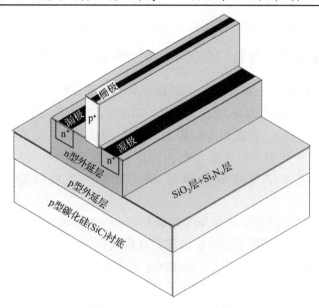

图 8.11　6H-SiC JFET 结构

此外，450℃时的输入失调电压比在室温下更大。相比之下，带有有源负载的外部偏置 SiC 多级放大器在 450℃时的低频电压增益为 70 dB，增益带宽积为 1300 kHz。

8.10　SiC 双极型晶体管

SiC 双极型晶体管（BJT）（见图 8.12）具有低导通电阻和高击穿电压的特性。与 SiC MOSFET 不同，SiC BJT 没有栅氧化层问题，能够在高温下工作。

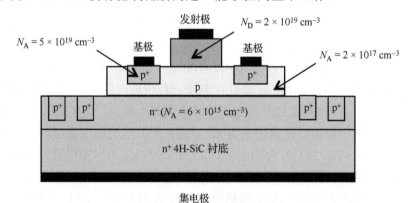

图 8.12　SiC BJT 的横截面

4H-SiC BJT 的电压 V_{CEO} 高于 1000 V，集电极电流密度 $J_C = 319\,A \cdot cm^{-2}$ 时的直流电流增益为 32，$J_C = 289\,A \cdot cm^{-2}$ 时的特征导通电阻为 17 mΩ · cm^2（Luo, et al., 2003）。这些 BJT 的基极使用了无铝的欧姆接触。

4H-SiC BJT 的阻断电压超过 480 V，在 $J_C = 239\,A \cdot cm^{-2}$ 的导通状态下特征导通电

阻为 14 mΩ · cm^2。在 J_C = 40～239 A · cm^{-2} 时的电流增益约为 35（Zhang, et al.，2003）。J_C=114 A · cm^{-2} 时，峰值增益值为 38。

4H-SiC BJT 在漏电流为 4.6 μA 时的阻断电压为 9.2 kV，在不考虑电流扩展的情况下，直流共发射极电流增益为 7，特征电阻为 33 mΩ · cm^{-2}（Zhang, et al.，2004）。

对 4H-SiC BJT（阻断电压为 1836 V）进行功率开关（电压为 300 V，电流大于 7 A）测试，发现能在 20～80 ns 下进行切换，与 Si 单极型器件相当。在 275℃ 高温下，开关速度不受影响。这些 BJT 的高频、高温性能得到了证明（Sheng, et al.，2005）。

4H-SiC BJT 在基极为开路时的集电极-发射极电压 V_{CEO} = 757 V，电流增益为 18.8。在正向电压 V_{CE} = 2.5 V 时导通电流为 5.24 A，特征导通电阻为 2.9 mΩ · cm^2 且 J_C = 859 A · cm^{-2}（Zhang, et al.，2006）。

文献（Zhang, et al.，2009）描述了具有分级基区形的 4H-SiC BJT。其电流增益约为 33，集电极-发射极击穿电压（V_{CEO}）大于 1000 V，特征导通电阻为 2.9 mΩ · cm^2。

8.10.1　140 K 至 460 K 温度区间内 SiC BJT 的特性描述

文献（Asada, et al.，2015）描述了 4H-SiC BJT 在 140～460 K 温度区间内的温度相关特性。SiC BJT 的温度特性明显不同于 Si BJT。Si BJT 的电流增益随着温度的下降而单调下降，SiC BJT 则不同，电流增益先随着温度下降而增大，到达最大值后，随温度进一步下降而减小，此时温度特性类似于 Si BJT，如图 8.13 所示。

(i)　当温度从 460 K 降至 200 K 时，电流增益从 50 增大到 1200。随温度降低而增大的电流增益可归因于发射极注入效率的提高，这是因为晶体管基区的铝受体在低温下仅部分电离，需要更高的温度来完全电离。因此，基区中的自由载流子浓度较低。

(ii)　随后，当温度从 200 K 降至 140 K 时，变化趋势相反，电流增益开始减小。从 200 K 时的 1200 减少至 140 K 时的 515。这种变化趋势可解释为，从发射极注入到基极的载流子浓度超过了基极较低的空穴浓度，从而在低集电极电流下产生高注入状态。这种高注入状态是导致电流增益减少的原因。

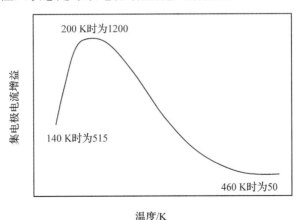

图 8.13　SiC BJT 电流增益与温度的关系

8.10.2　−86℃ 至 550℃ 温度区间内 SiC BJT 的性能评估

在另一项研究(Nawaz, et al.，2009)中，SiC npn BJT 的电流增益从室温环境下的 50 降至 548 K 时的一半(25)。当温度低于室温时，电流增益在 187 K 时达到峰值，为 111。温度低于 187 K 时，电流增益由于载流子冻析效应急剧下降。研究人员测量了 SiC BJT 的导通电阻，从室温时的 7 mΩ·cm², 增大至 548 K 时的 28 mΩ·cm²。然而当温度下降至 187 K 时，导通电阻基本保持不变。当温度低于 187 K 时，由于载流子冻析效应，导通电阻突然上升。封装的 BJT 在高达 823 K 的环境下表现出令人满意的性能。

8.11　SiC MOSFET

功率电子电路设计师非常喜欢电压控制的常关器件。在图 8.14(a)所示的垂直沟槽 U 形 MOSFET(UMOSFET)中，沟道于化学反应离子刻蚀挖出的沟槽侧壁上形成。该结构存在沟槽拐角处的氧化层击穿问题(Cooper, et al.，2002)。临近雪崩击穿时，SiC 中的峰值电场为 3×10^6 V·cm^{-1}。此时氧化层中的电场强度增加了一个乘数因子，此因子等于 SiC 介电常数与 SiO$_2$ 介电常数的比值(= 9.7/3.9 = 2.49)。因此，该电场 = $2.49 \times 3 \times 10^6$ V·cm^{-1} = 7.46×10^6 V·cm^{-1}。这个高电场值非常接近二氧化硅的介电强度(10^7 V·cm^{-1})。聚集在沟槽拐角处的电流进一步增大了电场，在高温或长时间运行时情况更为严重。20 世纪 90 年代制备了阻断能力 260 V、导通电阻为 10~50 mΩ·cm² 的 SiC UMOS 器件，其沟道迁移率低，栅氧化层质量有待提高。1996 年，为避免 UMOSFET 所面临的一些氧化层问题，研究人员提出了一种平面 DMOSFET 结构[图 8.14(b)]，该结构是以连续注入铝或硼离子至 p 型基底，连续注入氮离子至 n$^+$ 源区而制备的。其阻断电压可提高 3 倍，最高可达 760 V。现已开发了若干种 DMOSFET 设计变体，研制出一种 6.1 kV 静态感应注入累积场效应晶体管(SIAFET)，其特征电阻为 732 mΩ·cm²(Takayama, et al.，2001)。

对于 SiC 和 SiC MOSFET 上二氧化硅的温度效应，据可靠性研究表明，如果电场限制为 4×10^6 V·cm^{-1} 且温度低于 150℃，则可确保其性能令人满意。SiC MOSFET 貌似无法在高于 200~250℃ 的环境下长期运行。

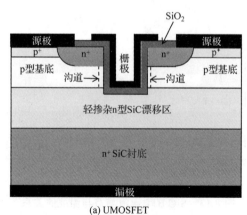

(a) UMOSFET

图 8.14　SiC MOSFET

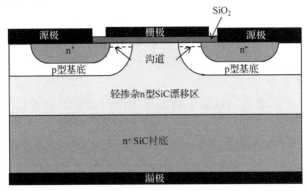

(b) DMOSFET

图 8.14(续)　SiC MOSFET

8.12　讨论与小结

在 4H-SiC 和 6H-SiC 这两种流行的 SiC 多型体中，前者凭借其迁移率和带隙的优势占据了主导地位。由于传统的 CZ 工艺不适用于碳化硅单晶的生长，物理气相沉积技术得到了广泛应用。氮和铝分别用作 n 型和 p 型掺杂剂，并通过离子注入和热退火进行掺杂。碳化硅允许表面氧化，但需要改进氧化层质量。在碳化硅技术中，不同接触金属化方案可用于制造可靠的欧姆接触和肖特基接触。783 K 环境下进行的几项实验研究发现，SiC pn 结二极管和肖特基二极管的工作状况令人满意，确立了其高温生存能力。对于 SiC JFET 和 MOSFET，前者可以很容易地实现两种分型，即 LCJFET 和 VTJFET。将 JFET 和基于 JFET 的模拟和数字电路在高达 550℃ 的环境下进行了多次试验，其性能令人鼓舞。SiC BJT 具有低导通电阻、高击穿电压，但在电流增益随温度变化方面，SiC BJT 与 Si BJT 表现不同，即在一定温度范围内表现相反，另一温度范围内表现相似。SiC MOSFET 由于其氧化层质量较低、载流子迁移率也较低，与 Si MOSFET 相比，迄今表现出相对较差的性能。

思　考　题

8.1　列出 4H-SiC 优于 6H-SiC 的两种特征。

8.2　SiC 中的载流子迁移率能提供多大频率的射频性能？

8.3　为什么可以用 SiC 代替 Si，以提供更低的导通电阻和更高的击穿电压？

8.4　SiC 的禁带宽度比 Si 的宽多少？SiC 的本征温度比 Si 的高多少？根据两种材料的比例给出答案。

8.5　为什么从熔体中生长单晶硅的 CZ 工艺不适用于 SiC？SiC 单晶的生长过程是什么？SiC 晶体中常见的缺陷有哪些？

8.6　制备 n 型和 p 型 SiC 的常用掺杂剂是什么？能否通过热扩散进行掺杂？若不能，则需用什么技术对 SiC 进行掺杂？如何进行原位掺杂？

8.7　能否在 SiC 表面生长 SiO₂？其氧化速率比硅表面的 SiO₂ 慢还是快？其生长是否取决

于硅或碳原子对于氧化层的朝向？这些在 SiC 上生长的氧化物可靠性如何？

8.8 什么金属用于制造：(a) n 型 SiC 和 (b) p 型 SiC 的欧姆接触？

8.9 12.9 kV SiC pn 结二极管在室温和 498 K 环境下的载流子寿命是多少？两种温度下的恢复电流峰值是多少？

8.10 写出在 773～783 K 老化测试时不会退化的两种接触。讨论以下 pn 结二极管的相对性能：此 SiC 二极管使用 Ni 或 Pt 溅射到 Ni/Si 欧姆接触上，并且二极管保持在 873 K。

8.11 参考温度对以下参数的影响，描述 773 K 环境下 SiC 集成桥整流器的特性，并与室温环境下的值进行比较：(i) 二极管的开启电压和导通电阻；(ii) 整流器的直流输出电压和电压转换效率。

8.12 SBD 在哪些方面优于 pn 二极管？碳化硅肖特基二极管在哪些方面优于硅 pn 结二极管？哪些方面不如硅 pn 结二极管？

8.13 温度如何影响 SiC SBD 和 Si SBD 的正向电压？对这两种二极管的电阻有什么影响？哪种类型的二极管可以很容易地并联而不存在热失控的风险，为什么？

8.14 区分 SiC 和 Si SBD 的反向恢复时间。这种差异是如何影响这两种二极管在高温下的性能的？

8.15 以 Al 金属化作为肖特基阳极、在阴极焊盘上进行 Ni/Ag 金属化的商用肖特基二极管在 623 K 环境下的测试结果是什么？肖特基二极管在高温 (523 K) 反向偏置耐久性测试中表现如何？

8.16 为什么 SiC JFET 比 SiC MOSFET 更容易实现？碳化硅中的两种主要 JFET 设计是什么？

8.17 两种横向沟道 JFET 的主要特点是什么？这些设计是常开型的还是常关型的？常开型 JFET 能否作为常关型工作？如果能，该怎么做？

8.18 功率电子器件中需要哪些类型的开关器件，增强型还是耗尽型？VTJFET 能否实现这两种类型？哪种类型的饱和电流更低？哪种类型的导通电阻更低？

8.19 反并联二极管采用哪种类型，LCJFET 还是 VTJFET？于不存在反并联二极管的结构中，如何克服二极管的缺陷？

8.20 以下缩写形式 JFET 的全称是什么：(a) SEJFET；(b) BGJFET；(c) DGVTJFET？描述每种 JFET 的结构和显著特征。

8.21 描述 SiC JFET 从 25℃至 450℃的性能参数变化：(a) 饱和漏电流；(b) 阈值电压；(c) 跨导；(d) 反向电流；(f) 栅源电容和漏源电容。

8.22 描述在 500℃环境下经历长时间运行后下列重要参数的变化：(a) 6H-SiC JFET 的漏极电流 I_{DSS} 和跨导 g_{m0}；(b) 差分放大器 IC 在 10 kHz 时的电压增益 A_V 和单位电压增益频率 f_T；(c) NOR 门 IC 的高电平输出 V_{OH} 和低电平输出 V_{OL}。

8.23 描述基于 SiC JFET 的逆变器在 25℃至 550℃温度区间内 V_{OH}、V_{OL} 和 V_{NML} 的变化特征。此区间内 NAND 门和 NOR 门是如何工作的？

8.24 对 6H-SiC 模拟和数字集成电路进行 10 000 h、500℃测试期间，JFET 的电流 I_{DSS}、跨导 g_m 和阈值电压 V_{Th} 是怎样变化的？

8.25 基于 JFET 的差分放大器在 25℃和 450℃时的低频电压增益是多少？25℃和 450℃时的单

位增益带宽积是多少？JFET 的夹断电流、夹断电压和源漏电阻在 25℃ 至 450℃ 区间内是如何变化的？

8.26　列出两个碳化硅双极型晶体管的例子，并说明每种器件的击穿电压和特征导通电阻。

8.27　Si BJT 和 SiC BJT 电流增益随温度（140～460 K）的变化趋势有何不同？如何解释由这两种材料制成的 BJT 之间的特性差异？

8.28　解释当温度从 460 K 降低至 200 K 时，SiC BJT 电流增益增大的原因。

8.29　解释当温度从 200 K 降低至 140 K 时，碳化硅双极型晶体管电流增益降低的原因。

8.30　当温度从 548 K 下降至 187 K，以及 187 K 以下时，SiC BJT 的导通电阻是如何变化的？为什么？

8.31　垂直沟槽 UMOSFET 中氧化层击穿的问题是什么？在高温下问题是否变得更严重？SiC MOSFET 能否在高于 200℃ 至 250℃ 的环境下工作？

原著参考文献

Asada S, Okuda T, Kimoto T and Suda J 2015 Temperature dependence of current gain in 4H-SiC bipolar junction transistors *Japan. J. Appl. Phys.* **54** 04DP13

Asano K, Sugawara Y, Hayashi T, Ryu S, Singh R, Palmour J and Takayama D 2002 5 kV 4H-SiC SEJFET with low RonS of 69 mΩcm² *Proc. 14th Int. Symp. on Power Semiconductor Devices and ICs*（Piscataway, NJ: IEEE）pp 61-4

Asano K, Sugawara Y, Ryu S, Singh R, Palmour J, Hayashi T and Takayama D 2001 5.5 kV normally-off low RonS 4H-SiC SEJFET *Proc. 13th Int. Symp. Power Semiconductor Devices and ICs*（Osaka, 4-7 June）（Piscataway, NJ: IEEE）pp 23-6

Baliga B J 2006 *Silicon Carbide Power Devices Devices*（Singapore: World Scientific）528 pages Bhatnagar M, McLarty P K and Baliga B J 1992 Silicon-carbide high-voltage（400 V）Schottky barrier diodes *IEEE Electron Device Lett* **13** 501-3

Braun M, Weis B, Bartsch W and Mitlehner H 2002 4.5 kV SiC pn-diodes with high current capability *10th Int. Conf. Power Electron. Motion Control*（Cavtat and Dubrovnik）pp 1-8

Casady J B, Sheridan D C, Kelley R L, Bondarenko V and Ritenour A 2010 A comparison of 1200 V normally-off and normally-on vertical trench SiC power JFET devices *Mater. Sci. Forum* **679-680** 641-4

Chand R, Esashi M and Tanaka S 2014 P-N junction and metal contact reliability of SiC diode in high temperature（873 K）environment *Solid-State Electron.* **94** 82-5

Cooper J A Jr, Melloch M R, Singh R, Agarwal A and Palmour J W 2002 Status and prospects for SiC power MOSFETs *IEEE Trans. Electron Devices* **49** 658-64

Funaki T, Kashyap A S, Mantooth H A, Balda J C, Barlow F D, Kimoto T and Hikihara T 2006 Characterization of SiC JFET for temperature dependent device modeling *37th IEEE Power Electronics Specialists Conference*

Kakanakov R, Kassamakova-Kolaklieva L, Hristeva N, Lepoeva G and Zekentes K 2002 Thermally stable low resistivity ohmic contacts for high power and high temperature SiC device applications *Proc. 23rd Int.*

Conf. Microelectronics (*Niš, 12-15 May*) vol 1 (Piscataway, NJ: IEEE) pp 205-8

Lim J K, Bakowski M and Nee H P 2010 Design and gate drive considerations for epitaxial 1.2 kV buried grid N-on and N-off JFETs for operation at 250℃ *Mater. Sci. Forum* **645-648** 961-4

Luo Y, Zhang J and Alexandrov P 2003 High voltage (>1 kV) and high current gain (32) 4H-SiC power BJTs using Al-free ohmic contact to the base *IEEE Electron Device Lett.* **24** 695-7

Malhan R K, Bakowski M, Takeuchi Y, Sugiyama N and Schöner A 2009 Design, process, and performance of all-epitaxial normally-off SiC JFETs *Phys. Status Solidi* A **206** 2308-28

Malhan R K, Takeuchi Y, Kataoka M, Mihaila A P, Rashid S J, Udrea F and Amaratunga G A J 2006 Normally-off trench JFET technology in 4 H silicon carbide *Microelectron. Eng.* **83** 107-11

Nawaz M, Zaing C, Bource J, Schupbach M, Domeij M, Lee H-S and ÖstlingM2009 Assessment of high and low temperature performance of SiC BJTs *Mater. Sci. Forum* **615-617** 825-8

Neudeck P G, Garverick S L, Spry D J, Chen L-Y, Beheim GM, KrasowskiMJ andMehregany M 2009 Extreme temperature 6H-SiC JFET integrated circuit technology *Phys. Status Solidi* A **206** 2329-45

Neudeck P G, Spry D J, Chen L-Y, Beheim G M and Okojie R S *et al* 2008 Stable electrical operation of 6H-SiC JFETs and ICs for thousands of hours at 500℃ *IEEE Electron Device Lett.* **29** 456-9

O'Mahony D, Duane R, Campagno T, Lewis L, Cordero N, Maaskant P, Waldron F and Corbett B 2011 Thermal stability of SiC Schottky diode anode and cathode metalisations after 1000 h at 350℃ *Microelectron. Reliab.* **51** 904-8

Ozpineci B and Tolbert L M 2003 Characterization of SiC Schottky diodes at different temperatures *IEEE Power Electron. Lett.* **1** 54-7

Patil, Fu X-A, Anupongongarch C, Mehregany M and Garverick S L 2007 Characterization of silicon carbide differential amplifiers at high temperature CSIC *2007 IEEE Compound Semiconductor Integrated Circuit Symposium* (*Portland, OR, 14-17 October*) pp 1-4

Patil A C, Fu X-A, Anupongongarch C, Mehregany M and Garverick S L 2009 6H-SiC JFETs for 450℃ differential sensing applications *J. Microelectromech. Syst.* **18** 950-61

Peters D, Schörner R, Hölzlein K-H and Friedrichs P 1997 Planar aluminum-implanted 1400 V 4 H silicon carbide p-n diodes with low on resistance *Appl. Phys. Lett.* **71** 2996-7

Shao S, Lien W-C, Maralani A and Pisano A P 2014 Integrated 4H-silicon carbide diode bridge rectifier for high temperature (773 K) environment *44th European Solid State Device Research Conf.* (*Venice, 22-26 September*) pp 138-41

Sheng K, Yu L C, Zhang J and Zhao J H 2005 High temperature characterization of SiC BJTs for power switching applications *Int. Semiconductor Device Research Symp.* (*Bethesda, MD, 7- 9 December*) pp 168-9

Siemieniec R and Kirchner U 2011 The 1200 V direct-driven SiC JFET power switch *EPE 2011* (*Birmingham*) pp 1-10

Soong C-W, Patil A C, Garverick S L, Fu X and Mehregany M 2012 550℃ integrated logic circuits using 6H-SiC JFETs *IEEE Electron Device Lett.* **33** 1369-71

Sundaresan S G, Sturdevant C, Marripelly M, Lieser E and Singh R 2012 12.9 kV SiC PiN diodes with low on-state drops and high carrier lifetimes *Mater. Sci. Forum* **717-720** 949-52

Takayama D, Sugawara Y, Hayashi T, Singh R, Palmour J, Ryu S and Asano K 2001 Static and dynamic characteristics of 4-6 kV 4H-SiC SIAFETs *Proc. 2001 Int. Symp. on Power Semiconductor Devices and ICs*（*Osaka*）pp 41-4

Tanaka Y, Okamoto M, Takatsuka A, Arai K, Yatsuo T, Yano K and Kasuga M 2006 700-V 1.0-mΩ-cm^2 buried gate SiC-SIT（SiC-BGSIT）*IEEE Electron Device Lett.* **27** 908-10

Testa A, De Caro S, Russo S, Patti D and Torrisi L 2011 High temperature long term stability of SiC Schottky diodes *Microelectron. Reliab.* **51** 1778-82

Wu J, Fursin L, Li Y, Alexandrov P, Weiner M and Zhao J H 2006 4.3 kV 4H-SiC merged PiN/ Schottky diodes *Semicond. Sci. Technol.* **21** 987

Zhang J, Alexandrov P, Burke T and Zhao J H 2006 4H-SiC power bipolar junction transistor with a very low specific on-resistance of 2.9 mΩ.cm^2 *IEEE Electron Device Lett.* **27** 368-70

Zhang J, Luo Y, Alexandrov P, Fursin L and Zhao J H 2003 A high current gain 4H-SiC NPN power bipolar junction transistor *IEEE Electron Device Lett.* **24** 327-9

Zhang J H, Fursin L, Li X Q, Wang X H, Zhao J H, VanMil B L, Myers-Ward R L, Eddy C R and Gaskill D K 2009 4H-SiC bipolar junction transistors with graded base doping profile *Mater. Sci. Forum* **615-617** 829-32

Zhang J, Zhao J H, Alexandrov P and Burke T 2004 Demonstration of first 9.2 kV 4H-SiC bipolar junction transistor *Electron. Lett.* **40** 1381-82

第9章 超高温环境下的氮化镓电子器件

氮化镓(GaN)不仅能够用来制备覆盖整个可见光谱乃至延伸到紫外(UV)区域的光学器件，还适用于微波功率器件，相比传统硅和砷化镓器件，氮化镓器件能够在更高的温度下工作。在 GaN 电子学中，最引人注目的器件是高电子迁移率晶体管(HEMT)。由于难以对 GaN 进行 p 型掺杂，双极型器件的发展受到了阻碍。因此，研究主要集中于金属半导体场效应晶体管(MESFET)、金属-绝缘体-半导体场效应晶体管(MISFET)、异质结双极型晶体管(HBT)和 HEMT。其中，HEMT 拥有比 MESFET 更好的载流子传输特性，故而受关注程度更高。虽然 InAlN/GaN HEMT 无法承受约 500℃的高温，但由于不存在机械应变，使用晶格匹配的 InAlN/GaN 异质结能够使其耐高温能力提高至 1000℃。异质结在 1000℃的环境下可以保持极化，避免了铁电极化的不稳定性，并且拥有与陶瓷材料相当的热稳定性和化学稳定性。

9.1 引　言

将氮化镓与硅、碳化硅的特性进行对比后发现，氮化镓的禁带宽度(3.39 eV)是硅禁带宽度(1.12 eV)的 3 倍，是碳化硅禁带宽度(3.23 eV)的 1.05 倍。氮化镓与碳化硅性能良好，均远领先于硅，能在高于 600℃环境下工作。就热导率而言，氮化镓(1.3 $W \cdot cm^{-1} \cdot K^{-1}$)略低于硅(1.5 $W \cdot cm^{-1} \cdot K^{-1}$)，远低于碳化硅(1.5 $W \cdot cm^{-1} \cdot K^{-1}$)。GaN 的电子迁移率(1000 $cm^{-2} \cdot V^{-1} \cdot s^{-1}$)与 SiC 的电子迁移率(800~900 $cm^2 \cdot V^{-1} \cdot s^{-1}$)为同一个量级，其空穴迁移率(200 $cm^{-2} \cdot V^{-1} \cdot s^{-1}$)与 SiC 的(115 $cm^{-2} \cdot V^{-1} \cdot s^{-1}$)差别不大。在高温高速集成电路应用中，常使用 AlGaN/GaN 异质结 FET，也称为 HEMT。表 9.1 给出了 GaN 器件和电路设计计算过程中通常需要的纤锌矿氮化镓结构的物理特性，另一种结构则为闪锌矿晶体结构。纤锌矿晶体结构如图 9.1(a)所示，闪锌矿结构如图 9.1(b)所示。

表 9.1　氮化镓的特性(纤锌矿)

特　性	数　值	特　性	数　值	特　性	数　值
化学式	GaN	晶格常数(Å)	A=3.186Å c=5.186Å	电子迁移率 ($cm^2 \cdot V^{-1} \cdot s^{-1}$)	1000
分子质量 ($g \cdot mol^{-1}$)	83.73	熔点(℃)	2500	空穴迁移率 ($cm^2 \cdot V^{-1} \cdot s^{-1}$)	200
分类	Ⅲ－Ⅴ族化合物半导体	介电常数	9.5(静态) 5.35(高频)	电子扩散系数 ($cm^2 \cdot s^{-1}$)	25
晶体结构	纤锌矿	热导率 ($W \cdot cm \cdot K^{-1}$)	1.3	空穴扩散系数($cm^2 \cdot s^{-1}$)	5
颜色	黄色	300 K 时的禁带宽度 E_g(eV)	3.39(直接)	电子饱和速度 ($cm \cdot s^{-1}$)	2×10^7
300 K 时的密度 ($g \cdot cm^{-3}$)	6.15	击穿场强($V \cdot cm^{-1}$)	5×10^6	少数载流子寿命(s)	10^{-8}
		本征载流子浓度(cm^{-3})	1.9×10^{-10}		

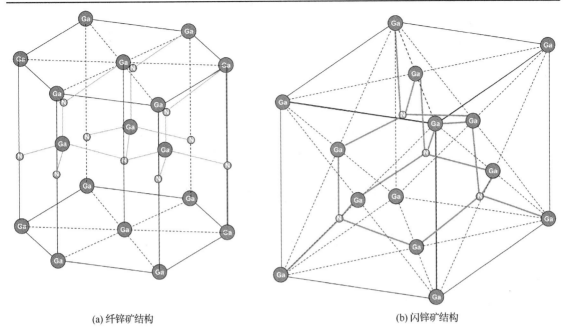

(a) 纤锌矿结构　　　　　　　　　　　(b) 闪锌矿结构

图 9.1　氮化镓晶体结构

9.2　GaN 本征温度

与前文对半导体 Si、GaAs 和 4H-SiC 的计算过程相同，氮化镓的本征温度可以由以下计算得到。对于 GaN，

$$m_n^* = 0.20m_0, \ m_p^* = 1.5m_0, \ E_g = 3.39 \ \text{eV}$$

$$m^* = \left(\frac{m_n^* m_p^*}{m_0^2}\right)^{0.75} = \left(\frac{0.20m_0 \times 1.5m_0}{m_0^2}\right)^{0.75} = 0.4054 \tag{9.1}$$

对于 GaN，等式

$$\ln\{0.207/(m^* T^{1.5})\} = -5.8025 \times 10^3 E_g \tag{9.2}$$

可改写为

$$T\ln\{0.207/(0.4054 T^{1.5})\} = -5.8025 \times 10^3 \times 3.39 = -19670.475$$

或

$$T\ln 0.51061 - T\ln T^{1.5} = -19670.475 \tag{9.3}$$

因此，

$$-0.672T - T\ln T^{1.5} = -19670.475 \tag{9.4}$$

当 $T = 1660 \ \text{K}$ 时，

$$\text{lhs} = 0.672 \times 1660 - 1660\ln 1660^{1.5} = -1115.52 - 18462.286 = -19577.806 \tag{9.5}$$

当 $T = 1665 \ \text{K}$ 时，

$$\text{lhs} = 0.672 \times 1665 - 1665\ln 1665^{1.5} = -1118.88 - 18525.407 = -19644.287 \tag{9.6}$$

当 $T = 1667$ K 时，

$$\text{lhs} = 0.672 \times 1667 - 1667\ln 1667^{1.5} = -1120.22 - 18550.662$$
$$= -19670.882 \tag{9.7}$$

因此，

$$T \approx 1667 \text{ K} \tag{9.8}$$

氮化镓的本征温度（1667 K）比 SiC 的本征温度（1591.5 K）略高 1667–1591.5=75.5 K，但比 Si 的本征温度（588.63 K）高得多，达到 1667–588.63=1078.37 K。

9.3　GaN 外延生长过程

GaN、AlN、AlGaN/GaN 和 InGaN 异质结通过金属有机 CVD（MOCVD）技术（见图 9.2）生长外延。所使用的衬底包括碳化硅、蓝宝石、硅等。碳化硅由于导热率高，故为首选，蓝宝石和硅则是成本较低的材料。用阻 AlN 成核层将器件与硅或碳化硅隔离开来。在直径为 100 mm 的 SiC 衬底上，非均匀性小于 2%。Ga，Al，In 和 N 的前身分别是三甲基镓、三甲基铝、三甲基铟和氨。生长是在 76 Torr 的典型压力下进行的，生长温度约为 1000℃。金属有机化合物的载气为氢气。三甲基镓的流速通常保持在 $1\sim10$ mmol·min^{-1}；三甲基铝的流速保持在 $0.6\sim1.5$ mmol·min^{-1}。

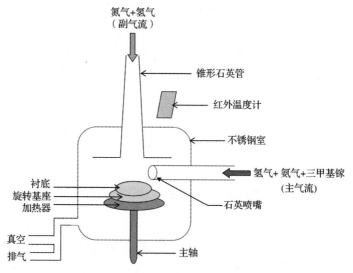

图 9.2　供氮化镓单晶生长的双流式 MOCVD 反应炉

9.4　GaN 掺杂

沉积薄膜中的载流子浓度小于 10^{15} cm^{-3}。使用乙硅烷中的硅作为施主杂质，将阻挡薄膜掺杂成 n 型，浓度可以轻易达到 10^{19} cm^{-3}。以镁作为受主杂质进行 p 型掺杂。当镁的能级（160 meV）高于 GaN 的价带时，只有一小部分（少于 0.01）的掺杂剂在室温下电离，产生的最大浓度为 10^{18} cm^{-3}。氮化镓的能带图如图 9.3 所示。

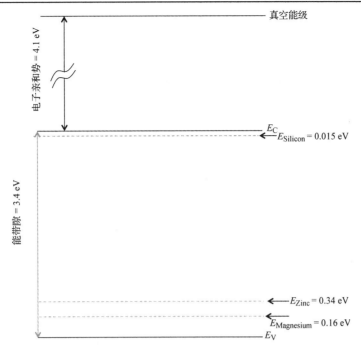

图 9.3　氮化镓的能带图，包含了 n 型掺杂(Si)和 p 型掺杂(Zn, Mg)常用杂质的能级

9.5　GaN 欧姆接触

9.5.1　n 型 GaN 欧姆接触

n 型 GaN 的欧姆接触是比较容易实现的。复合金属层 Ti/Al/Ni/Au(15 nm/220 nm/40 nm/50 nm)接触反应离子刻蚀的 n 型 GaN(4×10^{17} cm^{-3})表面，然后在 900℃的 N$_2$ 环境中进行 30 s 的 RTA，由此得到了较低的电阻(8.9×10^{-8} Ω·cm^{-2})。其中，Ti 和 Ni 通过电子束蒸发得到，Al 和 Au 则通过热蒸发得到(Fan, et al., 1996；Ruvimov, et al., 1996)。GaN 与 Ti 反应生成 TiN，产生大量 n 空位成为 GaN 的施主，施主浓度的增加使接触电阻降低。Al 与 Au 之间的 Ni 层起着阻挡扩散的作用，否则 Al 会与 Au 反应生成 AlAu$_4$，它在低温下是黏性的，其横向流动可能导致器件短路。

9.5.2　p 型 GaN 欧姆接触

拥有低电阻的欧姆接触 p 型 GaN 更难以实现，主要原因是受体浓度低、高功函数金属稀有、存在补偿氢间隙和氮空位。常用金属为 Pd、Pt、Ni 或其他高功函数金属，为了防止氧化，将这些金属用金层包覆。通过电子束蒸发沉积 Pd/Ag/Au/Ti/Au(1 nm/50 nm/10 nm/ 30 nm/ 20 nm)接触，随后在 800℃下退火 1 分钟。由于 Ag、Au 和 p 型 GaN 之间形成了合金，在金属-半导体界面形成了 p$^+$ 区，由此得到的电阻为 1×10^{-6} Ω·cm^{-2}(Adivarahan et al., 2001)。

9.6　GaN 的肖特基接触

处于沉积态条件下的多层 Au/Pt/Ti（50 Å/300 Å/1500 Å）在 n 型 GaN 层上具有 0.84 eV 的肖特基势垒高度（Macherzyński, et al., 2009）。快速热退火（RTA）在温度为 300℃、比例为 1∶10 的氢/氮混合气体环境中进行，持续 20 s 后势垒高度降低到 0.61 eV。当退火温度从 400℃升高至 700℃时，势垒高度将进一步降低到 0.48 eV。

9.7　GaN MESFET 的双曲正切函数模型

此模型使用双曲正切函数的简单肖克利方程，近似表示出大信号器件的漏源电流 I_{DS}（Kacprzak and Materka, 1983；Kabra, et al., 2008；Shashikala and Nagabhushana, 2010），如图 9.4 所示。Kacprzak 和 Materka（1983）给出的方程为

$$I_{DS} = I_{DSS}\left(1 - \frac{V_{GS}}{V_{Th} + \gamma V_{DS}}\right)^2 \tanh\left(\frac{\alpha V_{DS}}{V_{Th} - \gamma V_{DS}}\right) \tag{9.9}$$

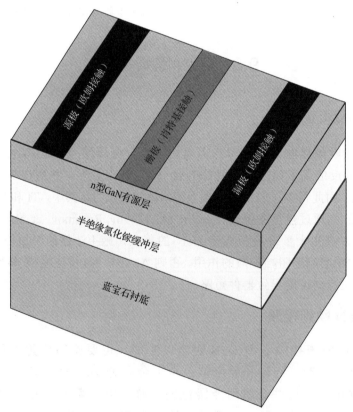

图 9.4　GaN MESFET

文献（Kabra, et al., 2008）通过将 V_{GS} 替换为（$V_{GS}-V_{bi}$）对该方程进行了修改，并加入温度对 I_{DS} 的影响：

$$I_{DS} = I_{DSS}\left(\frac{T_0}{T}\right)\left(1 - \frac{V_{GS} - V_{bi}}{V_{Th} + \gamma V_{DS}}\right)^2 \tanh\left(\frac{\alpha V_{DS}}{V_{Th} - \gamma V_{DS}}\right) \tag{9.10}$$

式中 I_{DSS} 为 $V_{GS} = 0$ 时的饱和漏极电流，T_0 为室温 (300 K)，T 为进行计算的温度，V_{Th} 为阈值电压，$\alpha = -0.56$ 为决定漏极电流饱和电压的经验系数，$\gamma = -0.0001$ 表示有效阈值电压可以忽略 V_{DS} 的影响 (Kabra, et al.，2008)。因此电流 I_{DSS} 可以写成

$$I_{DSS} = (I_{fc}/2)\left[\left(2 + \frac{R_s I_{fc}}{V_p}\right) - \sqrt{\left(2 + \frac{R_s I_{fc}}{V_p}\right)^2 - \left(\frac{4}{V_p}\right)\{V_p - (V_{bi} + V_{GS})\}}\right] \tag{9.11}$$

式中，$R_s = 160\ \Omega$，为源极的串联电阻；I_{fc} 为全饱和电流，它由沟道宽度 W、温度决定的变量即饱和速度 $v_{sat}(T)$ 和导通沟道电荷 $Q_a(T)$ 来表示：

$$I_{fc} = qW v_{sat}(T) Q_a(T) \tag{9.12}$$

其中，

$$v_{sat}(T) = v_{sat}(T_0) - \sigma_v T \tag{9.13}$$

$$Q_a(T) = N_D \sqrt{\frac{2\varepsilon_0 \varepsilon_s(T) V_p}{q N_D}} \tag{9.14}$$

式中，σ_v 是经验系数，等于 98 ms^{-1}·K^{-1}，$v_{sat}(T_0)$ 是温度为 T_0 (=300 K) 时的饱和速度，等于 2.8743×10^7 cm·s^{-1}。V_{bi}、V_p 和 V_1 的含义与 GaAs 中的含义相同 [见式 (7.15)、式 (7.16)、式 (7.18)，以及式 (7.19)]，根据 GaN 和 GaAs 之间的差异进行了适当的修改。例如在 V_p 的方程式中，相对介电常数 ε_s 被一个与温度相关的介电常数代替，该介电常数由与饱和速度相同的方程式来定义：

$$\varepsilon_s(T) = \varepsilon_s(T_0) - \sigma_s T \tag{9.15}$$

式中，σ_s 是一个经验系数，等于 10^{-4} K^{-1}。温度为 T_0 (=300 K) 时的介电常数 $\varepsilon_s(T_0)$ 为 9。此外，本征载流子浓度 $n_i(T)$ 由半导体的导带有效状态密度 $N_c(T)$、价带有效状态密度 $N_v(T)$ 和能带宽度 $E_g(T)$ 表示为

$$n_i(T) = \sqrt{N_c(T)N_v(T)} \exp\left\{-\frac{qE_g(T)}{2k_B T}\right\} \tag{9.16}$$

$$N_c(T) = N_c(T_0)T^{1.5} = 4.3 \times 10^{14} T^{1.5}\ \text{cm}^{-3}\cdot\text{K}^{-3/2} \tag{9.17}$$

$$N_v(T) = N_v(T_0)T^{1.5} = 8.9 \times 10^{15} T^{1.5}\ \text{cm}^{-3}\cdot\text{K}^{-3/2} \tag{9.18}$$

$$E_g(T) = E_g(T_0) - \frac{\eta_a T^2}{T + \eta_b}\ (\text{Varshini 方程}) \tag{9.19}$$

式中，$N_c(T_0)$ 为 GaN 在 T_0 (=300 K) 时的导带有效状态密度；

$N_v(T_0)$ 为 GaN 在 T_0 (=300 K) 时的价带有效状态密度；

$E_g(T_0)$ 为 GaN 在 T_0 (=300 K) 时的能带宽度，$E_g(T_0) = 3.427$ eV；

η_a 为经验系数，$\eta_a = 9.39 \times 10^{-4}$ eV·K^{-1}；

η_b 为经验系数，$\eta_b = 772$ K。

跨导 g_m 可以由将 I_{DS} 关于 V_{GS} 进行求导得到：

$$g_{\mathrm{m}} = \left(\frac{\partial I_{\mathrm{DS}}}{\partial V_{\mathrm{GS}}} \right)_{V_{\mathrm{DS}}=\mathrm{constant}}$$

$$= \frac{\partial}{\partial V_{\mathrm{GS}}} \left\{ I_{\mathrm{DSS}} \left(\frac{T_0}{T} \right) \left(1 - \frac{V_{\mathrm{GS}} - V_{\mathrm{bi}}}{V_{\mathrm{Th}} + \gamma V_{\mathrm{DS}}} \right)^2 \tanh \left(\frac{\alpha V_{\mathrm{DS}}}{V_{\mathrm{Th}} - \gamma V_{\mathrm{DS}}} \right) \right\}$$

$$= \left(\frac{T_0}{T} \right) \tanh \left(\frac{\alpha V_{\mathrm{DS}}}{V_{\mathrm{Th}} - \gamma V_{\mathrm{DS}}} \right) \times \frac{\partial}{\partial V_{\mathrm{GS}}} \left\{ I_{\mathrm{DSS}} \left(1 - \frac{V_{\mathrm{GS}} - V_{\mathrm{bi}}}{V_{\mathrm{Th}} + \gamma V_{\mathrm{DS}}} \right)^2 \right\}$$

$$= \left(\frac{T_0}{T} \right) \tanh \left(\frac{\alpha V_{\mathrm{DS}}}{V_{\mathrm{Th}} - \gamma V_{\mathrm{DS}}} \right) \left\{ \frac{\mathrm{d} I_{\mathrm{DSS}}}{\mathrm{d} V_{\mathrm{GS}}} \times \left(1 - \frac{V_{\mathrm{GS}} - V_{\mathrm{bi}}}{V_{\mathrm{Th}} + \gamma V_{\mathrm{DS}}} \right)^2 + I_{\mathrm{DSS}} \right.$$

$$\left. \times 2 \left(1 - \frac{V_{\mathrm{GS}} - V_{\mathrm{bi}}}{V_{\mathrm{Th}} + \gamma V_{\mathrm{DS}}} \right) \left(0 - \frac{1 - 0}{V_{\mathrm{Th}} + \gamma V_{\mathrm{DS}}} \right) \right\} \tag{9.20}$$

$$= \left(\frac{T_0}{T} \right) \tanh \left(\frac{\alpha V_{\mathrm{DS}}}{V_{\mathrm{Th}} - \gamma V_{\mathrm{DS}}} \right) \left(1 - \frac{V_{\mathrm{GS}} - V_{\mathrm{bi}}}{V_{\mathrm{Th}} + \gamma V_{\mathrm{DS}}} \right)$$

$$\times \left\{ \frac{\mathrm{d} I_{\mathrm{DSS}}}{\mathrm{d} V_{\mathrm{GS}}} \times \left(1 - \frac{V_{\mathrm{GS}} - V_{\mathrm{bi}}}{V_{\mathrm{Th}} + \gamma V_{\mathrm{DS}}} \right) + I_{\mathrm{DSS}} \times 2 \left(- \frac{1}{V_{\mathrm{Th}} + \gamma V_{\mathrm{DS}}} \right) \right\}$$

$$= \left(\frac{T_0}{T} \right) \tanh \left(\frac{\alpha V_{\mathrm{DS}}}{V_{\mathrm{Th}} - \gamma V_{\mathrm{DS}}} \right) \left(1 - \frac{V_{\mathrm{GS}} - V_{\mathrm{bi}}}{V_{\mathrm{Th}} + \gamma V_{\mathrm{DS}}} \right)$$

$$\times \left\{ \frac{\mathrm{d} I_{\mathrm{DSS}}}{\mathrm{d} V_{\mathrm{GS}}} \left(1 - \frac{V_{\mathrm{GS}} - V_{\mathrm{bi}}}{V_{\mathrm{Th}} + \gamma V_{\mathrm{DS}}} \right) - \frac{2 I_{\mathrm{DSS}}}{V_{\mathrm{Th}} + \gamma V_{\mathrm{DS}}} \right\}$$

由式 (9.11) 可得

$$\frac{\mathrm{d} I_{\mathrm{DSS}}}{\mathrm{d} V_{\mathrm{GS}}} = (I_{\mathrm{fc}}/2) \times \frac{\mathrm{d}}{\mathrm{d} V_{\mathrm{GS}}} \left[\left(2 + \frac{R_{\mathrm{s}} I_{\mathrm{fc}}}{V_{\mathrm{p}}} \right) - \sqrt{ \left(2 + \frac{R_{\mathrm{s}} I_{\mathrm{fc}}}{V_{\mathrm{p}}} \right)^2 - \left(\frac{4}{V_{\mathrm{p}}} \right) \{ V_{\mathrm{p}} - (V_{\mathrm{bi}} + V_{\mathrm{GS}}) \} } \right]$$

$$= (I_{\mathrm{fc}}/2) \times \frac{\mathrm{d}}{\mathrm{d} V_{\mathrm{GS}}} \left(2 + \frac{R_{\mathrm{s}} I_{\mathrm{fc}}}{V_{\mathrm{p}}} \right) - (I_{\mathrm{fc}}/2)$$

$$\times \frac{\mathrm{d}}{\mathrm{d} V_{\mathrm{GS}}} \left[\sqrt{ \left(2 + \frac{R_{\mathrm{s}} I_{\mathrm{fc}}}{V_{\mathrm{p}}} \right)^2 - \left(\frac{4}{V_{\mathrm{p}}} \right) \{ V_{\mathrm{p}} - (V_{\mathrm{bi}} + V_{\mathrm{GS}}) \} } \right]$$

$$= 0 - (I_{\mathrm{fc}}/2) \times (1/2) \left[\left(2 + \frac{R_{\mathrm{s}} I_{\mathrm{fc}}}{V_{\mathrm{p}}} \right)^2 - \left(\frac{4}{V_{\mathrm{p}}} \right) \{ V_{\mathrm{p}} - (V_{\mathrm{bi}} + V_{\mathrm{GS}}) \} \right]^{1/2-1} \tag{9.21}$$

$$\times \left(- \frac{4}{V_{\mathrm{p}}} \right) \times \frac{\mathrm{d}}{\mathrm{d} V_{\mathrm{GS}}} \{ V_{\mathrm{p}} - (V_{\mathrm{bi}} + V_{\mathrm{GS}}) \}$$

$$= - (I_{\mathrm{fc}}/2) \times (1/2) \left[\left(2 + \frac{R_{\mathrm{s}} I_{\mathrm{fc}}}{V_{\mathrm{p}}} \right)^2 - \left(\frac{4}{V_{\mathrm{p}}} \right) \{ V_{\mathrm{p}} - (V_{\mathrm{bi}} + V_{\mathrm{GS}}) \} \right]^{1/2-1} \times \left(- \frac{4}{V_{\mathrm{p}}} \right) \times (-1)$$

$$= - \frac{I_{\mathrm{fc}}/V_{\mathrm{p}}}{\sqrt{ \left(2 + \frac{R_{\mathrm{s}} I_{\mathrm{fc}}}{V_{\mathrm{p}}} \right)^2 - \left(\frac{4}{V_{\mathrm{p}}} \right) \{ V_{\mathrm{p}} - (V_{\mathrm{bi}} + V_{\mathrm{GS}}) \} }}$$

输出电导 g_{d} 可以由将 I_{DS} 关于 V_{DS} 进行求导得到:

$$\left(\frac{\partial I_{DS}}{\partial V_{DS}}\right)_{V_{GS}=\text{constant}} = \frac{\partial}{\partial V_{DS}}\left\{I_{DSS}\left(\frac{T_0}{T}\right)\left(1 - \frac{V_{GS} - V_{bi}}{V_{Th} + \gamma V_{DS}}\right)^2 \tanh\left(\frac{\alpha V_{DS}}{V_{Th} - \gamma V_{DS}}\right)\right\}$$

$$= I_{DSS}\left(\frac{T_0}{T}\right) \times \frac{d}{dV_{DS}}\left\{\left(1 - \frac{V_{GS} - V_{bi}}{V_{Th} + \gamma V_{DS}}\right)^2 \tanh\left(\frac{\alpha V_{DS}}{V_{Th} - \gamma V_{DS}}\right)\right\}$$

$$= I_{DSS}\left(\frac{T_0}{T}\right)\left[2\left(1 - \frac{V_{GS} - V_{bi}}{V_{Th} + \gamma V_{DS}}\right)^{2-1}\left\{\frac{0 - \gamma(V_{GS} - V_{bi})}{(V_{Th} + \gamma V_{DS})^2}\right\}\right.$$

$$\times \tanh\left(\frac{\alpha V_{DS}}{V_{Th} - \gamma V_{DS}}\right) + \left(1 - \frac{V_{GS} - V_{bi}}{V_{Th} + \gamma V_{DS}}\right)^2 \text{sech}^2\left(\frac{\alpha V_{DS}}{V_{Th} - \gamma V_{DS}}\right)$$

$$\left.\times \frac{\alpha(V_{Th} - \gamma V_{DS}) + \gamma\alpha V_{DS}}{(V_{Th} - \gamma V_{DS})^2}\right]$$

$$\hspace{12cm}(9.22)$$

$$\frac{dI_{DSS}}{dV_{GS}} = (I_{fc}/2) \times \frac{d}{dV_{GS}}\left[\left(2 + \frac{R_s I_{fc}}{V_p}\right) - \sqrt{\left(2 + \frac{R_s I_{fc}}{V_p}\right)^2 - \left(\frac{4}{V_p}\right)\{V_p - (V_{bi} + V_{GS})\}}\right]$$

$$= (I_{fc}/2) \times \frac{d}{dV_{GS}}\left(2 + \frac{R_s I_{fc}}{V_p}\right) - (I_{fc}/2)$$

$$\times \frac{d}{dV_{GS}}\left[\sqrt{\left(2 + \frac{R_s I_{fc}}{V_p}\right)^2 - \left(\frac{4}{V_p}\right)\{V_p - (V_{bi} + V_{GS})\}}\right]$$

$$= 0 - (I_{fc}/2) \times (1/2)\left[\left(2 + \frac{R_s I_{fc}}{V_p}\right)^2 - \left(\frac{4}{V_p}\right)\{V_p - (V_{bi} + V_{GS})\}\right]^{1/2-1}$$

$$\times \left(-\frac{4}{V_p}\right) \times \frac{d}{dV_{GS}}\{V_p - (V_{bi} + V_{GS})\}$$

$$= -(I_{fc}/2) \times (1/2)\left[\left(2 + \frac{R_s I_{fc}}{V_p}\right)^2 - \left(\frac{4}{V_p}\right)\{V_p - (V_{bi} + V_{GS})\}\right]^{1/2-1} \times \left(-\frac{4}{V_p}\right) \times (-1)$$

$$= -\frac{I_{fc}/V_p}{\sqrt{\left(2 + \frac{R_s I_{fc}}{V_p}\right)^2 - \left(\frac{4}{V_p}\right)\{V_p - (V_{bi} + V_{GS})\}}}$$

MESFET 的截止频率 f_T 为

$$f_T = g_m/\{2\pi(C_{gs} + C_{gd})\} \hspace{4cm} (9.23)$$

式中 C_{gs} 为栅源电容：

$$C_{gs} = \{\varepsilon_0 \varepsilon_s(T)WL\}/[a - I_{DS}/\{qN_D v_{sat}(T)W\}] \hspace{3cm} (9.24)$$

式中 a 为有源 n 型 GaN 层的厚度，W 和 L 分别表示沟道宽度和长度。C_{gd} 为栅漏电容：

$$C_{gd} = \{\varepsilon_0 \varepsilon_s(T)\pi W_S L\}/(2W_D) \hspace{4cm} (9.25)$$

式中，W_S 为源极的耗尽区厚度，W_D 为漏极的耗尽区厚度。半导体的随温度变化的相对介电常数和载流子饱和速度分别由式(9.15)和式(9.13)表示。

振荡的最大频率 f_{max} 为

$$f_{\max} = (kf_{\mathrm{T}})/\sqrt{g_{\mathrm{d}}(R_{\mathrm{S}} + R_{\mathrm{G}})} \tag{9.26}$$

其中 $k = 0.34$ 为比例常数，$R_{\mathrm{S}} = 160\ \Omega$ 为源极电阻，$R_{\mathrm{G}} = 10\ \Omega$ 为栅极电阻。

　　该模型模拟的 GaN MESFET I_{DS}–V_{GS} 特性，以及跨导、输出电导、截止频率和最大振荡频率等各种 MESFET 参数，与 200℃温度环境下的实验结果较为吻合 (Kabra, et al., 2008)。

9.8　AlGaN/GaN HEMT

9.8.1　25℃至500℃温度区间内工作的4H-SiC/蓝宝石衬底AlGaN/GaN HEMT

　　为了获取在 4H-SiC 和蓝宝石衬底上使用常压 MOCVD 制备的 $Al_{0.26}Ga_{0.74}N$/GaN HEMT 的高温性能，研究人员进行了比较实验研究 (Arulkumaran, et al., 2002)。图 9.5 所示是在 SiC 衬底上制备的 HETT。此器件包括以下相连的层：AlGaN 势垒层 (3 nm 厚且未掺杂)、AlGaN 载流子供应层 (15 nm 厚，掺硅)、AlGaN 间隔层 (7 nm 厚，未掺杂)、i-GaN 层 (3000 nm 厚，绝缘)、缓冲层 [200 nm 厚的 AlN (若用 SiC 衬底) 或 30 nm 厚的 i-GaN (若用蓝宝石衬底)] 以及 SiC/蓝宝石衬底。栅极金属为 Pd/Ti/Au (40 nm/40 nm/80 nm)，在 500℃环境下具有良好的性能。相比蓝宝石衬底，在 4H-SiC 衬底上制备的 HEMT 器件在 500℃热应力下表现出更加优越的直流特性。这两类 HEMT 的跨导 g_{m} 和漏电流 I_{D} 都随温度的升高而降低，这主要是二维电子气 (2DEG) 迁移率和载流子速度的降低造成的。

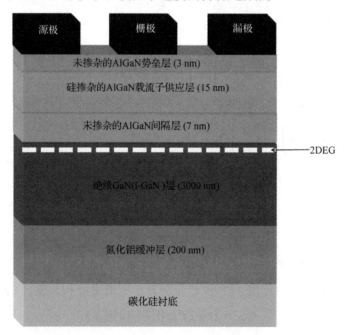

图 9.5　SiC 衬底 AlGaN/GaN HEMT 结构及其组成层

SiC 衬底 HEMT 主要特性的变化趋势如下：

(i) 最大跨导 $g_{m(max)}$ 从 25℃ 时的 210 mS·mm^{-1} 下降到 500℃ 时的 33 mS·mm^{-1}，但在 25℃ 重新测量时，$g_{m(max)}$ 为 201 mS·mm^{-1}。

(ii) 最大漏电流 I_{Dmax} 从 25℃ 时的 510 mA·mm^{-1} 下降至 500℃ 时的 110 mA·mm^{-1}，但在 25℃ 重新测量时上升到 510 mA·mm^{-1}。在图 9.6 中，I_{DS} 的范围是 0～550 mA·mm^{-1}，V_{DS} 的范围是 0～20 V，步长为 V_{GS} = 0.5 V（Arulkumaran, et al., 2002）。

(iii) 在 25℃ 和 500℃ 时，源极电阻率 R_s 分别为 2.6 Ω·mm 和 12.8 Ω·mm；但在 25℃ 重新测量时恢复到 3.5 Ω·mm。

(iv) 漏极电阻率 R_d 从 25℃ 时的 8.4 Ω·mm 上升到 500℃ 时的 35 Ω·mm，但在 25℃ 重新测量时下降到 6.5 Ω·mm。

因此，HEMT 在高温下工作时的性能将降低，在冷却至 25℃ 后性能恢复正常，其 I_{DS}-V_{DS} 特性几乎不变。但是，冷却至室温后的 I_{DS} 相对于热应力之前的数值有所增大（Arulkumaran, et al., 2002）。

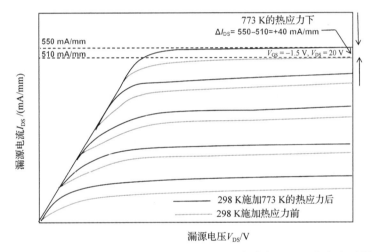

图 9.6　室温下 AlGaN/GaN HEMT 的漏源电流在施加 773 K 热应力后增大

9.8.2　150℃至240℃温度区间内测试 AlGaN/GaN HEMT 的工作寿命

将 MOCVD 生长的 SiC 衬底上 0.25 μm 的 AlGaN/GaN HEMT 封装在双列直插式封装中，并在充满氮气的高温环境下进行系统的工作寿命测试（Chou, et al., 2004）。这些 HEMT 器件的结构包含以下几层：SiC 衬底、AlN 成核层（100 nm）、GaN 缓冲层（1000 nm）和顶部的 Al$_{0.28}$Ga$_{0.72}$N 层（25 nm）。欧姆接触是由 Ti/Al/Pt/Au 在 860℃ 氮气中退火形成的，肖特基接触则由 Pt/Au 金属堆形成。使用 PECVD 氮化物对 T 形栅进行图形化和钝化处理。

温度从 150℃ 开始，以 15℃ 为一个阶梯逐渐增加到 240℃，在每个温度阶梯 HEMT 持续工作 48 小时。施加的电应力为 V_{DS} = 10 V，I_{DS} = 500 mA·mm^{-1}。实验的重要结论之一是，I_{DS}-V_{DS} 特性从 195℃ 开始退化，表现为其跨导和漏电流减小以及沟道导通电阻增大。尽管 HEMT 器件上述电参数发生了变化，但是无论是栅极区域还是欧姆接触都没有显示出任何金属间互相扩散的现象。由于栅极的二极管理想因数和肖特基势垒高度都没有改变，所以栅二极管没有退化，栅极漏电流也没有任何变化(Chou, et al.，2004)。外延层质量对 AlGaN/GaN 而言至关重要。

9.8.3　368℃环境下 AlGaN/GaN HEMT 功率特性

文献(Adachi, et al.，2005)研究了 SiC 衬底上具有表面电荷控制结构的 AlGaN/GaN HEMT 器件在高温环境下的功率特性。这些 HEMT 器件表面覆盖有一层 n-GaN，使其组成层为：SiC、i-GaN、i-AlGaN、n-AlGaN 和 n-GaN，且在 i-GaN 和 i-AlGaN 层之间形成 2DEG。源极和漏极连接着 Ti/Al 欧姆接触，栅电极由 Ni/Au 制成。当沟道温度为 269℃、频率为 2.14 GHz、工作电压为 50 V 时，HEMT 器件的线性增益为 12.3 dB，最大效率为 53.6%。当沟道温度升至 368℃时，线性增益降至 10.4 dB，效率降至 43.9%。此外，当沟道温度>100℃时，饱和输出功率开始减小，368℃时的值比 59℃时要小 2.1 dB。这些变化与漏电流的降低有关，因此也就与电子速度的减小有关。300℃时的漏电流是 30℃时的一半。由于栅极偏置电压几乎保持不变，所以 AlGaN/GaN 高温下失控的风险很低(Adachi, et al.，2005)。

9.8.4　高功率 AlGaN/GaN HEMT 高温环境下的失效机理

回顾高功率 AlGaN/GaN HEMT 器件的失效模式和机理(Meneghesso, et al.，2008)，发现频率<3.5 GHz 时，这些 HEMT 器件在180℃的结温下具有较高的可靠性，平均失效时间(MTTF)≥10^6 h。Pt/Au、Ni/Au 和 Mo/Au 肖特基接触具有良好的热稳定性。Mo/Au 肖特基接触和 Ti/Al/Ni/Au 欧姆接触在 900℃环境下退火 30 s，于340℃的氮气中储存 2000 h 后，欧姆接触电阻率的变化小于 2%，肖特基势垒高度从 0.8 eV 上升至 0.95 eV，且保持稳定(Sozza, et al.，2005)。

9.9　InAlN/GaN HEMT

9.9.1　高温应用环境下 AlGaN/GaN HEMT 对比 InAlN/GaN HEMT

HEMT 器件中常用的 AlGaN/GaN 结构有一个缺点，即它是一个高度应变和极化的异质结(Maier, et al.，2010)。机械应变会影响其热稳定性，从而降低其在高温下的性能。因此，AlGaN/GaN HEMT 器件在 25～500℃ 范围内都有可能失效。为了使其可靠地工作，建议使器件处于失效温度范围外的温度下工作。

将 InAlN/GaN 异质结与普通的 AlGaN/GaN 异质结进行比较，发现：(ⅰ)晶格匹配的 InAlN/AlGaN 结构中没有机械应力；(ⅱ) InAlN/GaN 结构中的量子阱极化诱导电荷比 AlGaN/GaN 结构中高出 2～3 倍，使得 2DEG 片电荷密度 = $2.8×10^{-13}$ cm^{-2}。这表明 InAlN/GaN 结构中的漏电流可能会增加 205%(Kuzmik，2001)。

9.9.2　1000℃环境下 InAlN/GaN HEMT 特性

上节结论表明可采用 InAlN/GaN 结构来设计更可靠的 HEMT 器件。在评估了 InAlN/GaN HEMT 器件的电性能之后，证明其能够替代常规 AlGaN/GaN HEMT 器件，在高功率和高温应用中工作。栅长为 0.25 μm 的蓝宝石衬底 HEMT 器件，最大输出电流密度是在 77 K 时，为 3 A·mm^{-1}，室温环境下为 2 A·mm^{-1}（Medjdoub, et al., 2006）。栅长为 0.15 μm 的 HEMT 器件特征频率为 50 GHz，最大频率为 60 GHz。此 HEMT 结构由蓝宝石衬底 GaN 缓冲层（2 μm）、AlN 间隔层（1 nm）和 Al$_{0.81}$In$_{0.19}$N 层（13 nm，未掺杂）组成。欧姆接触为 890℃ 环境下退火 1 min 形成的 Ti/Al/Ni/Au 多层金属化，肖特基接触则为 Ni/Au。在器件的片上真空测试中，每次温度升高 100℃，并将器件在各个温度下保持 10 min。800℃ 时，最大漏电流密度为 850 mA·mm^{-1}，夹断电压略有下降。1000℃ 时，最大电流密度下降到 600 mA·mm^{-1}，但夹断电压严重退化。然而，该器件性能的退化并非不可逆，冷却后又可恢复，表明了器件特性的退化是暂时性的（Medjdoub et al., 2006）。

9.9.3　1000℃ 环境下 InAlN/GaN HEMT 势垒层热稳定性

研究人员将 In$_{0.17}$Al$_{0.83}$N 势垒层厚度从 33 nm 减小到 3 nm，由此来研究 InAlN/GaN HEMT 器件势垒层的尺寸缩放（Medjdoub, et al., 2008）。所研究的 HEMT 结构包括 GaN 缓冲层（2 μm）、AlN 间隔层（1.0 nm）和不同厚度的势垒层，使用 Ti/Al/Ni/Au 欧姆接触和 Ni/Au 肖特基栅。热应力实验中，每次将温度升高 100℃ 并保持此温度半小时，然后降至室温，检查电特性并确定是否损坏。该过程一直持续至 1000℃。高于 1000℃ 时，金已熔化，无法继续进行下一步实验。尽管 HEMT 器件经受了严格的热应力，但高温对栅极的正向电流能力未显示不利影响。开路沟道电流和夹断电压均无变化，冶金结性能也未受影响，3 nm 厚的 InAlN/GaN 势垒层的完整性和特性均未发生变化，且肖特基势垒二极管（SBD）反向电流保持恒定。这是 InAlN/GaN 结构相较于 Al$_{0.3}$Ga$_{0.7}$N/GaN 器件的一个主要优势，后者在热应力实验后，即使有 25 nm 厚的势垒层，肖特基二极管特性仍然会退化为欧姆行为（Medjdoub, et al., 2008）。上述研究结果有助于设计和制备超高频 HEMT 器件。

9.9.4　1000℃ 环境下吉赫兹频率工作的 HEMT 可行性论证

HEMT 器件对于温度的耐受性和可靠性取决于不同组成层和金属堆叠的热稳定性（Maier, et al., 2010）。蓝宝石衬底上 In$_{0.185}$Al$_{0.815}$N/GaN HEMT 器件具有 12 nm 厚的 InAlN 层，并使用 1 nm 厚的 AlN 间隔层将缓冲层和势垒层分开，其中缓冲层厚度为 3 μm（Maier, et al., 2012）。Ti/Al/Ni/Au 欧姆接触在 800℃ 氮气中退火。为了在 1000℃ 的温度中保持稳定，对堆叠中不同金属层的厚度比例进行了优化。以难熔金属钼（Mo）为栅极金属。钝化膜为 PECVD 工艺在 340℃ 环境下形成的 30 nm 厚氮化硅薄膜，该工艺不含氨。在 Si$_3$N$_4$ 沉积之前对表面进行了特殊处理。上述措施确保了温度升高至 1100℃ 时不会出现起泡和开裂问题。研究人员使 HEMT 器件在 1 MHz 的大信号条件下工作，并在 48 小时内升温至 1000℃，中间阶段的温度分别为 500℃、700℃ 和 900℃。随着温度升高，栅极漏电流愈发明显。1000℃ 时，栅漏电流随测试时间的延长而不断增大。1000℃ 时，由于缓冲层在 800℃ 左右产生额外泄漏，漏电流也会增大。虽然整个温度范围介于室温至 1000℃ 之间，但阈值电压在整个测试时间段内保持稳定。HEMT 器件在 1000℃ 环境下工作了 25 小时。迄今为止，此温度区间一度被认为只能使用陶瓷材料和难熔金属，如今运行在此温度区间内的 GHz 频率 HEMT 的可行性得到了证明。研究还表明，在此温度环境下 HEMT 结构中的极化保持不变(Maier, et al.，2012)。

　　显而易见，仍可进一步优化 HEMT 结构。寄生效应会影响器件在高温环境下的运行，其显著影响之一就是，在此温度区间内缓冲层的漏电流会增大。通过采用台面技术制造的超薄 HEMT 体结构，可避免这种影响(Herfurth, et al.，2013)，见图 9.7。在这种改进的结构中，器件有源区仅限于沟道区。选择了非常薄(50 nm)的 AlN 成核层，缓冲层厚度也减小至 50 nm。除了这些层，该结构还包括 1 nm 厚的 AlN 界面层和 5 nm 厚的 InAlN 势垒层。2DEG 中的载流子浓度为 $1.4×10^{13}$ cm^{-2}。欧姆接触叠层为 Ti/Al/Ni，无 Au 覆盖层是在 800℃ 环境下退火 30 s 形成的。用铜(Cu)包覆铂(Pt)作为栅极的肖特基接触。在 600℃、10^{-6} mbar 环境下用碳化钨探针对 HEMT 器件进行测试。室温环境下，最大漏电流为 0.4 A·mm^{-1}，阈值电压为 −1.4 V。此外，室温环境下，当栅宽 W_G=50 μm、开/关电流比 $I_{on}/I_{off} > 10^{10}$ 时，关态电流 I_{off} 约为 1 pA，亚阈值摆幅 SS=73 mV/dec。600℃ 时，最大漏电流和阈值电压值几乎保持不变，但 I_{off} 下降至 1 μA·mm^{-1}，I_{on}/I_{off} = 10^6 下降很低，但仍在可接受的水平；SS 为 166 mV/dec。600℃ 时的主要缺点是关态栅漏电流的增大。室温下 1 MHz 射频测试给出了一个小信号峰值跨导 g_m=110 mS·mm^{-1}，与其在 600℃ 下的值相同。30 分钟测试中，没有发现化学或电诱导材料退化。在 600℃、A 类工作模式的输出功率测试中，V_{DS}=8.75 V，RF 输出功率为 109 mW·mm^{-1}，转换频率为 6.6 GHz，最大频率为 30 GHz(Herfurth, et al.，2013)。

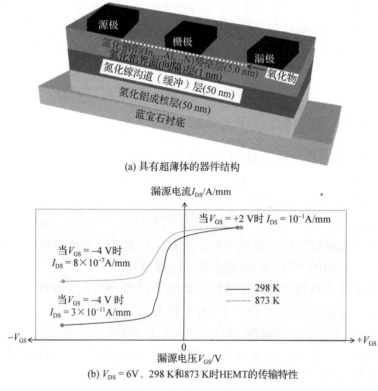

(a) 具有超薄体的器件结构

(b) V_{DS} = 6V、298 K和873 K时HEMT的传输特性

图 9.7　InAlN/GaN HEMT

9.10　讨论与小结

本章指出了 GaN 在 SiC 和 Si 衬底上的优缺点，介绍了 MOCVD 技术在 GaN 合成中的应用。文中列举了用于 GaN 的 n 型和 p 型掺杂剂，论述了实现高载流子浓度 p 型掺杂的难度，还介绍了 GaN 的各种欧姆接触和肖特基接触。讨论了 AlGaN/GaN HEMT 器件的制备和性能特点，但此结构在高温下会因为应力问题被损坏，而晶格匹配的 InGaN/GaN HEMT 结构能够解决这一问题，并能够在 1000℃，吉赫兹频率条件下稳定工作。

思　考　题

9.1　比较 GaN、SiC 和 Si 的热导率。

9.2　比较 GaN 和 SiC 的电子和空穴的迁移率。

9.3　GaN 的禁带宽度略大于 SiC，它们的本征温度有何不同？

9.4　生长 GaN 基异质结的技术叫什么？使用的衬底是什么？Ga、Al、In 和 N 的前体是什么？典型的生长压力是多少？使用的温度是多少？

9.5　氮化镓中常用的 n 型和 p 型掺杂剂是什么？n 型和 p 型掺杂的 GaN 最大浓度是多少？

9.6　氮化镓中 p 型掺杂的能级位置是什么？这种能级位置会造成 p 型掺杂有什么样的实际困难？

9.7　讨论钛和镍在 n 型 GaN 的 Ti/Al/Ni/Au 多层金属化中的作用。列举一种金属化方案，使其能够在 1000℃ 环境下稳定工作。

9.8　列举一种 p 型 GaN 欧姆接触的金属化方案。举例说明 n 型 GaN 肖特基接触的金属化。

9.9　在 4H-SiC/蓝宝石衬底上制备 AlGaN/GaN HEMT 器件时使用了哪些不同的结构层？使用何种栅极金属化？哪种 HEMT 具有优越的直流特性？在 25℃ 和 500℃ 时下列参数：(a) 最大跨导、(b) 最大漏电流、(c) 源极电阻、(d) 漏极电阻的值分别为多少？

9.10　描述 AlGaN/GaN HEMT 器件 150℃ 至 240℃ 的系统工作寿命测试。I_{DS}-V_{DS} 特性在多少度时开始退化？以什么形式被观察到？栅极二极管是否以任何方式退化？描述 AlGaN/GaN HEMT 器件在 368℃ 时的功率特性变化。

9.11　下列 HEMT 接触在高温下工作的表现如何？(a) Mo/Au 肖特基接触；(b) Ti/Al/Ni/Au 欧姆接触。

9.12　HEMT 器件中常用的 AlGaN/GaN 结构的主要缺点是什么？InAlN/GaN 异质结在哪些方面优于 AlGaN/GaN 异质结？

9.13　描述 InAlN/GaN HEMT 的结构。用什么来制备欧姆接触金属化？用什么来制备肖特基接触金属化？800℃ 时最大漏电流密度是多少？1000℃ 时最大漏电流密度是多少？器件在 1000℃ 时是否会永久退化？

9.14　比较 1000℃ 环境下 InAlN/GaN HEMT 器件和 AlGaN/GaN HEMT 器件势垒层热稳定性。

9.15 描述 1000℃、1 GHz 频率范围内具有难熔金属化的 $In_{0.185}Al_{0.815}N/GaN$ HEMT 器件特性。使用了哪种钝化涂层？阈值电压是否保持稳定？

9.16 台面 InAlN/GaN HEMT 器件中使用的肖特基接触和欧姆接触分别是什么？室温和 600℃时的小信号峰值跨导 g_m 是多少？600℃环境下处于 A 类工作模式时的 RF 输出功率是多少？

原著参考文献

Adachi N, Tateno Y, Mizuno S, Kawano A, Nikaido J and Sano S 2005 High temperature operation of AlGaN/GaN HEMT *2005 IEEE MTT-S Int. Microwave Symposium Digest* (12-17 June) pp 507-10

Adivarahan V, Lunev A, Asif Khan M, Yang J, Simin G, Shur M S and Gaska R 2001 Very-lowspecific-resistance Pd/Ag/Au/Ti/Au alloyed ohmic contact to p GaN for high-current devices Appl. *Phys. Lett.* **78** 2781-3

Arulkumaran S, Egawa T, Ishikawa H and Jimbo T 2002 High-temperature effects of AlGaN/GaN high-electron-mobility transistors on sapphire and semi-insulating SiC substrates *Appl. Phys. Lett.* **80** 2186-8

Chou Y C *et al* 2004 Degradation of AlGaN/GaN HEMTs under elevated temperature life testing *Microelectron. Reliab.* **44** 1033-8

Fan S Z, Mohammad S N, Kim W, Aktas O, Botchkarev A E and Morkoc H 1996 Very low resistance multilayer ohmic contact to n-GaN *Appl. Phys. Lett.* **68** 1672-4

Herfurth P, Maier D, Lugani L, Carlin J-F, Rösch R, Men Y, Grandjean N and Kohn E 2013 Ultrathin body InAlN/GaN HEMTs for high-temperature (600℃) electronics *IEEE Electron Device Lett.* **34** 496-8

Kabra S, Kaur H, Haldar S, Gupta M and Gupta R S 2008 Temperature dependent analytical model of sub-micron GaN MESFETs for microwave frequency applications *Solid-State Electron* **52** 25-30

Kacprzak T and Materka A 1983 Compact DC model of GaAs FETs for large-signal computer calculation *IEEE J. Solid State Circuits* **18** 211-3

Kuzmik J 2001 Power electronics on InAlN/(In)GaN: prospect for a record performance *IEEE Electron Device Lett.* **22** 510-2

Macherzyński W, Paszkiewicz B, Szyszka A, Paszkiewicz R and Tłaczała M 2009 Effect of annealing on electrical characteristics of platinum based Schottky contacts to n-GaN layers *J. Electr. Eng.* **60** 276-8

Maier D, Alomari M, Grandjean N, Carlin J-F and di Forte-Poisson M-A *et al* 2010 Testing the temperature limits of GaN-based HEMT devices *IEEE Trans. Device Mater. Reliab.* **10** 427-36

Maier D, Alomari M, Grandjean N, Carlin J-F, Diforte-Poisson M-A, Dua C, Delage S and Kohn E 2012 InAlN/GaN HEMTs for operation in the 1000℃ regime: a first experiment *IEEE Electron Device Lett.* **33** 985-7

Medjdoub F, AlomariM, Carlin J-F, GonschorekM, Feltin E, Py M A, Grandjean N and Kohn E 2008 Barrier-layer scaling of InAlN/GaN HEMTs *IEEE Electron Device Lett.* **29** 422-5

Medjdoub F, Carlin J-F, Gonschorek M, Feltin E, Py M A, Ducatteau D, Gaquière C, Grandjean N and Kohn E

2006 Can InAlN/GaN be an alternative to high power/high temperature AlGaN/GaN devices? *IEDM '06 Int. Electron Devices Meeting* (*San Francisco, CA, 11-13 December*) pp 1-4

Meneghesso G, Verzellesi G, Danesin F, Rampazzo F, Zanon F, Tazzoli A, Meneghini M and Zanoni E 2008 Reliability of GaN high-electron-mobility transistors: state of the art and perspectives *IEEE Trans. Device Mater. Reliab.* **8** 332-43

Pearton S J, Donovan S M, Abernat C R, Ren F, Zolper J C, Cole M W and Shul R J 1998 High temperature stable WSi$_x$ ohmic contacts on GaN *IEEE Fourth Int. High Temperature Electronics Conf.* 296-300

Ruvimov S, Liliental-Weber Z, Washburn J, Duxstad K J, Haller E E, Fan Z-F, Mohammad S N, Kim W, Botchkarev A E and Morkoc H 1996 Microstructure of Ti/Al and Ti/Al/Ni/Au ohmic contacts for n-GaN *Appl. Phys. Lett.* **69** 1556-8

Shashikala B N and Nagabhushana B S 2010 Modeling of GaN MESFETs at high temperature, *22nd Int. Conf. on Microelectronics* (*ICM 2010*)

Sozza A *et al* 2005 Evidence of traps creation in GaN/AlGaN/GaN HEMTs after a 3000 hour on-state and off-state hot-electron stress *IEEE Electron Device Meeting* pp 590-3

第10章 用于超高温环境的金刚石电子器件

金刚石，也即人们常说的钻石，是一种由碳元素组成的矿物，是碳元素的同素异形体。在所有已知材料中，金刚石的机械硬度和热导率排名最高，其半导体热特性非常值得关注，作为功率电子器件的完美材料，可满足市场对超高功率设备的需求。各项计算参数也表明了金刚石的诸多优势，如：本征金刚石具有更低的缺陷密度、用于掺杂的施主/受主更浅、在导通电阻和击穿电压之间具有更好的平衡点，未来也许会基于此产生损耗更小的器件以取代 SiC 和 GaN。但实际情况则是，上述结果与理想期望值相差甚远。为了使这颗人们用于观赏、装饰的宝石成为微电子领域真正的宝石，必须努力克服技术难题。

10.1 引　言

与硅的 1.12 eV 能带隙相比，金刚石的能带隙为 5.5 eV，是硅的 4.9 倍。实际上，金刚石的能带隙已近乎绝缘体的能带隙。使用金刚石作为制造材料生产的器件，可在 1000℃ 以上的环境工作。金刚石的击穿电场($10\ \mathrm{MV \cdot cm^{-1}}$)是硅击穿电场($0.3\ \mathrm{MV \cdot cm^{-1}}$)的 33 倍，是碳化硅击穿电场($3\ \mathrm{MV \cdot cm^{-1}}$)的 3.33 倍。与硅或碳化硅器件相比，使用金刚石器件中的薄导电区可以实现更低的特征导通电阻。金刚石的导热系数($15\ \mathrm{W \cdot cm^{-1} \cdot K^{-1}}$)是硅导热系数($1.5\ \mathrm{W \cdot cm^{-1} \cdot K^{-1}}$)的 10 倍，是碳化硅导热系数($4.9\ \mathrm{W \cdot cm^{-1} \cdot K^{-1}}$)的 3 倍。因此，金刚石器件的单位面积功率，远比硅或碳化硅器件的单位面积功率高得多。与碳化硅不同，金刚石中的载流子迁移率(约 $2000\ \mathrm{cm^2 \cdot V^{-1} \cdot s^{-1}}$)优于硅中的载流子迁移率($1400\ \mathrm{cm^2 \cdot V^{-1} \cdot s^{-1}}$)。因此，碳化硅中迁移率这一不利因素，于性能优异的金刚石而言，迁移率根本不会对其造成任何不利影响。除了上述良好的特性，金刚石还显示出非凡的硬度和优异的耐磨性。金刚石稳定性极佳，不会因化学、高温或辐射造成性能劣化。因此，金刚石一系列独特的性能，与其他任何宽禁带半导体相比，在诸类性能方面，都成倍优于其他材料，使其成为微电子器件、传感器、微波和声波滤波器以及微电子机械系统(MEMS)设计人员梦寐以求的，名副其实的"完美材料"。表 10.1 列出了金刚石的主要特性，这些特性也是从事金刚石器件和相关电路设计工程师所关注的。金刚石的晶体结构如图 10.1 所示。

金刚石电子器件仍处于其初级研究阶段。使用金刚石作为半导体器件基础材料，在技术方面诸多加工问题仍有挑战，亟待解决。目前的研究成果远未达到理想前景。

表 10.1　金刚石的特性

特　性	数　值	特　性	数　值	特　性	数　值
化学符号	C（碳）	300 K 时的晶格常数（Å）	3.5668	本征电阻率（$\Omega \cdot$cm）	1×10^{42}
折射率	546.1atm 时为 2.424	熔点（℃）	3773	电子迁移率（$cm^2 \cdot V^{-1} \cdot s^{-1}$）	2400
材料类别	非金属	介电常数	5.7（1~10 kHz）	空穴迁移率（$cm^2 \cdot V^{-1} \cdot s^{-1}$）	2100
晶体结构	金刚石立方体	热导率（$W \cdot cm^{-1} \cdot K^{-1}$）	10~20	电子饱和速度（$cm \cdot s^{-1}$）	2.7×10^{7}
颜色	无色至黄褐色	300 K 时的能带隙 E_g（eV）	5.46~5.60	施主	磷化物,砷化物
300 K 时的密度（$g \cdot cm^{-3}$）	3.516~3.525	击穿电场（$V \cdot cm^{-1}$）	1×10^{7}	施主电离能 ΔE_D（meV）	590（磷化物），410（砷化物）
原子数/cm^3	1.763×10^{23}	本征载流子浓度（cm^{-3}）	~1×10^{-27}	受主与电离能 ΔE_A（meV）	硼，370

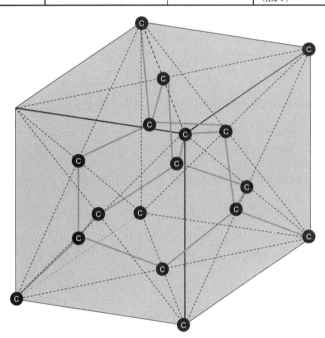

图 10.1　金刚石晶体结构

10.2　金刚石的本征温度

在详细讨论金刚石电子器件之前，先重温其本征温度计算公式，并审视金刚石在高温应用中与其他半导体相比有何不同，这有助于我们从一个恰当的角度来看待金刚石相较于其他材料的重要性。于金刚石而言，

$$m_n^* = 1.9m_0,\ m_p^* = 0.8m_0,\ E_g = 5.46\text{–}5.6\,\text{eV} \tag{10.1}$$

因此，

$$m^* = \left(\frac{m_n^* m_p^*}{m_0^2}\right)^{0.75} = \left(\frac{1.90m_0 \times 0.8m_0}{m_0^2}\right)^{0.75} = 1.3689$$

本征温度计算公式为

$$\ln\{0.207/(m_* T^{1.5})\} = -5.8025 \times 10^3 E_g \qquad (10.2)$$

可转化为下式：

$$T\ln\{0.207/(1.37T^{1.5})\} = -5.8025 \times 10^3 \times 5.5 \qquad (10.3)$$

或

$$T\ln 0.151 - T\ln T^{1.5} = -31913.75 \qquad (10.4)$$

所以，

$$-1.89T - T\ln T^{1.5} = -31913.75 \qquad (10.5)$$

当 $T = 2357.3$ K 时，

$$\text{lhs} = -1.89T - T\ln T^{1.5} = -1.89 \times 2357.3 - 2357.3\ln 2357.3^{1.5} \qquad (10.6)$$

$$= -4455.297 - 27457.6141 = -31912.9111 \qquad (10.7)$$

当 $T = 2357.35$ K 时，

$$\text{lhs} = -1.89T - T\ln T^{1.5} = -1.89 \times 2357.35 - 2357.35\ln 2357.35^{1.5} \qquad (10.8)$$

$$= -4455.3915 - 27458.2715 = -31913.663 \qquad (10.9)$$

当 $T = 2357.4$ K 时

$$\text{lhs} = -1.89T - T\ln T^{1.5} = -1.89 \times 2357.4 - 2357.4\ln 2357.4^{1.5} \qquad (10.10)$$

$$= -4455.486 - 27458.9289 = -31914.4149 \qquad (10.11)$$

因此，

$$T = 2357.35\,\text{K} \qquad (10.12)$$

与前几章所有研究过的材料相比，金刚石的本征温度最高，远高于 GaN（1667 K）和 SiC（1591.5 K）的本征温度。

10.3　人工合成金刚石

金刚石已为人类所知 200 多年，但其碳元素的特征直到 1796 年才被发现。人们对各种类型的金刚石进行了广泛的研究，并将其分为四类。这种分类是依据金刚石中存在的化学杂质类型及其浓度而确定的。金刚石的种类有：Ia 型、Ib 型、IIa 型和 IIb 型。Ia 型金刚石占天然金刚石总量的 98%，所含的主要杂质是氮，高达 0.1%。Ib 型金刚石约占天然金刚石总量的 0.1%，含氮量高达 0.05%。IIa 型金刚石占天然金刚石总量的 1%～2%，几乎没有杂质。IIb 型金刚石是稀有的金刚石品种之一，约占天然金刚石总量的 0.1%，其杂质含量与IIa 型类似，几乎没有杂质。

通过高压和高温（HPHT）工艺可人工合成金刚石（Bundy, et al., 1955），这种金刚石被称为高温高压金刚石。还有另一种方法也可以合成金刚石，即化学气相沉积（CVD）法，见图 10.2 和图 10.3。这种金刚石被称为 CVD 生长金刚石或 CVD 金刚石。人造金刚石还可称为合成金刚石、人工金刚石或人工合成金刚石。

CVD 法是一种成熟的商业技术。此过程发生于原子层面，可产生密度大、质量优的附着膜。在这种技术中，固体薄膜被缓慢地沉积在保持于低压真空室中的热衬底上，用作反应器。这种沉积是通过气体将含碳的前兆态分子(通常是碳氢化合物，如甲烷和氢气)引入反应器，发生化学反应而产生的。在生长室中，气体可通过以下任何方式电离成化学反应自由基：热火焰、直流或微波等离子体、氧乙炔火焰、焊炬、激光或电子束。典型的生长条件为：160 Torr、1000℃至1200℃、3% N_2/CH_4 和高甲烷比例($12\% \ CH_4/H_2$)(Yan, et al.，2002)。若要生产宝石级的金刚石，需在混合气体中加入籽晶，然后金刚石晶体便可生长，并自我复制籽晶结构。

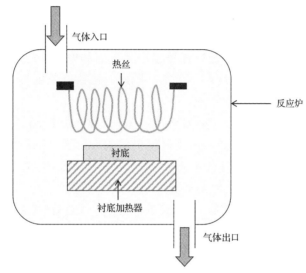

图 10.2　热丝 CVD 生长金刚石

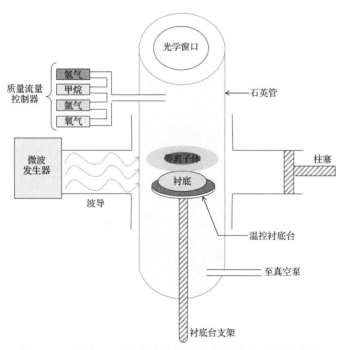

图 10.3　用于 CVD 法合成金刚石的微波等离子体反应器

10.4　金刚石的掺杂

金刚石电子器件面临的主要瓶颈是，在导带下方和价带上方的小距离处，缺乏低能级的施主、受主杂质。传统的热扩散和离子注入等替代掺杂方法仍无法提供足够高的载流子浓度和迁移率。由于可用杂质的能级相当深，因此这些杂质的电离能远大于室温下的热能。

10.4.1　n 型掺杂

迄今为止，通过扩散、CVD 生长过程中的杂质掺入、离子注入和高温退火等方法制备 n 型金刚石的尝试都收效甚微。通常用氮来制备 n 型掺杂金刚石，但氮杂质的能级很深（低于导带 1.7 eV），见图 10.4。因此，热能在室温下无法引起电离，在室温下电离的杂质比例很小。氮只能在 600℃ 至 700℃ 的高温下激活。因此，氮掺杂不能提供所需的高电子浓度，掺氮金刚石实际上是室温下的绝缘体。

除了氮，磷也被用于金刚石的 n 型掺杂（Koizumi，2006；Kato，et al.，2007）。磷的能级位于 0.59 eV，比氮的能级低得多，但其深度仍然太大，无法满足要求。

在磷浓度为 $2×10^{16}$~$3.6×10^{17}$ 个原子·cm^{-3} 和氮浓度为 $4×10^{17}$~$3×10^{18}$ 个原子·cm^{-3} 的条件下，已经能生长出磷、氮共掺金刚石外延薄膜（Cao，et al.，1995）。

硫（0.32 eV）和锂（0.16 eV）也试过，硫的注入能量高达 400 keV（Hasegawa，et al.，1999）。

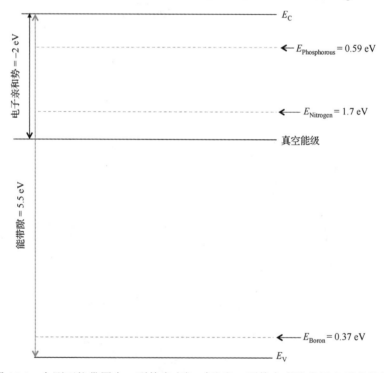

图 10.4　金刚石能带图中 n 型掺杂（磷，氮）和 p 型掺杂（硼）常用杂质的能级

10.4.2　p 型掺杂

金刚石的 p 型掺杂是通过硼离子注入实现的。硼的活化能随浓度的增加而降低，位于价带上方 0～0.43 eV 范围内。当硼离子浓度大于 1.7×10^{20} 个原子·cm^{-3} 时，其活化能为零，浓度为 1×10^{18} 个原子·cm^{-3} 时为 0.35 eV。金刚石的 CVD 生长过程中也可以掺入硼。然而，等离子体中但凡有氢的存在，硼掺杂制备 p 型金刚石就会受到抑制。经过尝试与努力，已有研究者实现了空穴的高迁移率，例如采用冷注入-快速退火工艺（CIRA；Prins，1988），最终退火温度为 1723 K（Fontaine, et al.，1996），空穴迁移率为 400 $cm^2 \cdot V^{-1} \cdot s^{-1}$；通过在约兆电子伏（MeV）的高能下进行离子注入（Prawer, et al.，1997），已获得 600 $cm^2 \cdot V^{-1} \cdot s^{-1}$ 的迁移率（Uzan Saguy, et al.，1998）。

10.4.3　氢终止金刚石表面的 p 型掺杂

在氢等离子体中，金刚石表面加氢并在氢气中冷却至室温，也可获得金刚石的 p 型导体（Kawarada，1996）。90% 以上的载流子存在于 p 型导体表面形成的、厚度小于 10 nm 的导电层中，这种 p 型电导率约为 $10^{-4} \sim 10^{-5}$ S，其空穴浓度约为 10^{13} cm^{-2}，空穴迁移率约为 $100 \sim 150$ $cm^2 \cdot V^{-1} \cdot s^{-1}$。这种带有二维空穴气体（2DHG）的表面被称为氢终止。因此，本征导电沟道包含空穴电荷载流子，这种载流子在没有任何杂质掺杂的次表面层中形成，与仅被部分激活的非本征硼掺杂的受主层形成鲜明对比，故在室温下也仅是不完全导电的。

p 型导体的化学稳定性和热稳定性较差，易受环境影响。若曝露在氧气环境中，或在空气中加热至超过 200℃，或在真空中退火，表面脱氢会破坏 p 型导电机制。使用这种 p 型层的电子器件与设备，需对其适当保护。通过射频等离子体 CVD 工艺形成的氢化碳膜对氢化表面进行钝化处理，可使其热稳定性提高至 200℃（Yamada, et al.，2004）。表面钝化是开发耐用型器件的关键。

氢终止表面的低密度态其密度小于 10^{11} cm^{-2}，使其适合 FET 沟道。此外，可以使用高电负性的金属在 p 型导电层上形成欧姆接触。Au 或 Pd 的接触电阻小于 10^{-5} $\Omega \cdot cm^{-2}$。

与氢终止金刚石表面的导电性质相反，氧终止金刚石表面为绝缘体，它是通过将金刚石表面曝露于氧等离子体中来实现的。用氧代替氢来处理金刚石表面，可使其绝缘，这种氢或氧的选择性处理方式，可使器件的有源区导电，而使相邻的无源区绝缘。

10.5　pn 结金刚石二极管

可基于金刚石制备紫外发光二极管（LED）（Koizumi, et al.，2001），见图 10.5。起始衬底为掺硼单晶金刚石，二极管是在其机械抛光的 {111} 表面形成的。以三甲基硼［TMB；$(CH_3)_3B$］为硼杂质源，于此表面上，可生长掺硼层（$1 \times 10^{17} \sim 2 \times 10^{17}$ cm^{-3}，1 μm）。以磷化氢（PH_3）为磷杂质源，可生长磷掺杂层（$7 \times 10^{18} \sim 8 \times 10^{18}$ cm^{-3}，2 μm）。此外还可采用微波等离子体增强 CVD（MPCVD）系统掺杂硼和磷，其活化能分别为 0.37 eV 和 0.59 eV。空穴迁移率为 60 $cm^2 \cdot V^{-1} \cdot s^{-1}$，电子迁移率为 300 $cm^2 \cdot V^{-1} \cdot s^{-1}$。在 p 型层有 Ti-Au 接触，n 型层则由 Ar 通过掩模注入形成的石墨点被 Ti-Au 包覆。导通电压为 6～7 V，反向漏电流为 10^{-8} A，电压为 20 V 偏压。在 235 nm 波长下，施加 20 V 正向电压，可观察到紫外光发射。

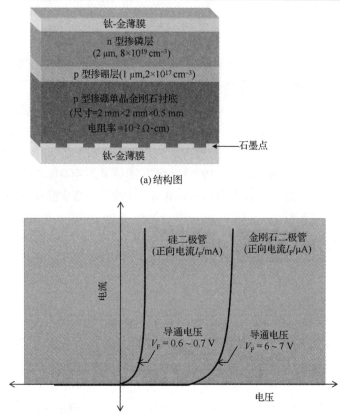

(a) 结构图

(b) 金刚石二极管的正向电流–电压特性与硅二极管相应特性的比较

图 10.5　pn 结金刚石二极管

10.6　金刚石肖特基二极管

10.6.1　金刚石肖特基二极管在 1000℃高温环境下工作

在合成掺硼 IIb 型金刚石衬底上可制备垂直结构肖特基二极管(见图 10.6),硼浓度大于 10^{20} cm^{-3} (Vescan, et al., 1997a)。在 MPCVD 生长的活性层中,表面掺杂浓度急剧下降到 10^{16} cm^{-3},以获得大于 50 V 的击穿电压。在肖特基接触条件下,可采用离子束溅射方法制备氮掺杂的 Si:W 合金,表面由金包覆。在 773 K 以下,温度对反向漏电流影响不大,773 K 以上,反向漏电流增大。这是因为非晶态 Si 接触层在约 873 K 时重新结晶。在更高的温度下,当 W:Si 扩散势垒停止工作时,肖特基势垒二极管(SBD)会永久失效。

为了使 SBD 在更高的温度下工作,一些二极管没有采用 Au 层。这些二极管在没有镀金膜的情况下制作,其工作温度高达 1000℃ (Vescan, et al., 1997a)。高于 500℃时,SBD 反向漏电流升高。然而,只有当二极管在施加电压之前,先于 1000℃环境下存储 15 分钟时,击穿电压才会下降到 30 V,反向电流的斜率也随之降低。在 1000℃时,通态电流离子 I_{on} 仍然是关态电流离子 I_{off} 的 10 倍。

根据理查森标绘图,势垒高度估计为 1.9 eV。在低温下,理想因数偏离 1,这表明存在偏离热电子发射的电流产生机理。随着温度升高,理想因数趋于 1,表明热电子发射电流是主要成分。此外,由于二极管未钝化,所以在 800℃ 以上会出现表面漏电流。

因此,在高温下,当理想因数为 1.01 时,肖特基二极管展现出完美的正向特性,通过 1.9 eV 高势垒的热离子发射控制。低比率的通态电流离子 I_{on}/关态电流离子 I_{off},是由反向特征决定的,此特征指出了存在的缺陷,这些缺陷是被温度活化的(Vescan, et al.,1997a)。

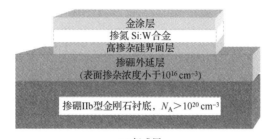

(a) 组成层

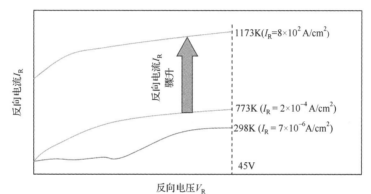

(b) 773 K 高温环境下令人满意的反向电流,以及温度高于 773 K 而骤升的漏电流

图 10.6　金刚石肖特基二极管

10.6.2　金刚石 SBD 在 400℃ 环境下长期工作

文献(Tatsumi, et al.,2009)系统详细地将金刚石 SBD 与 SiC/Si 二极管做了比较。金刚石 SBD 是以假垂向方案制造的。以绝缘的 Ib(100)型金刚石为衬底,可采用 CVD 法制备掺硼 p⁺层和掺硼 p 型层。在 CVD 过程中增加微波功率,可获得厚度较大的掺硼 p 型层(14 μm),进而实现高达 2.8 kV 的击穿电压。

Ti/Pt/Au 欧姆电极与 p 型层下方的 p⁺层接触。将势垒高度为 2 eV 的 Pt 肖特基电极在 p 型层表面沉积,进行氧化处理,使其绝缘。这是处理表面的准备步骤,以在表面和接触层之间形成适当的中间接触面。此过程极为必要,因为曝露于任何氢环境都会对表面导电产生不利影响,从而增大漏电流,降低肖特基势垒高度。通过上述处理,可获得 $3.1 \times 10^{6}\,V \cdot cm^{-1}$ 的击穿电场,大于 SiC pn 结二极管 $2.4 \times 10^{6}\,V \cdot cm^{-1}$ 的击穿电场。

与 Si 或 SiC 相比,高温有利于金刚石肖特基二极管的正向工作,二者之间的差异源于杂质能级在能带隙中的位置。于 Si 而言,硼杂质的能级比价带高 44 meV。SiC 中,硼的能级为 200 meV；金刚石中，硼的能级为 370 meV。观察上述能级，显而易见，在硅中，所有杂质在室温下电离，在室温下获得最大电导率。随着温度的升高，迁移率降低，因此电导率降低。在 SiC 中，杂质原子的完全电离在较高的温度下发生。因此，SiC 最大电导率温度高于 Si 最大电导率温度。同理，金刚石的最大电导率温度比 SiC 的更高，在 100℃到 200℃的范围内。金刚石 SBD 在 8 V 条件下的正向电流密度为 3000 A·cm^{-2}，是 SiC SBD 的 3 倍。

由于 SiC 肖特基二极管的反向特性，室温下漏电流情况严重，162℃、1.5×10^6 V·cm^{-1} 时，漏电流升至 100 mA·cm^{-2}。金刚石肖特基二极管在室温下的漏电流小于测量限值，142℃时为 0.1 mA·cm^{-2}（Tatsumi, et al.，2009）。

将 Ru 肖特基电极二极管保持在 400℃环境下，并在 100、250、500、1000 和 1500 小时后测量正向和反向电流-电压特性，以判断其长期热稳定性。整个测试期间，其特性无任何明显变化，由此可确认金刚石 SBD 在 400℃时，节能和高功率方面表现优异（Tatsumi, et al.，2009）。

10.7　金刚石 BJT 在低于 200 ℃的环境下工作

Prins（1982）通过注入碳产生 n 型区域，证明了天然 p 型金刚石中双极型晶体管的作用，实现了低电流增益。文献（Aleksov, et al.，2000）研究了双极型金刚石器件的前景。高掺杂浓度（1×10^{20} cm^{-3}）的 p 型掺硼合成金刚石晶体可用作起始衬底材料，使用固态硼源生长 p$^+$ 发射极（10^{20} cm^{-3}）和 p$^-$ 集电极（10^{17} cm^{-3}），基极区则通过掺氮（1.5×10^{18} cm^{-3}）形成。发射极触点由 Ti/Au 制成，而基极触点则由溅射的掺磷 W–Si/Au 所包覆的硅形成。在 20℃至 400℃范围内对二极管的正向和反向电流-电压特性进行的测量表明，理想因数接近 1，表明扩散电流分量占主导地位，而高于 10～15 V 时，漏电流值很高，这是由中性基极中的强电场引起的，该值约为 5×10^5 V·cm^{-1}，此中性基极电阻率很高（20℃时为 10 Ω·cm）。此外，反向偏置结漏电流情况严重，它和基极电阻的共同作用，限制了金刚石 BJT 的可工作温度范围，温度限制为小于 200℃。共发射极电流增益 β 为 1.1。增益过低被认为是由过高的漏电流值导致的。理论分析表明，若降低掺氮金刚石 BJT 的漏电流，可使 DC 电流增益达到约 30 000（Aleksov, et al.，2000）。

10.8　金刚石 MESFET

10.8.1　氢终止金刚石 MESFET

几个研究小组已在氢终止金刚石上制备了 MESFET 器件，此类器件具有最大漏电流、跨导、开关等特性，该研究的一些显著特点概述如下。

利用 p 型氢终止同质外延上的肖特基铝接触和源极、漏极金接触，可制备增强型金属半导体场效应晶体管（MESFET）（Kawarada, et al.，1994）。铝栅长度为 10～40 μm，跨导 $g_m = 20～200$ μS·mm^{-1}。

文献（Gluche, et al.，1997）在 595℃环境下，使用含 1.5% CH$_4$ 的 H$_2$ 通过 MPCVD 在氮

掺杂 Ib 型单晶金刚石衬底上生长 100 nm 厚的均匀外延金刚石薄膜来制备强化型 MESFET（见图 10.7）。该器件生长表面氢终止显示 p 型导电性，具有 Al 肖特基接触和 Au 欧姆接触，沟道长度为 3 μm 时，最大漏电流为 90 mA·mm^{-1}，栅极-漏极击穿电压为 200 V。

在氢终止 MPCVD 生长的金刚石上制备的栅长 2～3 μm 的铜栅金刚石 MESFET，在 V_{GS} = −15 V 和 V_{DS} = 5 V 下的最大跨导为 70 mS·mm^{-1}，截止频率 f_T = 2×10^9 Hz，最大振荡频率 f_{max} = 7 GHz（Taniuchi, et al.，2001）。

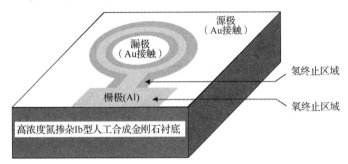

图 10.7　环形金刚石表面沟道 MESFET 结构

具有 Au 源极/漏极接触、沟道长度 L_G = 0.2 μm 的 Al 肖特基门控 MESFET 在栅极电压 = −3.5 V、最大跨导 g_m = 100 mS·mm^{-1} 和高截止频率下，显示出最大漏极电流 I_{Dmax} = 275 mA·mm^{-1}：过渡频率 f_T = 24.6 × 10^9 Hz、最大频率 $f_{max(MAG)}$ = 63 × 10^9 Hz，$f_{max(U)}$ = 80 × 10^9 Hz，其中 MAG 是最大可用增益，U 是单边增益（Kubovic, et al.，2004）。在 1 GHz 下，获得的饱和输出功率密度为 0.35 W·mm^{-1}。

Kasu 等人（2006）报告了 RF 输出功率的显著改善。对于 1 mm 的栅宽和 0.4 μm 的栅长，最大输出功率为 1.26 W。在 0.84 W 的输出功率下，器件温度仅上升 0.6℃，这是由金刚石极高的热导率所致的。

文献（Ueda, et al.，2006）在多晶金刚石薄膜上制备了栅长为 0.1 μm 的 Al 肖特基栅金刚石 MESFET（见图 10.8），但上述工作偏离了这一趋势：使用单晶金刚石来探索作为替代品的多晶材料。上述工作是必要的，因为商业化的 HPHT 金刚石衬底尺寸为 4 mm，而对于大规模制造金刚石器件，至少需要 4 英寸直径的金刚石晶片。在 MPCVD 系统中，氢钝化形成准二维空穴沟道。对于该装置，在 V_{DS} = −8 V 时，f_T ≈ 45×10^9 Hz，f_{max} ≈ 129×10^9 Hz，g_m = 143 mS·mm^{-1}（Ueda, et al.，2006）。

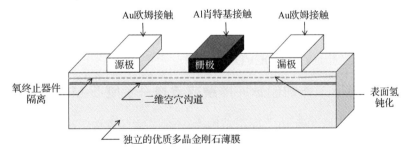

图 10.8　多晶金刚石薄膜上形成的 MESFET

为了在氢终止金刚石表面产生空穴载流子，形成空穴沟道，一些吸附分子的存在是必要的。在曝露于二氧化氮(NO$_2$)气体的情况下，观测到金刚石晶体管的特性有显著改善(Kubovic and Kasu, 2009)。通过上述方法，空穴面电荷浓度增加到 1.3×10^{14} cm^{-2}，最大 I_{DS} 增大 1.8 倍，g_m 增大 1.5 倍，f_T 增大 1.6 倍。

文献(Russell, et al., 2015)在同质外延金刚石衬底上制备了栅长分别为 250 nm、120 nm 和 50 nm 的氢终止金刚石 MESFET。为了进行氢终止，衬底在 580℃环境下曝露于氢等离子体中 30 min。栅极金属为 Al/Au(25 nm/25 nm)。该器件在源极和漏极上有 Au 欧姆接触。50 nm、120 nm 和 250 nm 的非本征峰值跨导分别为 78 mS·mm^{-1}、137 mS·mm^{-1} 和 92 mS·mm^{-1}，而各器件的非本征 f_T 分别为 53×10^9 Hz，45×10^9 Hz 和 19×10^9 Hz。

10.8.2　20℃至 100℃环境下金刚石 MESFET 的电特性

上述研究主要关注金刚石 MESFET 作为微波或功率器件方面的性能，务必严格注意其热稳定性，因为器件和设备运行过程中产生的热量可能会使其性能急剧降低。因此，一系列广泛的研究都关注温度对金刚石 MESFET 的直流和射频特性的影响(Ye, et al., 2006)。此研究是在 20℃至 100℃之间进行的。在 20℃时，最大 I_{DS} 为 160 mA·mm^{-1}，100℃时则降至 120 mA·mm^{-1}。导通电阻实际上与温度无关，但阈值电压向负值侧偏移，其值在 20℃时为 0.4 V，100℃时为 0.18 V。最大跨导从 20℃时的 55 mS·mm^{-1} 下降到 100℃时的 48 mS·mm^{-1}。20℃时的过渡频率 f_T 为 9×10^9 Hz。在 100℃时略有下降，至 8.5×10^9 Hz。氢终止表面的片电阻保持恒定值，在 20℃到 150℃范围内为 5 kΩ/sq，显示出良好的热稳定性。总体而言，在 20℃到 100℃之间，器件性能令人满意，截止频率几乎恒定在 $8 \times 10^9 \sim 9 \times 10^9$ Hz(Ye, et al., 2006)。

10.8.3　有钝化层的氢终止金刚石 MESFET

通过 Al$_2$O$_3$ 层对空穴沟道进行钝化，可在氢终止表面实现高达 200℃的稳定空穴沟道。使材料曝露于 NO$_2$ 气体中，并结合 Al$_2$O$_3$ 钝化层，可将 1 μm 栅长的氢终止 MESFET 最大漏电流 I_{DSmax} 增大至 1.3 A·mm^{-1}(Hirama, et al., 2012)。f_T 为 10×10^9 Hz，f_{max} 在 10 V 的 V_{GS} 范围内为 20×10^9 Hz。为制备 Al$_2$O$_3$ 钝化 MESFET，使源极和漏极接触区之间的氢终止金刚石表面稳定，需要在一个大气压的环境下，将其曝露于 NO$_2$ 气体中(氮含量为 2%)，曝露时间为 35 ks·min。此后，使用由原子层沉积法(ALD)在 150℃下形成的 17 nm 厚的 Al$_2$O$_3$ 层，包覆漏极-源极间隙。

除 Al$_2$O$_3$ 外，其他几种介电材料也可用于金刚石 FET 器件钝化，其中值得关注的为 AlN，HfO$_2$，LaAlO$_3$，Ta$_2$O$_5$，ZrO$_2$ 和 SiN$_x$(Wang, et al., 2015)，使用的技术包括热蒸发、原子层沉积(ALD)和金属有机 CVD(MOCVD)。

10.8.4　350℃环境下工作的硼脉冲掺杂或 δ 掺杂金刚石 MESFET

只要掺杂峰值浓度保持在约 10^{-20} cm^{-3} 范围内，金刚石中的硼掺杂剂在室温下就可以被完全激活。基于这种完全激活的条件，有可能制作出 FET 器件，使其在电荷完全激活的情况下工作。为了在不超过材料击穿极限($3 \times 10^6 \sim 1 \times 10^7$ V·cm^{-1})的情况下实现栅极二极管对沟道电荷的完全调制，沟道总片电荷必须小于 10^{13} cm^{-2}。当掺杂区的厚度约为 1~2 nm 时，该限制条件适用。

这意味着所需的掺杂剂峰值浓度高，需具备理想的窄分布情况。这种掺杂剂浓度的分布由 δ 函数定义，其掺杂被称为 δ 掺杂或脉冲掺杂。产生的尖峰轮廓称为 δ 掺杂浓度分布或脉冲分布。

为了制备脉冲掺杂金刚石 MESFET，在 700℃ 环境的 CH_4 和 H_2 等离子体中，用 MPCVD 法在掺氮的 Ib 型绝缘金刚石衬底上形成了同质外延金刚石薄膜，随后生长了未掺杂的 1 μm 缓冲层（见图 10.9）(Vescan, et al., 1997b)。将硼棒插入等离子体中 5 s 以获得峰值浓度为 10^{19} cm^{-3} 的脉冲掺杂分布，选择性生长的 p^+ 区形成源极和漏极。冶金稳定性高达 750℃ 的金属化硅基，形成肖特基接触和欧姆接触。它由一层 50 nm 厚的接触层、一层 30 nm 厚的 WSi_2:N 扩散势垒和一层 250 nm 厚的镀金层组成。脉冲掺杂金刚石 MESFET 的工作温度高达 350℃，最大漏极-源极电压为 70 V，室温下最大漏极电流为 35 $\mu A \cdot mm^{-1}$。在 350℃ 时，最大漏极电流 5 $mA \cdot mm^{-1}$，最大沟道电导为 0.22 $mS \cdot mm^{-1}$ (Vescan, et al., 1997b)。

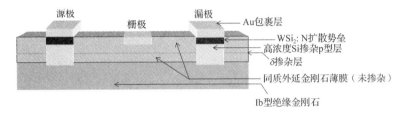

图 10.9　具有选择性生长欧姆接触区的 δ 掺杂金刚石 MESFET

10.8.5　硼 δ 掺杂分布的替代性研究

在另一项研究中(Aleksov, et al., 1999)，用 n 型氮掺杂补偿 p 型硼掺杂，以消除寄生硼掺杂尾，形成硼 δ 掺杂浓度分布，基于此可形成 pn 结。在该结中，n 型氮掺杂部分在室温下不会被激活。当温度低而频率高时，它表现为半绝缘或有耗介质。但当温度高、频率低时，氮掺杂剂被激活，使 n 型部分导电，然后这部分作为电阻与 pn 结串联。基于上述概念，可研究 FET 的两种结构。在第一种结构中，掺氮金刚石衬底为背栅；第二种结构由形成于 δ 沟道顶部的掺氮栅层构成。这些 FET 器件的漏电流为 100 $mA \cdot mm^{-1}$。在约 200℃ 至 250℃ 范围内，可完全调制沟道。

10.9　金刚石 JFET

10.9.1　723 K 环境下工作的横向 pn 结金刚石 JFET

掺硼的 p 沟道夹在两个选择性生长的高浓度磷掺杂 n^+ 侧壁栅极之间(Iwasaki, et al., 2013)，见图 10.10。通过在两个栅极上施加相同的电压来控制沟道区的耗尽区厚度。接触的金属化方案为 Ti(30 nm)/Pt(30 nm)/Au(100 nm)。通过控制两侧的耗尽区，可以比单侧更有效地调制沟道宽度和漏极电流。在 300 K 和 673 K 下，测量 I_{DS}-V_{DS} 特性表明：

(i)　在两种温度下都能得到清晰的线性区和饱和区；

(ii)　在 673 K 下获得的电流密度为 1300 $A \cdot cm^{-2}$，是 300 K 时电流密度 25 $A \cdot cm^{-2}$ 的 50 倍；

(iii) 300 K 时特征导通电阻为 52.2×10^{-3} $\Omega \cdot cm^2$，723 K 时降为 1.8×10^{-3} $\Omega \cdot cm^2$。高于 500 K 可观测到特有的导通电阻饱和。

从 I_{DS}–V_{DS} 传输特性来看，可知(Iwasaki, et al., 2013)：

(i) 673 K 以下时，漏电流非常低，约为 10^{-14} A；

(ii) 300 K 时的最大跨导为 $1.6\ \mu S \cdot mm^{-1}$，723 K 时升至 $34.6\ \mu S \cdot mm^{-1}$，增大了 22 倍。

(a) 起始高压高温（HPHT）金刚石衬底

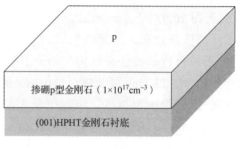

(b) 微波等离子体化学气相沉积(MPCVD)形成p型层

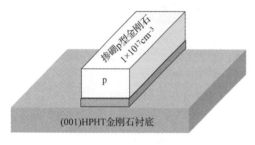

(c) 电子束光刻对p型层构图，随后进行电感耦合等离子体（ICP）蚀刻

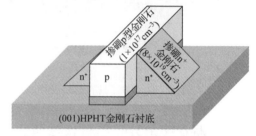

(d) 选择性生长n$^+$金刚石以形成具有p型层的横向pn结，p沟道夹于两个n$^+$侧壁栅极之间

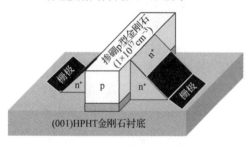

(e) 在侧栅极的壁上沉积电极

(f) 沉积源极接触与沉积漏极接触

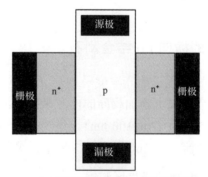

(g) JFET结构俯视图，显示了具有接触金属化的p沟道和n$^+$侧栅极

图 10.10 具有选择性沉积 n$^+$ 侧栅极的金刚石 JFET 制造工艺步骤

在 300～673 K 范围内，开关态电流比值 $I_{on}/I_{off} > 10^6$，在 623 K 时峰值为 $4×10^7$。可观测到非常陡峭的亚阈值摆幅(SS)，尤其对于高温环境而言，近乎理想状态，一个有趣的成就是实现了高温下的高压操作，同时漏极和栅极之间的横向 pn 结漏电流极低。根据 423 K 时绘制的 JFET 传输特性曲线(见图 10.11)，$V_{DS} = -10$ V 时漏电流约为 10^{-14} A，$V_{DS} = -100$ V 时漏电流情况也是如此(Iwasaki, et al.，2013)。低漏电流确保了该类型器件作为未来功率设备的地位。

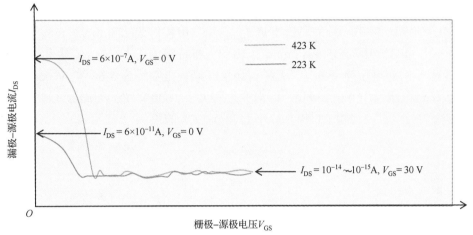

图 10.11　$V_{DS} = -10$ V 时，金刚石 JFET 在两种不同温度下的传输特性

10.10　金刚石 MISFET

文献(Matsudaira, et al.，2004)使用由 H_2 稀释的 CH_4 源气体(4%)通过 MPCVD 法，在人工合成 Ib(001) 型金刚石衬底上沉积的 p 型氢终止同质外延金刚石薄膜上制备了 0.2～0.5 μm 栅长的 Cu/CaF_2/金刚石 MISFET 器件，其中以蒸发的 CaF_2 作为栅绝缘体。在 0.2 μm 栅长下，最高 f_T 为 $23×10^9$ Hz，f_{max} 为 $25×10^9$ Hz。

优质的 IIa 型 CVD 多晶金刚石用于制造金刚石 MISFET 衬底(Hirama, et al.，2007a)，以空穴聚集层为 p 沟道。自然氧化的蒸发铝形成了 Al_2O_3 栅绝缘体。在栅极长度为 0.1 μm 的器件上，f_T 为 $42×10^9$ Hz，最大漏极电流为 650 mA·mm^{-1}。

p 沟道 MOSFET 器件是用 Al_2O_3 栅绝缘体在大晶粒尺寸的(001)同质外延和(110)优先取向的 CVD 金刚石薄膜上制成的(见图 10.12)。通过氧化 3 nm 厚的 Al 膜，用 Al_2O_3/Al 形成栅极。漏极和源极的欧姆接触由金制成。这些器件的沟道迁移率为 20 cm^2·V^{-1}·s^{-1}，漏极–源极电流 $I_{DS} = -790$ mA·mm^{-1}，$f_T = 45×10^9$ Hz，在 1 GHz 时的功率密度为 2.14 W·mm^{-1}(Hirama, et al.，2007b)。

继续关注有关 MISFET 在 10～673 K 范围内工作的研究。使用由高温原子层沉积(ALD)工艺形成的 Al_2O_3，在 Al_2O_3/H 终止的 C–H 金刚石界面上可获得 800 K 的热稳定二维空穴气体(2DHG)，进而使 MISFET 的性能在 10～673 K 的温度范围内得以保持(Kawarada, et al.，2014)。使用的衬底是 Ib(100) 型人工合成金刚石(见图 10.13)。氮掺杂量约为 10^{17} cm^{-3}。在该金刚石衬底上，通过 MPCVD 同质外延生长 0.5 μm 厚的未掺杂金刚石层。氢化上层表面，但不包括源极和漏极金属化所占据的区域。氧化表面用于隔离不同区域。栅极被 ALD 形成的 10～200 nm 厚的氧化铝层绝缘并钝化，该氧化铝层还用作栅介电层。源极和漏极的欧姆接触由 Ti/Au 层形成，栅极金属化为 Al 膜。

在室温、100℃、200℃、300℃和 400℃ 环境下，分别绘制栅绝缘层厚度为 32 nm 的金刚石 MISFET 的 $I_{DS}-V_{GS}$ 特性。每种情况下，通态电流约为 30 A。室温环境下，关态电流为 8×10^{-8} A，二者比率 $I_{on}/I_{off} = 30 / (8\times10^{-8}) = 3.75 \times 10^8$。300℃时，关态电流增大到 6×10^{-4} A，二者比率 $I_{on}/I_{off} = 30 / (6\times10^{-4}) = 5\times10^4$。400℃时，$I_{off} = 2 \times 10^{-2}$ A，因此 $I_{on}/I_{off} = 30 / (2\times10^{-2}) = 1.5\times10^3$。对于此 MISFET，最大漏极电流 I_{DSmax} 在 10 K 时为 -23 mA·mm^{-1}，室温下为 -38 mA·mm^{-1}，400℃时为 -35 mA·mm^{-1}。因此，在特定偏压下，I_{DSmax} 从室温到 400℃的变化小于 50%。击穿电压为 996 V，无任何场板。最大击穿场为 3.6×10^6 V·cm^{-1}。在进一步改进中，漏极电流为 100 mA·mm^{-1}，击穿电压大于 1600 V（Kawarada, et al.，2015）。获得的各项值优于金刚石 MESFET 和 SiC 平面 MOSFET 的值。

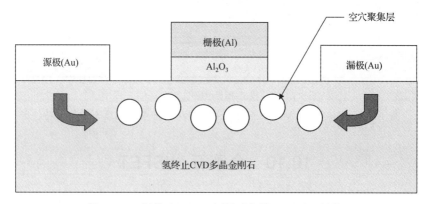

图 10.12　氢终止 CVD 金刚石上的 MISFET 结构

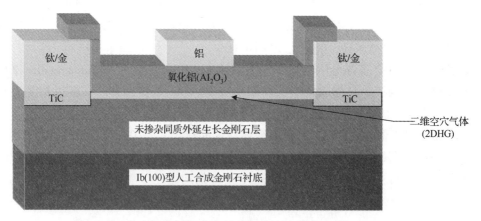

图 10.13　具有氧化铝栅介电层和氢终止沟道的金刚石 MOSFET

10.11　讨论与小结

金刚石具有许多有用的物理和化学特性，我们仅利用了其中的一小部分。用 CVD 法可以合成金刚石，它可以被氮和磷掺杂成 n 型，p 型则是由掺硼或氢终止制成的。但在实际情况中，仍然存在许多问题。这些掺杂剂的能级位于禁带深处，所以它们在室温下不会像在硅中那样被激活。氢终止是不稳定的，需为其提供适当的稳定和保护措施。金刚石肖特基二极管优异的性能可保持至 1000℃。必须提高 BJT 的电流增益。硼 δ 掺杂的 MESFET 器件可在不高于 350℃ 的环境下工作，而具有氢终止钝化层的 MESFET 器件则可在较低的温度环境下工作。据研究，功能性 JFET 器件耐高温可达 723 K，MISFET 的工作温度介于 10 K 至 673 K 之间，证明了它们在高温应用中的能力。许多技术上的挑战已经被成功地解决了，如果继续发掘金刚石的潜力，很多难题也会迎刃而解。

思　考　题

10.1　比较金刚石与 Si、GaAs、SiC 和 GaN 的带隙、载流子迁移率、击穿场、热导率和耐压强度。解释为什么金刚石被称为微电子器件设计工程师"梦寐以求"的材料。

10.2　如果将硅电子器件描述为：技术成熟并达到基础物理学极限，那么如何描述金刚石电子器件？计算金刚石的本征温度。

10.3　金刚石的四种分类分别是什么？说明每个类别的特点。

10.4　术语 HPHT 金刚石和 CVD 金刚石是什么意思？CVD 法是如何合成金刚石的？宝石级金刚石是如何获得的？

10.5　为什么传统的掺杂技术，如热扩散和离子注入无法在金刚石中提供高载流子浓度？列出两种用于金刚石的 n 型掺杂元素，它们在导带下面的能级深度是多少？

10.6　讨论硼作为金刚石中 p 型掺杂杂质的作用。硼掺杂浓度对其活化能有什么影响？等离子体中氢的存在如何影响 CVD 过程中硼的原位掺杂？

10.7　如何通过表面氢化在金刚石中实现 p 型掺杂？大多数载流子位于金刚石表面以下的典型深度是多少？这个含有空穴的沟道与掺硼层有何不同？

10.8　从化学和温度方面看，氢化形成的 p 型金刚石表面是否稳定？该表面在什么情况下会被破坏？如何保护它？

10.9　氢终止金刚石表面能否用作 FET 沟道？

10.10　氧终止金刚石表面有何特性？如何实现金刚石表面氧终止？在该表面进行的氢终止能否使用类似的方式进行更改？这种更改的结果是什么？

10.11　描述如何制造以硼和磷为掺杂杂质的紫外发光金刚石 pn 结二极管，讨论其光学特性。

10.12　描述以下方法：使用氮掺杂的 Si:W 合金作为肖特基金属制造金刚石肖特基二极管。肖特基势垒的高度是多少？低温下的理想因数是多少？它在高温下的值是多少？这些值意味着什么？

10.13　为什么沉积肖特基接触之前要进行氧处理？省略该步骤会如何？肖特基二极管令人满意的工作温度可达到多高？

10.14　硅中硼杂质的能级比价带高 44 meV。在 SiC 中，硼的能量位置为 200 meV，在金刚石中为 370 meV。解释高温对金刚石肖特基二极管正向工作的影响比对碳化硅二极管的影响更有利。对于 SiC 二极管和 Si 二极管之间的比较，同样的说法是否成立？如果是，请给出详细解释。

10.15 比较 SiC 肖特基二极管和金刚石肖特基二极管在室温和高温下的反向漏电流的对应量级。

10.16 金刚石 BJT 的发射区、基区和集电区是如何形成的？这些区使用什么接触材料？共射极电流增益是多少？为什么这么低？如何提高电流增益？经过这些改进之后，理论上预计电流增益是多少？

10.17 描述无钝化层的氢终止金刚石 MESFET 结构及其制备方法。列出典型的电特性实验结果。在 20～100℃的温度范围内，MESFET 是如何工作的？

10.18 氢终止 MESFET 中的 Al_2O_3 钝化层沉积对空穴载流子浓度有什么影响？该钝化层如何改善 MESFET 的 RF 小信号特性？除 Al_2O_3 外，还有哪些其他材料用于钝化？哪些沉积技术用于制备这些层？

10.19 δ 掺杂分布是什么意思？如何在室温下为硼掺杂剂提供完全的电荷活化能而又不超过其临界击穿场？

10.20 通过将硼棒插入等离子体中，如何实现硼的 δ 掺杂分布？用这种方法如何制造金刚石 MESFET？其室温下最大漏极电流是多少？350℃时的漏极电流值是多少？

10.21 通过补偿相反类型的杂质消除末端硼，如何形成 δ 掺杂分布？MESFET 是如何根据此原理制造的？其沟道在什么温度下可完全调制？

10.22 在金刚石 JFET 中如何进行沟道掺杂？侧壁栅极如何掺杂？接触金属化方案是什么？该 JFET 电特性在 300 K 和 673 K 下如何实现？哪些电特性可确保金刚石微电子设备用于高温工作的广阔前景？

10.23 描述热稳定 2DHG 高达 800 K 的金刚石 MISFET 制备过程。室温和 400℃时 I_{on}/I_{off} 的比率是多少？10 K 时和 400℃时的最大漏极电流是多少？其性能与 MESFET 相比如何？

原著参考文献

Aleksov A, Denisenko A and Kohn E 2000 Prospects of bipolar diamond devices *Solid-State Electron.* **44** 369-75

Aleksov A, Vescan A, Kunze M, Gluche P, Ebert W, Kohn E, Bergmeier A and Dollinger G 1999 Diamond junction FETs based on δ-doped channels *Diam. Relat. Mater.* **8** 941-5

Bundy F P, Hall H T, Strong H M and Wentorf Jun R H 1955 Man-made diamonds *Nature* **176** 51-5

Cao G Z, Giling L J and Alkemade P F A 1995 Growth of phosphorus and nitrogen co-doped diamond films *Diam. Relat. Mater.* **4** 775-9

Fontaine F, Uzan-Saguy C, Philosoph B and Kalish R 1996 Boron implantation *in situ* annealing procedure for optimal p-type properties of diamond *Appl. Phys. Lett.* **68** 2264-6

Gluche P, Aleksov A, Vescan A, Ebert W and Kohn E 1997 Diamond surface-channel FET structure with 200 V breakdown voltage *IEEE Electron Device Lett.* **18** 547-9

Hasegawa M, Takeuchi D, Yamanaka S, Ogura M, Watanabe H, Kobayashi N, Okushi H and Kajimura K 1999 n-type control by sulfur ion implantation in homoepitaxial diamond films grown by chemical vapor deposition *Jpn. J. Appl. Phys.* 38, Part 2, No. 12B, 15 December 1999, pp L 1519-L 1522

Hirama K, Sato H, Harada Y, Yamamoto H and Kasu M 2012 Diamond field-effect transistors with 1.3A/mm drain current density by Al_2O_3 passivation layer *Japan J. Appl. Phys.* **51** 090112

Hirama K, Takayanagi H, Yamauchi S, Jingu Y, Umezawa H and Kawarada H 2007a Diamond MISFETs fabricated on high quality polycrystalline CVD diamond *Proc. 19th Int. Symp. On Power Semiconductor Devices and ICs*（*Jeju, Korea, 27-30 May*）pp 269-72

Hirama K, Takayanagi H, Yamauchi S, Jingu Y, Umezawa H and Kawarada H 2007b Highperformance p-channel diamond MOSFETs with alumina gate insulator *IEEE Int. Electron Devices Meeting*（*Washington, DC, 10-12 December*）pp 873-6

Iwasaki T, Hoshino Y, Tsuzuki K, Kato H, Makino T, Ogura M, Takeuchi D, Okushi H, Yamasaki S and Hatano M 2013 High-temperature operation of diamond junction fieldeffect transistors with lateral p-n junctions *IEEE Electron Device Lett.* **34** 1175-7

Kasu M, Ueda K, Ye H, Yamauchi Y, Sasaki S and Makimoto T 2006 High RF output power for H-terminated diamond FETs *Diam. Relat. Mater.* **15** 783-6

Kato H, Makino T, Yamasaki S and Okushi H 2007 n-type diamond growth by phosphorus doping *MRS Proc.* **1039** 1039-P05-01

Kawarada H 1996 Hydrogen-terminated diamond surface and interface *Surf. Sci. Rep.* **26** 205-59

Kawarada H, Aoki M and Ito M 1994 Enhancement mode metal semiconductor field effect transistors using homoepitaxial diamonds *Appl. Phys. Lett.* **65** 1563-5

Kawarada H, Yamada T, Xu D, Tsuboi H, Saito T and Hiraiwa A 2014 Wide temperature（10 K-700 K）and high voltage（1000 V）operation of C-H diamond MOSFETs for power electronics application *IEEE Int. Electron Devices Meeting*（*San Francisco, CA, 15-17 December*）pp 11.2.1-4

Kawarada H, Yamada T, Xu D, Tsuboi H, Saito T, Kitabayashi Y and Hiraiwa A 2015 Diamond power MOSFETs using 2D hole gas with >1600 V breakdown *6th NIMS/MANA Waseda University International Symposium*（*Tokyo, 29 July*）, 1 page

Koizumi S 2006 n-type doping of diamond *MRS Proc.* **956** 0956-J04-01

Koizumi S, Watanabe K, Hasegawa M and Kanda H 2001 Ultraviolet emission from a diamond p-n junction *Science* **292** 1899-901

Kubovic M and Kasu M 2009 Improvement of hydrogen-terminated diamond field effect transistors in nitrogen dioxide atmosphere *Appl. Phys.* Express **2** 086502

Kubovic M, Kasu M, Kallfass I, Neuburger M, Aleksov A, Koley G, Spencer M G and Kohn E 2004 Microwave performance evaluation of diamond surface channel FETs *Diam. Relat. Mater.* **13** 802-7

Matsudaira H, Miyamoto S, Ishizaka H, Umezawa H and Kaw H 2004 Over 20-GHz cutoff frequency submicrometer-gate diamond MISFETs *IEEE Electron Device Lett.* **25** 480-2

Prawer S, Nugent K W and Jamieson D N 1997 The Raman spectrum of amorphous diamond Diam. *Relat. Mater.* **7** 106-10

Prins J F 1982 Bipolar transistor action in ion implanted diamond *Appl. Phys. Lett.* **41** 950-2

Prins J F 1988 Activation of boron-dopant atoms in ion-implanted diamonds *Phys. Rev. B* **38** 5576-84

Russell S, Sharabi S, Tallaire A and Moran D A J 2015 RF operation of hydrogen-terminated diamond field effect transistors: a comparative study IEEE Trans. Electron Devices **62** 751-6

Saada D 2000 *p-type Diamond*

Taniuchi H, Umezawa H, Arima T, Tachiki M and Kawarada H 2001 High-frequency performance of diamond field-effect transistor *IEEE Electron Device Lett.* **22** 390-2

Tatsumi N, Ikeda K, Umezawa H and Shikata S 2009 Development of diamond Schottky barrier diode *SEI Tech.* Rev. **68** 54-61

Ueda K, Kasu M, Yamauchi Y, Makimoto T, Schwitters M, Twitchen D J, Scarsbrook G A and Coe S E 2006 Diamond FET using high-quality polycrystalline diamond with f_T of 45 GHz and f_{max} of 120 GHz *IEEE Electron Device Lett.* **27** 570-2

Uzan-Saguy C, Kalish R, Walker R, Jamieson D N and Prawer S 1998 Formation of delta-doped, buried conducting layers in diamond, by high-energy, B-ion implantation *Diam. Relat. Mater.* **7** 1429-32

Vescan A, Daumiller I, Gluche P, Ebert W and Kohn E 1997a Very high temperature operation of diamond Schottky diode *IEEE Electron Device Lett.* **18** 556-8

Vescan A, Gluche P, Ebert W and Kohn E 1997b High-temperature, high-voltage operation of pulse-doped diamond MESFET *IEEE Electron Device Lett.* **18** 222-4

Wang W, Hu C, Li S Y, Li F N, Liu Z C, Wang F, Fu J and Wang H X 2015 Diamond based field-effect transistors of a Zr gate with SiN_x dielectric layers *J. Nanomater.* **2015** 124640, 5 pages

Yamada T, Kojima A, Sawabe A and Suzuki K 2004 Passivation of hydrogen terminated diamond surface conductive layer using hydrogenated amorphous carbon *Diam. Relat. Mater.* **13** 776-9

Yan C-S, Vohra Y K, Mao H-K and Hemley R J 2002 Very high growth rate chemical vapor deposition of single-crystal diamond *Proc. Natl Acad. Sci.* **99** 12523-5

Ye H, Kasu M, Ueda K, Yamauchi Y, Maeda N, Sasaki S and Makimoto T 2006 Temperature dependent DC and RF performance of diamond MESFET *Diam. Relat. Mater.* **15** 787-91

第 11 章　高温无源器件、键合和封装

为高温设备所设计的无源电子器件的发展必须与使用宽能带隙半导体的有源器件同步进行。元件被动失效的灾难性不亚于其主动失效的灾难性。无源元件不能被忽略，因为它们在电路操作中的作用与有源元件同等重要。然而，迄今为止，它们受到的关注要少得多。本章介绍高温设备的无源元件，包括电阻器、电容器和电感器。此外，本书还研究了几种新的金属化互连方案，解决了高温电子设备的封装和储存需求。大多数低成本的塑料封装无法承受热环境应力，因此通常在热环境应力下更多地采用金属封装方式。

11.1　引　　言

要组装电子电路，有源器件是其中的关键元器件。但是伴随有源器件在一起的若干无源器件也是必不可少的，其中包括电阻器、电容器、电感器及导体间的互联。本章将讨论这些电路元件，同时也将设计这些元器件的封装形式。

11.2　高温电阻器

11.2.1　金属箔电阻器

金属箔电阻器由金属合金组成(见图 11.1)，如：含掺杂元素的镍铬合金通过黏合剂黏接于陶瓷基板上。铝箔经过光刻形成金属膜。箔电阻器可以承受高达 240℃的高温(Hernik，2012)。由于电阻会随温度升高而增大，同时由于热膨胀而结合在基板上的箔产生的压缩力会导致电阻降低，通过平衡这两种情况可以获得低电阻温度系数(TC of Resistance，TCR)。

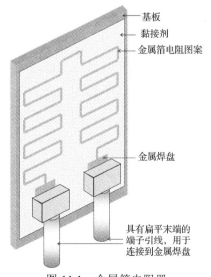

图 11.1　金属箔电阻器

11.2.2　绕线电阻器

绕线电阻器是由长股绝缘电阻线绕制而成的，如图 11.2 所示。例如，采用 20Cr- 80Ni（镍铬合金）或 86Cu-2Ni-12Mn（锰镍铜合金）或 72Fe-20Cr-5Al-3Co［康泰（kanthal）合金 A］或 W（钨）围绕非导电线轴如陶瓷线轴等制成。据研究报告，绕线电阻器的工作温度为–55℃至 275℃（Ebbert，2014）。如果采用降额工作，它们可以在更高的温度下工作。

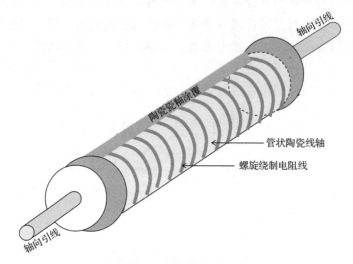

图 11.2　绕线电阻器

11.2.3　薄膜电阻器

薄膜电阻器（如图 11.3 所示）由 0.1 μm 厚的金属膜通过热蒸发或溅射方式制成，例如，在衬底的 NiCr 合金或 TaN（氮化钽）上，采用光刻手段将膜蚀刻成电阻金属膜。典型示例为薄膜材料：镍铬合金（NiCr）；衬底：氧化铝（Al_2O_3）；钝化层：氮化硅（Si_3N_4）；保护层：环氧树脂+硅树脂；表面镀层：镀镍后镀金，且镀金层小于 1 μm；工作温度范围：–55 至 215℃；电阻温度系数（TCR）：15 ppm；结构：绕包片式电阻器（Vishay，2015）。

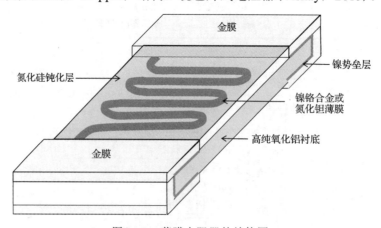

图 11.3　薄膜电阻器的结构图

11.2.4 厚膜电阻器

厚膜电阻器(如图 11.4 所示)是通过丝网印刷和模版印刷的方法制成的,该方法是将玻璃料黏合剂与有机溶剂和增塑剂,以及钌、铱等金属氧化物混合制成的。

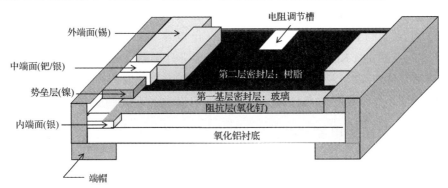

图 11.4　厚膜电阻器的剖面图

电阻膜的厚度约为 100 pm,示例为薄膜材料:氧化钌(RuO_2);衬底:氧化铝(Al_2O_3);保护层:有机材料;表面镀层:镀镍后镀金,且镀金层厚度小于 1 μm;工作温度范围:−55 至 215℃;结构:片式电阻器(Vishay,2014)。

操作温度高达 400℃ 的钢制电阻器上的厚膜是通过将厚陶瓷介质釉黏合在不锈钢基板上制成的(Morrison,2000)。钢制基板具有可弯曲成所需形状和锻接的优点。因此,电阻器可以按照使用要求的尺寸进行成型和安装。

11.3　高温电容器

11.3.1 陶瓷电容器

陶瓷电容器(如图 11.5 所示)是由作为绝缘体的陶瓷材料插入两个导电层之间组成的,例如镀银陶瓷片。

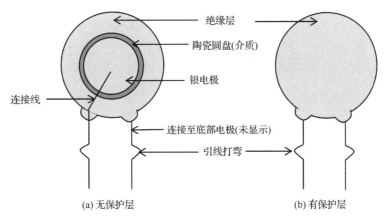

图 11.5　陶瓷电容器

陶瓷介质属于电子工业协会(EIA)分类的 I 类。I 类电介质为负正零(NP0)型，也称 C0G。它们在温度应力下是最稳定的介质。它们的基材采用顺电体(如：铁电体)和顺电材料(如 TiO_2)。这类基材工作的温度范围是−55℃至+125℃，同时它们的温度系数为 0 ± 30 ppm。从热稳定性的角度来看，它们是最稳定的陶瓷电介质。从体积效率的角度来看，它们的效率最低，这是因为它们在物理上体积比其他电容器大。

为了得到尺寸的致密性，则需要较高的介电常数。一份基于 $(1-x)(0.6Bi_{1/2}Na_{1/2}TiO_3-0.4Bi_{1/2}K_{1/2}TiO_3)-x K_{0.5}Na_{0.5}NbO_3$ 变换角标的研究文献(Dittmer, et al., 2012)显示在温度范围为 54℃至 400℃，$x = 0.15$ 时，相对介电常数 2167 的偏差为±10%。这种电介质的温度不敏感性归因于两种极性纳米区域的存在，它们提供了不同的弛豫机制。

11.3.2 固态和液态钽电容器

钽电容器有两种形式：固态和液态。这两种电容器都是由钽阳极制成的电解电容器。

在固态钽电容器(如图 11.6 所示)中，Ta 阳极是将 Ta 粉通过高压压在钽丝(称为引出线)的周围，并在 1500℃至 1800℃下烧结形成一个"钽块"。采用阳极氧化法将坦颗粒氧化成五氧化二钽，化学方程式如下：

$$2Ta \rightarrow 2Ta^{5+} + 10e^-; \quad 2Ta^{5+} + 10\,OH^- \rightarrow Ta_2O_5 + 5H_2O \tag{11.1}$$

由上述化学式形成的五氧化二钽的介电常数为 26，每单位体积提供更高的电容量。

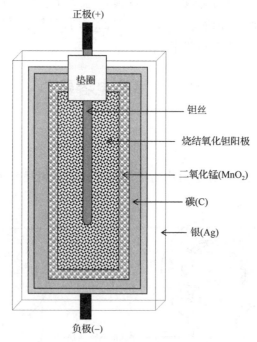

图 11.6 固态钽电容器

将经 Ta_2O_5 生长的颗粒浸入硝酸锰水溶液中，并在 250℃下加热，通过热解反应使其表面覆盖上二氧化锰电解质，该热解反应的化学反应式如下：

$$Mn(NO_3)_2 \rightarrow MnO_2 + 2NO_2 \tag{11.2}$$

将其浸入石墨和银中以形成银阴极端接，同时将镀锡镍的阳极引线连接到用于外部阳极端接的钽丝上。当温度高于 200℃进行操作时，表面涂层中的银应由电镀镍代替(Freeman, et al.，2013)。

在液态钽电容器(如图 11.7 所示)中，电解质是非固体的。使电解质保持在潮湿状态所获得的好处是，可以在介电膜的薄弱位置提供氧气，从而在这些区域形成更完整的氧化层。这一方法有助于安全地形成非常薄的五氧化二钽薄膜，在高压下操作可以在极低的漏电流下实现单位体积非常高的电容值。此外，针对银迁移问题造成的影响导致使用烧结钽封装，其中的电解液是胶凝硫酸，注满在纯钽封装中。

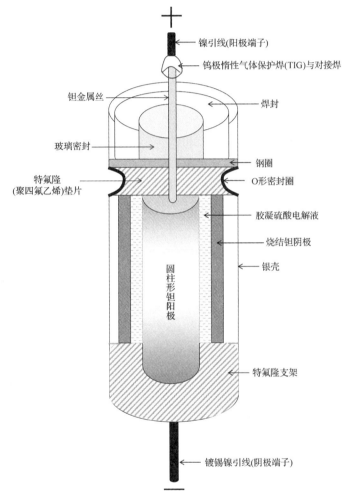

图 11.7　液态钽电容器

11.3.3　特氟隆(聚四氟乙烯)电容器

特氟隆电容器(如图 11.8 所示)是薄膜/箔电容器，其制造方法是在电容两侧用铝箔/蒸发膜覆盖聚四氟乙烯(PTFE)薄膜/箔。聚四氟乙烯是四氟乙烯的一种化学惰性含氟聚合物，介电常数为 2.1，介电损耗低，绝缘电阻高，可用温度高达 250℃(Bauchman，2012)。聚四氟乙烯电容器通常拥有其特殊使命，用于较关键的项目中。

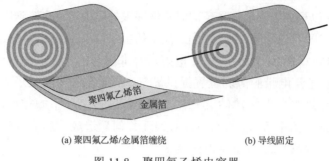

(a) 聚四氟乙烯/金属箔缠绕　　　　(b) 导线固定

图 11.8　聚四氟乙烯电容器

11.4　高温磁芯和电感器

11.4.1　磁芯

用于高温操作的粉末芯由各种成分的镍和铁合金制成（Magnetics，2016）。将合金研磨成小颗粒后，涂上非磁性、非有机和非导电材料。由此得到的粉末再在 500℃ 的温度下进行退火处理。最后将退火粉末压制成所需尺寸的圆环，如图 11.9 所示。在大于 500℃ 的温度下进行退火操作，可消除环面中的应力。随后将退火后的环面涂上环氧漆，注意在操作过程中的最高温度不应超过 200℃。

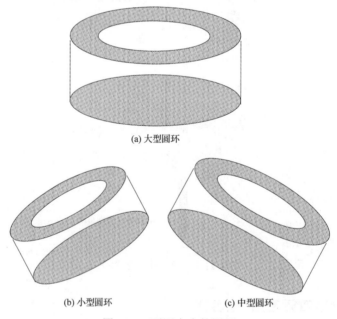

(a) 大型圆环

(b) 小型圆环　　　　　　　　(c) 中型圆环

图 11.9　不同大小的圆环

11.4.2　电感器

表面贴装元件（SMD）功率电感器采用线绕结构，工作温度为 -40℃ 至 +150℃，通过在铁氧体磁芯周围缠绕一个线圈制成（TDK，2014），如图 11.10 所示。与相邻电子元器件的磁耦合由八角形铁氧体磁芯固定，从而防止干扰和功率损失。

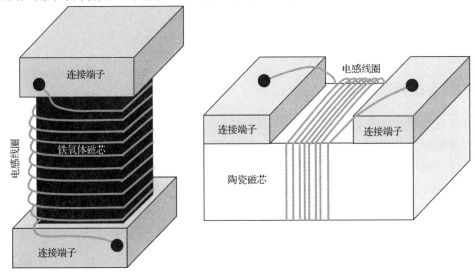

(a) 铁氧体磁芯　　　　　　　　　　　　　(b) 陶瓷磁芯

图 11.10　线绕式贴片电感器

文献(Haddad, et al.，2013)使用钇铁石榴石(YIG)磁性层制造了工作温度高达 200℃的平面微型电感器，如图 11.11 所示。制造步骤如下：

1) 在 1 mm 厚的 YIG 层上，对准电感器端子穿一个直径 500 μm 的孔；

2) 用铜材料进行孔内填充，再通过抛光去除多余的铜，使表面平整；

3) 通过电子束蒸发在基板上沉积 Ti/Cu 种子层；

4) 将一层致密的干膜光势垒层层压定型；

5) 将光刻胶作为模具电镀铜绕组；

6) 用 NaOH 去除光刻胶并采用湿法刻蚀去除 Ti-Cu 种子层从而分离出铜圈；

7) 抛光铜绕组并用双马来酰亚胺(BMI)树脂覆盖；

8) 再加入一个 YIG 磁性层，紧绕感应器，使两个 YIG 与 BMI 树脂紧紧连接在一起。

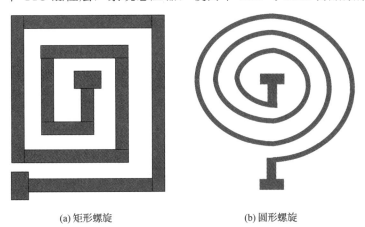

(a) 矩形螺旋　　　　　　　　　　　　　(b) 圆形螺旋

图 11.11　平面微型电感器

11.5　高温金属化

高温电子元器件的金属化设计应与元器件的热性能匹配。

11.5.1　硅表面钨金属化

若想将硅金属化的高温上限提高至 450℃以上，那么钨材料成为一种良好的选择，因为其具有难熔性，同时其与硅的热膨胀系数(CTE)非常匹配。其间要克服的困难是钨与硅在 600℃时会发生化学反应生成二硅化钨(WSi_2)。通过在硅上设置扩散势垒层，可以防止 WSi_2 层的形成。通过在氮气中快速热退火过程(RTA)可获得 $TiSi_2/TiN$ 层，该 $TiSi_2/TiN$ 层可以作为有效的扩散势垒层和黏附层(Chen and Collinge，1995；Chen and Collinge，1996；Madou，2002)。$TiSi_2$ 层形成于 Ti-Si 界面上 Ti 膜暴露表面上的 TiN 层。

11.5.2　钨：在 p 型 4H-SiC 和 6H-SiC 衬底上氮掺杂同质外延层上的镍金属化

通过溅射方法在 SiC 上形成含75%原子钨与25%镍的钨镍层的 n 型欧姆接触(Evans, et al.，2012)。钨镍层的厚度为 100 nm。复合层覆盖有 20 nm 厚的硅薄膜，硅膜的作用是防止钨在空气中和退火过程中过早氧化。钨镍合金金属化在高温下表现良好，它在1000℃氩气气氛中存在了 15 个小时。该金属化设计方案有望在 600℃下提供可靠运行。

11.5.3　n 型 4H-SiC 镍金属化和 p 型 4H-SiC 镍/钛/铝金属化

采用电子束蒸发和溅射的方法进行金属沉积(Smedfors, et al.，2014；Smedfors，2014)。快速热退火过程需在氩气或氮气环境中进行。对金属化在–40℃到+500℃范围内进行测试。p 沟道上的 Ni/Ti/Al 欧姆接触在–40℃下的接触电阻率是在室温下的接触电阻率(25℃时为 $6.75×10^{-4}$ $\Omega \cdot cm^2$)的 5 倍。在 500℃下，与 25℃的值相比，接触电阻率降低为 1/10。随着温度的升高，n 沟道上的镍欧姆接触有所改善，接触电阻率变化相对较小。

11.5.4　氧化铝和氮化铝陶瓷基板上的厚膜金互连系统

在陶瓷基板上丝网印刷了金厚膜。通过在 500℃的大气氧气环境中曝露 1500 小时，证明金厚膜具有低电阻和稳定的基板金属化性质(Chen, et al.，2001)。在无偏置和有偏置(50 mA 直流)电流的条件下测试金属膜，电阻值在 1000 小时内变化了约 0.1%。据研究表明，在 500℃下，Al_2O_3 基板上的金膜剪切强度与 350℃相比降低了 4/5。但是 350℃下的剪切强度值与室温下的值大致相同。在电偏压条件下的氧化环境中，以 32℃/min 的温度变化速率对 44 个金厚膜与金丝键的结合处进行热循环试验，持续 120 个循环，并以 53℃/min 的温度变化速率再进行 100 个循环。键合拉力测试结果表明键合质量良好。

11.6　高　温　封　装

电子封装是电子系统两个重要部分之间的功能连接。一方面是精密的电子设备，另一方面是包含各种操作的其他系统，如芯片黏接、键合、钝化层、内部元器件与外部封装之间的互连，以保护其避免来自外界的机械干扰和周围环境的影响。高温电子封装不同于传统的适用于室温条件下的小温差的常温封装形式，主要是避免使用不能承受高温环境的材料和工艺，同时在使用新材料时应证明其具有承受高温的能力。因此，有必要重新检查常用材料清单，从基板的选择开始，然后是芯片相关附件，如键合丝等，还要删除那些不能承受高温的材料，同时添加可以耐高温的新材料。

11.6.1　基板

陶瓷基板是高温电子设备的理想选择。在各类竞争材料中——氧化铝(Al_2O_3)、氮化铝(AlN)、氮化硼(BN)和氮化硅(Si_3N_4)——氮化铝表现最为突出(Chasserio, et al., 2009)。除了非常高的热导率(氮化铝的热导率为 175 $W \cdot m^{-1} \cdot K^{-1}$，氧化铝的热导率为 28.1 $W \cdot m^{-1} \cdot K^{-1}$)，它还具有良好的化学稳定性、介电强度和稳定性、抗弯强度、与 Si 和 SiC 匹配的热膨胀系数(CTE)以及良好的抗热震性。热膨胀系数的匹配确保了在热循环过程中，设备和焊点上所承受的应力更小。然而，它面临着成本劣势，氧化铝在成本方面明显优于氮化铝。从热膨胀系数失配、抗热震性、导热性能等方面看，氧化铝优于氮化铝。而氮化硅具有很高的抗弯强度，热膨胀系数与 Si 和 SiC 更加匹配。综合这些品质，氮化铝具有良好的抗热震性和化学稳定性，但它的成本过高，使得用户无法接受。而氮化硼在许多参数上表现都不好，特别是在抗弯强度上，因此不予考虑。

11.6.2　固晶材料

含铅材料(Manikam and Cheong, 2011)Pb95-Sn5 和 Pb97.5-Ag1.5-Sn1 的熔点分别为 312℃和 309℃。一些无铅含金的溶液有 Au100、AuNi18、Au 厚膜膏和 AuGe12，它们的最高工作温度分别为 1063℃、950℃、高 600℃和 356℃。银黏接料在低于 350℃下烧结成银浆(银纳米颗粒糊)(Guo, et al., 2015)。烧结连接处具有良好的电、热性能，熔点接近纯银(960℃)，适用于温度高于 350℃的高温操作。

11.6.3　引线键合

由于在铝-金和铝-铜之间形成金属间化合物，导致在温度低于 200℃时键合强度降低，因此与镍表面键合的铝丝可作为上述组合的替代品(Barlow and Elshabini, 2006)。它们不会在 350℃下由于金属间化合物而降低键合可靠性。

文献(Burla, et al., 2009)利用超声波技术对 3C-SiC 基板上的镍丝(25 μm)与镍金属化层(750 nm)键合进行了综合研究。引线键合拉力强度为 13.1 gf(克力)，比金丝键合强度高 4.4 倍，比铝丝键合强度高 5.2 倍。将键合丝置于 550℃的温度下进行机械和电气测试。镍丝键合在化学传感器(高至 280℃)和共振装置(高至 950℃)上表现出良好的性能。

使用高温软焊料的球形凸点代替金属丝，在半导体器件上加上与金属丝匹配的盖板，可以避免金属丝与器件之间的弱连接和金属丝的不匹配问题(Barlow and Elshabini, 2006)。

11.6.4　气密封装

气密封装为内部半导体器件和外部布线之间提供密封连接。气密封装是基于玻璃-金属和陶瓷-金属的密封技术。

玻璃-金属密封封装有两种类型：

(i) 匹配密封。这种封装形式中金属和玻璃的热膨胀系数是相同的。密封是通过金属表面的氧化膜和玻璃之间的化学反应来实现的，这种密封方式并不牢固。

(ii) 压接密封。这种封装形式中金属的热膨胀系数比玻璃高，由此产生的密封性要比匹配密封方式强得多。为制造一个将电流从内部传输至外部的通路，需要形成一个有一定数量通孔的金属载体。穿过被玻璃围绕的导电金属线。金属载体的热膨胀系数要高于玻璃和导电金属线。这些部分被放置在一个固定的装置内同时在高温中转移到熔炉。进行冷却时，金属载体在凝固的玻璃周围收缩。由于金属载体对凝固玻璃施加的同心压力，使导电金属线被牢固地固定在适当的位置，被中间玻璃层保护的同时与金属载体绝缘。

图 11.12 说明了在用于半导体器件封装的三引脚圆壳封装器件中玻璃绝缘子与金属壳的密封方式。

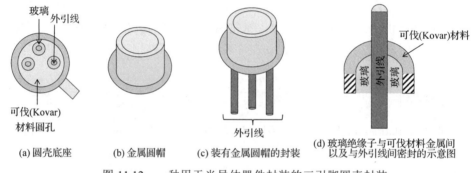

(a) 圆壳底座　　　(b) 金属圆帽　　　(c) 装有金属圆帽的封装　　　(d) 玻璃绝缘子与可伐材料金属间以及与外引线间密封的示意图

图 11.12　一种用于半导体器件封装的三引脚圆壳封装

陶瓷上沉积了一层金属膜。通过将陶瓷上的金属膜与金属体进行铜焊，使得陶瓷与金属体密封（见图 11.13）。在具有高热膨胀系数的金属要与陶瓷一起密封的情况下，具有高热膨胀系数的金属和陶瓷之间必须采用热膨胀系数较低的金属进行隔离过渡，以避免陶瓷和高热膨胀系数的金属之间的直接接触。

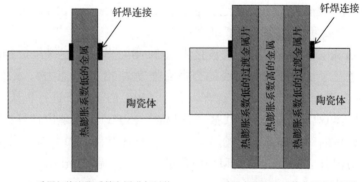

(a) 采用低热膨胀系数金属进行封装　　　(b) 采用高热膨胀系数金属进行封装

图 11.13　金属陶瓷封装

11.6.5　气密封装的两个部分

气密封装包括一个封装体和一个盖板。这两个部分结合在一起形成一个空腔器件，其内部元器件安装遵循以下流程(Schott，2009)：

(i) 电阻焊。电阻焊一般是指使工件处在一定电极压力作用下并利用电流通过工件时所产生的电阻热将两工件之间的接触表面熔化而实现连接的焊接方法，通常使用较大的电流。为了防止在接触面上发生电弧并且为了锻压焊缝金属，焊接过程中始终要施加压力。

(ii) 缝焊。缝焊是指焊件在滚轮带动下前进，电流以间歇的方式接通，最终形成连续的焊缝的焊接方法，它是电阻焊的一种。焊件装配成搭接或斜对接头并置于两滚轮电极之间，滚轮在焊件上加压并转动，连续或断续送电，形成一条连续焊缝。缝焊是用一对滚盘电极代替点焊的圆柱形电极，与工件做相对运动，从而产生一个个熔核相互搭叠的密封焊缝的焊接方法。

(iii) 冷焊。当封装件表面平整、平行且干净，模具设计准确时，施加在封装件表面的压力可进行环形冷焊。

(iv) 激光焊。激光焊是一种以聚焦的激光束作为能源轰击焊件所产生的热量进行焊接的方法。但是由于激光的光学性质是折射、聚焦等而不是被吸收，因此在镀金、镀银或镀镍的材料上很难进行焊接。

(v) 钎焊。此处的钎焊指的是采用焊料作为连接介质，两个被焊部件的表面必须被焊料润湿才能进行焊接。

11.7　讨论与小结

无论是传统材料还是电子工业中采用的工艺流程都不能用于制造能够在高温下可靠工作的系统。在系统开发的每一个步骤，都需要全面考虑，选择合适的材料和工艺以符合温度规范。耐高温电子产品的设计需要掌握和利用上述提到的各类先进技术，制造原中温设计产品的加固版或进行全新的设计。为获得这一目标，能够提供可耐高温部件的各种技术都必须与现有的制造设备相结合使用以提供用于高温操作的鲁棒电子系统。这就需要对全部基础结构进行重新安排、更新和调整。

思　考　题

11.1　什么是金属箔电阻器？请描述在这种电阻结构中实现低电阻温度系数(TCR)的机理。

11.2　什么是线绕电阻器？它的典型温度上限是多少？

11.3　下列电阻器是如何制造的：
(a) 薄膜电阻器
(b) 厚膜电阻器

请给出两种类型电阻膜厚度的概念，同时描述它们能在多高的温度下稳定工作。

11.4 钢电阻器上的厚膜与传统厚膜电阻器有何不同？用钢作为基板有什么好处？

11.5 陶瓷电容器中使用的 I 类电介质成分是什么？这类电介质有什么优点？它的局限性是什么？

11.6 举例说明提供具有低温度灵敏度的高介电常数的电介质成分。其温度不敏感的原因是什么？

11.7 在液态钽电容器中，阳极、阴极和介电层所用的材料是什么？介质膜是如何形成的？电介质的相对介电常数是多少？阴极膜是如何形成的，阴极金属终端是如何沉积的？什么是用于高温操作的阴极金属终端？

11.8 聚四氟乙烯的介电常数是多少？它能承受多高的温度？

11.9 用于高温作业的磁芯是如何制作的？高温保持绕线电感器是如何组装的？

11.10 请为用于微型电感器的磁性层材料命名。描述微型电感器制造的工艺流程。

11.11 高温下在硅材料上使用钨金属化面临哪些困难？如何克服它们？

11.12 钨/镍金属化可用于碳化硅的最高工作温度是多少？为什么要用硅层覆盖？

11.13 根据金属层/接触电阻率随温度的变化，比较 p 型 SiC 上 Ni/Ti/Al 金属化层和 n 型 SiC 上 Ni 金属化层的性能。

11.14 高温电子封装与中低温封装有何本质区别？

11.15 描述四种高温电子设备材料的性能对比分析：氮化铝、氧化铝、氮化硅和氮化硼。

11.16 氮化铝和氧化铝二者中哪种具有更高的导热系数？

11.17 氮化硅和氮化硼二者中哪种具有较高的抗弯强度？

11.18 举例说明铅基、金基和银基芯片黏接材料，并说明各自使用时的温度条件。

11.19 列举两个易因产生金属间化合物而导致键合失效的例子。

11.20 描述镍焊盘上镍丝的高温性能。

11.21 讨论为了使器件高温下能可靠运行而取消引线键合步骤的必要性。

11.22 请说出两种玻璃-金属密封器件。并描述它们的制作过程以及密封强度的不同？

11.23 如何制作金属-陶瓷密封器件？

11.24 密封封装的壳体和盖板连接的主要技术是什么？

11.25 讨论制作高温电子系统所需采取的步骤：基板、芯片黏接材料、键合丝和封装体。

原著参考文献

Barlow F D and Elshabini A 2006 High-temperature high-power packaging techniques for HEV traction applications *Technical Report* ORNL/TM-2006/515

Bauchman M E 2011 A look at film capacitors *TTI*

Burla R K, Chen L, Zorman C A and Mehregany M 2009 Development of nickel wire bonding for high-temperature packaging of SiC devices *IEEE Trans. Adv. Packag.* **32** 564-74

Chasserio N, Guillemet-Fritsch S, Lebey T and Dagdag S 2009 Ceramic substrates for high temperature electronic integration *J. Electron. Mater.* **38** 164-74

Chen J and Colinge J P 1995 Tungsten metallization for high-temperature SOI devices *Mater. Sci.Eng.* B **29** 18-20

Chen J and Colinge J P 1996 Tungsten metallization system with TiN/TiSi$_2$ contact structure for thin film SOI devices *Trans. Third Int. High Temperature Electronics Conf.* (*Albuquerque, NM, June*) vol 1 pp V.27-V.31

Chen L-Y, Okojie R S, Neudeck P G, Hunter G W and Lin S-T 2001 Material system for packaging 500℃ SiC microsystems, in microelectronic, optoelectronic and MEMS packaging *Materials Research Society Symp. Proc., MRS Spring Meeting*, (*April 16–20*) ed J C Boudreaux, R H Dauskardt, H R Last and F P McCluskey vol 682 pp 79-90

Dittmer R, Anton E-M, Jo W, Simons H, Daniels J E, Hoffman M, Pokorny J, Reaney I M and Rödel J 2012 A high-temperature-capacitor dielectric based on K$_{0.5}$Na$_{0.5}$NbO$_3$-modified Bi$_{1/2}$Na$_{1/2}$TiO$_3$–Bi$_{1/2}$K$_{1/2}$TiO$_3$ *J. Am. Ceram. Soc.* **95** 3519-24

Ebbert P 2014 The wirebound resistor: 'the report of my death was an exaggeration *Riedon White paper*

Evans L J, Okojie R S and Lukco D 2012 Development of an extreme high temperature n-type ohmic contact to silicon carbide *Mater. Sci. Forum* **717-720** 841–4

Freeman Y, Chacko A, Lessner P, Hessey S, Marques R and Moncada J 2013 High-temperature Ta/MnO$_2$ capacitors *CARTS Int. Proc.* (Houston, TX, 25-28 March) pp 1-5

Guo W, Zeng Z, Zhang X, Peng P and Tang S 2015 Low-temperature sintering bonding using silver nanoparticle paste for electronics packaging *J. Nanomater.* **2015** 897142

Haddad E, Martin C, Buttay C, Joubert C and Allard Bergogne D B 2013 High temperature, high frequency micro-inductors for low power DC–DC converters *EPE'13-ECCE Europe* (*Lille, France, September*) paper 390, hal-00874475

Hernik Y 2012 Precision resistors for energy, transportation, and high-temperature applications *Vishay Precision Groups*

Madou M J 2002 *Fundamentals of Microfabrication: The Science of Miniaturization* (Boca Raton, FL: CRC Press) 281

Magnetics © 2016 Using magnetic cores at high temperatures *Technical Bulletin* No. CG-06

Manikam V R and Cheong K Y 2011 Die attach materials for high temperature applications: a review *IEEE Trans. Compon. Packag. Manuf. Technol.* **1** 457-78

Morrison D G 2000 Thick-film-on-steel resistors prove worthy in high-temperature, high-power applications *Electronic Design*

Schott 2009 *New Hermetic Packaging and Sealing Technology Handbook*

Smedfors K 2014 Ohmic contacts for high temperature integrated circuits in silicon carbide *Licentiate Thesis* Royal Institute of Technology, Stockhlom, pp 1-39

Smedfors K, Lanni L, Östling M and Zetterling C M 2014 Characterization of ohmic Ni/Ti/Al and Ni contacts to 4H-SiC from −40℃ to 500℃ *Mater. Sci. Forum* **778-780** 681–4

TDK 2014 Power inductors for advanced engine management: built tough for high temperatures *TDK*

Vishay 2014 High temperature (245℃) thick film chip resistor *Vishay*

Vishay 2015 High stability–high temperature (230℃) thin film wraparound chip resistors, sulfur resistant *Vishay*

第12章 极低温环境下的超导电子学

超导电子学是涵盖低温超导和高温超导的扩展领域，应用于量子干涉仪、功率传输、微波滤波器及逻辑电路等方面。Bardeen-Cooper-Schieffer(BCS)理论解释了超导电性微观起源，而显微处理由 Ginzburg-Landau 理论提出。伦敦(London)方程可以解释著名的迈斯纳(Meissner)效应，即超导体对磁感应的排斥现象。约瑟夫森结(JJ)是超导电子学中广泛应用的器件，本章介绍直流、交流约瑟夫森效应和逆交流约瑟夫森效应，讨论直流、交流超导量子干涉仪(SQUID)在磁力测定中的应用，并对 RFSQ 逻辑进行简述，其被认为在纳电子学领域有望超越 CMOS 技术。

12.1 引　言

顾名思义，超导电子学即利用超导材料的电子学。有些材料在低于特定温度时表现为零电阻，该温度定义为临界或转移温度 T_C。超导电子学具有广泛覆盖的范围(Superconductivite, 2015)：

(i) SQUID 磁力计，是一种用于在空间某点精确测量磁场强度和方向的设备。

(ii) 限流器，一种保护装置，用于防止电气设备短路或过压等意外故障。

(iii) 高效电子滤波器，高效滤波器多用超导制作。

(iv) 快速单通量子(RSFQ)逻辑，基于磁通量子的逻辑系统。

以下对上述方向进行详细阐述。

12.2　超导性原理

12.2.1　低温超导体

低温超导体是一种材料、元素或者合金，在温度接近绝对零度(热力学零度，–273.15 ℃)时，表现为对电流几乎没有阻力。在这种材料中，电流可以无限长时间地流动，可长达数年而无损耗。

常规导体的电阻会随温度下降而减小，但会保持在一个特定值而不随温度继续减小。值得注意的是，最佳导体，如铜、银、金，都属于这一类。随着温度下降，超导体电阻同样会减小到某一特定值，而不同的是当达到特定温度时，其电阻会突然降到零，该温度称为临界温度。许多材料在温度低于 30 K(–243.15℃)时表现为超导体，如 Ga(1.1 K)、Al(1.2 K)、Hg(4.2 K)、Nb(9.3 K)以及 La-Ba-Cu 氧化物(17.9 K)。超导性是这些材料在低于其临界温度时表现出的一种具有极小电阻的特性。

12.2.2　迈斯纳效应

超导体排斥外部磁铁施加的任何磁场，如图 12.1 所示。这源自超导体内部对磁场的排斥，称为迈斯纳（Meissner）效应，如图 12.2 和图 12.3 所示。因此超导体被认为排斥磁场，或称超导体具有反磁性。

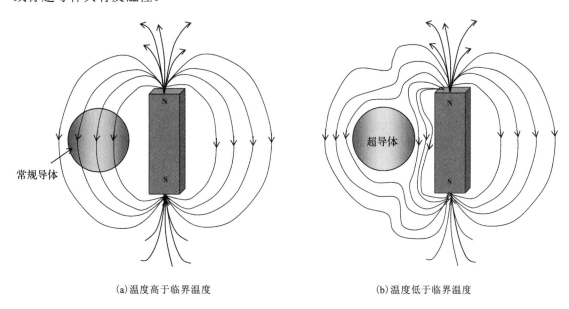

　　　（a）温度高于临界温度　　　　　　　　　　　　　（b）温度低于临界温度

图 12.1　当置于外磁场中时，超导体与正常电导体的行为差异

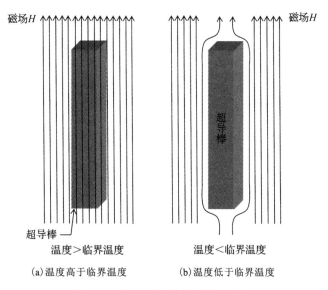

图 12.2　棒状超导体的迈斯纳效应

迈斯纳效应并不是在超导体界面的一种突变，磁场与超导体间的作用距离是一个有限非零值。外部磁场穿透超导体材料的特征深度约为 $10\sim100$ nm。该特征深度指其伦敦穿透长度/深度，用 λ 或 λ_L 表示，定义为磁场衰减到其表面值的 $1/e$ 时的距离。因此，磁感应

$B(x)$ 沿 x 方向的变化由下式得出：

$$B(x) = B(0) \exp(-x/\lambda_{\mathrm{L}}) \tag{12.1}$$

其中，$B(0)$ 为表面磁感应强度，透入深度为

$$\lambda_{\mathrm{L}} = \sqrt{\frac{m}{\mu_0 n q^2}} \tag{12.2}$$

其中 m, n, q 分别表示超导电子的质量、浓度和电荷。μ_0 为真空磁导率（$=1.257 \times 10^{-6}$ H·m^{-1}）。取 $n = 1 \times 10^{29}$ m^{-3}，$m = 9.11 \times 10^{-31}$ kg，$q = 1.6 \times 10^{-19}$ C，

$$\lambda_{\mathrm{L}} = \sqrt{\frac{9.11 \times 10^{-31}}{1.257 \times 10^{-6} \times 1 \times 10^{29} \times (1.6 \times 10^{-19})^2}} = 1.683 \times 10^{-8} \text{ m} = 16.83 \text{ nm} \tag{12.3}$$

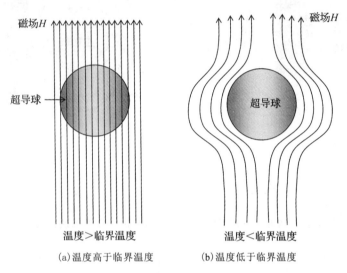

(a) 温度高于临界温度   (b) 温度低于临界温度

图 12.3   球形超导体的迈斯纳效应

12.2.3   临界磁场 (H_{C}) 和临界电流密度 (J_{C})

当维持温度和流经半导体的电流不变时，如果施加在超导体上的外磁场大于临界磁场 H_{C} 的特定值，材料的超导行为就丧失了。同样，保持作用在超导体上的温度和磁场不变，当流过超导体的电流密度 J 超过临界值 J_{C} 时，超导性也会被破坏。因此，当三个参数组中的任何一个参数超过临界值时，超导体就失去了超导性质。这些关键参数是：临界温度、临界磁场和临界电流密度。

12.2.4   超导体分类：Ⅰ型和Ⅱ型

如图 12.4 所示，超导体分为两类：

(i)   Ⅰ型或软型。当温度降到临界温度以下时，这些材料会通过突变完全进入超导状态，反之亦然。这意味着所有正在研究的材料都被转变成超导体，没有一块材料未经转化。纯金属的例子有铝（Al）、铅（Pb）、汞（Hg）等。合金 TaSi$_2$ 也以这种方式表现。

(ii)   Ⅱ型或硬型。这些材料转变成超导状态并非完全同时发生。在它之前有一个中间

阶段，在这个阶段中，材料的某些部分是超导的，而其余部分是导电的。这种材料的一个例子是合金 NbTi，它逐步转变成超导体。由超导材料和正常导电材料组成的混合态称为涡流态，在这种状态下，超导电流的漩涡（旋风或涡流）环绕着正常的导体。慢慢地，超导材料的量增加，而导电材料的量减少，直到所有材料成为超导体。

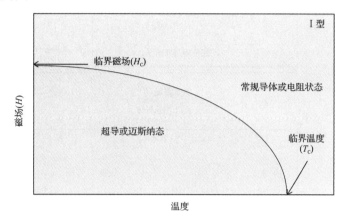

(a) I 型超导体

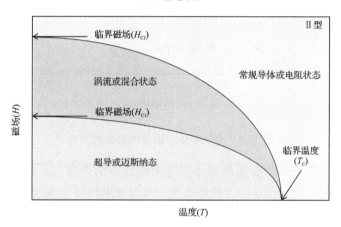

(b) II 型超导体

图 12.4　临界磁场温度分布图

I 型超导体保持其超导性质所需的临界温度和临界磁场非常低，因此，它们的实用性很低。相比之下，II 型超导体能够维持其超导特性所需的临界温度和临界磁场较高。这一特点大大提高了实用性。

I 型超导体具有单一临界磁场强度 H_C，低于临界磁场强度 H_C 则具有超导性，高于临界磁场强度 H_C 则超导性消失[见图 12.5(a)]。

II 型超导体具有两个临界磁场强度[见图 12.5(b)]：低于 H_{C2} 时，导体开始具有超导性，处于混合超导体状态（混合态），而低于 H_{C1} 时，则完全转变为超导状态（正常态）。换言之，高于 H_{C1} 时，超导性从超导体状态（正常态）转变为混合超导体状态（混合态），而高于 H_{C2} 时，超导性消失。

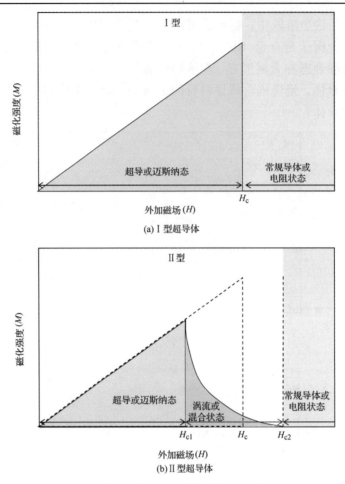

图 12.5 外加磁场对超导体磁化的影响

Ⅰ型超导体由于完全排除磁场而显示出完全的迈斯纳效应。Ⅱ型超导体未表现完全的迈斯纳效应，或者说表现出了混合迈斯纳效应，因为磁场仅限于处于正常导体状态的部分，而超导电流在剩余部分流动。

12.2.5　超导性 BCS 理论

1959 年约翰·巴丁、利昂·库珀和罗伯特·施里弗提出 BCS（Bardeen-Cooper-Schrieffer）超导理论。它为超导性提供了微观解释。这一理论是在对磁场中超导体进行行为观察的基础上建立的。众所周知，超导体对磁场具有排斥性。这表明超导性与材料的磁性有一定的关系。如我们所知，磁性是由电子自旋排列而产生的。电子是服从费米-狄拉克统计的粒子，因此称为费米子。具有两个可能的自旋值，±½。在材料的磁化过程中，随机取向的电子自旋被重新排列，形成一个有序结构。在超导体中，电子成对排列，称为库珀对。库珀对中的电子协同工作。库珀对中的两个电子可能相距很远，最远可达数百纳米。因此，它们可以从一个距离上进行协调。包含库珀对的两个电子之间的距离或库珀对延伸到的距离称为相干长度 ξ。相干长度从纳米到微米不等。每对电子都含有方向相反的自旋电子。因此库珀对的自旋变为零。因此，电子自旋从分数变为整数。具有整数自旋的粒子服从玻色-爱因斯坦统计，被称为玻色子。所以，库珀对是玻色子，比如声子或光子，不再是费米子。与遵循泡利不相容原理的费米子不同，库珀对是玻色子，它可以在低于临界温度的情况下凝结成最低的能级，从而导致电阻减小。

声子相互作用库珀对中弱束缚电子的影响，如图 12.6 所示。

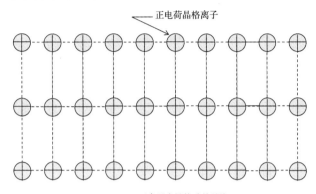

(a) 正离子未被扰动的晶格

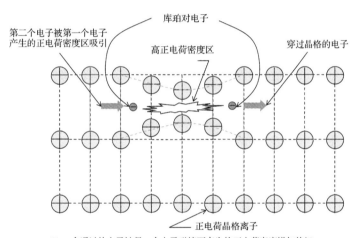

(b) 一个通过的电子被另一个电子碰撞而产生的正电荷密度增加的扭曲区域，从而形成库珀对。这个区域以声子的形式在晶体中传播

图 12.6　BCS 理论示意图

(i)　在低于临界温度的温度下，晶格振动为最小值。所以，这些声子被称为虚拟声子。

(ii)　思考电子在物质中的运动。当电子经过晶格离子时，它会从正常位置干扰晶格离子，通过电子上的负电荷与材料中离子的核心的正电荷的相互作用来构造性地干扰，而不是通过碰撞破坏。产生这种扰动时，电子继续运动并穿过晶格离子。

(iii)　晶格离子在电子经过后的延迟作用中瞬间从其正常位置移动。由于这种畸变，在电子附近产生净正电荷密度区域。

(iv)　库珀对中，第二个电子跟随第一个电子，并具有相反的动量和自旋。第二个电子被第一个电子通过时产生的正电荷区所吸引。第二个尾随电子与第一个领先电子配对。而两个电子之间的吸引力受晶格形变的影响。由于声子是振动能的量子，所以它是一种电子–声子相互作用。晶格形变产生的引力大于会将电子推开的库仑斥力。

(v) 在第二个电子通过后，晶格离子从它们移动的位置反弹回原来的位置。

(vi) 另一对库珀电子随后经历一系列相同的步骤，引起导电。

(vii) 更多库珀对重复进行上述过程。因此，电流不断通过晶格中的库珀对结构。库珀对是电流的载体。温度引起的晶格振动不能以干扰正常单电子的方式阻碍它们的运动。对晶格振动的不敏感性是由于晶格本身会影响库珀对中一个电子对其配对电子的吸引力。因此，它们比单个电子更稳定。这会使电阻减小到可忽略的值。

而产生的正电荷密度增加的畸变区，形成库珀对。这个区域以声子形式通过晶体传播。

温度低于临界温度时，电子在它们之间一个小吸引力的作用下保持成对状态。吸引力来源于电子与晶格的相互作用。在这种相互作用中，电子不会受到晶格离子的任何散射。当超导电流流动时，没有能量损失。在没有离子散射的情况下，不会产生电阻。高于这个温度时，电子之间的排斥力会破坏它们的配对状态。这些单电子在穿过晶格时受到离子散射。由于这种散射，材料表现出电阻。

12.2.6 金兹堡-朗道理论

金兹堡-朗道(Ginzburg-Landau)理论是基于物理直觉的超导体宏观理论。它是 1950 年，在微观 BCS 理论之前被提出的。它从一个波函数 Ψ 的命题开始。这种波函数是表征超导状态的一个复杂阶参数。参数 $|\Psi|^2$ 表示超导电子的密度。假设超导体的自由能密度可按超载流子密度的幂次展开，则自由能密度可根据两个参数最小化：阶参数 Ψ 和矢量势 A。这样做是为了稳定超导态的能量。计算很复杂，只是数值计算。

自由能函数展开为

$$F = \alpha \left|\Psi\right|^2 + \frac{\beta}{2} |\Psi|^4 + \gamma \left|\left(\nabla + \frac{2iq}{\hbar c}A\right)\Psi\right|^2 + \frac{B^2}{8\pi} \tag{12.4}$$

其中，A 为磁矢势，q 为电荷，c 为光速。Ψ 是一个复杂阶参数。符号 α 和 β 表示依赖温度的唯象参数。令自由能函数对 Ψ 的导数等于零，以使 Ψ 的自由能最小，

$$\frac{\mathrm{d}F}{\mathrm{d}\Psi} = 0 = 2\alpha|\Psi| + \frac{4\beta}{2} |\Psi|^2 \Psi + 2\gamma\left(\nabla + \frac{2iq}{\hbar c}A\right)^2 \Psi \tag{12.5}$$

归一化 Ψ，

$$\gamma = \hbar^2/(4m) \tag{12.6}$$

$$\begin{aligned}
\frac{\mathrm{d}F}{\mathrm{d}\Psi} &= 2\alpha\Psi + 2\beta |\Psi|^2 \Psi + 2\left(\frac{\hbar^2}{4m}\right)\left(\nabla + \frac{2iq}{\hbar c}A\right)^2 \Psi \\
&= 2\alpha\Psi + 2\beta |\Psi|^2 \Psi + 2\left(\frac{1}{4m}\right)\left\{\hbar\left(\nabla + \frac{2iq}{\hbar c}A\right)\right\}^2 \Psi \\
&= 2\alpha\Psi + 2\beta |\Psi|^2 \Psi + \left(\frac{1}{2m}\right) \times \left\{\hbar^2\nabla^2 + 2 \times \nabla \times \left(\frac{2iq}{\hbar c}A\right) \times \hbar^2 + \left(\frac{2iq}{\hbar c}A\right)^2 \hbar^2\right\} \Psi \\
&= 2\alpha\Psi + 2\beta |\Psi|^2 \Psi + \left(\frac{1}{2m}\right)\Big[-(-i\hbar\nabla)^2 - 2 \times (-i\hbar\nabla)
\end{aligned} \tag{12.7}$$

$$\times (-\mathrm{i}\hbar)\left(\frac{2\mathrm{i}q}{\hbar c}A\right) - \left\{(-\mathrm{i}\hbar)\left(\frac{2\mathrm{i}q}{\hbar c}A\right)\right\}^2\right]\Psi$$

$$= 2\alpha\Psi + 2\beta|\Psi|^2\Psi + \left(\frac{1}{2m}\right)\left[-(-\mathrm{i}\hbar\nabla)^2 - 2 \times (-\mathrm{i}\hbar\nabla) \times \left(\frac{2q}{c}A\right) - \left(\frac{2q}{c}A\right)^2\right]\Psi$$

$$= 2\alpha\Psi + 2\beta|\Psi|^2\Psi + \left(\frac{1}{2m}\right)\left\{-\mathrm{i}\hbar\nabla - \left(\frac{2q}{c}A\right)\right\}^2\Psi$$

所以

$$\alpha\Psi + \beta|\Psi|^2\Psi + \left(\frac{1}{4m}\right)\left\{-\mathrm{i}\hbar\nabla - \left(\frac{2q}{c}A\right)\right\}^2\Psi = 0 \tag{12.8}$$

或者

$$\{\alpha + \beta|\Psi|^2\}\Psi + \left(\frac{1}{4m}\right)\left\{-\mathrm{i}\hbar\nabla - \left(\frac{2q}{c}A\right)\right\}^2\Psi = 0 \tag{12.9}$$

这是金兹堡-朗道第一方程。

自由能函数对 A 的导数等于零，使其对 A 最小。用 $B = \nabla \times A$ 重写 F，

$$F = \alpha|\Psi|^2 + \frac{\beta}{2}|\Psi|^4 + \gamma\left\{\left(\nabla + \frac{2\mathrm{i}q}{\hbar c}A\right)\Psi \times \left(\nabla - \frac{2\mathrm{i}q}{\hbar c}A\right)\Psi^*\right\} + \frac{(\nabla \times A)^2}{8\pi} \tag{12.10}$$

$$\frac{\mathrm{d}F}{\mathrm{d}A} = 0 = 0 + 0 + \gamma\left(\frac{2\mathrm{i}q}{\hbar c}\right)\left\{\Psi\left(\nabla - \frac{2\mathrm{i}q}{\hbar c}A\right)\Psi^* - \Psi^*\left(\nabla + \frac{2\mathrm{i}q}{\hbar c}A\right)\Psi\right\}$$

$$\qquad + \frac{2\{\nabla \times (\nabla \times A)\}}{8\pi}$$

$$= 0 + 0 + \gamma\left(\frac{2\mathrm{i}q}{\hbar c}\right)\left\{\Psi\nabla\Psi^* - \Psi\frac{2\mathrm{i}q}{\hbar c}A\Psi^* - \Psi^*\nabla\Psi - \Psi^*\frac{2\mathrm{i}q}{\hbar c}A\Psi\right\} + \frac{\nabla \times B}{4\pi}$$

$$= \gamma\left(\frac{2\mathrm{i}q}{\hbar c}\right)\left\{(\Psi\nabla\Psi^* - \Psi^*\nabla\Psi) - \frac{4\mathrm{i}q}{\hbar c}A\Psi^*\Psi\right\} + \frac{4\pi j}{4\pi c}$$

从麦克斯韦第四方程开始

$$\nabla \times B = \frac{4\pi j}{c} \tag{12.11}$$

其中位移电流被忽略，可得

$$\left(\frac{2\gamma\mathrm{i}q}{\hbar c}\right)\left\{(\Psi\nabla\Psi^* - \Psi^*\nabla\Psi) - \frac{4\mathrm{i}q}{\hbar c}A\Psi^*\Psi\right\} + \frac{4\pi j}{4\pi c} = 0 \tag{12.12}$$

或者

$$\frac{j}{c} = -\left(\frac{2\hbar^2\mathrm{i}q}{4m\hbar c}\right)\left\{(\Psi\nabla\Psi^* - \Psi^*\nabla\Psi) - \frac{4\mathrm{i}q}{\hbar c}A\Psi^*\Psi\right\} \tag{12.13}$$

或者

$$\frac{j}{c} = -\left(\frac{\hbar\mathrm{i}q}{2mc}\right)(\Psi\nabla\Psi^* - \Psi^*\nabla\Psi) - \left(\frac{2q^2}{mc^2}\right)A\Psi^*\Psi \tag{12.14}$$

所以

$$j = -\left(\frac{\hbar i q}{2m}\right)(\Psi\nabla\Psi^* - \Psi^*\nabla\Psi) - \left(\frac{2q^2}{mc}\right)A\Psi^*\Psi \tag{12.15}$$

这是金兹堡-朗道第二方程。

金兹堡-朗道理论不讨论超导性的机制。而是，假设超导电性存在，推导超导电性的数学模型。

12.2.7 伦敦方程

伦敦方程由弗里茨(Fritz Landon)和海因茨(Heinz London)两兄弟在 1935 年提出，作为经典电磁学解释迈斯纳效应的限制。

在正常导体中，电荷为 q 的电子在电场 E 中移动受到的加速力 F_1 为

$$F_1 = qE \tag{12.16}$$

电子被力 F_1 加速到速度 v。运动过程中，电子与金属离子发生碰撞，会阻碍其运动。如果 τ 是电子减速至静止的时间，则其减速的加速度由下式给出：

$$a = v/\tau \tag{12.17}$$

假设电子质量为 m，其受到减速的作用力为

$$F_2 = -(mv)/\tau \tag{12.18}$$

电子的运动方程是

$$m\frac{dv}{dt} = F_1 + F_2 = qE - (mv)/\tau \tag{12.19}$$

在超导体中，没有碰撞导致电子散射。因此

$$F_2 = -(mv)/\tau = 0 \tag{12.20}$$

运动方程可简化为

$$m\frac{dv}{dt} = qE \tag{12.21}$$

或者

$$\frac{dv}{dt} = \frac{qE}{m} \tag{12.22}$$

电流为

$$I = \frac{总电荷/横截面积}{时间} \tag{12.23}$$

电流密度为

$$J = \frac{(总电荷/体积)\times穿过的路径长度}{时间} = nqv \tag{12.24}$$

式中，$n{\cdot}q =$(电子数/体积)×电子电荷，$v =$ 穿过的路径长度/时间。

上式两边分别对时间取导数：

$$\frac{\mathrm{d}J}{\mathrm{d}t} = nq\frac{\mathrm{d}v}{\mathrm{d}t} \tag{12.25}$$

将方程式(12.22)中的 $\mathrm{d}v/\mathrm{d}t$ 值代入方程式(12.25)

$$\frac{\mathrm{d}J}{\mathrm{d}t} = nq\left(\frac{qE}{m}\right) = \frac{nq^2E}{m} \tag{12.26}$$

这是伦敦第一方程。

取伦敦第一方程的旋度

$$\nabla \times \frac{\mathrm{d}J}{\mathrm{d}t} = \nabla \times \left(\frac{nq^2E}{m}\right) = \left(\frac{nq^2}{m}\right)(\nabla \times E) = \left(\frac{nq^2}{m}\right)\left(-\frac{\mathrm{d}B}{\mathrm{d}t}\right) \tag{12.27}$$

根据麦克斯韦第三方程

$$\nabla \times E = -\frac{\mathrm{d}B}{\mathrm{d}t} \tag{12.28}$$

对方程式(12.27)两边的时间进行积分

$$\nabla \times J = -\frac{nq^2B}{m} \tag{12.29}$$

这是伦敦第二方程。

12.2.8　利用伦敦方程解释迈斯纳效应

麦克斯韦第四方程是安培环路定律的微分形式：

$$\nabla \times B = \mu_0 J \tag{12.30}$$

式中不包括位移电流项。

对上式两边取梯度

$$\nabla \times \nabla \times B = \mu_0(\nabla \times J) \tag{12.31}$$

或者

$$\nabla \times \nabla \times B = \mu_0\left(-\frac{nq^2B}{m}\right) \tag{12.32}$$

利用伦敦第二方程可得到式(12.32)。

应用公式

$$\nabla \times \nabla \times B = \nabla(\nabla \cdot B) - \nabla^2 B \tag{12.33}$$

式(12.32)可以表示为

$$\nabla(\nabla \cdot B) - \nabla^2 B = \mu_0\left(-\frac{nq^2B}{m}\right) \tag{12.34}$$

从麦克斯韦第二方程(高斯静磁学定律)

$$\nabla \cdot B = 0 \tag{12.35}$$

方程式(12.34)可简化为

$$\nabla^2 B = \mu_0\left(\frac{nq^2\boldsymbol{B}}{m}\right) = \frac{B}{\left\{m/(\mu_0 nq^2)\right\}} = \frac{B}{\lambda_L^2} \tag{12.36}$$

其中

$$\lambda_L = \sqrt{\left\{m/(\mu_0 nq^2)\right\}} \tag{12.37}$$

具有长度的大小，称为穿透深度，见式(12.2)。方程式(12.36)清楚地表明 B 在空间上是均匀的，或者只有当 $B = 0$ 时

$$\nabla^2 B = 0 \tag{12.38}$$

因此，只有处处为零，B 才可能成为超导体内部的均匀场。因此，在超导体内部非零场不能均匀存在。换句话说，磁场必须是不均匀的或依赖于位置的。

在 x 方向的式(12.36)写为

$$\frac{\mathrm{d}^2 B}{\mathrm{d}x^2} = \left(\frac{1}{\lambda_L^2}\right)B \tag{13.39}$$

令

$$B = \exp(px) \tag{12.40}$$

则

$$p^2 \exp(px) - \left(\frac{1}{\lambda_L^2}\right)\exp(px) = 0 \tag{12.41}$$

或者

$$\exp(px)\left\{p^2 - \left(\frac{1}{\lambda_L^2}\right)\right\} = 0 \tag{12.42}$$

所以

$$p^2 - \left(\frac{1}{\lambda_L^2}\right) = 0 \tag{12.43}$$

因此

$$p = \pm\left(\frac{1}{\lambda_L}\right) \tag{12.44}$$

微分方程的通解为

$$B = C_1 \exp\left(+\frac{1}{\lambda_L}\right)x + C_2 \exp\left(-\frac{1}{\lambda_L}\right)x \tag{12.45}$$

$$x = \infty, \ B = 0 \tag{12.46}$$

由于第一项表现出相反的行为，物理上的合理解为

$$B = C_2 \exp\left(-\frac{1}{\lambda_L}\right)x \tag{12.47}$$

$$x = 0, B = B(0) \tag{12.48}$$

所以

$$C_2 = B(0) \tag{12.49}$$

而

$$B = B(0)\exp\left(-\frac{1}{\lambda_{\mathrm{L}}}\right)x \tag{12.50}$$

将其与式 (12.1) 进行比较。式 (12.1) 和式 (12.50) 相同。该方程预测了磁感应随离超导体外表面距离的指数衰减。因此，λ_{L} 是磁感应从表面的 $B(0)$ 值下降到超导体内部 e^{-1} 倍的距离。它是穿透长度。从超导体中排斥磁感应的现象即为迈斯纳效应。磁场的逐出是通过屏蔽超电流在表面厚度为 λ_{L} 的鞘层中流动实现的，没有任何欧姆损失。

12.2.9　实际应用

由于超导现象发生在非常低的温度下，实际使用中利用该现象时的首要要求是达到所需低温并保持温度，实现这两项要求都是比较困难的。因此，这些现象并没有在日常生活中得到应用，而是在特殊场景中应用。其中一个应用是磁共振设备，其中大磁场是由电磁铁产生的。如果使用普通导体，流过电磁铁的大电流将产生巨大的热量，超导材料制成的线圈用于这些巨大的电磁铁中，可以解决发热问题。超导磁体的另一个应用领域是粒子加速器。这是一种大型的装置，其中基本粒子以高速度运动，与其他粒子相撞，以产生新的粒子。

12.2.10　高温超导体

在超导性的背景下，"高温"一词的含义与它的通常含义不同，因为超导性最初被观测到是在接近绝对零度的环境中。高温超导体 (high-T_{C}) 只是指比传统的低温超导体在更远离绝对零度时表现出超导特性。在这种情况下，在接近液氮温度 (77.2 K) 的 90～100 K 温度范围已足够高使材料成为合格的高温超导体 (HTS)。高温超导体通常由陶瓷材料制成。它的行为方式与之前的低温超导体相同，只是温度有所升高。如果最终能够获得可在室温下工作的超导体，其实际应用就不再需要大量的冷却装置了。

12.3　约瑟夫森结

约瑟夫森结 (Josephson Junction, JJ) 是超导电子学中一种重要的有源器件 (Scientific American, 1997)。JJ，也称为超导隧道结 (STJ)，是一种夹层结构，由两个超导电极组成，两个超导电极由弱连接 (如普通金属或薄绝缘隧道屏障) 隔开 (见图 12.7)。JJ 是通过以下结构进行人工制造的：(i) 超导体-非超导金属-超导体或 (ii) 超导体-绝缘体-超导体。在结构 (i) 中，金属厚度可以是几微米，但在结构 (ii) 中，绝缘体厚度必须非常小，约 3 nm。还有其他几种形成弱连接的方法，如窄缩法、晶界法等。

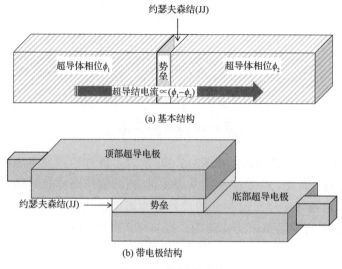

(a) 基本结构

(b) 带电极结构

图 12.7　约瑟夫森结

12.3.1　直流约瑟夫森效应

即使没有直流电压施加在结上，只要电流低于临界水平，直流电流就会流过结〔见图 12.8(a)〕。该直流电流代表可通过约瑟夫森结的最大超导电流值。在结两侧的库珀对可以用波函数 ψ_1 和 ψ_2 来表示。电流通过库珀对的量子力学隧道自发流动。在这个隧穿过程中，库珀对的共有量子波泄露到结的另一侧，引起电流传导。库珀对的隧穿与正常隧道结中的电子隧穿不同，原因如下：

(i)　库珀对的隧穿不需要任何激发或电压，而电子隧穿需要有限的电压。

(ii)　与普通隧道结不同，库珀对的隧道电流不会遇到任何电阻。因此，如果一个电流源连接在结上，就没有电压降或功耗。

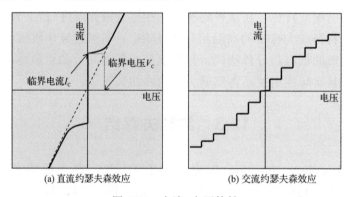

(a) 直流约瑟夫森效应　　(b) 交流约瑟夫森效应

图 12.8　电流-电压特性

零直流电压下的电流称为约瑟夫森电流，这种现象称为直流约瑟夫森效应。约瑟夫森电流与波函数 ψ_1 和 ψ_2 相位差的三角正弦函数成正比。直流约瑟夫森效应的现象令人惊讶，因为它意味着电流可以在没有电场的情况下流动。这与物理学中常见的原理相反，即电压 = 电流×电阻，因此，如果电压为零，则电流为零。

12.3.2　交流约瑟夫森效应

当直流电压施加在结上，直流电流超过临界电流时，观察到的效应，即交流约瑟夫森效应。在对相位变化的反应中，通过结产生振荡电压[见图 12.8(b)]。这种振荡的特征频率既不取决于结两侧超导体的大小，也不取决于它们的性质，如化学成分或临界温度。它只取决于外加电压和基本物理常数，如基本电荷和普朗克常数。其与通过结的电压成正比，当约 500 GHz/mV 穿过结时产生振荡，这就是交流约瑟夫森效应。这与常规物理也不相符，因为这意味着施加直流电压时，有交流电流流过约瑟夫森结。

12.3.3　理论分析

对于超导性，假设含有约瑟夫森结的系统被浸没在液氦浴中。镀液温度为 $-269°C$。此外，系统完全与磁场隔离。

当约瑟夫森结的两个超导电极中的库珀对的 ψ_1 和 ψ_2 波函数靠近时，它们穿过势垒并试图相互耦合。当与波函数耦合有关的能量大于热涨落能时，波函数的相位就被锁定。这使得库珀对能够从一个超导体传输到另一个超导体，而不会造成任何能量损失。以下将对结平面上的随机位置给出约瑟夫森效应控制方程的简单推导。

用耦合时变薛定谔方程描述隧道势垒对侧的波函数 ψ_1 和 ψ_2 的时间演化，

$$i\hbar\frac{\partial\psi_1}{\partial t} = U_1\psi_1 + K\psi_2 \tag{12.51}$$

$$i\hbar\frac{\partial\psi_2}{\partial t} = U_2\psi_2 + K\psi_1 \tag{12.52}$$

其中 K 是一个常数，表示穿过隧道屏障的耦合。它是波函数之间相互作用的度量。其值取决于屏障宽度和组成，并随温度变化，它被称为势垒不透明度常数。U_1，U_2 分别表示由于在两侧之间施加电压源 $V=(V_1-V_2)$，势垒另一侧的最低能量状态。能量的差别为

$$\Delta U = U_2 - U_1 = -2q(V_1 - V_2) = -2qV \tag{12.53}$$

其中 $2q$ 是库珀对上的电荷，q 是电子电荷，V 是结上的电位差。

波函数 ψ_1 和 ψ_2 可以简略地表示为

$$\psi_1 = \sqrt{\rho_1}\exp(i\phi_1) \tag{12.54}$$

$$\psi_2 = \sqrt{\rho_2}\exp(i\phi_2) \tag{12.55}$$

式中，ρ_1，ρ_2 是库珀对的密度，ϕ_1,ϕ_2 是波函数的相位。

将式(12.54)和式(12.55)代入式(12.51)，得到

$$i\hbar\frac{\partial\left\{\sqrt{\rho_1}\exp(i\phi_1)\right\}}{\partial t} = U_1\left\{\sqrt{\rho_1}\exp(i\phi_1)\right\} + K\left\{\sqrt{\rho_2}\exp(i\phi_2)\right\} \tag{12.56}$$

或者

$$i\hbar\times(1/2)\rho_1^{-1/2}\left(\frac{\partial\rho_1}{\partial t}\right)\exp(i\phi_1) + \left\{i\hbar\sqrt{\rho_1}\times\exp(i\phi_1)\times i\left(\frac{\partial\phi_1}{\partial t}\right)\right\}$$

$$= U_1\sqrt{\rho_1}\exp(i\phi_1) + K\sqrt{\rho_2}\exp(i\phi_2) \tag{12.57}$$

将两边乘以 $\sqrt{\rho_1}\,/\{\exp(\mathrm{i}\phi_1)\}$，可得到

$$\mathrm{i}\hbar \times (1/2)\left(\frac{\partial\rho_1}{\partial t}\right) - \left\{\hbar\rho_1\left(\frac{\partial\phi_1}{\partial t}\right) \times \exp(\mathrm{i}\phi_1)\right\}\Big/ \{\exp(\mathrm{i}\phi_1)\} \tag{12.58}$$
$$= U_1\rho_1 + K\sqrt{\rho_1\rho_2}\,\{\exp(\mathrm{i}\phi_2)/\exp(\mathrm{i}\phi_1)\}$$

或者

$$\mathrm{i}\hbar\left(\frac{\partial\rho_1}{\partial t}\right) - 2\hbar\rho_1\left(\frac{\partial\phi_1}{\partial t}\right) = 2U_1\rho_1 + 2K\sqrt{\rho_1\rho_2}\big[\exp\{\mathrm{i}(\phi_2 - \phi_1)\}\big] \tag{12.59}$$
$$= 2U_1\rho_1 + 2K\sqrt{\rho_1\rho_2}\,\{\cos(\phi_2 - \phi_1) + \mathrm{i}\sin(\phi_2 - \phi_1)\}$$

令实部和虚部分别相等

$$-2\hbar\rho_1\left(\frac{\partial\phi_1}{\partial t}\right) = 2U_1\rho_1 + 2K\sqrt{\rho_1\rho_2}\,\cos(\phi_2 - \phi_1) \tag{12.60}$$

$$\frac{\partial\phi_1}{\partial t} = -\frac{U_1}{\hbar} - \frac{K}{\hbar}\sqrt{\frac{\rho_2}{\rho_1}}\,\cos(\phi_2 - \phi_1) \tag{12.61}$$

$$\mathrm{i}\hbar\left(\frac{\partial\rho_1}{\partial t}\right) = 2K\sqrt{\rho_1\rho_2} \times \mathrm{i}\sin(\phi_2 - \phi_1) \tag{12.62}$$

$$\frac{\partial\rho_1}{\partial t} = \frac{2K}{\hbar}\sqrt{\rho_1\rho_2}\,\sin(\phi_2 - \phi_1) \tag{12.63}$$

将式(12.54)和式(12.55)代入式(12.52)，可得

$$\mathrm{i}\hbar\frac{\partial\{\sqrt{\rho_2}\,\exp(\mathrm{i}\phi_2)\}}{\partial t} = U_2\{\sqrt{\rho_2}\,\exp(\mathrm{i}\phi_2)\} + K\{\sqrt{\rho_1}\,\exp(\mathrm{i}\phi_1)\} \tag{12.64}$$

$$\mathrm{i}\hbar \times (1/2)\rho_2^{-1/2}\left(\frac{\partial\rho_2}{\partial t}\right)\exp(\mathrm{i}\phi_2) + \left\{\mathrm{i}\hbar\sqrt{\rho_2} \times \exp(\mathrm{i}\phi_2) \times \mathrm{i}\left(\frac{\partial\phi_2}{\partial t}\right)\right\} \tag{12.65}$$
$$= U_2\sqrt{\rho_2}\,\exp(\mathrm{i}\phi_2) + K\{\sqrt{\rho_1}\,\exp(\mathrm{i}\phi_1)\}$$

两侧乘以 $\sqrt{\rho_2}\,/\{\exp(\mathrm{i}\phi_2)\}$，

$$\mathrm{i}\hbar \times (1/2)\left(\frac{\partial\rho_2}{\partial t}\right) - \left\{\hbar\rho_2\left(\frac{\partial\phi_2}{\partial t}\right) \times \exp(\mathrm{i}\phi_2)\right\}\Big/ \{\exp(\mathrm{i}\phi_2)\} \tag{12.66}$$
$$= U_2\rho_2 + K\sqrt{\rho_1\rho_2}\,\{\exp(\mathrm{i}\phi_1)/\exp(\mathrm{i}\phi_2)\}$$

$$\mathrm{i}\hbar\left(\frac{\partial\rho_2}{\partial t}\right) - 2\hbar\rho_2\left(\frac{\partial\phi_2}{\partial t}\right) = 2U_2\rho_2 + 2K\sqrt{\rho_1\rho_2}\big[\exp\{\mathrm{i}(\phi_1 - \phi_2)\}\big] \tag{12.67}$$
$$= 2U_2\rho_2 + 2K\sqrt{\rho_1\rho_2}\,\{\cos(\phi_1 - \phi_2) + \mathrm{i}\sin(\phi_1 - \phi_2)\}$$

令实部和虚部分别相等，则有

$$-2\hbar\rho_2\left(\frac{\partial\phi_2}{\partial t}\right) = 2U_2\rho_2 + 2K\sqrt{\rho_1\rho_2}\,\cos(\phi_1 - \phi_2) \tag{12.68}$$

$$-\frac{\partial\phi_2}{\partial t} = \frac{U_2}{\hbar} + \frac{K}{\hbar}\sqrt{\frac{\rho_1}{\rho_2}}\,\cos(\phi_1 - \phi_2)$$

或

$$\frac{\partial \phi_2}{\partial t} = -\frac{U_2}{\hbar} - \frac{K}{\hbar}\sqrt{\frac{\rho_1}{\rho_2}}\cos(\phi_2 - \phi_1) \tag{12.69}$$

$$\frac{\partial \rho_2}{\partial t} = \frac{2K}{\hbar}\sqrt{\rho_1\rho_2} \times \sin(\phi_1 - \phi_2) = -\frac{2K}{\hbar}\sqrt{\rho_1\rho_2} \times \sin(\phi_2 - \phi_1) \tag{12.70}$$

比较式(12.63)和式(12.70)，可以看出

$$\frac{\partial \rho_1}{\partial t} = \text{超导体 1 中库珀对密度} \rho_1 \text{下降率} = -\frac{\partial \rho_2}{\partial t} = -\text{超导体 2 中库珀对密度} \rho_2 \text{下降率}$$

$$\tag{12.71}$$

由于这些变化可能导致电子和背景离子之间的电荷不平衡，因此在连接到约瑟夫森结的电路中流动的电流与之相反。从一个超导体流向另一个超导体的电流密度由库珀对密度的时间导数给出。电流密度的符号是通过比较约瑟夫森结和大块超导体得到的。电流密度方向与相位梯度方向相反。在约瑟夫森结中，从超导体 1 到超导体 2 的相位正梯度表示为 $\phi_2 - \phi_1$ > 0。对于这种电流极性，库珀对中的电子必须从超导体 1 转移到超导体 2。因此 $\frac{\partial \rho_2}{\partial t}$ > 0，而 K 符号为负，因此，根据方程式(12.63)，电流密度为

$$j = \frac{\partial \rho_1}{\partial t} = 2\frac{K}{\hbar}\sqrt{\rho_1\rho_2}\sin(\phi_2 - \phi_1) \tag{12.72}$$

也可改写为

$$j = j_C \sin\phi \tag{12.73}$$

其中

$$j_C = 2\frac{K}{\hbar}\sqrt{\rho_1\rho_2} \tag{12.74}$$

是临界电流密度，以及

$$\phi_2 - \phi_1 = \phi \tag{12.75}$$

临界电流密度 j_C 取决于 K 和假定不存在的外部磁场。

为了简化，约瑟夫森结的超导金属层由相同元素铌(Nb)制成。则 $\rho_1=\rho_2$，取相同的超导体，从式(12.69)中减去式(12.61)，

$$\frac{\partial \phi_2}{\partial t} - \frac{\partial \phi_1}{\partial t} = \frac{U_1}{\hbar} - \frac{U_2}{\hbar} \tag{12.76}$$

$$\frac{\partial(\phi_2 - \phi_1)}{\partial t} = \frac{U_1 - U_2}{\hbar}$$

根据式(12.53)，有

$$\frac{\partial \phi}{\partial t} = \frac{2qV}{\hbar} \tag{12.77}$$

式(12.71)和式(12.77)构成约瑟夫森效应的基本控制方程。进一步分析其如何导致直流和交流约瑟夫森效应。

直流效应

将式(12.77)对时间进行积分，

$$\int_{\phi_0}^{\phi(t)} \left(\frac{\partial \phi}{\partial t}\right) \mathrm{d}t = \frac{2q}{\hbar} \int_0^t V \mathrm{d}t \tag{12.78}$$

或

$$\phi(t) - \phi_0 = \frac{2q}{\hbar} \int_0^t V \mathrm{d}t \tag{12.79}$$

如果 $V = 0$，$\phi(t) - \phi_0 = 0$ 或 $\phi(t) = \phi_0$，则

$$j = j_C \sin \phi_0 \tag{12.80}$$

此为一参数。因此，对于 $V = 0$，存在一个恒定的直流电流流动。当 $\sin \phi_0$ 的峰值为 1 时，达到该电流的最大值。根据式(12.74)，最大值为

$$j = j_C \sin \phi_0 = j_C \times 1 = j_C = 2\frac{K}{\hbar}\sqrt{\rho_1 \rho_2} \tag{12.81}$$

此为直流约瑟夫森效应，即在没有外加电压的情况下出现恒定电流，并维持该电流达到峰值 j_C。

交流效应

如果 V 是非零的，其大小为 V，则有

$$\phi(t) - \phi_0 = \phi = \frac{2qVt}{\hbar} \tag{12.82}$$

因此

$$j = j_C \sin \phi = j_C \sin\left(\frac{2qVt}{\hbar}\right) \tag{12.83}$$

其为振荡电流，频率为

$$f = \frac{1}{2\pi}\left(\frac{2qV}{\hbar}\right) = \frac{1}{2\pi}\left\{\frac{2qV}{\hbar/(2\pi)}\right\} = \frac{2qV}{\hbar} \tag{12.84}$$

当 $V = 1\ \mathrm{mV} = 10^{-3}\mathrm{V}$ 时，

$$f = \frac{2q}{\hbar} = \frac{2 \times 1.6 \times 10^{-19} \times 10^{-3}}{6.63 \times 10^{-34}} = 4.827 \times 10^{11}\ \mathrm{Hz} \tag{12.85}$$

这是交流约瑟夫森效应，其中直流电压 V 的应用产生频率为 4.827×10^{11} Hz/mV 的高频交流电压。

12.3.4　规范不变相位差

上述讨论是基于 JJ 不受任何磁场作用的假设。相位差取 $\phi = \phi_2 - \phi_1$。这不是规范不变量。但由于没有考虑磁场对 JJ 的影响，因此没有产生任何误差。但是，该 ϕ 值不能代表存在磁场的一般情况。因此，从广义的角度来看，由此确定的电流密度 J 是不真实的。为了磁场的影响情况，在存在矢量磁势 A 的情况下，磁场 B 定义为

$$B = \nabla \times A \tag{12.86}$$

相位差 ϕ 将由规范不变相位差 θ 代替，定义为

$$\theta = \phi_2 - \phi_1 - (2\pi/\Phi_0) \oint_1^2 \boldsymbol{A} \cdot \mathrm{d}\boldsymbol{s} \tag{12.87}$$

其中，Φ_0 是磁通量量子，由下式给出

$$\Phi_0 = h/(2q) = 6.63 \times 10^{-34}/(2 \times 1.6 \times 10^{-19}) = 2.072 \times 10^{-15} \, \mathrm{Wb} \tag{12.88}$$

它对所有的超导体都有相同的值。量子化是由于对宏观波函数的要求是单值的。由于这一限制，超导环所捕获的总磁通量只能获得磁通量量子的整数倍的量子化值。绕线圈的磁通量为

$$\Phi = \boldsymbol{B} \cdot \boldsymbol{s} \tag{12.89}$$

其中 s 是环的面积。

设超导体中的库珀对浓度为 $\rho(\boldsymbol{r})$，其中 $\boldsymbol{r}$ 是位置矢量，波函数为 $\Psi(\boldsymbol{r})$。那么（Tsang，1997）

$$\rho(\boldsymbol{r}) = \Psi^*(\boldsymbol{r})\Psi(\boldsymbol{r}) = |\Psi(\boldsymbol{r})|^2 \tag{12.90}$$

因此

$$\Psi(\boldsymbol{r}) = \sqrt{\rho(\boldsymbol{r})} \exp\{+\mathrm{i}\theta(\boldsymbol{r})\} \tag{12.91}$$

$$\Psi^*(\boldsymbol{r}) = \sqrt{\rho(\boldsymbol{r})} \exp\{-\mathrm{i}\theta(\boldsymbol{r})\} \tag{12.92}$$

其中 $\theta(\boldsymbol{r})$ 是波函数的相位。

经典质量 m 粒子以速度 $\boldsymbol{v}$ 运动时的标准动量 $\boldsymbol{p}$ 为

$$\boldsymbol{p} = m\boldsymbol{v} + (q/c)\boldsymbol{A} \tag{12.93}$$

其中 q 是电荷，c 是光速，$\boldsymbol{A}$ 是磁矢势。

用量子力学动量算符 $-\mathrm{i}\hbar\nabla$ 代替 $\boldsymbol{p}$，上式可写为

$$m\boldsymbol{v} = -\mathrm{i}\hbar\nabla - (q/c)\boldsymbol{A} \tag{12.94}$$

$$\boldsymbol{v} = (1/m)\{-\mathrm{i}\hbar\nabla - (q/c)\boldsymbol{A}\} \tag{12.95}$$

回顾自由电子的电流密度 J 和速度 v 之间关系的推导。导体的横截面积为 A，长度为 L，则其体积为

$$V = AL \tag{12.96}$$

如果 n 是导体中单位体积电子数，则电子总数为

$$N = ALn \tag{12.97}$$

如果 q 是单个电子的电荷，那么导体中所有电子的总电荷是

$$Q = qALn \tag{12.98}$$

电荷载体穿过导体长度 L 所需的时间为

$$t = L/v \tag{12.99}$$

电流 I 定义为

$$I = Q/t \tag{12.100}$$

将式(12.98)和式(12.99)代入式(12.100)中，可得

$$I = Q/t = (qALn)/(L/v) = qAnv \qquad (12.101)$$

电流密度为

$$J = I/A = qAnv/A = qnv \qquad (12.102)$$

在量子力学中，

$$nv = \Psi^* v \Psi \qquad (12.103)$$

因此

$$J = q\Psi^* v \Psi \qquad (12.104)$$

将式(12.91)、式(12.92)以及式(12.95)代入式(12.104)中，可得

$$\begin{aligned}
J &= q\Psi^* v \Psi = q\sqrt{\rho}\,\exp(-\mathrm{i}\theta)(1/m)\{-\mathrm{i}\hbar\nabla - (q/c)A\}\sqrt{\rho}\,\exp(+\mathrm{i}\theta) \qquad (12.105)\\
&= q\sqrt{\rho}\,\exp(-\mathrm{i}\theta)(1/m)\big[\{-\mathrm{i}\hbar\nabla - (q/c)A\}\sqrt{\rho}\,\exp(+\mathrm{i}\theta)\big]\\
&= q\sqrt{\rho}\,\exp(-\mathrm{i}\theta)(1/m)\\
&\quad \times \big[\{-\mathrm{i}\hbar\sqrt{\rho}\,\exp(+\mathrm{i}\theta)\times(+\mathrm{i})\nabla\theta - (q/c)A\sqrt{\rho}\,\exp(+\mathrm{i}\theta)\}\big]\\
&= q\sqrt{\rho}\,\exp(-\mathrm{i}\theta)(1/m)\sqrt{\rho}\,\exp(+\mathrm{i}\theta)[\{-\mathrm{i}\hbar\times(+\mathrm{i})\nabla\theta - (q/c)A\}]\\
&= (q\rho/m)[\{-\mathrm{i}\hbar\times(+\mathrm{i}\theta)\nabla\theta - (q/c)A\}] = (q\rho/m)\{\hbar\nabla\theta - (q/c)A\}
\end{aligned}$$

但根据麦克斯韦第四方程

$$J = (c/4\pi)(\nabla \times B) \qquad (12.106)$$

可知，在超导体内部，根据迈斯纳效应 $B = 0$，所以 $J = 0$，因此

$$(q\rho/m)\{\hbar\nabla\theta - (q/c)A\} = 0 \qquad (12.107)$$

或者

$$\hbar\nabla\theta - (q/c)A = 0$$
$$\hbar\nabla\theta = (q/c)A \qquad (12.108)$$

在超导环内沿闭合路径 c 对两侧进行线积分，得到

$$\oint \hbar\nabla\theta \cdot \mathrm{d}l = \oint (q/c)A \cdot \mathrm{d}l \qquad (12.109)$$

或者

$$(\hbar c) \oint \nabla\theta \cdot \mathrm{d}l = q \oint A \cdot \mathrm{d}l \qquad (12.110)$$

对于左侧

$$\oint \nabla\theta \cdot \mathrm{d}l = \int_{\theta_1}^{\theta_2} \nabla\theta \cdot \mathrm{d}l = (\theta_2 - \theta_1) \qquad (12.111)$$

这是绕环一圈时的相位差。库珀对波函数的唯一性限制了在一个闭合回路上取一次相位差的积分只能取等于 2π 整数倍的值。因此

$$\theta_2 - \theta_1 = 2\pi\Xi \qquad (12.112)$$

其中 Ξ 为整数。所以

$$(\hbar c) \oint \nabla \theta \cdot \mathrm{d}l = (\hbar c) 2\pi \Xi \tag{12.113}$$

对于式 (12.110) 右侧，应用斯托克定理得到

$$q \oint A \cdot \mathrm{d}l = q \iint (\nabla \times A) \cdot \mathrm{d}s \tag{12.114}$$

注意，$\oint A \cdot \mathrm{d}l$ 是闭合轮廓上 c 的线积分；$\mathrm{d}l$ 表示线性元素，而

$$\iint (\nabla \times A) \cdot \mathrm{d}s \tag{12.115}$$

是覆盖闭合路径 c 内部表面的一个积分；$\mathrm{d}s$ 表示面积元素。

但是

$$\nabla \times A = B \tag{12.116}$$

因此，利用式 (12.89)，可得

$$q \oint A \cdot \mathrm{d}l = q \iint B \cdot \mathrm{d}s = q B \cdot s = q \Phi \tag{12.117}$$

联合式 (12.110)、式 (12.113) 和式 (12.117)，则有

$$(\hbar c) 2\pi \Xi = q \Phi \tag{12.118}$$

所以

$$\Phi = \frac{(\hbar c) 2\pi \Xi}{q} = \frac{hc}{2\pi q} \times 2\pi \Xi = \left(\frac{hc}{q} \right) \Xi = \Phi_0 \Xi \tag{12.119}$$

通过超导电极和隧道势垒的轮廓线周围的线积分 A 产生封闭磁通量 Φ。磁矢势的积分路径是从超导体 2 穿过隧道势垒到达超导体 1 的。因此，基于式 (12.87) 修正后的超导电流密度为

$$J = J_C \sin \theta = J_C \sin \left\{ \phi_2 - \phi_1 - (2\pi/\Phi_0) \oint_1^2 A \cdot \mathrm{d}s \right\} \tag{12.120}$$

J_C 是修正后的临界电流密度。以下推导了其与以往临界电流密度 j_C 的关系。根据 θ，式 (12.77) 的修正形式为

$$\frac{2q(V_1 - V_2)}{\hbar} = \frac{\partial \theta}{\partial t} = \frac{\partial}{\partial t} \left\{ \phi_2 - \phi_1 - (2\pi/\Phi_0) \oint_1^2 A \cdot \mathrm{d}s \right\} \tag{12.121}$$

但是，如果不存在磁场，取 $A = 0$，则可认为 $\theta = \phi$。

在了解了这种规范不变的电流形式之后，沿着 $-\hat{y}$ 方向在结上施加一个磁感应 B。则

$$A \cdot \mathrm{d}s = - Bx\mathrm{d}z \tag{12.122}$$

$$\oint_1^2 A \cdot \mathrm{d}s = \oint_0^d - Bx\mathrm{d}z = - Bx[z]_0^d = - Bxd \tag{12.123}$$

其中，x，$\mathrm{d}z$ 分别是 JJ 元素在 x，z 方向的尺寸，d 是隧道屏障的厚度。

将式 (12.120) 代入，代替 $\oint_1^2 A \cdot \mathrm{d}s$ 表示电流密度，则式 (12.73) 可写为

$$j = j_C \sin\{\phi - (2\pi/\Phi_0)(- Bxd)\} = j_C \sin\{\phi + (2\pi/\Phi_0)(Bxd)\} \tag{12.124}$$

从 0 到 L 积分，L 为 JJ 沿 x 方向延伸的长度，

$$
\begin{aligned}
J &= \int_0^L j(x)\mathrm{d}x = \int_0^L j_C \sin\{\phi + (2\pi/\Phi_0)(Bxd)\}\mathrm{d}x \\
&= j_C \int_0^L \sin\{\phi + (2\pi/\Phi_0)(Bxd)\}\mathrm{d}x
\end{aligned}
\tag{12.125}
$$

令

$$(2\pi/\Phi_0)(Bd) = \eta \tag{12.126}$$

$$J = j_C \int_0^L \sin(\phi + \eta x)\,\mathrm{d}x \tag{12.127}$$

令

$$u = \phi + \eta x \tag{12.128}$$

则有

$$\mathrm{d}u = \eta\mathrm{d}x$$

或

$$\mathrm{d}x = \mathrm{d}u/\eta \tag{12.129}$$

进一步则有

$$
\begin{aligned}
J &= j_C \int_0^L (\sin u\mathrm{d}u)/\eta = (j_C/\eta) \int_0^L \sin u\mathrm{d}u = \left[(j_C/\eta) \times (-\cos u)\right]_0^L \\
&= (j_C/\eta) \times [-\cos\{\phi + (2\pi/\Phi_0)(Bxd)\}]_0^L \\
&= \left[j_C/\{(2\pi/\Phi_0)(Bd)\}\right] \times [-\cos\{\phi + (2\pi/\Phi_0)(Bxd)\}]_0^L \\
&= \left[Lj_C/\{(2\pi/\Phi_0)(BdL)\}\right] \\
&\quad \times [-\cos\{\phi + (2\pi/\Phi_0)(BLd)\} + \cos\{\phi + (2\pi/\Phi_0)(B \times 0 \times d)\}] \\
&= \left[Lj_C/(2\pi\Phi/\Phi_0)\right] \times [-\cos\{\phi + (2\pi/\Phi_0)(\Phi)\} + \cos(\phi)] \\
&= \left[Lj_C/(2\pi\Phi/\Phi_0)\right][\cos\phi - \cos\{\phi + (2\pi\Phi/\Phi_0)\}]
\end{aligned}
\tag{12.130}
$$

为了找到流过约瑟夫森结所有可能值的最大电流，求解下式：

$$
\begin{aligned}
\mathrm{d}J/\mathrm{d}\phi &= \left[Lj_C/(2\pi\Phi/\Phi_0)\right] \times (\mathrm{d}/\mathrm{d}\phi)[\cos\phi - \cos\{\phi + (2\pi\Phi/\Phi_0)\}] \\
&= \left[Lj_C/(2\pi\Phi/\Phi_0)\right] \times [-\sin\phi + \sin\{\phi + (2\pi\Phi/\Phi_0)\}]
\end{aligned}
\tag{12.131}
$$

设

$$\mathrm{d}J/\mathrm{d}\phi = 0 \tag{12.132}$$

$$-\sin\phi + \sin\{\phi + (2\pi\Phi/\Phi_0)\} = 0 \tag{12.133}$$

或者

$$\sin\{\phi + (2\pi\Phi/\Phi_0)\} - \sin\phi = 0$$
$$2\sin[\{(\phi + 2\pi\Phi/\Phi_0) - \phi\}/2]\cos[\{(\phi + 2\pi\Phi/\Phi_0) + \phi\}/2] = 0$$
$$2\sin(\pi\Phi/\Phi_0)\cos\{\phi + (\pi\Phi/\Phi_0)\} = 0$$
$$2\sin(\pi\Phi/\Phi_0)\{\cos\phi\cos(\pi\Phi/\Phi_0) - \sin\phi\sin(\pi\Phi/\Phi_0)\} = 0 \tag{12.134}$$
$$\cos\phi\cos(\pi\Phi/\Phi_0) - \sin\phi\sin(\pi\Phi/\Phi_0) = 0$$
$$\cos\phi\cos(\pi\Phi/\Phi_0) = \sin\phi\sin(\pi\Phi/\Phi_0)$$
$$\cos(\pi\Phi/\Phi_0)/\sin(\pi\Phi/\Phi_0) = \sin\phi/\cos\phi$$
$$\cot(\pi\Phi/\Phi_0) = \tan\phi$$

因此，从式 (12.130) 和式 (12.134) 中可知，临界电流密度 J_C 对应于测量不变相位差可确定为

$$\begin{aligned}
J_C &= \{Lj_C/(2\pi\Phi/\Phi_0)\}2\sin[\{2\phi + (2\pi\Phi/\Phi_0)\}/2] \\
&\quad \times \sin[\{(\phi + 2\pi\Phi/\Phi_0) - \phi\}/2] \\
&= \{Lj_C/(\pi\Phi/\Phi_0)\}\sin\{\phi + (\pi\Phi/\Phi_0)\}\sin(\pi\Phi/\Phi_0) \\
&= \{Lj_C/(\pi\Phi/\Phi_0)\}\{\sin\phi\cos(\pi\Phi/\Phi_0) + \cos\phi\sin(\pi\Phi/\Phi_0)\}\sin(\pi\Phi/\Phi_0) \\
&= \Big[\{Lj_C/(\pi\Phi/\Phi_0)\}\sin(\pi\Phi/\Phi_0)\Big] \\
&\quad \times [\cos\phi\sin(\pi\Phi/\Phi_0)\{\tan\phi\cot(\pi\Phi/\Phi_0) + 1\}] \\
&= \Big[\{Lj_C/(\pi\Phi/\Phi_0)\}\sin(\pi\Phi/\Phi_0)\Big]\{\cos\phi\sin(\pi\Phi/\Phi_0)(\tan^2\phi + 1)\}
\end{aligned} \tag{12.135}$$

利用式 (12.134)，则有

$$\begin{aligned}
J_C &= \Big[\{Lj_C/(\pi\Phi/\Phi_0)\}\sin(\pi\Phi/\Phi_0)\Big]\{\cos\phi\sin(\pi\Phi/\Phi_0)(\sec^2\phi)\} \\
&= \Big[\{Lj_C/(\pi\Phi/\Phi_0)\}\sin(\pi\Phi/\Phi_0)\Big]\{\sin(\pi\Phi/\Phi_0)/\cos\phi\}
\end{aligned} \tag{12.136}$$

但是

$$\begin{aligned}
\cos\phi &= 1/\sqrt{1 + \cot^2(\pi\Phi/\Phi_0)} = 1/\sqrt{1 + 1/\{\tan^2(\pi\Phi/\Phi_0)\}} \\
&= \tan(\pi\Phi/\Phi_0)/\sqrt{\tan^2(\pi\Phi/\Phi_0) + 1} \\
&= \tan(\pi\Phi/\Phi_0)/\sqrt{\sec^2(\pi\Phi/\Phi_0)} = \tan(\pi\Phi/\Phi_0)/\sec(\pi\Phi/\Phi_0) \\
&= \{\sin(\pi\Phi/\Phi_0)/\cos(\pi\Phi/\Phi_0)\}/\{1/\cos(\pi\Phi/\Phi_0)\} = \sin(\pi\Phi/\Phi_0)
\end{aligned} \tag{12.137}$$

因此

$$J_C = \Big[\{Lj_C/(\pi\Phi/\Phi_0)\}\sin(\pi\Phi/\Phi_0)\Big]\{\sin(\pi\Phi/\Phi_0)/\sin(\pi\Phi/\Phi_0)\} \tag{12.138}$$

或者

$$J_C = Lj_C|\sin(\pi\Phi/\Phi_0)|/|(\pi\Phi/\Phi_0)| \tag{12.139}$$

12.4　逆交流约瑟夫森效应：夏皮罗步骤

进一步分析直流+交流组合电压 $V(t)$ 的应用情况。设直流电压为 V_{DC}，交流电压为 $V_0\cos\omega t$，其中 V_0 为振幅，ω 为角频率。$V_0 \ll V_{DC}$，ω 频率非常高，在射频或微波范围内。

因此，高频(ω)，小振幅(V_0)交流电压叠加在大直流电压(V_{DC})上：

$$V(t) = V_{DC} + V_0 \cos \omega t \tag{12.140}$$

交流情况下约瑟夫森效应的方程(12.77)可写为

$$\frac{\partial \delta}{\partial t} = \frac{2q\{V(t)\}}{\hbar} = \frac{2q(V_{DC} + V_0 \cos \omega t)}{\hbar} \tag{12.141}$$

其中 δ 为相位差。上式两侧同时对时间积分

$$\int_0^t \left(\frac{\partial \delta}{\partial t}\right) \mathrm{d}t = \left(\frac{2q}{\hbar}\right) \int V_{DC} \mathrm{d}t + \left(\frac{2q}{\hbar}\right) \int V_0 \cos \omega t \, \mathrm{d}t \tag{12.142}$$

或

$$\int_0^t \partial \delta = \left(\frac{2q}{\hbar}\right) V_{DC} t + \left(\frac{2q V_0}{\hbar \omega}\right) \sin \omega t$$

或

$$\delta(t) - \delta(0) = \left(\frac{2q}{\hbar}\right) V_{DC} t + \left(\frac{2q V_0}{\hbar \omega}\right) \sin \omega t \tag{12.143}$$

因此，

$$\delta(t) = \delta(0) + \left(\frac{2q}{\hbar}\right) V_{DC} t + \left(\frac{2q V_0}{\hbar \omega}\right) \sin \omega t$$

根据式(12.143)和式(12.73)，通过结的电流密度 j 为

$$j = j_C \sin\left\{\delta(0) + \left(\frac{2q}{\hbar}\right) V_{DC} t + \left(\frac{2q V_0}{\hbar \omega}\right) \sin \omega t\right\} \tag{12.144}$$

式中，j 是可使用以下近似值分析的调频电流：

$$\sin(x + \delta x) \approx \sin x + \delta x \cos x \tag{12.145}$$

则式(12.144)可写为

$$j = j_C \left[\sin\left\{\delta(0) + \left(\frac{2q}{\hbar}\right) V_{DC} t\right\} + \left(\frac{2q V_0}{\hbar \omega}\right) \sin \omega t \cos\left\{\delta(0) + \left(\frac{2q}{\hbar}\right) V_{DC}\right\} \right] \tag{12.146}$$

式(12.145)中符号的含义分别如下：

$$x = \delta(0) + \left(\frac{2q}{\hbar}\right) V_{DC} t \tag{12.147}$$

$$\delta x = \left(\frac{2q V_0}{\hbar \omega}\right) \sin \omega t \tag{12.148}$$

式(12.146)方括号内的第一项

$$\sin\left\{\delta(0) + \left(\frac{2q}{\hbar}\right) V_{DC} t\right\} \tag{12.149}$$

由于 $\hbar$ 很小，$\hbar \to 0$，因此

$$\left\{\delta(0) + \left(\frac{2q}{\hbar}\right) V_{DC} t\right\} \to \infty \tag{12.150}$$

$\sin(\infty)$ 取值在-1 和+1 之间，随时间的平均值为零，所以此项为零。

式(12.146)方括号内的第二项

$$\left(\frac{2qV_0}{\hbar\omega}\right)\sin\omega t\cos\left\{\delta(0)+\left(\frac{2q}{\hbar}\right)V_{DC}t\right\} \tag{12.151}$$

由于 $\cos(\infty)$ 类似于 $\sin(\infty)$，其时间平均值也为零。但可以通过选择外加交流电场的频率 ω 使其非零，如

$$\omega = 2qV_{DC}/\hbar \tag{12.152}$$

因此此项可变为

$$\left(\frac{2qV_0}{\hbar\omega}\right)\sin\{(2qV_{DC}/\hbar)t\}\cos\left\{\delta(0)+\left(\frac{2q}{\hbar}\right)V_{DC}t\right\} \tag{12.153}$$

使用三角恒等式

$$\sin a\cos b=(1/2)\{\sin(a+b)+\sin(a-b)\} \tag{12.154}$$

式(12.153)可写为

$$(1/2)\left[\sin\left\{(2qV_{DC}/\hbar)t+\delta(0)+\left(\frac{2q}{\hbar}\right)V_{DC}t\right\}\right.$$
$$\left.+\sin\left\{(2qV_{DC}/\hbar)t-\delta(0)-\left(\frac{2q}{\hbar}\right)V_{DC}t\right\}\right] \tag{12.155}$$
$$=(1/2)\left[\sin\left\{\left(\delta(0)+\left(\frac{4q}{\hbar}\right)V_{DC}t\right)\right\}+\sin\{-\delta(0)\}\right]$$

如前所述，此项

$$\sin\left\{\left(\delta(0)+\left(\frac{4q}{\hbar}\right)V_{DC}t\right)\right\} \tag{12.156}$$

因为 $\hbar\to0$，所以时间平均为零，因此

$$j=j_C\left(\frac{2qV_0}{\hbar\omega}\right)(1/2)\sin\{-\delta(0)\}=-j_C\left(\frac{qV_0}{\hbar\omega}\right)\sin\{\delta(0)\} \tag{12.157}$$

这是一个恒定的直流电。这种从 DC+AC 组合激励中获得零频率或直流过电流的现象称为逆交流效应。

此外，上述分析表明，在频率 ω 的倍数处，即

$$n\omega = 2qV_{DC}/\hbar \tag{12.158}$$

或

$$2qV_{DC} = n\hbar\omega \tag{12.159}$$

其中 $n=0,1,2,3,\cdots$，电流密度 j 的频率为零。因此，结的直流 I-V 特性包含一系列宽度为 $2q/\hbar$ 的离散步进。响应于外部射频或微波信号的不同频率，在 I-V 特性中产生的定义明确的恒定电压直流尖峰被称为夏皮罗(Shapiro)尖峰或阶梯。对于这些不同的频率值，约瑟夫森结充当频率-电压转换器。这种方法可精确测定 $q/\hbar$ 的比值。

一般来说，通过约瑟夫森结的电流可以写成(Grosso and Parravicini，2014)

$$j = j_{\mathrm{C}} \sum_{+\infty}^{n=-\infty} J_n\left(\frac{2qV_0}{\hbar\omega}\right) \sin\left\{\delta(0) + \left(\frac{2q}{\hbar}\right)V_{\mathrm{DC}}t + n\omega t\right\} \tag{12.160}$$

其中 J_n 是第一类贝塞尔函数，第 n 阶从无穷幂级数展开得到：

$$J_n(x) = \sum_{k=0}^{\infty} \frac{(-1)^k}{k!\,\Gamma(k+n+1)}\left(\frac{x}{2}\right)^{n+2k} \tag{12.161}$$

12.5　超导量子干涉仪

超导量子干涉仪(SQUID)是一种使用一个或多个约瑟夫森结并基于量子干涉原理的超灵敏磁强计。它用于测量在微特斯拉或毫微特斯拉($10^{-6} \sim 10^{-9}$ T)范围内(Mehta，2011)以及低至 5×10^{-18} T 的极弱磁场。磁强计是用来测量空间某一点上磁场的大小和方向或材料的磁化强度的仪器。超导量子干涉仪有两种类型：(i)直流超导量子干涉仪和(ii)交流或射频超导量子干涉仪。

12.5.1　直流超导量子干涉仪

直流超导量子干涉仪由两个或多个并行连接的约瑟夫森结组成(见图 12.9)。本质上，它是一个双结超导回路。它对磁场检测有很高的灵敏度。它的制作既困难又昂贵。

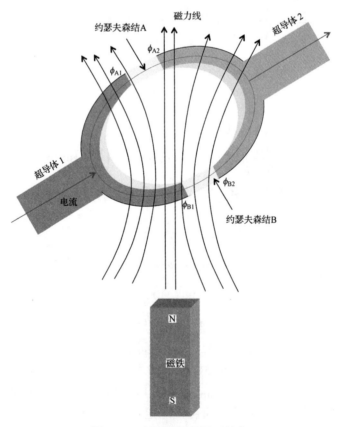

图 12.9　直流超导量子干涉仪

考虑两个平行布置的弱连结，如图 12.9 所示。设 ϕ_{A1}，ϕ_{A2} 为约瑟夫森结 A 附近的相位，而 ϕ_{B1}，ϕ_{B2} 为约瑟夫森结 B 附近的相位：

$$\phi_A = \phi_{A2} - \phi_{A1} \tag{12.162}$$

$$\phi_B = \phi_{B2} - \phi_{B1} \tag{12.163}$$

设 ϕ_A，ϕ_B 为约瑟夫森结 A 和 B 之间的相位差。则结 A，B 之间的相位差 $\Delta\phi$ 为

$$
\begin{aligned}
\Delta\phi &= \phi_A - \phi_B = \phi_{A2} - \phi_{A1} - (\phi_{B2} - \phi_{B1}) = \phi_{A2} - \phi_{A1} - \phi_{B2} + \phi_{B1} \\
&= (\phi_{B1} - \phi_{A1}) + (\phi_{A2} - \phi_{B2}) = -\frac{2q}{\hbar}\int_{A1}^{B1} A \cdot \mathrm{d}s - \frac{2q}{\hbar}\int_{B2}^{A2} A \cdot \mathrm{d}s \\
&= -\frac{2q}{\hbar}\oint A \cdot \mathrm{d}s = -\frac{2q}{\hbar}\Phi \\
&= -2\pi\frac{1}{\hbar/(2q)}\Phi = -2\pi\frac{\Phi}{\Phi_0}
\end{aligned}
\tag{12.164}
$$

因此

$$\hbar/(2q) = \Phi_0 \tag{12.165}$$

Φ 是穿过线圈的磁通量。流过超导量子干涉仪的总电流密度为

$$
\begin{aligned}
J &= J_C(\sin\phi_A + \sin\phi_B) \\
&= 2J_C[\sin\{(\phi_A + \phi_B)/2\}\cos\{(\phi_A - \phi_B)/2\}] \\
&= 2J_C[\sin\{(\phi_A + \phi_B)/2\}\cos\{(\Delta\Phi)/2\}]
\end{aligned}
\tag{12.166}
$$

上式利用了下式：

$$\sin a + \sin b = 2\sin\{(a + b)/2\}\cos\{(a - b)/2\} \tag{12.167}$$

将式(12.164)代入式(12.166)

$$
\begin{aligned}
J &= 2J_C\left[\cos\left\{\left(-2\pi\frac{\Phi}{\Phi_0}\right)/2\right\}\sin\{(\phi_A + \phi_B)/2\}\right] \\
&= 2J_C\cos\left(\pi\frac{\Phi}{\Phi_0}\right)\sin\{(\phi_A + \phi_B)/2\}
\end{aligned}
\tag{12.168}
$$

电流密度取最大值，当

$$\sin\{(\phi_A + \phi_B)/2\} = 1 \tag{12.169}$$

时，最大值为

$$J = 2J_C\cos\left(\pi\frac{\Phi}{\Phi_0}\right) \tag{12.170}$$

考虑一个对称的直流超导量子干涉仪，提供一个恒定电流 I，每个支路的电流为 $I/2$。

如果 I_C 是一个约瑟夫森结的临界电流，则超导量子干涉仪的临界电流为 $2I_C$。当一个外部磁通量 Φ_{External} 与线圈平面垂直叠加时，产生屏蔽电流 I_S。通量量子化要求

$$\Phi_{\text{Total}} = \Phi_{\text{External}} + LI_S = n\Phi_0 \tag{12.171}$$

其中 L 是回路的电感，n 是整数，Φ_0 是通量量子。当 $\Phi_{External} = n\Phi_0$ 时，则 $I_S = 0$。但当 $\Phi_{External} = (n+1/2)\Phi_0$ 时，$I_S = \pm(\Phi_0/2L)$。因此 I_S 随 $\Phi_{External}$ 周期性变化，由于屏蔽电流是围绕超导量子干涉仪回路流动的，因此超导量子干涉仪的临界电流从 $2I_C$ 减小到 $(2I_C - 2I_S)$。因此，临界电流是 $\Phi_{external}$ 的周期函数。如果超导量子干涉仪的偏置电流略高于 $2I_C$，则输出电压是 $\Phi_{external}$ 的周期函数。因此超导量子干涉仪将磁通量变化转化为电压变化。电子电路使超导量子干涉仪的周期响应线性化。

著名的双缝干涉实验（见图 12.10）由物理学家 Thomas Young 完成，为直流超导量子干涉仪提供了一个光学类比。实验中，一束单色光束射出两个狭缝，从狭缝中出来的光波是衍射的，展开的光束在某些点同步会合。它们在顶部与顶部和槽与槽之间对齐，在这些地方，干涉相长。在其他地方，它们会失去同步性，干涉相消。因此，在放置在狭缝后面的屏幕上形成由交替的亮带和暗带组成的图案，称为干涉条纹。与光学实验类似，直流超导量子干涉仪的临界电流强度与磁通量成正比。临界电流显示了理想的夫琅禾费（Fraunhoffer）干涉模式。两个约瑟夫森结表现得像两个狭缝。干扰波是流经另一半环的超电流。超电流的相位差是由磁场产生的。

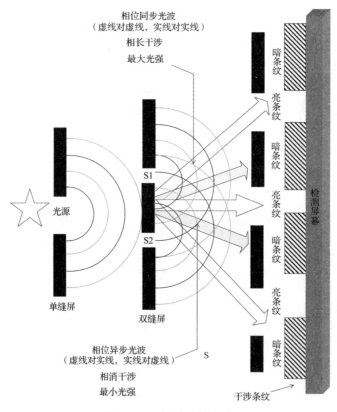

图 12.10 杨氏双缝实验

12.5.2 交流或射频超导量子干涉仪

与直流超导量子干涉仪不同，交流超导量子干涉仪只包含一个约瑟夫森结。它的灵敏度更低，制造更简单，成本更低。样品通过超导感测线圈。它的运动在拾波线圈中产生交变磁通。拾波线圈是超导电路的一部分，用于将样品中的磁通量传输到放置在液氦中的射频超导量子干涉仪。超导量子干涉仪接收到的磁通量被转换成电压。电压信号经电子电路放大读出。

单结射频超导量子干涉仪比双结直流超导量子干涉仪灵敏度低的原因是，在射频超导量子干涉仪中，只有结参与磁通的收集，而在直流超导量子干涉仪中，环的总面积参与磁通的收集，而不单是结的收集。

超导量子干涉仪中的约瑟夫森结是由纯铌或含 10%Au 或 In 的铅合金制成的，因为纯铅是热不稳定的。隧道势垒是铌基电极表面氧化形成的。在隧道壁障上，铅合金的顶部电极被沉积，形成结构为：铌-氧化物-铅合金的约瑟夫森结。

12.6　快速单通量量子(RFSQ)逻辑门

12.6.1　与传统逻辑门的差异

传统逻辑电路的工作是基于两个电压水平，一个是与全电源电压相对应的高电压水平，一个是零电压的低电压水平。高电压水平表示逻辑高或逻辑 1 状态，低电压水平表示逻辑低或逻辑 0 状态。快速单通量量子逻辑门不使用两个电压电平，而是在两种不同的条件下工作，一种是电压脉冲存在，另一种是电压脉冲不存在(Hutchby, et al.，2002)。这些电压脉冲是磁通量量化产生的。如 12.3.4 节所述，穿过超导回路的磁通量不会连续变化。它以离散步进变化，每一步都被称为磁通量(Φ_0)或磁通量子。

12.6.2　RFSQ 电压脉冲的产生

产生与磁通量变化相对应的电压脉冲装置是非迟滞约瑟夫森结，由外部电阻 R_n 分流的约瑟夫森结组成。它的电流-电压特性是非迟滞的，因此称为非迟滞约瑟夫森结。假设在特定时刻，通过提供比临界电流 I_C 小的偏置电流，结在超导状态($V = 0$)下发生偏置。假设在这个时刻，循环所支持的通量等于一个通量。超过临界电流（通常为 100 μA）的输入信号电流脉冲将结切换到电阻状态($V \neq 0$)。为此，可以使用短持续时间的直流脉冲，例如来自半导体器件的直流脉冲。由于约瑟夫森结的切换，约瑟夫森结上会产生一个非常短的电压脉冲。这个电压脉冲的面积为

$$\text{area} = \int V(t)\text{d}t = 2.07 \text{ mV·ps} \tag{12.172}$$

如果脉冲宽度为 1 ps，则振幅为 2 mV。如果脉冲宽度小于 1 ps，则振幅按比例增大。一般情况下，脉冲振幅由以下方程给出：

$$\text{amplitude} \approx 2I_C R_n \tag{12.173}$$

由于约瑟夫森结的暂时闭合，量子通量被从包含约瑟夫森结的回路中喷射出来。输入信号电流脉冲结束后，约瑟夫森结再次转换回其原始超导状态($V = 0$)。电路恢复到初始状态的过程类似于钟摆的 2π 旋转。当钟摆的振幅过大时，到达起点后不会继续振荡。

逻辑电路是围绕上述电压脉冲构建的，这些电压脉冲是在每次氟化物被推出或进入超导回路时产生的。电压脉冲沿超导传输线传播，为实现非、与、或、异或等逻辑功能的复杂电路供电。

12.6.3　RFSQ 构建块

通过组织三个基本结构单元(Brock, et al.，2000)，可以执行各种二进制逻辑功能：

(i)　主动传输级。它由约瑟夫森结和一个较小的电感组成。

(ii)　储存回路。回路包含约瑟夫森结和一个电感，电感很大，通过电感，可在回路周围维持一个持续电流 I_p。

(iii)决策对。包括两个不同尺寸的约瑟夫森结，而临界电流 I_{C1} 和 I_{C2} 也不相同。

12.6.4　RFSQ 复位-设置触发器

从复位-设置(R-S)触发器的电路图(见图 12.11)可以很容易地推测，该电路本质上是一个直流双约瑟夫森结超导量子干涉仪(SQUID)。组成 DC-SQUID 的两个约瑟夫森结为 J_3 和 J_4。这种触发器的功能如下(Brock, et al.，2000)：在初始条件下，电路处于逻辑低状态。在这种低逻辑状态下，流经约瑟夫森结 J_3 的持续电流为 I_p 量级的，其方向为逆时针方向。从电路图来看，持续电流 I_p 的方向与约瑟夫森结 J_3(Likharev, 1991)中偏置电流 $I_b/2$ 的方向一致。偏压电流减半是因为它在进入约瑟夫森结 J_3 时被分成两个支路。因此，电流 $I_b/2$ 和 I_p 相加，得出流经约瑟夫森结 J_3 的总电流为

$$I_3 = I_b/2 + I_p \qquad (12.174)$$

对于约瑟夫森结 J_4，持续电流 I_p 和偏置电流 I_b 流向相反。因此，通过 J_4 的总电流 I_4 是通过从 $I_b/2$ 中减去 I_p 得到的，可写为

$$I_4 = I_b/2 - I_p \qquad (12.175)$$

显然 $I_4 < I_3$。

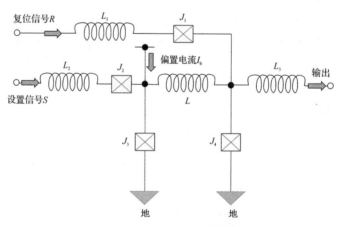

图 12.11　RFSQ R-S 触发器

当一个设定的脉冲到达时，J_1 将其传输到存储回路。这个设定脉冲可以在携带较大电

流 I_3 的约瑟夫森结 J_3 中触发 2π 跳变，而不在携带较小的电流 I_4 的约瑟夫森结 J_4。当约瑟夫森结被切换 2π 后，流经 J_3 的电流方向从原来的逆时针方向逆转为顺时针方向。通过 J_3 在存储电感周围循环的电流构成触发器的逻辑高状态。因此，在逻辑高状态下，流经 J_3 的持续电流具有与逻辑低状态下相同大小的 I_p，但其流动方向从逆时针转为顺时针。由于电流的这种反转，流经 J_3 的两个电流在顺时针方向为 I_p，在逆时针方向为 $I_b/2$，因此流经 J_3 的总电流 I_3 变为

$$I_3 = I_b/2 - I_p \tag{12.176}$$

同样，流经 J_4 的两个电流是 I_p 和 $I_b/2$。这两个电流都是顺时针方向流动的。通过添加这两个电流，我们发现流经 J_4 的组合电流 I_4 为

$$I_4 = I_b/2 + I_p \tag{12.177}$$

当复位脉冲到达时，J_4 中的 2π 跳变被触发，携带一个较大的电流，由此流过结 J_4 的电流开始顺时针方向流动。但是顺时针方向流过 J_4 的电流对应的是逆时针方向流过 J_3 的电流，这是逻辑低状态，从这里开始。同时，约瑟夫森结 J_2 产生单磁通量量子脉冲 $V(t)$，作为输出信号 F。

进一步分析如果触发器处于逻辑高电平状态，电流 I_p 沿顺时针方向流过 J_3，并且设定脉冲到达。然后，载有低电流的设定脉冲不能打开约瑟夫森结的开关，

$$I_3 = I_b/2 - I_p \tag{12.178}$$

取而代之的是，它变换到带有更高电流 $I_b/2$ 的结 J_2。由于这个变换，脉冲从电路中掉出来，也就是说，磁通量子从电路中逸出。因此，在输出端没有脉冲出现。类似地，结 J_1 在接收到错误的复位脉冲时保护 RFSQ 脉冲源免受干涉仪的反向反应。

因此，触发器有两种稳定状态，一种是电流 I_p 沿逆时针方向流过 J_3（逻辑低状态），另一种是电流 I_p 沿顺时针方向流过 J_3（逻辑高状态）。

12.6.5　RFSQ 非门（反向器）

RFSQ 非门（见图 12.12）包含一个直流超导量子干涉仪，由两个并行约瑟夫森结 J_2 和 J_3 组成（Likharev，1991）。J_3 和接地端之间还连接了一个 J_1。该电路包含两个电流并联支路：J_2–J_1–地和 L_1–J_3–J_1–地。在电路的初始状态下，假设大电流流过 J_2，而小电流流过 J_3。因此，一个大电流沿着支路 J_2–J_1–地流动，而一个小电流沿着支路 L_1–J_3–J_1–地流动。输入脉冲为零。应用时钟脉冲可开启大电流支路 J_2–J_1–地中的 J_1。它不会触发小电流分支 L_1–J_3–J_1–地中的 J_3。J_1 产生的 RFSQ 脉冲出现在电路的输出端。因此，在没有任何输入脉冲的情况下，脉冲出现在输出端。这是"非"操作。

现在，如果输入脉冲到达，则操作类似于 R-S 触发器，将脉冲施加到设置的终端。J_2 开启使 J_2 流过小电流，J_3 流过大电流。在此阶段，大电流沿分支 L_1–J_3–J_1–地流动，而小电流沿分支 J_2–J_1–地流动。施加时钟脉冲时，大电流支路 L_1–J_3–J_1–地中的 J_3 被开启，而小电流支路 J_2–J_1–地中的 J_1 不受影响。因此，在输出端没有脉冲。当存在输入脉冲时，输出脉冲为零，再次验证"非"操作。因此，在这两种情况下，电路表现为非门或反向器。

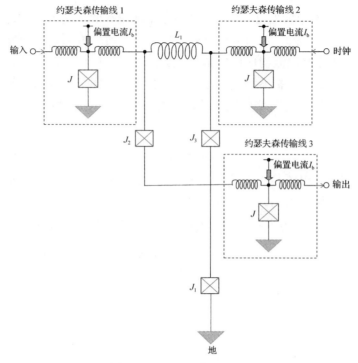

图 12.12　RFSQ 非门

12.6.6　RFSQ 或门

在或门电路中(见图 12.13)，可以识别出两个直流超导量子干涉仪(Likharev，1991)，第一个超导量子干涉仪由约瑟夫森结(J_1，J_2)组成。这种超导量子干涉仪有两种稳定状态：(1)大电流流过约瑟夫森结 J_1，小电流流过约瑟夫森结 J_2；(2)大电流流过约瑟夫森结 J_2，小电流流过约瑟夫森结 J_1。第二个超导量子干涉仪由约瑟夫森结(J_5，J_6)组成。它的两种稳定状态是：(1)流过 J_5 的为大电流，流过 J_6 的为小电流；(2)流过 J_6 的为大电流，流过 J_5 的为小电流。出现以下情况：

(i)时钟周期内没有输入脉冲。下一个时钟脉冲在 J_4 和 J_8 上产生 RFSQ 脉冲，但没有达到输出。

(ii)只有输入脉冲 IN1 在时钟周期内到达。由于 CLK 脉冲，高载流结 J_2 开启。生成的 RFSQ 脉冲通过 L_3，触发 J_9 上的 RFSQ 脉冲，并通过 J_{10} 和 L_5 传递到输出。同时，在 J_{12} 上产生 RFSQ 脉冲。

(iii)只有输入脉冲 IN2 在时钟周期内到达。与步骤(ii)类似的过程发生在下部对称电路中。

(iv)输入脉冲 IN1 和 IN2 在时钟周期内到达。J_2 和 J_6 同时产生 RFSQ 脉冲。同时在 J_9 和 J_{11} 上产生 RFSQ 脉冲。只有一个 RFSQ 脉冲出现在输出端，因为 J_9，J_{11} 并联，而 J_{10} 和 J_{12} 保持超导状态。

以上操作均与或门操作一致。因此，该电路起到或门的作用。

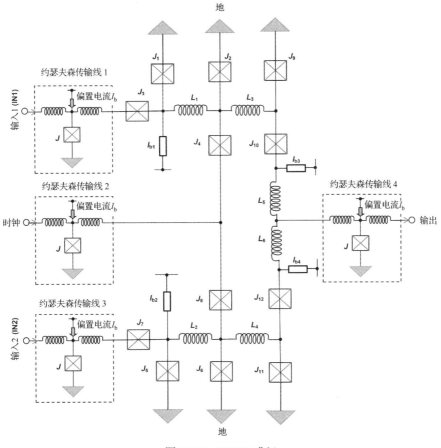

图 12.13　RFSQ 或门

12.6.7　RFSQ 逻辑门优势

RFSQ 逻辑的制作工艺简单。常用的超导体是铌或铌氮化物。约瑟夫森结中的隧道屏障是氧化铝。RFSQ 逻辑的功耗极低。每次 RFSQ 脉冲通过约瑟夫森结时，能量消耗=循环电流 $(100 \times 10^{-6}\,\text{A}) \times$ 磁通量 $=10^{-4}\,\text{A} \times 2 \times 10^{-15}\,\text{Wb} = 2 \times 10^{-19}\,\text{J}$。电压脉冲沿着微带传输线或通过包含约瑟夫森结的有源线传输到相邻的栅极门电路，以引入同步所需的定时延迟。超导互连实际上是无损耗的。与频率在 750 GHz 左右的金属相比，直流损耗非常低，几乎为零。除了低功耗，RFSQ 逻辑电路还提供频率为几百兆赫的超高速操作。

12.6.8　RFSQ 逻辑门劣势

RFSQ 逻辑门的主要缺点是低温运行的冷却要求，但小型闭式循环制冷机组的普及大大缓解了这一局面，使低温 RFSQ 电路与室温电子集成变为可能。

12.7　讨论与小结

超导电子学包括各种器件，如超导量子干涉仪(SQUID)、滤波器、RFSQ 逻辑门、功率传输和限流器件等，而超导体分为低温和高温两大类。高温超导实际上并不在高温下工作，是一个相对绝对零度较高的温度范围，在本章上下文中用来与低温超导进行区分。当超过临界温度、临界电流和临界磁场三个参数时，超导现象消失。超导体不允许任何磁场进入，对磁场的禁止或排除称为迈斯纳效应。超导电性与磁现象的关联，导致了 BCS 超导电性理论。超导电子学中最重要的器件是约瑟夫森结。最重要的现象是约瑟夫森效应，包含两种类型：一种是直流约瑟夫森效应，其特征是在没有外加电压的情况下有电流流过约瑟夫森结；另一种是交流约瑟夫森效应，其中直流电压产生交变电场。通过定义约瑟夫森结两个超导电极中库珀对的波函数，发展了约瑟夫森效应理论。该理论导出了两个简单的方程，一个是关于两个超导电极中库珀对密度的变化率，另一个是关于波函数之间相位差的变化率。这些方程被用来解释直流和交流约瑟夫森效应。通过引入规范不变相位差，该理论得到了严谨的立足点。

与 BCS 超导理论不同，金兹堡-朗道理论是一个宏观理论，其中两个基本方程是通过最小化自由能函数来推导的。金兹堡-朗道理论并没有解释超导电性的物理起源。相反，它是基于超导电性存在的假设，进而对超导特性进行建模。

伦敦第一方程是通过电子在电场中的运动方程推导出的。对于超导体中的电子，由于电子散射而产生的延迟力被设为零。取伦敦第一方程的旋度，应用麦克斯韦第三方程，得到伦敦第二方程。应用伦敦第二方程和麦克斯韦第四方程，结合麦克斯韦第二方程，经过数学推导，表明只有当超导体内的磁场处处为零时，磁场才能是均匀的。磁感应空间依赖性的微分方程表明，磁感应随着到超导体外表面的距离呈指数衰减，这解释了迈斯纳效应。

逆交流约瑟夫森效应需要通过在大直流信号上激励小振幅高频交流信号的约瑟夫森结来产生超电流。直流电流包含一系列称为夏皮罗台阶（Shapiro step）的离散台阶，其频率是交流信号频率的倍数。

利用基于超导电性的量子干涉装置，可以精确测量非常微弱的磁场。这些设备被称为超导量子干涉仪（SQUID）。直流超导量子干涉仪由两个或多个并行连接的约瑟夫森结组成。当在超导量子干涉仪上施加偏置电流并在回路上叠加外部磁通量时，流经回路两侧的超电流受到干扰，产生周期性电压波形，并由电子电路进行处理。因此，超导量子干涉仪将磁通变化转化为电压变化。交流 SQUID 只含有一个约瑟夫森结。样品通过一个传感器线圈移动，传感器线圈是 SQUID 电路的一部分。传感器线圈产生的时变磁通影响 SQUID 将磁通变化转换为电压信号。

RFSQ 逻辑电路的基本原理与基于电压的常规逻辑电路不同。RFSQ 逻辑电路中的关键开关器件是过阻尼约瑟夫森结。本章还对 R-S 触发器、非门和或门的工作原理进行了概述。

思 考 题

12.1 什么是超导材料？定义超导电子学，阐述其范围，并介绍其所属的研究领域。

12.2 SQUID 和 RFSQ 的完整形式是什么？它们是用来干什么的？

12.3 什么是低温超导体？电流能在这种材料中流动多年而不减少吗？

12.4 当超导体的温度降到接近绝对零度时会发生什么？正常导体在接近绝对零度时是

如何工作的？超导体的临界温度是什么意思？给出三个超导体的例子，并给出每种
情况下的临界温度。

12.5　什么是迈斯纳效应？超导体的伦敦穿透深度是什么意思？写出穿透深度公式。

12.6　当超过"这三个参数"时会导致超导性能的损失，这三个参数是什么？给出这些参
数的定义。

12.7　定义超导体的下列术语：(a)临界温度；(b)临界磁场；(c)临界电流密度。

12.8　什么是Ⅰ型和Ⅱ型超导体？每种类型举一个例子。哪种类型现实中更有用？Ⅰ型和
Ⅱ型超导体在迈斯纳效应方面有什么不同？

12.9　超导体在磁场中的什么行为导致了超导性与材料磁性的关联？当材料被磁化时，电
子自旋是如何排列的？

12.10　什么是库珀对？超导体的相十长度是什么意思？

12.11　电子是什么类型的粒子：费米子还是玻色子？库珀对是什么类型的粒子：费米子还
是玻色子？玻色子服从泡利不相容原理吗？

12.12　从库珀对中电子通过声子相互作用来解释 BCS 超导理论的主要思想。

12.13　为什么电子在低温下以库珀对的形式配对，而在高温下却无法配对？

12.14　描述超导电性在磁共振成像机和粒子加速器中的应用。

12.15　高温超导与低温超导有何不同？超导体所需的高温是真的很高，还是与传统超导体
所需接近绝对零度的温度相对而言很高？

12.16　什么是约瑟夫森结？用于制造约瑟夫森结的两种结构是什么？

12.17　什么是直流约瑟夫森效应？如何根据库珀对的隧穿解释？库珀对的隧穿与电子的
隧穿有何不同？约瑟夫森电流与约瑟夫森结对侧的库珀对波函数的相位差有何关
系？约瑟夫森电流与普通物理定律有哪些差异？

12.18　交流约瑟夫森效应是什么？约瑟夫森结上产生的振荡是否取决于超导体的大小？
这取决于结上的电压吗？

12.19　当 JJ 的两个超导电极中库珀对的波函数 ψ_1 和 ψ_2 靠近时会发生什么？为 ψ_1 和 ψ_2
写出时间相关薛定谔方程？什么是不透明度常数？导出约瑟夫森效应的下列控
制方程：

$$\frac{\partial \rho_1}{\partial t} = -\frac{\partial \rho_2}{\partial t}$$

$$\frac{\partial \phi}{\partial t} = \frac{2qV}{\hbar}$$

式中，ρ_1，ρ_2 分别是超导体 1 和 2 中库珀对的密度，其中，$\phi = \phi_2 - \phi_1$，ϕ_1，ϕ_2 是 ψ_1
和 ψ_2 的相位，V 是外加电压，Q 是电荷，$\hbar = h/2\pi$；h 是普朗克常数。利用这些基
本方程，解释直流和交流约瑟夫森效应的现象。

12.20　定义规范不变相位差 θ。磁通量 Φ_0 是多少？考虑到规范不变相位差，当考虑规范不
变相位差 θ 时推导出修正的临界电流密度 j_C 的相关方程，以及当相位差 Φ 代替 θ 时
的临界电流密度 j_C：

$$J_C = Lj_C|\sin(\pi\Phi/\Phi_0)|/|(\pi\Phi/\Phi_0)|$$

其中 L 是 JJ 延伸的长度，Φ 是通过超导电极和隧道势垒的轮廓所包围的通量。

12.21 金兹堡-朗道超导理论与 BCS 理论有何不同？这个理论中提出的波函数 ψ 是什么？展开关于 ψ 的自由能函数，通过将其关于 ψ 的导数置零，导出金兹堡-朗道第一方程。把自由能对 A 的导数置零，导出金兹堡-朗道第二方程。

12.22 从电子在电场中运动的方程出发，推导伦敦方程。应用伦敦第二方程解释迈斯纳效应。

12.23 什么是逆 AC 约瑟夫森效应？表明在 JJ 上应用 DC+AC 磁场会产生一个包含一系列步进的直流超电流，其频率是交流频率的倍数。这些步骤叫什么？

12.24 什么是 SQUID？简述这个器件的一个重要应用。

12.25 直流 SQUID 包含多少个 JJ？量子干涉是如何在直流 SQUID 中产生的？分析直流 SQUID 的操作与杨氏双缝实验之间的相似性。在杨氏双缝实验中，这两条裂缝对应的是直流 SQUID 的哪些部位？在杨氏双缝实验中，直流 SQUID 中的哪些物理实体代表干扰波？

12.26 交流 SQUID 含有多少个 JJ？交流 SQUID 是如何工作的？为什么交流 SQUID 灵敏度劣于直流 SQUID？

12.27 描述在执行逻辑操作时通量量化的使用。这个逻辑电路叫什么？

12.28 RFSQ 逻辑的主要结构单元是什么？为什么 JJ 中包含并联电阻？

12.29 在 RFSQ 逻辑中绘制 R-S 触发器的电路图。解释它的操作，如何定义 R-S 触发器的两个稳定状态？

12.30 有必要在 RFSQ 逻辑中实现非操作吗？需要使用多少个 SQUID？用电路图说明非门的操作。

12.31 借助电路图解释 RFSQ 逻辑中或门的操作。

12.32 RFSQ 逻辑是否可与 CMOS 逻辑互操作？相对于 CMOS 逻辑，它有哪些优点和缺点？

原著参考文献

Brock D K, Track E K and Rowell J M 2000 Superconductor ICs: the 100-GHz second generation *IEEE Spectrum.* December pp 40-6

Grosso G and Parravicini G P 2014 *Solid State Physics*（New York: Academic）pp 842-3

Hutchby A, Bourianoff G I, Zhirnov V V and Brewer J E 2002 Extending the road beyond CMOS *IEEE Circuits Devices Mag.* pp 28-41

Likharev K and Semenov V 1991 RSFQ logic/memory family: A new Josephson-junction technology for sub-terahertz clock frequency digital systems *IEEE Trans. Appl. Supercond.* **13**-28

Mehta N 2011 *Applied Physics for Engineers*（New Delhi: PHI Learning Private）p 955

Scientific American 1997 What are Josephson junctions? How do they work? *Sci. Am.* November

Superconductivite 2015（March 2）Electronics with superconductors *Superconductivite*

Tsang T 1997 *Classical Electrodynamics*（Singapore: World Scientific）pp 381-2

第 13 章 液氮温度下超导体微波电路的工作特性

基于高温超导的紧凑型平面微波电路已经完成了设计、制作和封装，其功能也获得验证。用于衬底的主要材料包括蓝宝石、氧化镁和铝酸镧。电路的实现很大程度上利用了微带设计，而微带采用薄膜技术制作。薄膜主要包括钇钡铜酸盐（YBCO）和铊钡钙铜氧化物（TBCCO）高温超导薄膜。这些高温超导薄膜满足蜂窝通信网络、卫星广播、国际导航和空间飞行等领域的临界插入损耗规范要求。虽然传统技术制造的滤波器当温度增加时灵敏度会降低，而高温超导（HTS）滤波器则可以在最大选择度下具有最高灵敏度。该滤波器特性与理想滤波器接近，即通带中频率 100%接受，而阻带中频率 100%抑制。它可实现对通带附近频率的完全抑制，从而减少干扰，具有在期望频带外传输信号快速衰减的特性，因此高温超导滤波器也可称为陡边滤波器。陡边滤波器与相关微波元件的组合使具有低噪声前端的接收机得以实现。虽然高温超导微波电路必需额外低温冷却设备提供 60～80K 范围的工作温度，但这些电路在重量和体积方面进行了必要的缩减。

13.1 引　　言

超导体对直流或零频电流不产生任何阻力，即零频电流的阻力为零。对交流电流而言，超导体的特性与直流电流不同。事实上，超导体的电阻与频率相关，因为它会随着电流的频率而改变，电流频率越高，超导体的电阻就越大。

虽然在微波频段内工作时，超导体表面电阻可能相当大，但仍明显小于该频率下导体的表面电阻。比如，在 1 GHz 频率时，液氮温度（77 K）下超导体的表面电阻比铜的表面电阻低 3～4个数量级。因此，在微波电路中使用超导体代替导体具有明显优势。尽管如此，超导体在微波电路中的应用并没有得到普及，因为研制超导体电路所需的相关冷却设备昂贵且笨重。然而，随着高温超导技术的出现，情况有所改善，高温超导体仅需要液氮温度而不是像低温超导体一样需要液氦温度，这为超导体在微波电路中的应用奠定了基础（Vendik, et al.，2000）。

高温超导代替普通导体有助于大幅度降低插入损耗。此外，微波元件可以在极小的尺度下制造，从而产生极为紧凑的形状因子。对于微波谐振器，使用高温超导可以获得极高的品质因数。因此，微波谐振器、滤波器、移相器和天线的性能可以得到了极大的改善（Willemsen, 2001；Faisal, 2012）。

13.2 微波电路衬底

下面介绍微波电路衬底的理想特性。第一，在高频条件下衬底材料的损耗角正切必须要低。第二，材料必须具有机械强度。第三，衬底材料的温度系数必须与在其上沉积的高温超导薄膜温度系数紧密匹配。如果这种匹配不够紧密，高温超导薄膜厚度会受到温度应力的限制，从而导致薄膜开裂和分层。第四，衬底材料不应与高温超导薄膜发生任何化学反应，以保持其化学完整性。最后，也是最重要的一点，衬底材料应该是经济的，只有当它具有低廉的成本，才会被广泛采用。

在一定程度上满足这些要求的材料包括蓝宝石（氧化铝 Al_2O_3）、铝酸镧（$LaAlO_3$ 或 LAO）和氧化镁（MgO）等。蓝宝石具有各向异性的介电常数 $\varepsilon = 8.9 \sim 11$，其热膨胀温超导薄膜的匹配性较差。但其成本相对较低，机械强度良好和衬底尺寸较大的特点也会促进蓝宝石被广泛采用。LAO 材料的相对介电常数为 25。由于相结构转变，在热循环过程中介电常数会发生局部变化。LAO 单晶可用于外延生长的铜超导体。MgO 被广泛用作微波滤波器的衬底材料（Ramesh, et al.，1990）。

13.3　高温超导薄膜材料

13.3.1　钇钡铜氧化物

YBCO，又称为钇钡铜酸盐或 Y123，用 $YBa_2Cu_3O_{7-\delta}(0 \leqslant \delta \leqslant 1)$ 化学式表示，是一种具有透辉石结构的黑色晶体固体。当 $\delta = 0.07$ 时，材料在 92 K 时变为超导，这一过程称为固态反应。采用固态反应可制备 YBCO。通过化学计量比 1:2:3 将前驱粉末、氧化钇（Y_2O_3）、碳酸钡（$BaCO_3$）和氧化铜（CuO）在玛瑙研钵中混合 2～3 小时。混合物放于氧化铝坩埚中在 840℃ 下煅烧 14 小时：

$$Y_2O_3 + 4BaCO_3 + 6CuO \rightarrow 2YBa_2Cu_3O_{7-\delta} + 4CO_2 \tag{13.1}$$

将温度升高至 950℃ 以去除二氧化碳气体。将煅烧后的粉末压制成球团，然后在氧气环境中烧结和退火。

YBCO 薄膜是通过在陶瓷靶上溅射或利用脉冲激光沉积（PLD）熔融蒸发靶材料等方法制备的。金属有机 CVD（MOCVD）也是另一种用于高温超导薄膜制备的方法。

13.3.2　铊钡钙铜氧化物（TBCCO）

2212 相 $Tl_2Ba_2CaCu_2O_y$ 中的 TBCCO 薄膜的转变温度 $T_C>105$ K，因此具有低输入功率的小型冷却系统即可满足使用需求。为了制备 TBCCO 薄膜，首先制备一种不含铊的 Ba-Ca-Cu-O 前驱体薄膜。当铊存在时，该薄膜可在 800℃ 下退火而成 TBCCO 薄膜。

13.4　高温超导微波电路的制备工艺

研制高温超导微波电路的工艺步骤借鉴了标准半导体技术，并在适用的情况下进行了必要的修改。基本步骤包括光刻、离子研磨、金属化接触形成和切割，其中离子研磨在没有可靠的干湿蚀刻情况下使用，目的是为铜酸盐超导体的线宽提供可靠控制，通常使用接触金属。模式定义采用剥离或化学蚀刻工艺，在切割过程中，氧化镁或陶瓷衬底的脆性给切割带来困难，必须避免边缘损坏。

13.5　高温超导滤波器的设计与调谐方法

高温超导滤波器主要采用流行的微带技术，微带是一条平面传输线，可以以微波频率传输信号。微带由导电层、介电层与接地层组成，其中导电层与接地层由介电层隔开，该介电层是绝缘衬底。

滤波器设计的四个基本参数：(i)滤波器的尺寸(以及芯片面积)；(ii)质量因数；(iii)功率处理能力；(iv)对制造差异的钝性(Simon, et al. , 2004)。对于分布式元件谐振器，质量因数和功率处理的最大化需要大的线宽。这种设计的缺点是高频的半波长谐振器尺寸会很大。考虑到晶圆尺寸和成本的限制，具有两种减小芯片尺寸的解决方案，即集总元件谐振器和折叠半波长谐振器。集总元件谐振器可产生一个紧凑的结构作为电容负载电感(见图13.1)。但由于所需的线宽非常小，在制作过程中容易发生变化。

折叠半波型谐振器包括夹式谐振器(见图 13.2)和螺旋输入/螺旋输出(SISO)谐振器。在滤波电路中，由于单螺旋谐振器尺寸紧凑，是分布式元件谐振器常用的几何结构(见图13.3)。单螺旋结构的主要问题是其内部终端接入不便，需要通孔或空气脊，而使用 SISO 结构可以避免这一问题。为了进一步缩小尺寸，可使用片上电容器，如图 13.4 所示。SISO 采用两种馈线结构：插入螺纹和插入耦合(见图 13.5)，因此终端非常容易接入。

图 13.1　电容负载电感滤波器原理图

图 13.2　夹式谐振器结构

图 13.3　单螺旋谐振器

图 13.4　带片上电容器的 SISO 谐振器

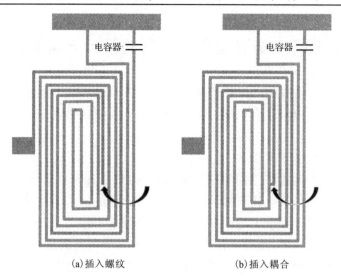

（a）插入螺纹　　　　　　　（b）插入耦合

图 13.5　两种馈线结构

夹式谐振器用作无线应用的高性能滤波器。利用 SISO 谐振器可制作带通型和带阻型准椭圆滤波器。

在实际应用中，高温超导滤波器谐振腔的精确调整和校准是必不可少的。由于制造公差，频率响应与设计值通常会略有偏差。通过调谐或微调滤波器将频率响应调整至期望值。滤波器调谐包括将滤波器的通带调整到期望频率以及优化滤波器的回波损耗。滤波器调谐使用机械调谐元件（如金属螺钉）的传统方法会带来较高损耗。因此，需要采用低损耗装置，例如固定在螺纹金属元件上的蓝宝石圆柱体。由于高温超导谐振器的谐振频率随温度的变化而变化，因此可以通过温度控制方案来进行设置。对于电子调谐滤波器，其谐振器的电容或电感都会改变。

通常在高温超导薄膜微波器件的设计过程中，利用铁电材料的电场依赖性，铁电薄膜[如钛酸锶单晶（STO）]可用于频率响应的原位调谐（Wooldridge, et al.，1999）。而介电常数随电场的变化使电容具有可调性。

13.6　低温封装

低温封装主要使用低温冷却器、独立冷却器和杜瓦瓶。杜瓦瓶是真空绝缘容器，可提供长期、可靠的操作。低温冷却器要求体积小，以便减小系统的总体尺寸，从而降低功耗。通常情况下，在高达 50℃的环境温度中，为保证过滤器工作温度达到 60～80 K，低温冷却器仅需提供几瓦的冷却能力，所需维护成本最少。

通过减少真空泄漏和控制材料放气可以制造长寿命杜瓦瓶。抽真空后杜瓦瓶会长期紧密结合，在泄漏率小于 $1×10^{-10}$ $cm^3·s^{-1}$ 氦的情况下，直流/射频馈线密封可确保密封性。对于放气，在密封之前，杜瓦瓶必须在温度约 100℃的真空中保持数天至数周时间，可加入吸气剂以除去任何残余气体。虽然较高的温度会加速放气，但也可能会带来降解高温超导材料的风险。

13.7　用于移动通信的高温超导带通滤波器

高选择性高温超导滤波器通过提高数据速率和恢复频谱来改善移动通信网络的性能（Shen, et al.，1997）。

13.7.1　滤波器设计方法

考虑通带为 10 MHz 的滤波器（见图 13.6）。滤波器的响应符合十极点准椭圆函数。它是用一种特殊的拓扑布局设计的，这种几何结构称为级联四重三分体（CQT）耦合结构（Hong, et al.，2005）。为设计该滤波器，从滤波器综合中提取一组设计参数。利用电路模型分析合成滤波器的频率响应，该电路模型具有所需的频率偏移量、耦合系数和外部品质因子等参数。CQT 拓扑的优点是利用非对称设计以减少谐振器的数量，降低通带中的插入损耗。此外，由于滤波器中的交叉耦合是相互独立的，因此可简化滤波器调谐。滤波器设计的后续步骤是用合适的微带结构实现电路模型。该滤光片在 r-cut 蓝宝石衬底上制作。由于蓝宝石介电性能的各向异性，其相对介电常数需用张量表示。微带谐振器在各向异性衬底上的各种排列，均具有相同的介电常数张量。频率响应可通过全波电磁仿真进行验证。根据衬底厚度的变化进行灵敏度分析。厚度公差大于±5 μm 时，对滤波器响应灵敏度有显著影响。

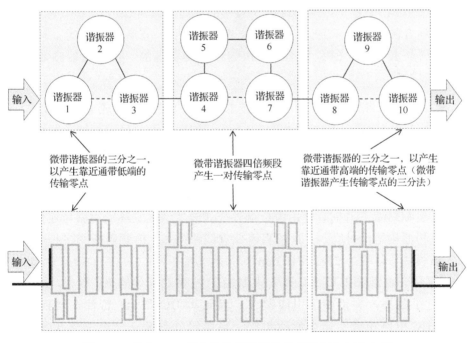

图 13.6　具有 CQT 耦合结构滤波器的执行计划和拓扑布局

13.7.2　滤波器的制造与表征

所设计的滤波器是在蓝宝石衬底上制造的（Hong, et al.，2005）。衬底厚度为 430 μm。

两侧镀有 0.3 μm 厚的 YBCO 薄膜。YBCO 薄膜的特征温度为 87 K。对于射频触点，在两侧镀 0.3 μm 厚的金膜。滤波器在尺寸为 47 mm×17 mm 的衬底上制造，并安装在黄铜外壳中的镀金钛载体上，放置于低温杜瓦瓶内。滤波器中所有高温超导谐振器的频率都是用蓝宝石谐振器调谐的。在通带中测得最小插入损耗为 0.2 dB，回波损耗优于-12 dB。在覆盖从 2110 MHz 到 2170 MHz 的移动通信系统传输频带范围内，带外抑制测试结果优于 85 dB。

13.8　基于高温超导约瑟夫森结的下变频器

高温超导技术可以应用于无线通信前端接收机，如约瑟夫森结(JJ)下变频器模型。JJ下变频器模型是一种具有几乎零转换损耗的全高温超导体(HTS)单片微波集成电路(MMIC)，由四个部件组成，集成在氧化镁衬底的 YBCO 薄膜上，YBCO 薄膜尺寸为 10 mm×20 mm(Du, et al.，2012，2013，2014，2015；Bai, et al.，2013)。

下变频器电路组成部分包括(见图 13.7)：
(i) 阶边 JJ 混频器电路。
(ii) 用于射频信号输入的 10～12 GHz 带通滤波器(BPF)电路。这种八极滤波器使用阶跃阻抗夹式谐振器，其最佳插入损耗在 40 K 时为 0.4 dB，77 K 时为 0.8 dB，带外抑制优于 40 dB。
(iii) 用于中频(IF)输出的约 4 GHz 截止频率的低通滤波器(LPF)。
(iv) 电容耦合的 8 GHz 高温超导微带线谐振器，用于隔离本振(LO)。有效的射频信号隔离是由 BPF、LPF 和 LO 端口的谐振器实现的，可消除射频泄漏和元件间的接线损耗。

2014 年 Du 等人将高温超导阶边晶界技术应用于单片微波集成电路(MMIC)芯片的制造。阶边模型在 0.5 mm 厚、10 mm 宽和 20 mm 长的氧化镁衬底上刻蚀。所采用的技术包括光刻、电子束蒸发和氩离子束刻蚀，台阶高度为 0.4 μm，台阶角度为 35°，并外延生长了 C 轴取向的 YBCO 薄膜，厚度为 0.22 μm。用电子束蒸发法沉积厚度为 0.05 μm 的金膜。蚀刻、成形的 Au/YBCO 薄膜有助于形成结。除接触点和滤波器连线外，除去大多数区域的金膜。在封装 MMIC 芯片时，使用镀金铜外壳滤波器通过银环氧树脂与连接器相连，芯片通过银环氧树脂接地至衬底，在 JJ 的直流偏置线路中加入射频阻断网络和电阻器可防止射频干扰，该模块总体积为 $25×27×15$ mm^3。

与单个约瑟夫森混频器相比，该变频器由于采取了有效的 RF 耦合，RF、IF 和 LO端口之间进行了隔离，并消除了引线键合，因此其 DC 和 RF 特性在转换效率上提高了 7 dB。MMIC 电路集成在微型制冷机中，整个组件封装在一个便携式盒子中，体积为 350 mm×350 mm× 250 mm。该电路在非屏蔽条件下运行良好，验证了其在无线通信中的实用性。

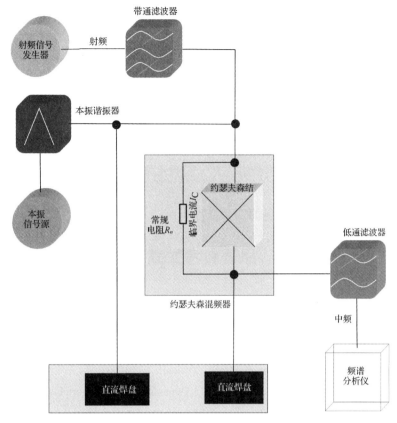

图 13.7　下变频器电路

13.9　讨论与小结

高温超导材料的表面电阻相对于低温金属导体可降低为小于等于 $1/10^3$，使在空载条件下设计质量系数大于等于 10^5 的谐振腔成为可能(Simon，2003)。本章介绍了利用高温超导薄膜的优异性能实现的一系列器件，特别是基于 JJ 的高质量系数谐振器、滤波器、振荡器和混频器，并对典型示例进行了详细描述。

高温超导(HTS)微波微电子技术是高温超导的产物，具有广泛的应用前景和商业价值。HTS 技术由于具有灵敏度高、抗带外干扰能力强、动态范围宽等特点，推动了该技术的普及。上述优点是该技术在监视、侦察和情报领域获得应用必不可少的。高温超导材料低温冷却成本的降低有助于该技术在射频领域获得应用。

思　考　题

13.1　高温超导电阻随频率增加而增大，分析在微波电路中使用这些材料代替普通导体的优势。

13.2　列出微波电路衬底材料的理想性能，并分析氧化镁和氧化铝材料作为微波电路衬底材料的优劣性。

13.3　如何通过固态反应制备 YBCO？用什么方法沉积这种材料的薄膜？

13.4   YBCO 与 TBCCO 哪个材料的转变温度更高？写出这两个缩略词的完整形式。

13.5   高温超导滤波器设计的主要技术是什么？说出设计中涉及的四个重要参数。

13.6   如何校正滤波器频率响应的偏差？为什么传统的滤波器机械调谐方法不适于高温超导滤波器？

13.7   高温超导滤波器的低温包装是如何完成的？为了制造长寿命、可靠的杜瓦瓶，可采取哪些预防措施？

13.8   为移动通信设计高温超导滤波器的主要步骤是什么？滤波器是如何制造和包装的？

13.9   全高温超导 JJ 变频器的四个组成部分是什么？阐述其制造和封装技术，并讨论其电路特性。

13.10   列举采用高温超导薄膜实现的四种微波电路。

原著参考文献

Bai D D, Du J, Zhang T and He Y S 2013 A compact high temperature superconducting bandpass filter for integration with a Josephson mixer *J. Appl. Phys.* **114** 133906

Du J, Bai D D, Zhang T, Guo Y J, He Y S and Pegrum C 2014 Optimized conversion efficiency of a HTS MMIC Josephson down-converter *Supercond. Sci. Technol.* **2** 7105002

Du J, Wang J, Zhang T, Bai D, Guo Y J and He Y 2015 Demonstration of a portable HTS MMIC microwave receiver front-end *IEEE Trans. Appl. Supercond.* **25** 1500404

Du J, Zhang T, Guo Y J and Sun X W 2013 A high temperature superconducting monolithic microwave integrated Josephson down-converter with high conversion efficiency *Appl. Phys. Lett.* **102** 212602

Du J, Zhang T, Macfarlane J C, Guo Y J and Sun X W 2012 Monolithic HTS heterodyne Josephson frequency downconverter *Appl. Phys. Lett.* **100** 262604

Faisal W M 2012 High *Tc* superconducting fabrication of loop antenna *Alexandria Eng. J.* **51** 171-83

Hong J-S, McErlean E P and Karyamapudi B M 2005 A high-temperature superconducting filter for future mobile telecommunication systems *IEEE Trans. Microw. Theory Tech.* **53** 1976-81

Ramesh R, Hwang D M, Barner J B, Nazar L, Ravi T S, Inam A, Dutta B, Wu X D and Venkatesan T 1990 Defect structure of laser deposited Y–Ba–Cu–O thin films on single crystal MgO substrate *J. Mater. Res.* **5** 704-16

Shen Z-Y, Wilker C, Pang P, Face D W, Carter C F and Harrington C M 1997 Power handling capability improvement of high-temperature superconducting microwave circuits *IEEE Trans. Appl. Supercond.* **7** 2446-53

Simon R 2003 High-temperature superconductor filter technology breaks new ground Mobile Devices Des. pp 28–37

Simon R W, Hammond R B, Berkowitz S J and Willemsen B A 2004 Superconducting microwave filter systems for cellular telephone base stations *Proc. IEEE* **92** 1585-96

Vendik O G, Vendik I B and Kholodniak D V 2000 Applications of high-temperature superconductors in microwave integrated circuits *Mater. Phys. Mech.* **2** 15-24

Willemsen B A 2001 HTS filter subsystems for wireless telecommunications *IEEE Trans. Appl. Supercond.* **11** 60-7

Wooldridge I, Turner C W, Warburton P A and Romans E J 1999 Electrical tuning of passive HTS microwave devices using single crystal strontium titanate *IEEE Trans. Appl. Supercond.* **9** 3220-3

第14章 高温超导电力传输

随着大城市电力基础设施老化，无法应对用户日益增长的电力需求，并且发电厂向用户输送电力时会产生大量输电损耗，迫切需要通过引入新的科学方法来解决这一难题。基于高温超导(HTS)的电网被认为是应对电力危机的有效措施，并被广泛采用。本章重点介绍利用脆性超导陶瓷生产载流导线的方法，并对第一代和第二代超导导线的特点进行分析。由于 HTS 需要液氮的不断冷却，电缆的结构也会发生变化，因此需要掌握温介质和冷介质的设计。由于超导体很容易从低阻抗状态过渡到高阻抗状态，因此可利用其固有的故障限制特点，用于不稳定、屏蔽和饱和的磁芯器件，以防止浪涌。除功率损耗极低外，超导线变压器还具有一些优点，如故障限制和无火灾危险等。

14.1 引　　言

为了应对不断升级的电力负荷，必须关注发电、输电和配电。就输、配电而言，利用高温超导体是一种便捷的解决方案。但这要求对现有的电力基础设施进行换代和升级。本章先简要回顾现有的输电结构，了解其缺点和局限性，再详细介绍高温超导输电技术。

14.2 传统电力传输

14.2.1 传输材料

两种金属构成了传统电力传输的支柱，它们是铜(电阻率=1.68×10^{-8} $\Omega \cdot m$)和铝(电阻率$= 2.65 \times 10^{-8}$ $\Omega \cdot m$)。铜电阻率较低所以优于铝。尽管铜、铝电阻率值很小，但在远距离输电中足以引入可观的传输损耗。

14.2.2 高压传输

电力传输过程中的功率传输损耗为 I^2R，其中 I 为电流，R 为导线电阻。为了减少传输损耗，往往以交流电的形式通过提高电压和减小电流进行远距离传输。到变电站，才会降低到所需的电压。因此，电力传输基本上是利用升压和降压变压器减小功率损耗的。大型高压变压器通常是油浸的，变压器线圈采用由芳烃、烷烃、萘和烯烃组成的烃类矿物线圈。浸入的油用作内部零件和冷却剂之间的绝缘介质。但在发生短路的情况下，变压器火灾会引起油蒸发和蔓延，往往还伴随着爆炸，造成严重的后果。

除变压器外，电力传输中还使用电容和电感元件来保持波形同步。此外，必须注意的是，传输电流被提升到的电压越高，导线周围的电磁场就越大，而由该电磁场引起的损耗就越大。

14.2.3　架空输电线与地下输电线

传输电线通常包括架空输电线与地下输电线两种模式，各有利弊。架空线路的初始安装成本低于地下线路，但必须能承受降雨、暴风雨、结冰等恶劣天气袭击的影响，此外，架空线路易于修理和分接。在地下线路故障探测中，需要通过挖掘追踪开断位置，因此故障探测变得困难，地下线路的开断修复时间可能比架空线路长。

14.3　高温超导电线

高温陶瓷材料不仅脆，而且易碎。它们只能在非常小的长度范围内具有柔韧性。因此，不可能把它们拉成长电线。比较简单的解决办法是借助于金属基体或薄且可弯曲的金属基底。这两种方法分别为第一代和第二代高温超导导线的研制奠定了基础。前者采用金属基体，后者采用薄金属基板作为支撑介质。须强调的是，通过超导体的电流传导会受晶体结构取向的影响，额定电流受晶体微结构晶界的限制。这种微观结构在决定高温超导导线保持超导状态的磁场强度方面也起着决定性的作用。在能源技术应用中，这一磁场强度的价值非常关键。基于上述分析，制作高温超导(HTS)长导线在技术上面临着诸多挑战，不同的公司在制作过程中通过不同的方法解决这些问题。

14.3.1　第一代高温超导电线

第一代(1G)高温超导电线由嵌入在银基体中的铋基多丝状物构成(见图14.1)。它可由缩写 BSCCO[铋锶-钙-氧化铜(Bi，Pb)$_2$Sr$_2$Ca$_2$Cu$_3$O$_{10}$]或 Bi-2223(BINE，2010)表示。它的转变温度 T_C = 110 K。市面上这种电线常以千米购置。管内氧化粉可用于生产 1G 高温超导线材。在这个过程中，超导材料 BSCCO 被粉碎成细粉末，填充到一个中空的、可锻的银合金管中。该管被挤压成一根直径从 35 mm 到 2 mm 的细银丝，粉末中的颗粒可根据导线横截面较小一端进行调整，即可形成几根银丝。含有细陶瓷粉末的大量银丝在银管中结合在一起，所得到的银管被成形为多丝导线。这种多丝导线在高达 950℃ 的温度下分几个阶段退火。经过退火后，超导相在平行的细丝中排列成细晶，金属套筒将各个细丝分开。在退火过程中进行多次轧制处理，使晶粒表面与导电 CuO 平行排列。如果晶轴没有完全对准，则导电性会降低。

第一代高温超导导线的载流能力是同等尺寸铜线的 100 倍，但由于含银量高达 60%，其价格是铜线的 100 倍。因此，巨大的载流优势被高成本劣势所抵消，研究重点转向第二代高温超导导线。尽管如此，住友电气工业株式会社(SEI)发明了一种具有高临界电流和更高强度的升级版 BSCCO 电线，比传统的 BSCCO 电线在商业规模上具有更高的产量(Hirose，et al.，2006)。升级版 BSCCO 电线被称为动态创新 BSCCO(DI-BSCCO)，由一种特殊研发的控制超压(CO-OP)工艺生产。

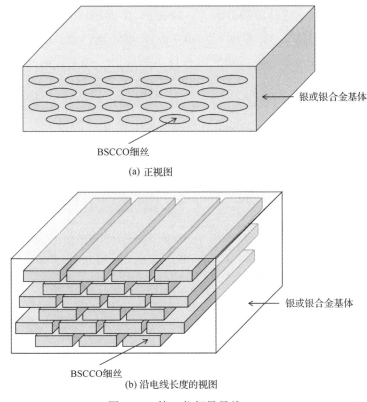

(a) 正视图

(b) 沿电线长度的视图

图 14.1　第一代超导导线

14.3.2　第二代高温超导电线

第二代(2G)高温超导电线是一种薄膜稀土钡氧化铜(ReBCO)带，其中 Re 代表钇、钐、钕、钆等。2G 线材呈带状，而 1G 高温超导线材的形状类似于线状。2G 电线成本较低，可以实现更高的电流密度，更适合磁场应用。

该带状线材包括金属基板-缓冲层-稀土钴高温超导层-稳定银层-稳定铜层，如图 14.2 所示。在超功率工艺中，薄镍合金基板(50～100 μm)被电化学抛光至表面粗糙度小于 2 nm (Hazelton,et al.,2009)，对于采用离子束辅助沉积(IBAD)/溅射制备 150 nm 厚织构化 MgO 基缓冲层而言具有足够的光滑性。采用 MOCVD 工艺可制备 1～5 μm 厚的 ReBCO 高温超导薄膜，沉积速率为 0.7 μm·min^{-1}。为了获得良好的电接触，溅射覆盖 2 μm 银层。整个结构镀有 2×20 μm 环绕铜层使导体稳定。铜膜的厚度是可变的，可由应用情况而定。

当强度为 1 T 的磁场与薄膜表面呈约 5°夹角时，0.7 μm 锆钆钇钡铜氧(ZrGdYBCO)薄膜的峰值临界电流为 100 A·cm^{-1}，0.7 μm 钐 YBCO(SmYBCO)薄膜的峰值临界电流为 158 A·cm^{-1}(Hazelton, et al.，2009)。在临界电流发生不可逆的退化之前，导线可承受 700 Mpa 的应力。

在住友电气工业株式会社的生产过程中，基板是一种机械强度高、磁性低的长带状金属，以保持较小的交流损耗(Yamaguchi,et al.,2014)。为了制备织构化金属基板，将 100 μm 厚的高强度非磁性金属与 20～50 μm 厚的铜进行叠层，并将铜膜镀上 3 μm 厚的镍。铜膜可以通过热处理织构，但镀镍则不允许铜发生氧化。三种薄膜通过射频溅射可在织构化的金属衬底上产生中间层，三种薄膜分别为：铈（Ce，Ⅳ族）氧化物，厚度 $0.1\sim0.2\ \mu m$，作为种子层；钇稳定氧化锆（YSZ），厚度 $0.2\sim0.4\ \mu m$，可防止色散；CeO_2，厚度 $0.1\sim0.2\ \mu m$，匹配晶格结构与超导层。采用脉冲激光沉积技术制备用于功率传输的超导薄膜钆钡氧化铜（$GdBa_2Cu_3O_y$），厚度 $1\sim4\ \mu m$。稳定层由 $2\sim8\ \mu m$ 厚直流溅射 Ag 层和 $20\ \mu m$ 厚电镀 Cu 膜组成，可以防止超导层受到损伤。在 30 mm 导体中临界电流 I_C 为 $200\ A\cdot cm^{-1}\cdot width^{-1}$，其中心区域最大值为 $500\ A\cdot cm^{-1}\cdot width^{-1}$（Yamaguchi, et al.，2014）。

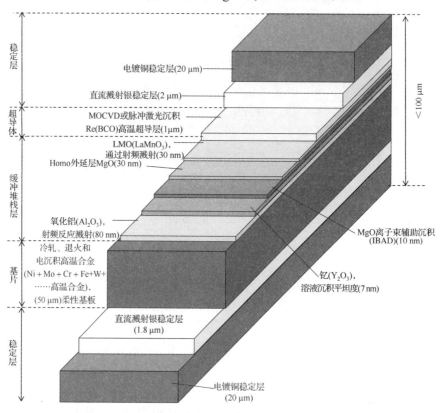

图 14.2　第二代超导电线

　　在美国的超导电线生产过程中（Li, et al.，2009），2G YBCO 高温超导线是通过全尺寸卷对卷工艺生产的，该工艺利用了成本较低的宽带技术，条带宽度为 4 cm，从金属合金衬底的变形织构开始，采用 W 含量为 5% 的 Ni-W 合金，衬底在卷轴-托雷尔系统中再结晶，由此形成立方织构合金衬底。采用快速反应溅射技术沉积缓冲层。这些层包括：Y_2O_3 种子层（厚度 75 nm）、YSZ 势垒层（厚度 75 nm）和 CeO_2 覆盖层（厚度 75 nm）。在缓冲层沉积后，在槽模上涂覆稀土掺杂的 YBCO 前驱体薄膜。对应于计算厚度为 0.8 μm 的 $YBa_2Cu_3O_{7-\delta}$，$Y(Dy_{0.5})Ba_2Cu_3O_{7-\delta}\ m^{-2}$ 模板的荷载为 4800 mg，它在低于 600℃ 的温度下会热解。在卷对卷系统中，在 750℃ 到 800℃ 温度范围内会转变为外延 $YBa_2Cu_3O_{7-\delta}$ 膜。在 500℃ 下，用银层覆盖，然后进行氧化，所生产的宽度为 4 cm 的带材被分成几根细丝，并压成金属稳定层。因此，一种称为 344 的超导体三股线被生产出来了。如果金属稳定层由钢制成，则 HTS 导线由 344S 表示；如果使用铜制成，则为 344B。在预导向装置中，所获得的临界电流为 $I_C>100\ A（250\ A\cdot cm^{-1}\cdot width^{-1}）$。

14.4　高温超导电缆设计

14.4.1　单相热绝缘高温超导电缆

　　单相热绝缘高温超导（HTS）电缆的中心是一个中空的柔性芯，液氮可通过它流动，见图 14.3。高温超导电线缠绕在液氮冷却的铁芯上，因此也被液氮冷却。高温超导层外有一个真空护套，使其与环境热绝缘，再向外是电绝缘的绝缘层。电流回路由两根高温超导导线组成：一根用于电流流入电路，另一根用于电流返回电路。在热绝缘 HTS 导线周围的区域存在磁场。这种磁场在冷绝缘高温超导导线中是不存在的。此外，热绝缘设计的寿命较短。

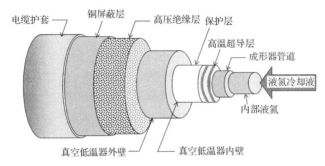

(a) 内液氮冷却剂流

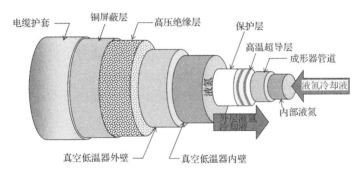

(b) 内外液氮冷却剂流

图 14.3　热介质超导电缆的两种设计结构

14.4.2　单相冷绝缘高温超导电缆

　　回顾用于电气连接的同轴电缆的结构特点，它由一个被绝缘护套包围的芯导体组成，护套上为金属导电涂层，最后由绝缘套包围。

　　与同轴电缆一样，冷绝缘 HTS 电缆由管状部件、护套等复杂组件组成（Demko, et al.，2000）。中心为金属成形器，通过它提供液氮，如图 14.4 所示。围绕金属成形器的是主高温超导层，它是承载超电流的导体。主高温超导层外覆盖有包括用于低温操作的绝缘层和屏蔽层。高温超导屏蔽层包裹在上述这些层之外，由绝缘材料与主高温超导层分开，用于传导主高温超导层传出的返回电流。因此，一根冷绝缘高温超导电缆就可满足正向和反向超导电流的传输要求。冷绝缘高温超导电缆最外层是柔性真空低温器，它是保持封闭部件低温的装置。液氮在 HTS 屏蔽层和柔性低温器之间的环形空间中流动。中心的柔性金属成形器和最外层的柔性低温器是由带有波纹的不锈钢管制成的。冷却装置的一端是制冷装置，该装置提供恒定的液氮供应。

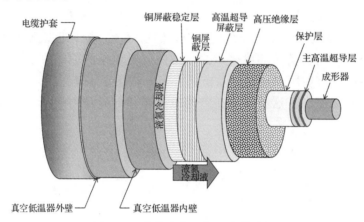

图 14.4　冷绝缘高温超导电缆结构

冷绝缘结构是对热绝缘设计的一种改进，只需要一根冷绝缘电缆即可完成电流传导，而热绝缘电缆则需要两根。此外，冷绝缘电缆可以携带更高的电流。冷绝缘电缆产生的外部磁场几乎为零，设计预期寿命更长。

平行流冷却装置

该装置中液氮在最内层柔性金属成形器和在处于 HTS 屏蔽层和柔性低温器之间的环形区域中的流动方向相同。液氮的回流路径是一个单独的管道，夹在真空中。

逆流冷却装置

液氮在金属成形器和环形区域中的流动方向相反。液氮通过金属成形器进入，冷却终端以及高温超导电缆，然后通过环形区域返回。

14.4.3　流量、压降和高温超导电缆温度

在上述两种冷却方式下，根据牛顿冷却定律，随着高温超导温度的降低，超导效应引起的交流损耗减小，而超导体与周围环境温差增大导致的热损耗会增大。此外，在两种冷却装置中，流速越低会导致高温超导温度越高。而高温超导温度越高，临界电流越小，交流损耗越大。

与平行流冷却装置相比，逆流冷却装置具有更低的热负荷。此外，对于相同长度和流量的高温超导电缆，逆流装置会使高温超导电缆产生更高的温度和更大的压降。该装置中产生的较大压降对逆流装置的长度也会产生限制。

14.4.4　三相冷绝缘高温超导电缆

对于三相电流供应，三相高温超导层封闭在同一个低温外壳内，如图 14.5 所示。它们也可以放在独立的塑料封套里。

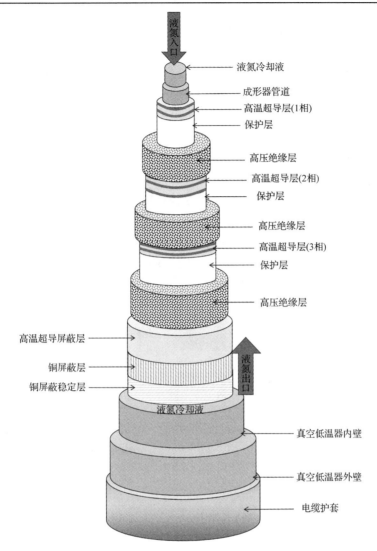

图 14.5　具有冷介质结构的三轴电缆

14.5　HTS 故障电流限制器

有时在重负荷或雷击时，会突然出现高值故障电流，损坏装置。在这种情况下，故障电流限制器(FCL)应运而生。它们将电流足够快地限制在安全值以防止损坏装置。超导故障电流限制器(SFCL)利用超导材料的非线性特点，如对温度、电流和磁场变化的非线性响应来抑制电流大小。在恒定的温度和恒定的磁场下，当故障电流变大时，会使超导体的某部分具有较强的电阻，因此产生的热量无法在局部消除。通过将多余的热量转移到超导体的邻近区域，这些区域的温度随之升高。电流效应和温度效应的共同作用会使超导体开始表现为常规导体，超导特性消失。超导体中常规导体区的传播称为淬火。很明显，该材料在故障过程中经历了从低阻抗超导状态到正常高阻抗导电状态的转变。

14.5.1　电阻式超导故障电流限制器

在电阻式超导故障电流限制器(SFCL)中，如图 14.6 所示，传输系统正常工作条件下的主要载流导体是超导材料(Electric Power Research Institute，2009)。当发生故障时，电流增加，超导体经历淬火，伴随着电阻的指数上升。由于超导体电阻的迅速增大，在超导体上会产生一个电压。从而导致电流被转移到一个由电阻和电感组成的分流器上，限制超导体上电压的进一步增大。因此，超导体在毫秒内起到开关的作用。该开关将负载电流转换为并联阻抗。在淬火过程中，超导体的不均匀加热会导致热点的产生，从而损坏高温超导材料。在某种程度上，该问题可通过调整超导体材料工艺和新型器件设计得到缓解。

超导体在淬火过程中产生的热量被低温冷却系统带走。因此，在冷却系统将材料恢复到超导状态之前经过的时间被称为系统的恢复时间。在一些 SFCL 中，利用快速开关元件与超导体串联起到隔离作用，将很大部分电流转移到并联元件。该开关降低了超导体中的最高温度，加快了恢复，缩短了恢复时间。

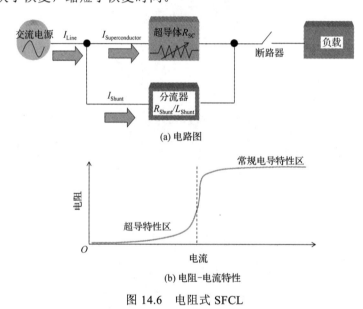

(a) 电路图

(b) 电阻-电流特性

图 14.6　电阻式 SFCL

14.5.2　屏蔽芯超导故障电流限制器

屏蔽芯超导故障电流限制器是电阻式超导故障电流限制器的一种变形，如图 14.7 所示。其中低温冷却系统与剩余电路机械分离，电源线和高温超导元件无直接连接，而是通过相互耦合的交流线圈产生磁场间接连接。屏蔽芯 SFCL 在结构上类似于变压器，在这种器件中，侧面由高温超导元件分流。无论何时产生故障电流，侧面的电流都会增大，从而使高温超导元件发生淬火。初级线圈上相应上升电压的方向与故障电流相反。通过改变变压器线圈匝数比，避免超导体加热不均匀引起的热点问题。然而，与电阻式 SFCL 一样，屏蔽芯 SFCL 必须在限流动作发生后才会冷却。屏蔽芯 SFCL 的主要缺点为体积大、重量大，其体积、重量均达到电阻式 SFCL 的四倍。

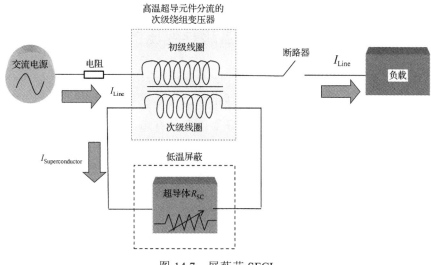

图 14.7　屏蔽芯 SFCL

14.5.3　饱和铁芯超导故障电流限制器

饱和铁芯超导故障电流限制器每相使用两个铁芯和两个交流绕组，如图 14.8 所示。交流绕组为常规导体，这些导体绕在铁芯上，形成与交流线串联的电感。一个携带恒定电流的高温超导绕组也绕在铁芯上，绕组可产生磁场。当电网电流在正常范围内时，高温超导绕组使铁芯完全饱和。在此条件下，其相对磁导率是统一的。对于携带交流电的线圈，铁芯相当于空气的作用。交流阻抗或感应电抗类似于空心电抗元件。但当产生故障电流时，电流的正负峰会将铁芯拉出饱和状态。因此，在每半个周期的一部分，线路阻抗均会增加。因此，峰值故障电流明显降低。饱和铁芯 SFCL 是具有可变电感的铁芯无功元件。在故障电流条件下，它的阻抗变得很高。饱和铁芯 SFCL 不同于电阻式 SFCL，由于它不需要恢复，可以连续控制一系列故障事件，而不必像电阻式 SFCL 那样冷却。然而，制作饱和铁芯 SFCL 所需重铁芯的体积和重量严重阻碍了其广泛应用。

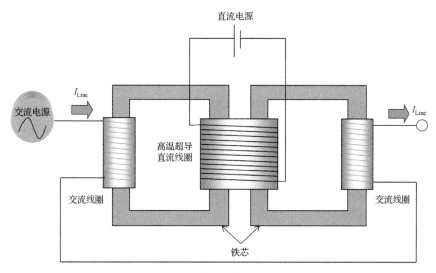

图 14.8　饱和铁芯 SFCL

14.6　高温超导变压器

高温超导变压器与普通变压器类似，只是高温超导变压器的一次和二次绕组由零电阻高温超导电线制成，而不是普通变压器中使用的铜或铝绕组(US Department of Energy，2000)。因此，与普通变压器相比，高温超导变压器具有超导性的所有优点。高温超导变压器需被冷却到 77 K，以便它在超导模式下运行，在比常规变压器高 10～30 倍的电流密度下仅需大约 30%的损耗，且比常规变压器的重量小 45%。高温超导变压器具有无与伦比的故障电流限制能力。高温超导变压器最大的优点是它不需要任何绝缘油冷却剂。因此，与传统变压器相关的油冷却剂的火灾和环境危害自然消失。

14.7　讨论与小结

高温超导已经改变了电路和电子电路的基本组成部分，即"导电电线"。由于导线是一个关键部件，没有它就不可能实现电路，因此其超导电性对电力和电子的影响将是深远和革命性的。本章简要介绍了超导体改变电力基础设施和改变电力分配和控制方式的一些方法。为最大限度地提高设施能力以及设施的实用性奠定基础，同时尽量减少成本，满足用户需求。

思　考　题

14.1　请说出制造输电线路所用的两种元素的名称？哪一个导电率更高？

14.2　为什么电力要在高电压、低电流下传输？变压器在输电中的作用是什么？变压器故障可能造成哪些危害？

14.3　架空输电与地下输电相比优缺点有哪些？

14.4　为什么高温超导材料很难拉成长导线？在第一代和第二代超导体电线制造过程中，遵循的两种方法是什么？

14.5　第一代高温超导(HTS)电线的缩写是什么？缩写的字母代表什么？

14.6　简述制备第一代高温超导焊丝的管内氧化粉末的主要步骤？第一代高温超导电线的主要缺点是什么？什么是 DI-BSCCO 电线？

14.7　第二代高温超导电线的缩写是什么？给出第二代电线相比第一代电线的三个优点。

14.8　一根第二代高温超导电线中包含多少层不同的材料？给出每种材料的名称，并简述其作用。

14.9　在制作第二代高温超导电线的全尺寸卷对卷过程中涉及的主要步骤是什么？描述每个步骤的功能。

14.10　第二代高温超导电线中使用的基板材料是什么？缓冲层是什么？它的功能是什么？使用的高温超导材料是什么？在外部稳定层中使用了哪些元素？

14.11　用图表说明热绝缘高温超导电缆的结构，并分析其缺点。

14.12 利用标签图解释冷绝缘高温超导电缆的结构特点，并分析其优点。

14.13 解释冷绝缘高温超导电缆中使用的平行流和逆流冷却装置。逆流装置的长度限制是多少？

14.14 FCL 在电力传输电路中的作用是什么？什么性质的超导体有助于在电路中起到故障限制作用？什么是淬火？

14.15 画出电阻式 SFCL 电路图，参照电路图说明其工作原理。如何加快 SFCL 的恢复速度？

14.16 利用图表解释屏蔽芯 SFCL 的工作原理。

14.17 饱和铁芯 SFCL 的工作原理是什么？它与电阻式 SFCL 有何不同？

14.18 什么是高温超导变压器？指出它相比普通变压器所具有的优点。

原著参考文献

BINE 2010 High temperature superconductors *Projektinfo* 06/10

Demko J A, Lue J W, Gouge M J, Stovall J P, Butterworth Z, Sinha U and Hughey R L 2000 Practical AC loss and thermal considerations for HTS power transmission cable systems *Appl. Supercond. Conf. (Virginia Beach, VA 17–22 September)* pp 1-4

Electric Power Research Institute 2009 Superconducting fault current limiters *Technology Watch* 1017793

Hazelton D W, Selvamanickam V, Duval J M, Larbalestier D C, Markiewicz W D, Weijers H W and Holtz R L 2009 Recent developments in 2G HTS coil technology *IEEE Trans. Appl. Supercond.* **19** 2218-22

Hirose M, Yamada Y, Masuda T, Sato K-i and Hata R 2006 Study on commercialization of high-temperature superconductor *SEI Technical Review* No. 62, June, pp 15-23

Li X, Rupich M W, Thieme C L H, Teplitsky M and Sathyamurthy S *et al* 2009 The development of second generation HTS wire at American Superconductor *IEEE Trans. Appl. Supercond.* **19** 3231-5

US Department of Energy 2000 Selected high-temperature superconducting electric power products, January

Yamaguchi T, Shingai Y, Konishi M, Ohya M, Ashibe Y and Yumura H 2014 Large current and low AC loss high temperature superconducting power cable using REBCO wires *SEI Technical Review* No. 78, April, pp 79-85

第 II 部分

恶劣环境下的电子器件

第15章 湿度和污染对电子器件的影响

高湿度是对电子元器件造成破坏性影响的主要诱发剂和助推器。如果让潮气渗入封装体内，电子器件可能会受到严重破坏。而无论是在生产过程中引入的污染物还是后续从环境中引入的污染物，都会在水汽的作用下增加对电子产品的破坏。腐蚀造成失效的机理有很多，比如：电化学、阳极腐蚀、阴极腐蚀、电偶腐蚀等。以上提及的失效机理——即高湿度与灰尘、污垢和有机物对电子产品的可靠性构成的危害——都将在本章中进行讨论。本章还将提及对抗这些失效机理的方法。而了解这些机理有助于创造相应条件并制定适当的应对措施以消除其不利后果。

15.1 引　　言

电子设备和产品在世界范围内迅速发展并广泛应用于室内和室外。它们已渗透到人们的日常生活中。因此人们越来越关注高湿度对电子设备带来的影响。引起这类关注的主要原因是高湿度环境会引起电子产品或其内部电子元器件的腐蚀。理想状态下，电子设备工作的最佳湿度范围为 40%～60%。

此外，计算机、通信和控制系统中电子元器件的逐渐小型化使它们更容易受到高湿度影响而引发故障，即使在较温和的环境中也是如此。在纳米电子学中，一个几纳米缺陷的斑点比大型钢结构中几毫米的斑点更加有害。一辆汽车可以在损失几克材料的情况下工作，但对于一个集成电路来说，即使是几皮克的材料也会造成它的失效。为了解决这一严重问题，必须阐明造成这种失效的根本机理。

15.2 绝对湿度与相对湿度

由于水汽引起的失效模式主要与相对湿度（RH）相关，而不是绝对湿度（AH）（Tencer and Moss，2002）。这里存在一个 RH 阈值，在元器件表面形成一定厚度的吸附水分子，导致其不能正常工作。绝对湿度（AH）是给定体积（V）空气中的水蒸气质量（m），单位为 $mg \cdot L^{-1}$：

$$AH = m/V \tag{15.1}$$

在这个定义中没有考虑空气温度。给定环境温度下的 RH 是一个百分比，表示该温度下的 AH 与相同温度下饱和条件下的最大可能 AH 之比。RH 被定义为分压比，即在给定温度下，空气中存在的水蒸气的分压 p_{H_2O} 与该温度下的平衡蒸气压 $p_{H_2O}^*$ 之比：

$$RH = p_{H_2O}/p_{H_2O}^* \tag{15.2}$$

15.3　湿度、污染和腐蚀间的关系

腐蚀是指材料(如金属、无机或有机化合物)通过与环境气体(如氧气和水蒸气)发生的化学反应,这种化学反应会使产品性能发生恶化。产品上吸附的水分是导致腐蚀发生的关键因素。当相对湿度大于60%时,在灰尘和微生物等污染物的存在下,腐蚀速率会迅速提高。高相对湿度会导致大量水蒸气在材料表面凝结,例如在潮湿环境中,电路板上会有水滴凝结(见图15.1)。离子可以流过冷凝水膜从而加速腐蚀。水汽再加上灰尘和污垢,同样会引发腐蚀,如果电路板足够干净,则腐蚀肯定不会发生。极少量的表面污染物就足以引起腐蚀。这些污染物的来源包括:

(i)刻蚀、电镀、焊接等工艺过程;

(ii)安装和使用过程。

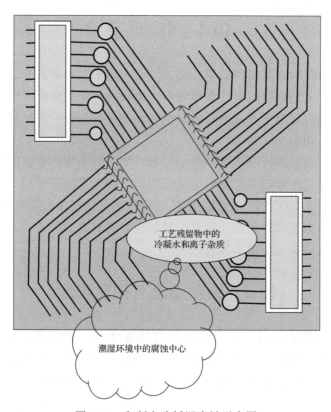

图 15.1　印制电路板湿腐蚀示意图

污染源可以是手指上的油脂、汗液中的盐分、皮屑、化妆品和皮肤上的乳霜等。

在加工过程中,任何残留的离子释放化合物都会加速腐蚀的发生。如果清洗过程操作不当,氯离子、盐和硫化物会在有水汽的情况下对产品造成严重破坏。严格控制清洗环节可有效避免离子杂质引起的腐蚀。

腐蚀是水、热、灰尘、微生物和氧气在材料表面存在的自然结果。高温时腐蚀速率加快,低温时腐蚀速率变慢。

15.4　电子器件中的金属与合金

电子器件所使用的金属部件，必须最大限度地承受腐蚀带来的影响。在电子器件、PCB 和封装体中，大量使用了多种金属和合金，其中有

(i)　半导体分立器件和集成电路所用到的：铝、金、银、铜和硅（半金属）。

(ii)　连接芯片上的金凸点与周围 PCB 的引线框架：经金或银处理的 Cu/Zn_{37}、$CuFe_2$、$FeNi_{42}$ 或 $CuNiZn$（位于芯片上）和可焊涂层，如位于 PCB 上的镍-金材料。

(iii)　金凸点与引线框架之间的键合丝连接：金丝或铝丝。

(iv)　引线框架和芯片上的铝金属化：Au/Au、Au/Ni、Au/Ag、Al/Al。

(v)　电子芯片的封装：镀锌/铬酸盐钢或镁。聚合物封装表面涂有铜/镍或铝以屏蔽电磁干扰。

(vi)　PCB 上的连线：带可焊化学镀镍浸金（IM Au）涂层的铜。

(vii)　电连接器：镀金铜及其合金，如 $CuSn_6$、$CuBe_2$、$CuNi_{10}Sn_2$。

(viii)　无铅焊料：Sn-Ag-Cu。

(ix)　电脑硬盘：用铝电镀镍制成的一种盘片，上面有一种带有碳涂层的钴合金。

15.5　湿度引起腐蚀的机理

15.5.1　电化学腐蚀

电化学腐蚀分为两步，以铁生锈为例，

(i)　金属表面的原子溶解在冷凝水膜中，该金属带负电。对于二价金属 M，阳极反应：

$$M(s) \rightarrow M^{2+}(aq) + 2e^- \tag{15.3}$$

(ii)　电子迁移到水滴外面与一种称为去极化器的电子受体相互作用，例如来自大气中的氧气。阴极反应：

$$O_2(g) + 2H_2O(l) + 4e^- \rightarrow 4OH^-(aq) \tag{15.4}$$

在水滴内部，羟基离子向内移动，与金属离子发生反应：

$$M^{2+}(aq) + 2OH^-(aq) \rightarrow M(OH)_2(s) \tag{15.5}$$

金属氢氧化物快速氧化：

$$4M(OH)_2(s) + O_2(g) \rightarrow 2M_2O_3 \cdot H_2O(s) + 2H_2O(l) \tag{15.6}$$

在这种空气腐蚀中，天气条件的变化起着主要作用。

15.5.2 阳极腐蚀

当两个导体之间存在电位差时就会发生阳极腐蚀（见图 15.2），例如在由一薄层液态水连接的 PCB 上的两个焊接点之间就会发生这种腐蚀（Lighting Global，2013）。金属离子从阳极中溶解。根据它们在水溶液中的稳定性，它们要么沉积在阴极上（例如 Sn、Pb、Cu、Ag 等），要么溶解在水中形成氢氧化物，例如铝——这是一种不具有迁移性的金属。Sn, Pb, Cu 或 Ag 离子的迁移导致了从阴极金属向阳极金属的枝晶生长，连接起了它们之间的间隙，从而导致短路。且由于枝晶生长而导致的失效也会发生在 PCB 上的铜线之间。

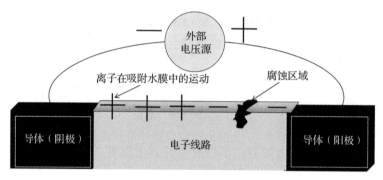

图 15.2　阳极腐蚀

由于电子产品尺寸的不断缩小，使得导线之间的间距变得非常小，从而增加了导线之间的电场。高电场会使离子迁移速度增加，因此在惰性气体环境中使用低残留、不需清洁助焊剂的微焊接工艺正逐渐普及。但采用微焊接工艺组装的窄间距电路的长期稳定性尚未得到证实。

15.5.3 电偶腐蚀

电偶腐蚀也称"异种金属腐蚀"，这种腐蚀是两种不同的金属相互接触而同时处于电解质中所产生的电化学腐蚀。这两种不同的金属在没有外加电压的帮助下通过产生的电位差来驱动腐蚀过程，电解质是由环境中的水凝结或物体浸入水中所提供的。金属是否为贵金属属性是从其腐蚀电位中判断的，并且可以从电偶序列中判断（见图 15.3）。这种腐蚀被用于原电池（如图 15.4 所示）。电偶腐蚀的多种方法详见图 15.5 和图 15.6。

集成电路中的金/铝键合容易受到电偶腐蚀，外引线框架也是如此，如果镀层有任何裂纹或机械损伤，则引线框架的基材材料比镀层材料更活泼。对于接触式连接器，石墨因其缓慢的阳极/阴极反应可以代替金材料。

手机键盘上的按键由化学镍金（IM Au）涂层和化学镀镍（EL Ni）制成。如果化学镍金涂层损伤，那么作为阴极的化学镍金涂层就会腐蚀化学镀镍层。而镍层的点蚀会暴露底层铜基材并造成进一步的损伤。

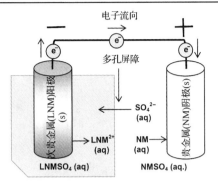

$$LNM (s) \rightarrow LNM^{2+}(aq) + 2e^- (氧化反应)$$
$$NM^{2+}(aq) + 2e^- \rightarrow NM (s) (还原反应)$$
$$LNM (s) + NM^{2+}(aq) \rightarrow LNM^{2+}(aq) + NM (s) (氧化还原反应)$$

(a) 次贵金属(LNM)–贵金属(NM)电池

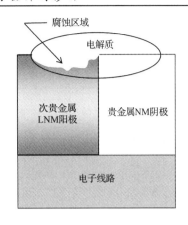

(b) 次贵金属(LNM)–贵金属(NM)
腐蚀电池，两种金属都是二价的

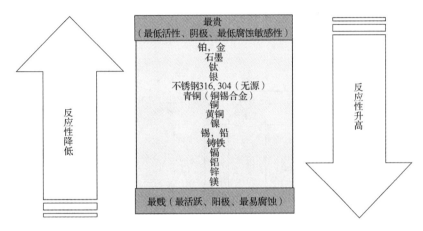

(c) 部分金属电位序列

图 15.3

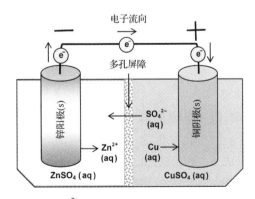

$$Zn (s) \rightarrow Zn^{2+}(aq) + 2e^- (氧化反应)，-0.76 V$$
$$Cu^{2+}(aq) + 2e^- \rightarrow Cu(s) (还原反应)，+0.34 V$$
$$Zn (s) + Cu^{2+}(aq) \rightarrow Zn^{2+}(aq) + Cu(s) (氧化还原反应)$$

(a) Zu-Cu原电池

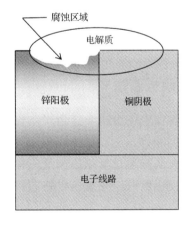

(b) Zu-Cu腐蚀电池

图 15.4

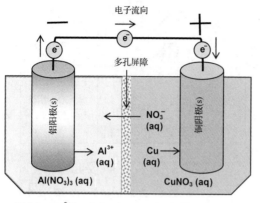

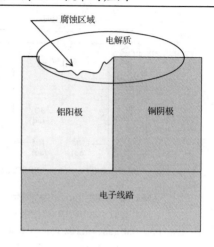

$$Al(s) \rightarrow Al^{3+}(aq) + 3e^-(氧化反应), -1.66V$$
$$Cu^+(aq) + e^- \rightarrow Cu(s)(还原反应), +0.34\ V$$
$$Al(s) + 3Cu^+(aq) \rightarrow Al^{3+}(aq) + 3Cu(s)\ (氧化还原反应)$$

(a) Al-Cu原电池　　　　　　　　　　　　　　(b) Al-Cu腐蚀电池

图 15.5

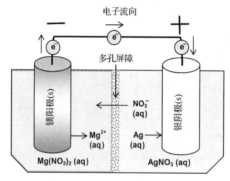

$$Mg(s) \rightarrow Mg^{2+}(aq) + 2e^-(氧化反应), -2.36\ V$$
$$Ag^+(aq) + e^- \rightarrow Ag(s)\ (还原反应), +0.80V$$
$$Mg(s) + Ag^+(aq) \rightarrow Mg^{2+}(aq) + Ag(s)\ (氧化还原反应)$$

(a) Mg-Ag原电池　　　　　　　　　　　　　(b) Mg-Ag腐蚀电池

图 15.6

15.5.4　阴极腐蚀

电子器件中使用的一些金属在较宽的 pH 值和电位范围内溶解于高于平衡溶解点的溶液中，如铝和锌。从氧化还原反应中获得能量的电化学电池，称为原电池(见上节)，根据方程式，在阴极通过氧化还原反应释放 OH⁻离子[见式(15.4)]。由此产生的 pH 值向碱性侧移动而使铝溶解。在集成电路芯片中，铝键合丝会受到这种阴极腐蚀的影响。

15.5.5　蠕变腐蚀

浸银是 PCB 铜表面的抛光处理技术，经过浸银处理的 PCB 在硫和水分的作用下极易发生蠕变腐蚀形成 Ag₂S 和 Cu₂S (Savolainen and Schueller，2012)。硫磺以元素形式或硫化氢形式存在于造纸厂、水泥和橡胶制造厂附近的环境中。在采矿厂和废水处理厂附近也有硫磺的存在。蠕变腐蚀从枝晶生长开始，并向周围所有方向上发展。

蠕变腐蚀不需要在 PCB 上施加任何外加电位差。该机理似乎是由电流驱动的，由于在银和铜这两种金属中，铜相对于银表现出阳极性，因此会受到更大影响。由于阳极铜层的面积远小于阴极银层的面积，因此对阳极金属具有更强烈的侵蚀性，铜与硫和水会发生强烈的腐蚀反应。蠕变腐蚀过程主要分为三步(Chen, et al.，2012)：

　(i)　腐蚀产物在表面吸附的水层中溶解；

　(ii)　在浓度梯度下的扩散运动；

　(iii)在另一个位置重新沉积。

日前已发现高温有机可焊性保护剂(OSP)工艺或防变色无铅热风焊料整平(HASL)工艺对减缓蠕变腐蚀可以起到很好的保护作用。正确的表面清洁方式至关重要。如果要保留银表面，则需要进行一些设计修改，例如去除由焊接掩模界定的金属特征(PCB 中铜导带上的聚合物镀层)、使用焊接掩模完全覆盖非测试通孔、保持元器件焊盘的圆角平滑等。

15.5.6　杂散电流腐蚀

将导体暴露在强电场和磁场中可导致高强度杂散电流。微波能在潮湿的铝表面引起湍流。在液态水膜中流动的涡流会加剧腐蚀问题。

15.5.7　爆米花效应

如果塑料封装的集成电路在再流焊之前没有经过烘干，那么在焊接过程中其内部吸收的水分就会蒸发并通过加热而膨胀，从而破坏基板、芯片和键合连接(Chen and Li, 2011)。这些都是由积聚的内应力引起的，这些内应力会使塑封料破裂，并在塑封料和引线框架之间产生分层。这种现象被称为爆米花效应，因为它类似于爆米花的制作过程，爆米花会随着籽粒内压力的增大而膨胀，并伴随着小爆炸。在塑封器件安装前对其进行烘干，并在烘干后的规定时间内进行再流焊，使水分不至于再进入集成电路，就可以避免爆米花效应。

15.6　讨论与小结

高湿度导致电路表面形成液态水膜。这种水膜与以离子为载流子的水体具有相同的导电性能。腐蚀引起的芯片表面离子传导并不总是需要外加电位差。一类腐蚀反应基于电化学原理，其中金属溶解为正离子，而去极化剂，比如来自大气中的氧，则中和了表面的负电荷，这类腐蚀不需要电路通电。另一类腐蚀反应基于原电池原理，这种腐蚀反应可能是由芯片上不同金属之间形成的电位差产生的，并不需要外接提供电位差。第三类腐蚀是在外加电压下发生的电解离子迁移。因此，电子产品中的腐蚀现象是由多种因素造成的。

思　考　题

15.1　评价与说明"电子器件的小型化增加了腐蚀导致失效的机会"。

15.2　AH 和 RH 有何不同？

15.3　请阐述环境湿度、污染和电子器件腐蚀之间的相互关系。

15.4　以下物质分别采用的是哪些材料？

　　　(i)　芯片

　　　(ii)　引线框架

　　　(iii)　键合丝

　　　(iv)　封装体

　　　(v)　PCB 上的连接线

15.5　计算机硬盘采用什么材料制作而成？

15.6　以二价金属为例，写出电化学腐蚀过程中发生反应的化学方程式。这些反应是否需要外加电压？

15.7　解释铜、银、铅、锡离子迁移引起阳极腐蚀导致 PCB 短路的失效机理。

15.8　什么是电偶腐蚀？集成电路中哪些部分易受到电偶腐蚀？为什么？

15.9　集成电路中的铝丝如何被阴极腐蚀？

15.10　什么是蠕变腐蚀？是否需要将 PCB 通电？

15.11　描述蠕变腐蚀的机理。为什么它被认为是一个三步过程？有哪些预防措施？

15.12　什么是爆米花效应？通常发生于什么封装的集成电路？为什么？如何避免？

原著参考文献

Chen C, Lee J C B, Chang G, Lin J, Hsieh C, Liao and Huang J 2012 The surface finish effect on the creep corrosion in PCB

Chen Y and Li P 2011 The 'pop-corn effect' of plastic encapsulated microelectronic devices and the typical case study *Int. Conf. Quality, Reliability, Risk, Maintenance, and Safety Engineering（Xi'an, June）* pp 482-5

Lighting Global 2013 Protection from the elements. Part III: Corrosion of electronics *Technical Notes* Issue 14 September

Savolainen P and Schueller R 2012 Creep corrosion of electronic assemblies in harsh environments *DfR Solutions* In: *IMAPS Nordic Ann. Conf. Proc.* pp 54-58

Tencer M and Moss J S 2002 Humidity management of outdoor electronic equipment: methods, pitfalls, and recommendations *IEEE Trans. Compon. Packag. Technol.* **25** 66-72

第16章　防潮防水的电子器件

电子器件发生失效的一个重要原因是暴露在潮湿环境中，如雨水、汗水、洗涤、意外浸泡在水里等。在防潮的设计中，有一种容错芯片布局的设计，即将电路的发热部分封闭在空气循环腔中，冷却器部分封闭在水汽密封腔中，利用电路产生的热驱走水汽，并仔细选择外壳表面的材料，以避免发生电偶腐蚀。从实际应用中看，各种涂层材料如聚对苯二甲酸乙二醇酯、超疏水涂层、挥发性缓蚀剂和硅酮等都是用来防止水分侵蚀的。本章主要介绍实现电子器件防水的设计和工艺方法。

16.1　引　　言

许多术语可与"防水"一词互换使用，例如水密、疏水、潜水、密封等。在产品的设计阶段，通过成熟的或者创新的设计技巧，可以达到防腐蚀的目的。根据预期用途，为解决芯片制造后电子产品的防水问题，解决方案包括：将芯片封装在密封包装内，使用吸湿性干燥剂，用椭圆形金属或保护膜覆盖相关表面，以及使用挥发性缓蚀剂涂层。本章将对这些解决方案进行逐一介绍。

16.2　防腐蚀设计

16.2.1　容错设计

如果电流-电压信号、漏电流和阻抗的大小通过设计固定在足以保证电路正确运行的值上，那么该电路设计将无法接受任何偏差。这种设计很容易受水汽影响，具有高度的腐蚀敏感性。专业设计人员将电路在潮湿环境中可能发生的问题进行预测，包括在电路板或显示器件的串联电阻网的可能变化，无论它们是否存在于开关、继电器或其他机电连接器件，以及是否存在于电路的焊接点处。应使用来自腐蚀专家提供的信息计算数值公差，通过最小化机电连接的数量，有效地降低腐蚀风险。尤其要注意的是，由阳极插头和阴极插座组成的连接应尽量少用。

16.2.2　空气-气体接触最小化

一个简单的机械盖板可以有效地避免含有灰尘和其他污染颗粒的空气与电路接触。电路布线也可以配置为两层结构，其中包含小部件的密集布线与外部空气隔离，而包含电力设备和发热部件的布线则可以接触外部空气以实现高效冷却。因此，电路的主要部分被包裹在惰性气体中，湿气不能进入。

16.2.3　密封干燥封装设计

电子器件应始终保持干燥状态，有时电路本身产生的热量即可使其达到这一目的。显然，电路自身发热温度比环境温度高则可使电路更容易保持干燥，因为回路中循环的空气会带走湿气。如果水凝结在盖板并滴落到电路板上，电路就存在很大的风险，设计师应确保这种情况永远不会发生。

16.2.4　边界表面材料的选择

在电子产品中，如开关、连接器、布线和 PCB 等的多种边界或界面存在于微电路中。如果大气湿度高，则在两种金属接触的位置可能会发生电偶腐蚀，而高温将使这一情况进一步恶化。当同一金属的两个表面接触时，腐蚀发生的可能性最小。如果两个金属由不同电位的金属制成，则其接触面很大可能会发生电化学反应和电偶腐蚀反应。在电子产品中，使用不同的金属材料是不可避免的，但是设计师可以在设计过程中选择最不可能出现问题的金属进行搭配。

16.3　派瑞林涂层

16.3.1　派瑞林及其优势

派瑞林(Parylene)是一个通用名称，代表聚对二甲苯(Parylene Coatings and Applications：PCI，2017)。派瑞林涂层有几个优点，首先是疏水性，其次是它对酸、腐蚀性溶液和气体的化学抗性。该涂层厚度大于 0.2 μm，具有均一性、保形性、无孔隙、化学性质不活泼等优良特性。除具备生物稳定性和生物相容性外，它还具备从-200℃到+125℃的热稳定性。它可由环氧乙烷(ETO)和 γ 射线灭菌，因此它还耐真菌和细菌，可用于植入性医疗电子设备的涂层。它具有高阻抗，可以提供良好的电气隔离，且介电常数很低。最后，同时也是最重要的一点，它可以在室温真空腔内沉积形成薄膜物质。派瑞林的分子与分子之间具有良好的黏附性，可以附着在任何材料表面，有效地避免了液体保护涂层的桥接或汇集问题。不需要催化剂、溶剂或增塑剂，有效地避免了固化步骤，同时有助于防止固化应力的发生。

16.3.2　派瑞林的种类

派瑞林有很多种，它们的透湿性、介电强度、生物相容性和耐温性各不相同。在使用中可根据具体需求进行选择。Parylene N 具有较高介电强度和低损耗的介电常数，它有一个线性结构，每个分子都是由碳和氢结合形成的，它的穿透力很强。用一个氯原子取代Parylene N 中的一个芳香氢原子会生成 Parylene C。Parylene C 的特点是对水蒸气和腐蚀性气体的渗透性较低。它可以形成一种无孔隙的共形绝缘涂层，广泛用于电子元器件中。用两个氯原子取代 Parylene N 中的两个芳香碳原子可生成 Parylene D。Parylene D 可以承受比Parylene C 更高的温度，高达 125℃，但它不具备生物相容性。在 Parylene HT 中，氟原子取代了 Parylene N 的一次氢原子，将温度上限提高到了 350℃，使其具有紫外稳定性，它的分子很小，可以到达被涂层物体的各个位置。

16.3.3　派瑞林涂层的气相沉积聚合工艺

一种类似于真空金属化的工艺用于形成派瑞林涂层(见图 16.1)。但是与小于等于 10^{-5} Torr[①]条件下的真空金属化不同,派瑞林在真空约 0.1 Torr 下进行沉积,形成了约 0.1 cm 的自由路径,在该路径上均匀覆盖物体的所有侧面以产生保形涂层(Parylene Engineering, 2016)。整个过程包括以下三个主要步骤:

(i)　固体二聚体二对二甲苯在 150℃,1 Torr 条件下蒸发;

(ii)　二聚体在 680℃,0.5 Torr 条件下热分解,通过在两个亚甲基–亚甲基键处裂解得到稳定的对二甲苯单体;

(iii)　通过在物体上的吸附和聚合,在 25℃,0.1 Torr 条件下沉积聚对二甲苯。沉积腔后面是一个–70℃的冷阱和一个机械真空泵。

有两个参数决定派瑞林的厚度: (i)二聚体蒸发量; (ii)在沉积腔中停留的时间。

可以达到厚度精度在目标值的±5%以内。派瑞林的沉积速率为 0.2 ml·h^{-1},沉积速率与单体浓度的平方成正比,与热力学温度成反比。

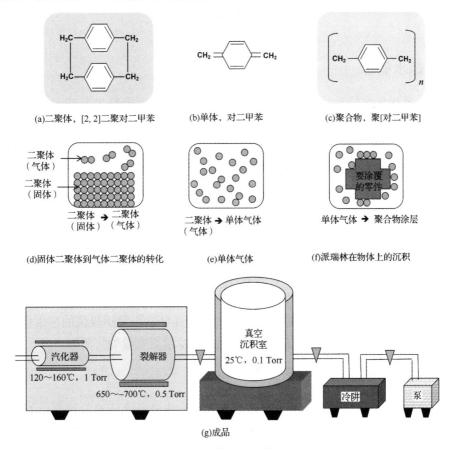

(a)二聚体,[2, 2]二聚对二甲苯　　(b)单体,对二甲苯　　(c)聚合物,聚[对二甲苯]

(d)固体二聚体到气体二聚体的转化　(e)单体气体　　(f)派瑞林在物体上的沉积

(g)成品

图 16.1　气相沉积聚合

---

① Torr,托,压强单位,1 Torr 即 1 mmHg,760 Torr = 1 atm(标准大气压)。

16.3.4 典型电性能

Parylene N 的介电强度为 7000 V·mil^{-1}，体积电阻率为 1.4×10^{17} Ω·cm，60 Hz 介电常数为 2.65，同频损耗因子为 0.0002。Parylene C 的相应值分别为 5600 V·mil^{-1}，8.8×10^{16}Ω·cm，3.15 和 0.020。

16.3.5 防腐蚀应用

防腐蚀应用如下：

(i) 作为 PCB 的保护涂层，0.001 英寸厚的 Parylene C 覆盖电线和电路板之间 0.002 英寸的空间范围[②]。

(ii) 0.4 μm 厚度以下的派瑞林无孔隙，可在与半导体表面相同厚度的黏结线和键合丝上涂覆。在性能方面，表面有派瑞林涂覆的电路等同于密封封装的电路。

(iii) 作为生物医学设备的电绝缘涂覆层，保护生物环境。

16.4 超疏水涂层

16.4.1 超疏水概念

超疏水或超疏水涂层是一种纳米级的涂层，它在电子元器件上形成一层很难浸润的表面。比如氧化锌聚苯乙烯纳米复合材料或二氧化锰聚苯乙烯纳米复合材料，以及硅基凝胶。

液体对固体表面浸润性的概念来自液体与固体表面的接触角(Yuan and Lee，2013)。接触角 θ 定义为液-气界面与液-固界面的夹角，通过在液滴剖面中沿液-气界面从接触点处画一条切线获得(见图 16.2)。接触角是浸润性的反测度。接触角越小，液体浸润固体的趋势越大。如果 $\theta=0°$，液体在固体表面完全扩散，就像一个扁平的水坑，扩散速度由液体黏度和固体的粗糙度决定。如果 $\theta<90°$，该液体被称为浸润液体，有利于在固体表面湿润，此时该液体扩散到更大的区域，该表面称为亲水表面。但当 $\theta>90°$时，该液体称为低浸润液体，与固体间的接触面较少，形成致密的液滴，该表面被称为疏水表面。对于 $150°<\theta<180°$的接触角，液体和固体之间几乎没有接触，液体形成一个具有最小表面积的球体或珠子，在没有任何吸附的情况下滚离表面，该表面被称为超疏水表面，比如莲叶就表现出极强的拒水性。因此，这种效应被称为莲花效应。超疏水涂层可以产生比普通涂层更有效的防潮层。

16.4.2 标准沉积技术与等离子工艺

标准的涂层技术是喷涂、筛分或涂布，以及在液体中浸渍或浸没涂层。这些技术对基材的附着力差，涉及大量涂层材料的使用，并且通常需要高温固化步骤来提高涂层的质量。液体涂层的厚度取决于黏度和工作温度/湿度，其精度可控制在所需值的±50%。采用等离

---

② 1 英寸=2.54cm。

子体技术可以在不同形状的物体上形成高质量的保形涂层。此外，这些涂层往往是纳米级的厚度，因此它们实际上是透明不可见的。等离子体工艺在室温下进行，这是一个对环境要求较低的工艺过程。在这个过程中，由射频电场产生的离子、激发分子和自由基轰击待涂层物体，改变其性能。

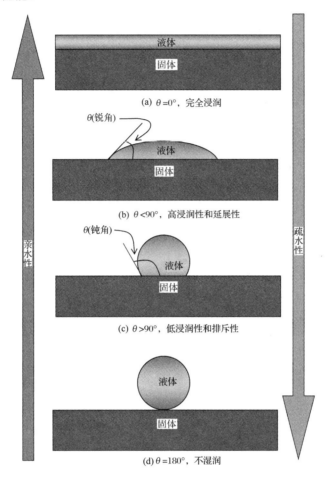

图 16.2　液体浸润固体的接触角 θ

16.4.3　纳米沉积工艺关键技术

有三家公司专注于纳米沉积工艺的研究，即 P2i、GVD 和 Semblant（Tulkoff and Hillman，2013）。其关键技术如下：

(i)　P2i：脉冲等离子体和卤化物，特别是氟碳化合物。
(ii)　GVD：使用聚四氟乙烯（PTFE）和硅酮（有机硅）进行化学气相沉积（CVD）。
(iii) Semblant：等离子体沉积和卤化烃。

疏水性与氟碳基团的数量、长度以及它们在表面的浓度有关。而传统的等离子体分裂单体，在脉冲等离子体方法中，其单体结构保持不变，这种结构的存在提供了较高的液体排斥性。该工艺在工业上得到了应用，采用了卷对卷式等离子体处理设备（Rimmer，2014）。

16.4.4　具体应用

超疏水技术的主要应用是增强电子产品的可靠性，如平板电脑、智能手机、耳机，以及助听器(P2i，2015)。

16.5　挥发性缓蚀剂涂层

挥发性缓蚀剂(VCI)是有机化合物(如图 16.3 所示)，如二环己基亚硝酸铵(DICHAN)、$C_{12}H_{24}N_2O_2$、甲苯三唑($C_7H_7N_3$)等。它们以固态形式出现，便于操作(VCI；VCI2000，2016)。它们在 21℃时有足够的蒸气压，约 $10^{-3} \sim 10^{-5}$ mm·Hg，更有利于蒸发汽化(Vimala,et al.，2009)。在一个封闭的空间中，它们汽化传播直到达到平衡，这是由它们的分压决定的。蒸发之后是蒸气在金属表面的冷凝和吸附。吸附的 VCI 以微晶的形式存在，即使是极少量的水蒸气也会导致这些晶体溶解。最终形成保护离子，这些离子也吸附在金属表面。因此，一个超薄的由单分子组成的薄膜产生，覆盖在金属表面，阻止金属和电解质之间的接触。这层膜阻止了金属阳极和阴极区域之间的电子传输，延缓了腐蚀过程。因此，VCI 通过化学方式对金属表面进行处理，使对金属的腐蚀性降低。必须强调的是，VCI 形成的屏蔽层不会对底层金属的电阻率产生影响，这对电子产品的应用至关重要，并且它在许多方面都比涂层间接钝化的方法要好。VCI 膜具有自我修复功能，如果金属上的薄膜有一部分被磨损，那么相邻区域的 VCI 薄膜会蒸发并沉积在磨损的部位上(Prenosil，2001)。

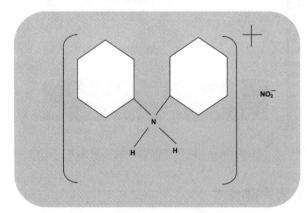

(a)二环己基亚硝酸铵

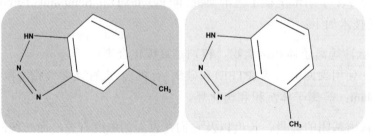

(b)甲苯三唑

图 16.3　挥发性缓蚀剂

16.6　硅酮（有机硅）

硅酮（有机硅），例如硅橡胶（如图 16.4 所示）、硅树脂、硅油、硅脂等，是交替含有长链硅原子和氧原子的合成聚合物，例如 $(-Si-O-Si-O-)_n$。有机基团决定了它们的性质，例如附着在硅原子上的甲基($-CH_3$)。它们的结构单位是 R_2SiO，其中 R 是一个有机基团。硅酮含有碳、氢、氧，偶尔也含有其他元素。硅酮以其疏水性、化学惰性、热稳定性($-100°C$ 至 $250°C$)、抗臭氧和紫外线降解性、流体性、树脂性、润滑性、橡胶性、电绝缘性、黏合剂、应力消除性以及减振性而闻名。硅酮是通过分解有机硅化合物中的卤化物制备的。

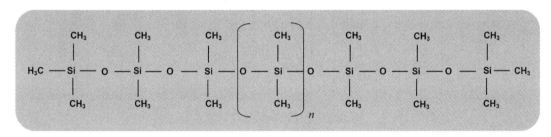

图 16.4　硅橡胶

硅酮黏合剂分为三种类型（道康宁公司）：(i)室温下的湿固处理；(ii)室温下冷凝固化和深层固化；(iii)快速处理的热固化。这三种类型都可以为陶瓷、活性金属和塑料提供附着力。

单组分湿固化的室温硫化(RTV)硅酮需要在室温下以 30%～80%的相对湿度进行固化。经过 24～72 小时的固化，可获得其 90%以上的属性。对于双组分形式的冷凝固化硅酮，其固化发生在室温下，在一小时内可产生良好的强度，但只有在几天后才能获得其100%的属性。热固化硅在大于等于 100°C 的温度条件下进行固化。在使用硅酮之前，必须彻底清洁并去除表面油污。

RTV 硅胶用于电子设备和电子模块的密封。它还用于固定 PCB 上的电源和阴极射线管(CRT)。在不影响光学性能的情况下，还用于液晶显示器(LCD)/LED 模块。冷凝固化硅酮主要用于垫圈和外壳密封。热固化硅酮用于电子模块的密封，它还用于密封电容器和电子元件；反激变压器也用这种硅酮固定。

16.7　讨论与小结

电子产品的防水能力设计必须从产品设计阶段就开始，并延续到后续的制造和组装过程中。通过使用防水纳米技术薄膜(例如具有超疏水性能的薄膜)将产品表面完全覆盖，可以有效地对产品进行防潮、防水处理等。在条件不严苛的情况下，可使用各种其他涂层进行替代。图 16.5 总结了电子产品防水设计方案。

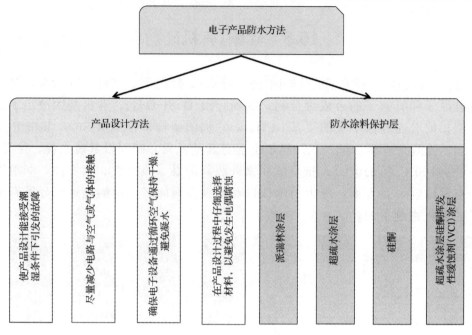

图 16.5   电子产品防水设计方案

思 考 题

16.1   什么是容错电子设计？举例说明。

16.2   如何预防电子产品边界表面材料的选择可能引发的电偶腐蚀，并说明其可能造成的可靠性影响。

16.3   什么是派瑞林？阐述派瑞林作为电子产品防潮涂层材料的五大优点。

16.4   Parylene N、Parylene C、Parylene D 和 Parylene HT 这四种 Parylene 的显著特征分别是什么？

16.5   派瑞林涂层的气相沉积聚合过程与真空金属化有什么不同？这个过程的三个主要步骤是什么？如何控制派瑞林的厚度？

16.6   Parylene N 和 Parylene C 中哪个具有更大的介电常数？哪个损耗角正切更低？

16.7   阐述派瑞林的两种防腐应用。

16.8   定义液体与固体表面的接触角。它与液体对固体表面的浸润性有什么关系？

16.9   对下述条件进行阐述：(a)液体与固体的接触角小于 90°；(b)液体与固体的接触角大于 90°；(c)液体与固体的接触角大于 150°但小于 180°。

16.10   从以下几个方面阐述疏水表面和亲水表面的区别：(a)接触角；(b)浸润性。

16.11   什么情况下物体的表面被认为是超疏水表面？什么是莲花效应？

16.12   等离子沉积保形涂层的工艺在哪些方面优于传统的涂层工艺，如喷涂和浸涂工艺。

16.13   描述纳米沉积超疏水涂层的三种方法，说明所使用的材料和工艺技术。

16.14   给出 VCI 涂层的两个例子。这些涂层的防腐机理是什么？

16.15 VCI 涂层是否改变了底层金属的电阻率？VCI 的自愈特性如何修复涂层磨损的部位？

16.16 什么是硅酮？硅酮的基本结构单元是什么？硅酮有哪些特性可以使其作为涂层材料在电子产品上使用？

16.17 阐述三种硅酮的不同之处。这三种类型的典型应用是什么？

原著参考文献

DOW CORNING ©2000-2006 Dow Corning Corporation Information about Dow Corning® brand adhesives/sealants—silicones and electronics *Product Information*

P2i 2015 Electronics specialists: P2i's focus is on the consumer electronics industry

Parylene Coatings and Applications: PCI 2017

Parylene Engineering 2016 Deposition process: parylene *Parylene Engineering*

Prenosil M 2001 Volatile corrosion inhibitor coatings *CORTEC Corp. ORP Supplement* to *Materials Performance* January pp 14-17

Rimmer N 2014 Vacuum plasma deposition of water and oil repellent nano-coatings *P2i*

Tulkoff C and Hillman C 2013 Understanding nanocoating technology *Electronic System Technologies Conference and Exhibition*（May）

VCI2000 2016 Anticorrosive VCI Packaging *VCI*

Vimala J S, NatesanM and Rajendran S 2009 Corrosion and protection of electronic components in different environmental conditions—an overview *Open Corros. J.* **2** 105-13

Yuan Y and Lee T R 2013 Contact angle and wetting properties *Surface Science Techniques* ed G Bracco and B Holst（Berlin: Springer）pp 1-34

第17章 电子器件的化学腐蚀防护

电子线路的腐蚀有两个主要来源：微电子电路和印制电路板制造中残留的腐蚀性材料和大气中腐蚀性气体与电路金属层表面的相互作用产生的腐蚀。因此，防腐必须双管齐下，从问题的两个方面找出可能的原因，并系统地制定防腐措施。本章将说明基于工艺过程和环境造成腐蚀的可能原因，并阐述防护措施。同时还将介绍常用的防腐蚀技术，如保形涂层的应用、灌封、塑料成型、陶瓷和金属密封包装以及玻璃钝化等。

17.1 引　言

微电子芯片制造和封装采用了几种金属和合金，例如铝、铜、银、锡、镍和钢（Salas, et al., 2012）。它们主要用于导电金属图案、芯片黏接和焊锡膏、支架、散热器等。所有这些金属/合金都必须承受大气污染物和气候条件的变化。随着性价比高的塑料封装逐渐取代密封型封装，腐蚀性气体更容易进入塑料封装内部，因为腐蚀性气体可以穿透大多数聚合物。与电子腐蚀有关的主要气体是硫化氢、羰基硫、二氧化硫、二氧化氮和氯化物。

17.2 环境气体引起的硫化与氧化腐蚀

铜和银表面的腐蚀产物是硫化铜（Cu_2S 和 CuS）和硫化银（Ag_2S）。常见的化学反应是：

$$2Cu + H_2S + \frac{1}{2}O_2 \rightarrow Cu_2S + H_2O \tag{17.1}$$

$$Cu + H_2S + \frac{1}{2}O_2 \rightarrow CuS + H_2O \tag{17.2}$$

$$2Ag + H_2S + \frac{1}{2}O_2 \rightarrow Ag_2S + H_2O \tag{17.3}$$

在大气中有氧的情况下，H_2S 会形成一种强腐蚀剂硫酸：

$$H_2S + 2O_2 \rightarrow H_2SO_4 \tag{17.4}$$

银被腐蚀后会发生变色形成一层化合物膜，而这层膜随着厚度的增加而变暗。由于银枝晶的形成，使得薄膜的表面形状并不均匀。

银在空气中会发生氧化反应：

$$4Ag + O_2 \rightarrow 2Ag_2O \tag{17.5}$$

在氧气环境中，铜的氧化反应如下：

$$4Cu + O_2 \rightarrow 2Cu_2O; 2Cu_2O + O_2 \rightarrow 4CuO \tag{17.6}$$

覆盖铜或银层的金膜会发生破损。如果此时环境中含有硫或氯，那么在破损区域形成的腐蚀物会增大其接触电阻。

由于铅具有反应性，因此铅锡焊料中的铅成分容易在大气中发生氧化反应。当锡的重量百分比低于 2% 时，不稳定的铅氧化物与氯化物、硫酸盐和磷酸盐离子会发生进一步的反应，从而导致更大范围的破损。

17.3　电解离子迁移与电耦合

铝的金属化通过离子迁移产生电场并在大气湿度和卤化物污染的条件下发生腐蚀。在潮湿环境中的电位差作用下，银离子会迁移到带负电荷的表面形成银枝晶，银枝晶可以生长到足够长的长度，搭接在触点之间的间隙，从而形成短路。

在磁和磁光存储器件中，腐蚀发生在碳涂层受损的部位，暴露出下面的 Co 层和 Ni-P 基材。而在碳和金属基材之间的外加电压下会形成电偶溶解磁性材料。

17.4　集成电路与印制电路板(PCB)电路的内部腐蚀

在器件制造过程中用到的金属会发生相互作用。例如 Al-Cu 金属化，其中像 Al_2Cu 这样的金属间化合物沿铝的晶界形成。Al_2Cu 代替铝作为阴极。因此，在化学蚀刻后的清洗过程中，铝被溶解并形成微小孔隙。

用于集成电路和印制电路板(PCB)制造的液相和气相卤化溶剂与含铝器件发生反应并影响其性能。如果用芳香醇稀释，则卤化溶剂分解形成氯离子，而氯离子与铝发生反应。

17.5　微　动　腐　蚀

微动是一种通过摩擦发生的磨损，如图 17.1 所示。

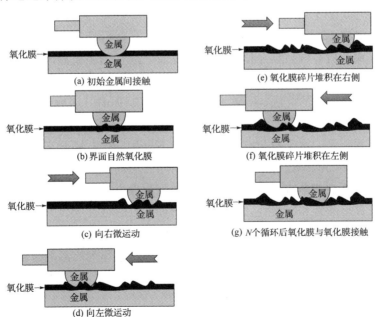

图 17.1　微动腐蚀

微动腐蚀会破坏使用贱金属作为接触材料的开关功能。在大气中，金不会形成氧化膜，但是它很贵。因此，人们无法用金制造开关。取而代之的是镀锡铜可以用于制造开关。当这些开关遇到振动，例如由于地板振动或外部热应力，发生氧化膜的机械损伤，以及接触点处的氧化膜损伤。损伤处新的氧化膜形成，但这些也会在随后的破坏中受到损伤。

氧化膜碎屑都聚集在接触点处，这些碎屑导致接触电阻增大。氧化膜的破坏是由于接触位置的接触或离开时的摩擦造成的。内部线对线接触不容易受到这种影响，但是内部线对板接触面临着微动腐蚀的问题。

17.6　锡须的生长

无铅工艺的使用导致了锡晶须问题，这虽然不是腐蚀，但类似腐蚀。电子元器件的镀锡引线上生长着薄而硬的晶须，这与镀锡层的表面压缩应力有关。这些晶须会造成相邻的导线发生短路。

17.7　腐蚀风险最小化

17.7.1　在设备应用与组装中使用非腐蚀性化学品

助焊剂残留物已经明确会对 PCB 组件(PCBA)造成可靠性影响(Woolley，2013)。在早期，助焊剂采用松香活性焊剂，这些助焊剂含有氯或溴。这些反应卤化物主要用作清洁剂，以除去铜导体上生长的氧化铜膜，并抑制焊料和铜层之间的紧密接触。氧化膜的去除对于焊料焊接的可靠性是必不可少的。

焊后清洁方法在不断发展。但如果 PCB 表面在焊接后没有进行适当的清洁，那么残留在其表面的氯或溴就会导致离子沾污，这就是发生腐蚀的主要原因。因此，用于清洗助焊剂残留物的化合物应不含卤化物和磷酸盐。

为了解决卤化物残留的问题，出现了限制有害物质(RoHS)达标的低固体"无须清洁助焊剂"。这些助焊剂不会发生氯化，它们含有有机酸，如己二酸($C_6H_{10}O_4$)、柠檬酸($C_6H_8O_7$)，可以用于清除卤族元素。由于有机酸在焊接温度下发生分解，因此在焊接步骤后不需要进行任何清洁操作。在回流焊过程中，清洁不是问题。然而在波峰焊过程中，波峰焊焊盘和PCB 之间的助焊剂不会裸露在熔融焊料上。这是因为焊盘在焊料和波之间起到了热阻的作用。残留的助焊剂呈酸性和吸湿性，会与参与物体发生腐蚀反应。

为避免产品在焊接后受到污染，波峰焊盘应始终保持清洁以去除助焊剂在焊接过程中出现的残留物。可以通过使用无纤维布蘸取可用于稀释助焊剂的溶剂来进行清洁。

17.7.2　使用保形涂层

保形涂层是一种保持PCB表面的角度和拓扑特征的聚合物薄膜，其厚度通常为25～100 μm。一般来说它具有绝缘性。该涂层用于隔离电路与有害大气气体、有害化学蒸气和湿气，它还保护电路免受微生物作用的影响。因此它对于延长 PCB 的寿命具有很重要的价值。

共形涂层的类型

理想情况下，涂层应既易于使用，同时也易于在后续维修工作中去除以更换损坏的元器件。但在实际应用中，涂层的可去除性又有很大的不同。以下是几种可选的共形涂层（HumiSeal，2016）：

(i) 丙烯酸涂料。这是从丙烯酸中获得的含有丙烯酰基的塑料材料。使用特定的化学剥离试剂可以很容易将这些涂层进行局部或完全去除，然后 PCB 就可以得到修复以恢复其功能。

(ii) 聚氨酯涂层。这类涂层是热固性/热塑性聚合物，含有由氨基甲酸酯或氨基甲酸酯 -NH-(C=O)-O- 基团连接的有机单元。硅酮(有机硅)涂料比丙烯酸涂料具有更高的耐化学性，这使得硅酮(有机硅)涂料比丙烯酸涂料更难去除。尽管如此，它们是可去除的，允许重新加工印制电路板。

(iii) 硅酮(有机硅)涂层。它们是由 C, H 和 O 原子结合的聚合物，含有 S 和 O 原子的硅氧烷组合。这类涂层是最难去除的。通过机械去除，它们可以在很小的区域被去除，因此最多只能进行局部修复。

(iv) 紫外线固化涂层。这类涂层是所有涂层中最耐化学腐蚀且机械强度最高的，因此对其进行修复也是极其困难的。可以尝试通过粉末研磨或局部熔化的方式进行去除，在修复后重新对 PCB 进行涂层处理。

圆顶封装

这类封装是保形涂层的变体(EPOXY Technology，2001)。从外观上看，它像是电路板上的一个黑点。它广泛地应用于板上芯片装配(COB)中，作为一个保护壳保护着脆弱的半导体芯片和键合丝，从而加固芯片机械性能使其避免受损伤，同时还可以消除静电放电作用。

圆顶封装有两种(如图 17.2 所示)：独立式半球形封装和分体式壳体及填充封装。对于前者，触变材料被用来在电子元器件和线路上建立一个保护壳。触变性是指某些液体材料在搅拌或摇动时表现出的流动性(薄而无黏性)，以及在静态条件下表现出的黏稠性。

在分体式壳体及填充封装形式中，圆顶顶部使用触变环氧树脂在电子元器件四周形成一个保护壳，随后使用低黏度液体填充空腔。因此这种封装形式包括建立保护壳和内部填充两个步骤。这两种类型的圆顶封装均能在 85℃ 和 85% 相对湿度下持续运行 2000 小时而不发生任何退化(EPOXY Technology，2001)，具有较高的可靠性。

使用方法及检查

涂层通过浸涂、喷涂和机械方法在规定的位置进行涂覆。因此在涂覆过程中形成的孔洞或气泡是污染物进入的通道。通过仔细检查，应对涂层中的缺陷位置进行确认并立刻进行修复。任何焊点、电子元器件的边角或其引线都应进行完整涂覆，不应存在裸露的部分。否则，这些具有危害性的化学物质会侵入电子设备导致其损毁。

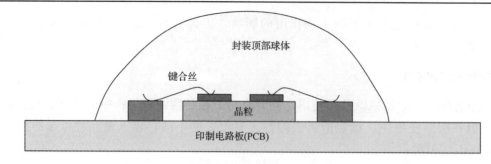

(a) 独立式半球形封装

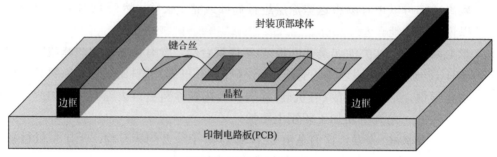

(b) 分体式壳体及填充封装

图 17.2　圆顶封装的两种形式

17.8　其他保护措施

17.8.1　塑料灌封或二次成型封装

在对环境腐蚀防护中有特殊要求的应用中，保形涂层覆盖有灌封化合物，这是一种凝胶状物质，用于密封和封装整个组件(见图 17.3)。可用的灌封化合物是单组分或双组分配方。该制剂由环氧树脂、硅酮(有机硅)、聚氨酯和 UV 固化物质组成。将其液体倒在电路板上使其固化，固化后为电子元器件提供良好的机械强度。另一种灌封形式是将组件浸入液体树脂中，固化然后取出即完成整个灌封过程。电子产品有时也会被放入一个预制的灌封模具中，在该模具中填充灌封化合物并将其固化，最后将灌封好的器件从模具中取出。

真空灌封可以形成无孔洞结构。为了实现真空灌封，当树脂处于液态(即固化前)时，将电子元器件放置在真空室中。这样，内腔中的空气就会被抽出。随后进行抽真空操作，将物品曝露在大气压下，在大气压的影响下迫使液体树脂填充到孔洞中，即可形成无孔洞结构。真空灌封适用于聚合的树脂，而不是那些通过溶剂蒸发机制形成的树脂。

PCB 的灌封甚至可以保护其即使浸泡在盐水中也不受损害。还有一些额外的益处，即避免其被冲击、振动、热循环和真菌造成的危害所影响。除了螺线管和变压器，灌封广泛应用于电子和电气元器件，如电容器、整流器、传感器、开关、点火线圈、电机等。

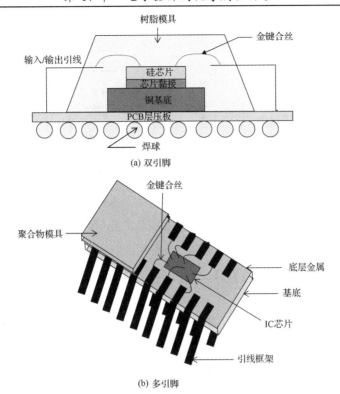

(a) 双引脚

(b) 多引脚

图 17.3　塑料封装

17.8.2　孔隙密封与真空浸渍

在气孔密封或真空浸渍过程(见图 17.4)中，将电子元器件浸入塑料树脂中，然后将环境压力降低至真空水平。释放真空时，即将环境压力升高至大气压水平，液体树脂就会在大气压力下填充到孔洞中。取出电子元器件，排出多余的树脂，然后将产品固化，聚合树脂变硬。在溶剂型树脂的情况中，溶剂蒸发。这种方法应用于螺线管、变压器等高压元件，以保证良好的介电强度。它可以防止组件电离引起的故障。

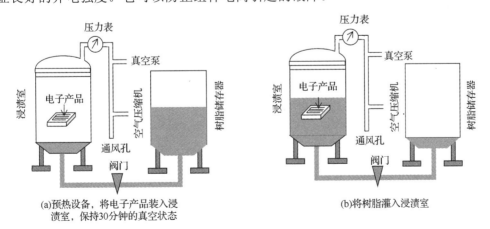

(a)预热设备，将电子产品装入浸渍室，保持30分钟的真空状态

(b)将树脂灌入浸渍室

图 17.4　真空浸渍工艺步骤

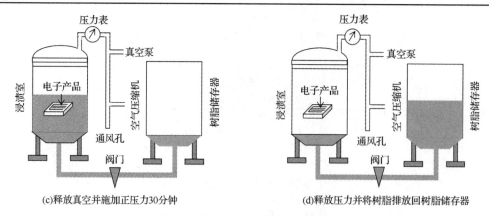

(c)释放真空并施加正压力30分钟　　　　　(d)释放压力并将树脂排放回树脂储存器

图 17.4(续)　真空浸渍工艺步骤

17.9　气 密 封 装

"气密性"指的是容器的气密性,完全禁止空气、氧气、湿气等气体的进入或排出。即使在实际应用中密封封装的透气性可能很小,但是完美的密封是不可能的,因为每种材料都是透气的。密封封装比塑料封装能承受更高的工作温度,这主要是由于密封封装所用材料的耐温性能更好。不同类型的密封封装如下文所述。

17.9.1　多层陶瓷封装

多层陶瓷结构的金属化工艺、叠层结构工艺和烧制工艺是构成其封装体的三个主要步骤(Texas Instruments,1999),如图 17.5 所示。

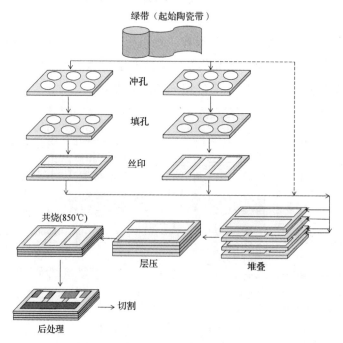

图 17.5　低温共烧陶瓷(LTCC)工艺

多层陶瓷结构有助于封装设计师在封装过程中引入电气特性。其显著特征包括信号线的电源和接地平面、屏蔽平面和受控特性阻抗。功率面和接地面用于减小电感,而屏蔽面可以减小串扰。

在封装的金属化区域进行镍-金电镀。通过将金属环焊接到金属化和电镀的密封环中实现密封。这些封装被指定为焊料密封封装(见图 17.6)。钎焊是将引线插入封装体的过程(见图 17.7)。

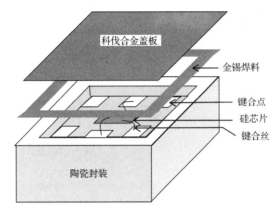

图 17.6 焊料密封陶瓷封装

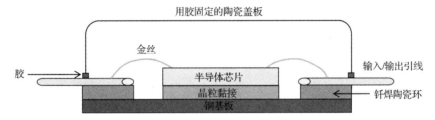

图 17.7 通过用铜基板钎焊陶瓷环将引线插入封装体

17.9.2 压制陶瓷封装

压制陶瓷封装由三部分组成:底座、盖板和引线框架。将陶瓷粉末压制成所需形状并进行烧制,制成底座和盖板。

在烧制的底座和盖板上,过滤并烧制玻璃浆。随后将一个引线框架嵌在玻璃浆中。玻璃在底座和引线框架上熔化,以便进行密封。这种密封方式采用玻璃熔块方式进行,因此也称为玻璃熔封。

从成本角度考虑,压制陶瓷封装比多层陶瓷封装便宜。但是由于压制陶瓷封装结构较简单,所以无法包含其他电气特性。

17.9.3 金属封装

金属封装有金属底座(见图 17.8)。导线从玻璃密封环中引出,玻璃密封环既可以是压缩密封,也可以是匹配密封。电阻焊用于将金属圆壳或金属帽焊接到金属底座上,从而实现密封。金属圆壳封装中的铅含量通常很低,小于 24%。就成本而言,金属封装比其他封装性价比更高。

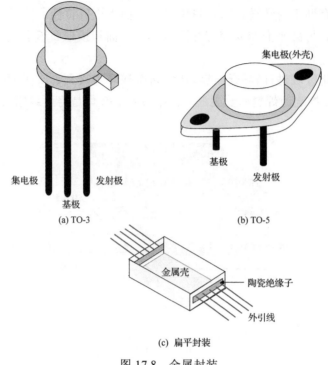

(a) TO-3　　　　　　　　　　　　　(b) TO-5

(c) 扁平封装

图 17.8　金属封装

17.10　分立高压二极管、晶体管和晶闸管的密封玻璃钝化

　　低碱含量，特别是含 Na⁺ 的玻璃在 pn 结表面会产生高绝缘电阻（见图 17.9）。通过将半导体材料的热膨胀系数(CTE)与所用玻璃的 CTE 进行匹配，可将由于热应力引起开裂的可能性降至最低。将玻璃粉在去离子水中形成的浆料(悬浮陶瓷颗粒以及黏合剂、分散剂或增塑剂)应用于表面。而刮片与基板之间的相对运动使浆料在两层之间均匀地形成一层薄薄的涂覆，该涂覆层干燥后会形成凝胶型密封层。这种方法被称为刮片成形或薄带成形(Berni，et al.，2004)。

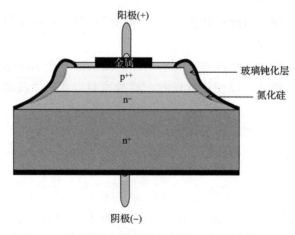

图 17.9　玻璃钝化高压二极管

在另一种玻璃钝化层成形的激光技术中，要用两束激光同时对半导体衬底进行照射从而使玻璃钝化层成形：一束激光被玻璃吸收，另一束激光被衬底吸收(Iesaka and Yakushizi，1984)。

CMOS 一致性工艺是针对气密封装使用了低温硼硅玻璃(BSG)技术，该技术是在温度低于 100℃ 条件下在等离子体增强电子束下进行玻璃层沉积，然后使用光刻胶剥离技术进行图形化处理(Leib，et al.，2009)。

17.11　讨论与小结

封装是半导体芯片/电路/PCB 与环境之间的屏障，保护电子器件免受腐蚀性化学品的有害影响。在封装方面有很多种选择，用户可以根据具体应用需求进行选择。此外也有很多种类的涂层材料，这些材料由于其独特的保护特性而使封装变得更强。对于电子产品的可靠性同样重要的是减少芯片和 PCB 表面残留的化学物质，因为这些化学残留物在电路的使用过程中存在着较高的腐蚀风险。

思　考　题

17.1　列举一些用于微电子电路制造的金属名称。写出三种会引起电路腐蚀的气体名称。

17.2　硫化氢如何与铜、银发生反应？银膜生长的形貌是否均匀？

17.3　铅锡焊料在大气中是如何发生腐蚀的？如果铅锡焊料中锡的重量百分比小于 2%，会发生什么？

17.4　在潮湿的环境中，银离子如何引起短路问题？当碳涂层发生破损时，磁性存储设备是如何被腐蚀的？

17.5　Al-Cu 金属化中的铝和铜是如何相互作用的？微小孔隙是如何形成的？

17.6　氯在松香焊剂中的作用是什么？如果焊接后残留的助焊剂没有从 PCB 表面清洁干净，会发生什么？

17.7　哪些有机酸被用作无须清洁助焊剂中的清洁剂？写出它们的分子式。它们含有卤族元素吗？

17.8　为什么夹在波峰焊焊盘和 PCB 之间的助焊剂会引发腐蚀？

17.9　什么是保形涂层？如何提高 PCB 的可靠性和寿命？

17.10　什么是丙烯酸、聚氨酯和有机硅化合物？阐述它们在 PCB 修复过程中的可去除性方面的优缺点。

17.11　什么是圆顶封装？说出哪两种类型的封装形式被称为圆顶封装，它们是如何制作的？

17.12　保形涂层中的孔洞或缺陷是如何导致腐蚀的？

17.13　灌封器件是什么意思？是如何进行灌封的？

17.14　真空灌封是如何进行的？真空灌封如何使灌封料变成无孔洞结构？

17.15　什么是真空浸渍？列举几个真空浸渍的应用实例。

17.16　气密封装是什么意思？气密封装能在比塑料封装更高的温度下使用吗？

17.17 多层陶瓷封装的主体是如何制成的？在封装中插入引线的过程是什么样的？为什么这类封装叫密封封装？

17.18 封装的多层陶瓷带结构可以引入哪些增强电气特性的结构？

17.19 为什么压制陶瓷封装也称为玻璃熔封封装形式？与多层陶瓷封装相比，它在成本和电气增强的功能方面有什么不同？

17.20 如何对金属圆壳封装进行密封？引线是如何引出的？

17.21 阐述玻璃钝化的刮刀方法。

17.22 玻璃钝化能在 CMOS 一致性工艺中进行吗？是如何进行的？

原著参考文献

Berni A, Mennig M and Schmidt H 2004 Doctor blade *Sol-Gel Technologies for Glass Producers and Users* ed M A Aegerter and M Mennig（Berlin: Springer）pp 89-92

EPOXY Technology 2001 Glob-top *Selected Application*

HumiSeal 2016 What is conformal coating *Chase Electronic Coatings*

Iesaka S and Yakushizi S 1984 Method of manufacturing a glass passivation semiconductor device *US Patent* US4476154 A

Leib J, Gyenge O, Hansen U, Maus S, Fischer T, Zoschke K and Toepper M 2009 Thin hermetic passivation of semiconductors using low temperature borosilicate glass—benchmark of a new wafer-level packaging technology *59th Electronic Components and Technology Conf.*（San Diego, CA 26–29 May），pp 886-91

Salas B V, Wiener M S, Badilla G L, BeltranMC, Zlatev R, Stoycheva M, de Dios Ocampo Diaz J, Osuna L V and Gaynor J T 2012 *H₂S Pollution and its Effect on Corrosion of Electronic Components*（Rijeka: InTech）chapter 13 pp 263-86

Texas Instruments 1999 Hermetic packages *Texas Instruments Literature Number* SNOA280

Woolley M 2013 Flux residues can cause corrosion on PCB assemblies *EDN Network* October

第18章 电子元器件的辐射效应

辐射是我们所处环境的一部分，它存在于天空、地球和我们的身体里。辐射一部分是天然存在的，也有一部分是人为制造的。辐射对半导体的一个重要影响是电离总剂量（Total ionizing dose，TID）效应，它引起晶格原子的电离，或者使原子从其规则晶格位置发生位移从而产生晶格缺陷。电离产生的电子空穴对（Electron Hole Pair，EHP）会影响 MOS 器件的性能，主要表现为阈值电压的变化、跨导退化和漏电流的增大。而晶格缺陷的产生会降低少数载流子寿命，影响双极型器件的工作。另一类重要的半导体器件辐射效应是单粒子效应（Single Event Effect，SEE），SEE 在本质上分为可恢复错误和永久性损伤。可恢复错误的辐射效应包括单粒子翻转（Single Event Upset，SEU）和单粒子瞬态（Single Event Transient，SET）。永久性损伤的辐射效应包括单粒子锁定（Single Event Latchup，SEL）、单粒子烧毁（Single Event Burnout，SEB）和单晶体管闩锁（Single Event Snapback，SES）。

18.1 引　　言

辐射是从源发射出来的一种能量，它以粒子（辐射的粒子形式）或波（辐射的波形式）的形式穿过空间或介质。辐射的粒子形式包括带电或不带电的粒子，如电子、质子、α 粒子、中子等。辐射的波形式包括电磁波，如可见光、X 射线、伽马（γ）射线等。粒子形式辐射的均匀性取决于粒子在光束中的分布，因此，当目标电子设备或系统的一部分受到影响时，其余部分可能根本不会受到影响。

波动形式辐射对目标的影响是均匀的，无论是在地球上还是在太空中，都不可能找到一个没有辐射的地方。辐射存在于宇宙的每个角落，只是程度和能量不同。在地球上，人类很大程度上受到环绕地球的大气层的保护。

18.2 辐　射　环　境

18.2.1 天然辐射环境

生活在地球上的人类以及人类使用的电子设备永远无法摆脱自然辐射。主要辐射源是来自太阳和恒星的宇宙辐射或宇宙射线（USNRC，2014a）。地球周围由捕获带电粒子组成的范艾伦辐射带也是同样重要的辐射来源。另一个来源是地面辐射，包括来自地壳内的铀、钍和镭等放射性物质，来自动植物的放射性碳和钾，以及从大气中吸入的氡和钍。第三个来源是生物体内碳-14、钾-40 和铅-210 同位素的辐射。

宇宙射线

这些射线（见图 18.1）包含以接近光速传播的高能辐射，其中部分粒子具有高达 $10^{14} \sim 10^{15}$eV 的能量，对电子器件功能有显著的影响。它们的强度随着海拔高度的增加而增加，表明它们起源于太阳系以外的外太空。它们也随着纬度的变化而变化，表明其受地球磁场影响。初级宇宙射线由超新星遗迹的爆炸波能量加速并撞击地球大气层产生，在成分上，由 99% 的元素核（从最轻到最重）和 1% 类似 β 粒子的电子组成，其中 90% 为氢核或质子，9% 为氦核或 α 粒子，其余 1% 为重元素核。反物质粒子如反质子所占比例非常小（NASA Goddard Space Flight Center，2014）。能量在 $10^8 \sim 2 \times 10^{10}$eV 范围内的粒子造成的伤害最大。由于大气层起着抵御宇宙射线的屏蔽作用，高空飞机和航天器上的电子设备最容易受到宇宙射线照射而产生不利影响。

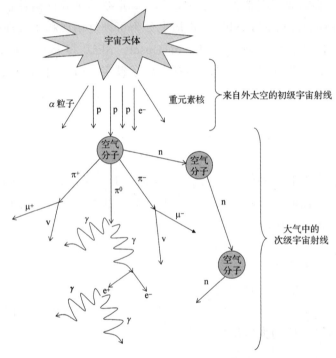

符号：p—质子，n—中子，e⁻—电子，e⁺—正电子，π—π 介子，μ—μ 介子，γ—光子，ν—中微子

图 18.1　初级宇宙射线和次级宇宙射线

范艾伦辐射带

范艾伦辐射带是 James Van Allen 发现的两条辐射带（见图 18.2），分布在距离地球表面 1000 ~ 6000 km 的高空，由来自宇宙射线和太阳风的高能粒子在地球磁场的作用下形成，主要包括能量高达 10^7 eV 的电子和能量高达数百兆 eV 的质子。在该辐射带内飞行较长时间的卫星必须采取防辐射措施（Fox，2014）。

18.2.2　人造辐射源

人工辐射的主要来源包括医学诊断 X 射线，如射线照相、乳房 X 射线照相术、计算机断层扫描和荧光透视；机场 X 射线机；使用同位素如 I-131、Tc-99m、Co-60、Ir-192、Cs-137 等的核医学和放射治疗；发电厂的核反应堆；核事故；用于战争的核弹或武器；粒子加速器；还有烟草(钋)、灯笼罩(钍)、手表中的发光表盘(氚)、烟雾探测器(镅)等(USNRC，2014b)。

核爆炸第一分钟释放的初始辐射主要由 γ 辐射和中子辐射组成。长期的剩余辐射来自放射性尘埃，包括碎片、裂变产物和土壤。

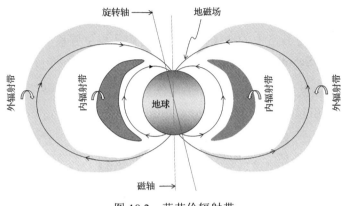

图 18.2　范艾伦辐射带

18.3　辐射效应概述

根据广泛的实验研究，辐射对电子器件和电路的影响大致分为以下三类。

18.3.1　电离总剂量效应

电离总剂量(TID)的测量单位为 rad(辐射吸收剂量)。TID 的国际单位是戈瑞(Gy)，1 Gy = 100 rad。TID 是一种长期失效机制，它在很长一段时间内积累起来。为了得出某段时间内的总剂量，通常要测量某段时间内的总剂量或累积辐射剂量。TID 效应是在氧化物中捕获电荷，或使原子从规则晶格位置被推出，即通过位移损伤(Displacement Damage，DD)产生缺陷。对于 MOSFET 器件，会导致阈值电压发生变化，跨导减小，漏电流增大。对于双极型晶体管，会导致器件电流增益降低。

18.3.2　单粒子效应

SEE 是由粒子撞击造成的可恢复性错误或永久性损伤，比如软错误、锁定或烧毁。如果说 SEE 像一只足球被刺穿，那么 TID 效应可以形容为使用几年后的老化。

18.3.3　剂量率效应

剂量率效应是由于在很短的时间内曝露于极高的剂量率时，在整个电路上产生光电流而引起的一种效应，如锁定、烧毁，通常伴随着数据丢失现象。

18.4　累积剂量效应

辐射中的粒子和光子以两种基本方式与晶体相互作用（见图 18.3）：

(ⅰ)电离效应，通过去除外壳电子，并通过带电粒子或光子对晶体的冲击产生电子空穴对（EHP）。

(ⅱ)DD，例如中子与晶格中的原子碰撞，将它们从原位置移到空位或间隙位置，从而在晶体中产生 Schottky 缺陷或 Frenkel 缺陷。

效应(ⅰ)和(ⅱ)可以共存，例如，重粒子可以轰击核产生带电粒子，次级带电粒子具有足够的能量通过碰撞引起电离。

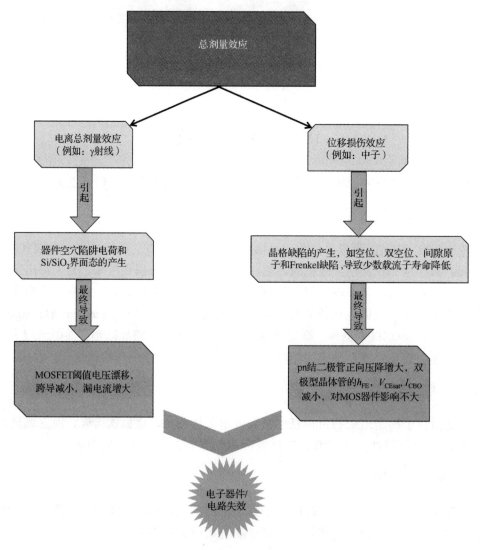

图 18.3　总剂量效应过程示意图

18.4.1 伽马射线效应

伽马(γ)射线主要引起电离效应(见图 18.4)。EHP 是在半导体中产生的,例如硅,以及绝缘体,如二氧化硅。在二氧化硅中,电子的迁移率比空穴高 4 个数量级。所以,电子在外加电场下快速移动,留下空穴。这些残余空穴在二氧化硅和硅-二氧化硅界面上形成电荷积聚,这会引起两种效果:

(i) 陷阱电荷的产生。在二氧化硅中累积的空穴形成陷阱。其中一些正陷阱发生复合,而另一些随着时间推移而退火,但剩余的陷阱作为电活性缺陷中心会长期存在。

(ii) Si/SiO₂ 界面的界面态生成。靠近 Si-SiO₂ 界面的空穴群导致 Si/SiO₂ 界面原子键的重新排列。因此,产生了新的界面状态。

NMOS 和 PMOS 晶体管的阈值电压漂移

NMOS 晶体管的阈值电压为正。上述讨论的正空穴电荷的积累类似于栅极的持续正偏压,它们产生与正栅极电压相同的效应。因此,为了产生相同的漏源电流,必须施加较小的栅极电压。因此,被辐射后 NMOS 晶体管的阈值电压降低,例如阈值电压 ΔV_{Th} 的变化为负。

PMOS 晶体管具有负阈值电压。为了抵消正空穴电荷,必须施加更多的负电压。只有这样才能获得与不带正电荷时相同的漏源电流。因此,辐射后阈值电压升高。这意味着阈值电压 ΔV_{Th} 的变化为正。

因此,辐射对 NMOS 和 PMOS 晶体管工作特性产生相反的影响。

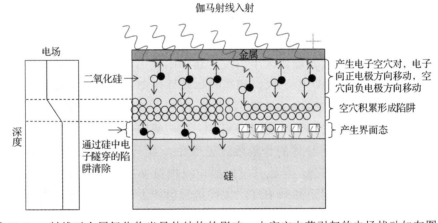

图 18.4 γ 射线对金属氧化物半导体结构的影响。由空穴电荷引起的电场扰动如左图所示

PMOS 比 NMOS 晶体管具有更强的耐辐射性

电荷板的位置取决于栅极电压的符号,栅极与电荷板之间的距离越小,电荷板对硅形成反型层的影响越小,因为电荷板的位置离硅比较远。因此,由于电荷板而产生的附加电场和阈值电压的变化一样小。在 NMOS 晶体管中,电荷板被排斥在离正栅极更大的距离之外,朝向硅。因此,附加电场也更大,并且产生了实质性的阈值电压偏移。基于类似的原因,在

PMOS 晶体管中观察到相对不明显的阈值电压偏移。由此可知 PMOS 晶体管比 NMOS 晶体管更耐辐射。PMOS 晶体管被用作放射治疗中的剂量计，用于精确测量病人的伽马辐射剂量。

跨导 g_m 减小，漏电流增大

二氧化硅捕获电荷及硅－二氧化硅界面缺陷对载流子迁移率的影响如下式所示（Makowski，2006）：

$$\mu_f = \mu_i/(1 + \alpha_{it}\Delta N_{it} + \alpha_{ot}\Delta N_{ot}) \tag{18.1}$$

其中 μ_f 是最终的迁移率，μ_i 是初始迁移率，ΔN_{it} 是界面陷阱密度，ΔN_{ot} 是氧化物陷阱电荷密度，α_{it} 是界面态的系数，α_{ot} 是氧化物陷阱电荷的系数。

迁移率降低了器件的跨导。

前面提到的正空间电荷积聚了 n 型表面层，它们也反转了 p 型表面层。在源极和漏极之间产生这样的寄生传导路径或通道（不受栅极控制）会增加 MOSFET 的漏电流。在 MOS 晶体管和其他电路元件之间流动的漏电流也增加了。由此产生的击穿电压的降低要求在设计中加入保护环结构。总的来说，MOSFET 阈值电压的变化、跨导的降低、漏源漏电流的增加和击穿电压的下降，使其功能受到不利的影响。n 沟道 MOSFET 在较低的栅极电压下容易导通，而 p 沟道 MOSFET 则需要较高的栅极电压。最终，这会导致在电路中 NMOSFET 可能会永久打开，而 PMOSFET 可能会永久关闭，从而导致电路故障。

18.4.2　中子效应

中子是重粒子，同时又是不带电的。当高能中子撞击半导体器件时，它通过弹性散射过程将能量传递给被撞击的原子。弹性散射就像是两个坚硬的弹性球之间的碰撞，在碰撞中中子的动能不随运动方向改变。因此，在这种撞击下，目标原子可能从其晶格位置被移出，并占据另一个位置，可能在晶格位置，也可能在原子之间。半导体晶格的反冲原子可能与其他晶格原子碰撞，根据其能量大小引发一连串的碰撞，或者它可能参与电子空穴对（EHP）的产生过程。总的来说，中子入射到半导体器件内部产生各种各样的晶格缺陷，包括空位、双空位、间隙原子、Frenkel 缺陷等（见图 18.5）。缺陷的产生相当于在半导体带隙深处引入了额外的能级，称之为"深能级缺陷"。这些缺陷作为载流子复合中心，促进了载流子的复合。从而降低了半导体的少数载流子寿命。对于双极型晶体管（BJT），由于载流子寿命的降低，基区复合增强，导致共发射极电流增益 h_{FE} 降低，从而影响其工作性能。因此，窄基区宽度 BJT，特别是高频 BJT，往往抗辐射能力更强。此外，由于载流子寿命短，更容易被复合，导致自由载流子损耗，使硅电阻率增加，进而提高了晶体管的饱和电压 V_{CEsat}。

此外，由于在靠近结的 SiO_2 层中电荷积聚使集电极漏电流 I_{CBO} 增加。因此，中子辐射会使 BJT 的 h_{FE}、V_{CEsat} 和 I_{CBO} 参数退化。

载流子寿命从中子轰击前初始值 τ_i 到中子轰击后最终值 τ_f 的减少量可利用中子注量 ϕ 表示为（Makowski，2006）：

$$\Delta(1/\tau) = 1/\tau_f - 1/\tau_i = K_\tau\phi \tag{18.2}$$

其中 K_τ 是与载流子寿命相关的损伤系数。pnp 晶体管电流增益 h_{FE} 随中子辐射注量的变化可表示为 (Makowski,2006):

$$\Delta(1/h_{FE}) = (1/2)\left(W_B^2/D_{pB}\right) \times K_\tau\phi = K_{FE}\phi \tag{18.3}$$

其中 W_B 是基区宽度,D_{pB} 是基区空穴扩散系数,K_{FE} 是与电流增益相关的损伤系数。中子注量 ϕ 越大,电流增益衰减越大。

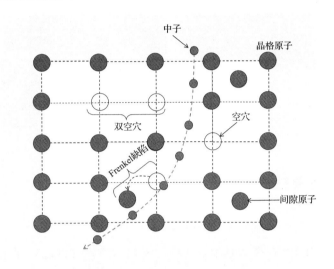

图 18.5   中子轰击半导体晶格产生的原子位移缺陷(空穴、双空穴、间隙原子和 Frenkel 缺陷)

与高能中子相反,低能中子可能会被晶格原子核捕获,从而产生激发原子核。 这是中子捕获机制。在激发原子核的失活过程中,会产生伽马射线,该伽马射线通过使沿途原子离子化而产生 EHP。

MOSFET 是多数载流子器件,其性能几乎不受载流子被缺陷复合的影响。双极型器件在累积中子辐射通量达 $10^{10} \sim 11^{11}$ 中子/cm^2 时电参数开始出现明显变化,但中子注量累积到 10^{15} 中子/cm^2 时,对 CMOS 晶体管也不会产生明显影响。和 BJT 一样,其他少数载流子器件(例如太阳能电池)也必须解决产生复合中心的问题,而这对于 MOSFET 来说是微不足道的问题。

18.5   单粒子效应

顾名思义,单粒子效应是由单个高能粒子引发的辐射效应,在逻辑电路中表现为瞬时脉冲或在存储单元中表现为位翻转(Gaillard,2011)。 它们有两种类型(见图 18.6):

(i) 非破坏性的,表现为软错误或暂时性错误,可通过重新启动电路或重新处理数据来恢复。

(ii) 破坏性的,表现为硬错误或永久性错误,并可能会造成器件或电路损坏。

随着半导体技术朝着更小特征尺寸方向发展,存储逻辑高状态所需的电荷量更少。 因此,超小特征尺寸工艺器件的逻辑状态更容易被打乱。

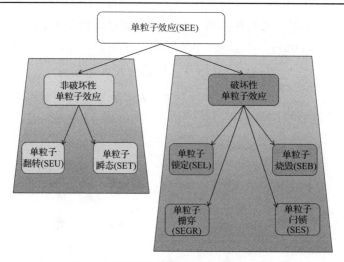

图 18.6　半导体器件的单粒子效应分类

18.5.1　非破坏性单粒子效应

单粒子翻转

单粒子翻转(SEU)是在微处理器、现场可编程门阵列(FPGA)、存储器芯片或功率晶体管中，由高能粒子撞击电路的敏感节点而引起的逻辑状态变化。带电粒子可能引起电离，在敏感节点内部或附近产生电子空穴对。不带电的粒子也可能通过其电离碎片引起电离。SEU 是一个暂时性错误，可以通过重置器件来纠正。多比特 SEU 是两个或多个比特同时受到入射粒子影响而产生的。更为严重的是，SEU 可能导致器件单粒子功能中断(SEFI)。SEFI 会使器件的功能执行停止，需要电源重置才能恢复(Holbert，2006)。

单粒子瞬态

单粒子瞬态(SET)是电压比较器、运算放大器或数字电路在电离事件期间收集的电荷，触发产生瞬时干扰电压或电流脉冲的现象。这个脉冲导致模拟或数字电路的输出信号扰动。

18.5.2　破坏性单粒子效应

单粒子锁定

单粒子锁定(SEL)是一种会对器件造成损坏的效应，它是由单一事件电流状态引起的。它对含有 NMOS 和 PMOS 晶体管结构的 CMOS 电路是一种危害。CMOS 结构内部具有寄生 npn 和 pnp 晶体管(见图 18.7)。这些晶体管构成一个寄生四层 npnp 或 pnpn 晶闸管。通常情况下，n 阱衬底和 p 阱衬底结的反向偏压会使晶闸管处于截止状态。但是如果两个寄生结构电流增益的乘积超过了 1，即

$$\beta_{\mathrm{npn}} \times \beta_{\mathrm{pnp}} > 1 \tag{18.4}$$

同时向晶体管的基极-发射极结注入足够的电流，并通过电源提供保持电流。只要满足上述条件，就会引发寄生晶闸管动作，造成锁定。锁定可以通过断开电源复位来解除。

但如果断电不及时，由于电流过大而导致的过热可能会造成灾难性故障，并对金属化或黏结线造成不可逆转的损坏。锁定与温度有很强的联系，它的敏感性随着温度的升高而增加。

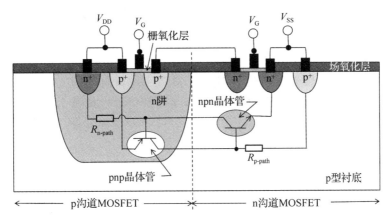

图 18.7　构成晶闸管的寄生 pnp 和 npn 双极型晶体管，是引起 n 阱 CMOS 器件锁定的电流倍增结构

单粒子烧毁

单粒子烧毁（SEB）是在大功率 MOSFET［如垂直双扩散 MOS（DMOS）晶体管］中由于宇宙射线和太阳耀斑的重离子成分引起的大电流流动而造成的一种破坏性状态。假设垂直 DMOS 处于关闭状态，它阻断了漏源间的高电压，当一个重离子穿过源区的晶体管结构，沿其路径留下一个 EHP 的尾部，并且由于漏源间施加的高电压，会在源极下方的寄生双极型晶体管中产生约 10^4 A·cm^{-2} 的高密度电流。一旦寄生 BJT 基极-发射极结的电压降大于 0.7 V，便会由集电极电流的雪崩倍增作用导致晶体管开启。正偏二次击穿就此开始。如果有足够的短路能量，局部结加热会导致器件烧损。

功率 MOSFET 在 $V_{DSS} \geqslant 100$ V 时极易受到 SEB 的影响。尽管如此，在 $V_{DSS} < 30$ V 时也会发生 SEB。起初，SEB 被认为只是影响 MOS 器件的问题。但 SEB 并不局限于 MOSFET，对于电压>400 V 的 BJT 和电压>1000 V 的晶闸管也会发生 SEB（Foutz，2005）。

单粒子栅穿

单粒子栅穿（SEGR）是栅极介质的一种破坏性烧损，其原因是通过穿过栅绝缘体的重离子穿过 MOSFET 单元的颈区，避开 p 区并穿过 n 外延层而形成一条导电路径，对栅极施加漏极电位，在 n 外延层中产生了 EHP 等离子体丝。等离子体中的电子迅速扩散，但运动较慢的空穴会堆积起来，这种空穴堆积最终会产生一个超过栅极绝缘体击穿电压的瞬态电场。如果这种情况持续很短时间，器件可能会恢复；但是如果它持续时间足够长，则会通过增加栅漏电流或使附近温度升高的方式破坏栅极氧化物。

SEGR 在非易失性存储器（如 EEPROM）的写入或擦除操作中也被发现，在这些操作中，栅极会施加高压。SEGR 也发生在 BJT 中。

单粒子闩锁

单粒子闩锁（SES）与 SEL 类似，只是不涉及 pnpn 晶闸管。高能粒子引起的电离作用使

MOSFET 结构中的寄生双极型晶体管导通。在不降低电源的情况下，通过对信号进行适当排序，可以实现恢复。如果局部电流密度很高，SES 可能导致电路损坏。

18.6　讨论与小结

无论是 MOS、双极型器件还是相关电路，都容易受到短期或长期的辐射影响。在 CMOS 电路中，MOSFET 参数随辐射的变化表现为低/高数字逻辑电平的变化、输出电流的减小、传输延迟的延长和静态电流的上升。数字电路容易受到暂时性或持久性单粒子效应的影响，主要是 SEU 和 SEL。

思　考　题

18.1　辐射的两种主要形式是什么？举例说明。

18.2　说出并描述三种自然辐射源。

18.3　如何说明宇宙射线来自外层空间？

18.4　什么论据可支撑宇宙射线含有带电粒子的推论？

18.5　是什么保护我们免受宇宙辐射对地球表面的有害影响？

18.6　原始宇宙射线的典型成分是什么？

18.7　范艾伦辐射带是什么？它们是由什么粒子组成的？

18.8　列举五个人造辐射源的例子？

18.9　核爆炸产生的初始辐射成分是什么？

18.10　辐射对半导体器件和电路的 TID 效应是什么？包括哪些不同形式？TID 使 MOS 和双极型器件的哪些电参数发生退化？

18.11　单粒子效应和剂量率效应对半导体的影响有哪些？

18.12　带电粒子或光子撞击半导体晶体时会发生什么？

18.13　半导体晶体受到中子轰击时会发生什么？

18.14　伽马射线辐射二氧化硅，在二氧化硅层和硅-二氧化硅界面会观察到什么影响？

18.15　γ 射线辐射二氧化硅栅绝缘体时产生的正电荷积聚对阈值电压的影响：
　　　(a)对 n 沟道 MOSFET 的影响和 (b)对 p 沟道 MOSFET 的影响。为什么辐射对 PMOS 晶体管的影响比 NMOS 晶体管小？

18.16　γ 射线辐射对 MOSFET 器件的跨导和漏电流有什么影响？

18.17　高能中子轰击半导体晶体如何产生深能级效应？中子辐射损伤对半导体少数载流子寿命有何影响？

18.18　低能中子如何与半导体晶体相互作用？这种相互作用是影响载流子寿命还是产生不同的结果？

18.19　双极型晶体管被中子辐射后会有哪些电参数退化？

18.20　相比双极型器件，为什么 MOSFET 对抗中子损伤能力更强？

18.21　辐射对半导体电路产生的单粒子效应种类有哪些？两种典型单粒子效应是什么？

为什么相比大工艺特征尺寸器件，小工艺特征尺寸器件更容易发生单粒子效应？

18.22　如何区分 SEU 和 SET？

18.23　在 CMOS 结构中，SEL 是如何发生的？用图解释。

18.24　哪些类型的 MOSFET 对 SEB 敏感？是如何发生的？

18.25　MOSFET 的栅介质是如何在 SEE 中损坏的？举例说明哪类 MOSFET 结构容易受到这种损伤。

18.26　SES 和 SEL 有什么不同？可以恢复吗？如何恢复？

原著参考文献

Foutz J 2005 Power transistor single event burnout

Fox K C 2014 NASA's Van Allen probes spot an impenetrable barrier in space *NASA*

Gaillard R 2011 Single event effects: mechanisms and classification *Soft Errors in Modern Electronic Systems* ed M Nicolaidis（Berlin: Springer）pp 27-54

Holbert K E 2006 Single event effects

Makowski D 2006 The impact of radiation on electronic devices with the special consideration of neutron and gamma radiation monitoring *PhD Thesis* Technical University of Lodz pp 13, 14, 20, 21

NASA Goddard Space Flight Center 2014 What are cosmic rays?

USNRC 2014a Natural background sources *USNCR*

USNRC 2014b Natural and man-made radiation sources: reactor concepts manual *USNRC Technical Training Center* 0703, pp 6-1–12

第 19 章　抗辐射加固电子器件

本章介绍用于加固电子器件和电路以防止有害辐射影响的抗辐射电子技术。这些技术分为两类：一种基于工艺，一种基于设计。主要的工艺技术包括三阱和 SOI CMOS 技术的应用，以及杂质扩散剖面裁剪和载流子寿命抑制。在基于设计的方案中，可以使用环形 MOSFET 结构、沟道截止环和保护环结构，可以增加沟道宽长比以控制电荷的耗散。空间和时间冗余方法也可应用，增强器件在辐射环境中运行的适应性。抗 SEU 触发器和 RAM 结构是使用双互锁存储单元(DICE)设计的。由于抗辐射电子产品在整个芯片市场中只占很小的份额，利用商业 CMOS 工艺制造抗辐射设计结构比采用高成本技术更受欢迎。

19.1　抗辐射加固的含义

对一个器件/电路进行抗辐射加固，意味着器件/电路需要被设计或制造成能够承受一定量的辐射而不发生故障的器件/电路。在设计或制造阶段，抗辐射加固是对器件/电路执行必要的程序，以确保正常运行。有时抗辐射加固意味着器件/电路经过了一系列的后加工测试，以检查其在充满辐射的环境中的生存能力和正确运行。因此，根据上下文环境不同，"抗辐射加固"可能有不同的含义。

在本章中，我们将把抗辐射加固作为一套技术，从器件概念的开始到向用户交付的最后阶段，通过增强器件对辐射影响的免疫力，降低半导体器件在辐射中所受到的影响。因此，抗辐射电子设备是这些免疫步骤得到充分应用的电路或设备。

19.2　抗辐射加固工艺(RHBP)

19.2.1　减少二氧化硅层中空间电荷的形成

为了使辐射引起的正空间电荷在氧化物层中的积聚最小化，一种策略是生长薄的氧化物层，以便产生和捕获更小的空穴群。考虑当前 MOSFET 尺寸不断缩小，这对氧化层减薄是一个好消息，因为进一步小型化有助于降低栅氧化层厚度。因此，随着晶体管尺寸的不断缩小，栅氧化层的辐射加固与技术趋势是一致的，不需要太大的努力。最大的瓶颈是防止 MOSFET 厚场氧化物的充电，可通过降低氧化物中的机械应力以及离子注入引起的损伤、在过程中使用少量的氢以及在栅极形成后使用较低的过程温度解决(Myers，1998)。

19.2.2　杂质轮廓裁剪与载流子寿命控制

增加衬底掺杂和调整 MOS 阱区杂质掺杂有助于降低 SEU 和 SET 的灵敏度。在 CMOS 结构中，通过选择合适的掺杂分布和降低基区的少数载流子寿命来防止寄生晶体管的正反馈作用，从而增强抗 SEL 能力。

19.2.3　三阱 CMOS 工艺

共有四种 CMOS 工艺：n 阱、p 阱、双阱和三阱（或深 n 阱），如图 19.1 所示。辐射产生的一些电子被扫到深 n 阱中。这些电子中有许多无法到达 n 沟道 MOSFET 的漏极。由于 NMOS 器件的漏极要么根本不收集它们，要么收集极少量的电子，这些电子无法干扰其工作。因此，发生 SEU 的可能性降低。换言之，在大多数情况下，通过加强 p 衬底中 n 沟道 MOSFET 的隔离来防止翻转。

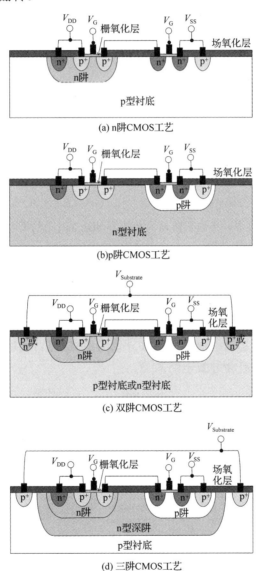

图 19.1　四种 CMOS 工艺。V_{DD} 为漏极电压，V_{SS} 为源极电压，V_G 为栅极电压，$V_{Substrate}$ 为衬底电压

19.2.4　SOI 工艺的应用

采用绝缘体上硅(SOI)技术很容易克服结隔离技术的两个主要缺点。这些缺点是漏电

流和闭锁。在 SOI 结构中，既没有沿器件边缘的任何泄漏路径，也没有任何 pnp 和 npn 寄生晶体管。SOI 技术避免了这两个问题的产生。使用 SOI 晶片制作的器件对 SEE 的敏感性大大降低，因为与体硅晶片制作的器件相比，在这些器件中，辐射产生电荷的收集体积更小，能量更低（见图 19.2）。通过将晶体管限制在薄绝缘体上的一薄层硅中，比在厚衬底上具有更大灵敏体积的体硅晶体管，其可用于电荷堆积的灵敏体积要小得多，从而提供了一个长的粒子运动轨迹，其中产生并存储了不需要的正电荷。这个体积越小，空穴电荷的储存就越少，器件对抗辐射效应的能力就越强。除提高辐射能力外，SOI 技术还降低了电容性负载。源极和衬底之间以及漏极和衬底之间的电容减小，提高运行速度降低功耗，噪声与串扰也很低。

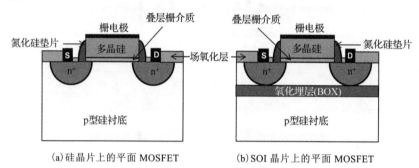

(a) 硅晶片上的平面 MOSFET　　　　(b) SOI 晶片上的平面 MOSFET

图 19.2　硅晶片上的平面 MOSFET 和 SOI 晶片上的平面 MOSFET

　　SOI MOSFET 有两个分支。在部分耗尽的 SOI MOSFET［见图 19.3(a)］中，栅极和体区之间的区域只有部分被耗尽。在全耗尽的 SOI MOSFET［见图 19.3(b)］中，该区域完全耗尽。因此，全耗尽的 SOI 意味着产生电荷的体积最小，并且具有最小的辐射诱发故障风险。

　　SOI 技术的缺点是成本太高，并且由于辐射的影响在体区中积累了正电荷。在部分耗尽的晶体管中，正电荷引起的阈值电压偏移导致沟道底部（背栅侧）反转，增加了漏源间的漏电流，而不必要的漏电流会导致电路故障。

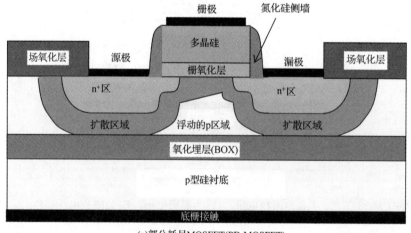

(a) 部分耗尽 MOSFET(PD-MOSFET)

图 19.3　SOI MOSFET 结构

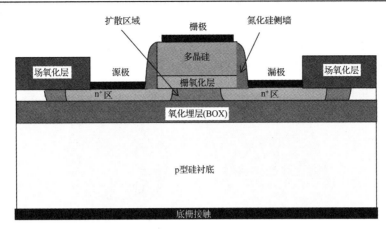

(b)完全耗尽MOSFET(FD-MOSFET)

图 19.3(续)　SOI MOSFET 结构

19.3　抗辐射加固设计

抗辐射加固设计(RHBD)方法融合了在商用领域最先进的生产厂商引入的减轻辐射影响的制造工艺所提供的优势，以及新的器件和电路布局、几何结构和拓扑结构，以增强抗辐射能力。通常情况下，抗辐射加固设计会付出功耗增加、芯片面积增大和工作频率降低的代价。

19.3.1　无边或环形 MOSFET

传统 MOSFET 设计结构(见图 19.4)的缺点是，在 MOSFET 边缘的鸟嘴区域(栅极与场氧化物重叠)中的陷阱空穴会导致阈值电压偏移，并导致沿栅极边缘的漏电流流动。为了克服这些问题，采用无边 MOSFET 设计，其中源区完全包围漏区或漏区完全包围源区(见图 19.5)。在任一情况下，栅极区域完全包围源/漏区。对于圆形几何体，栅极区域限定源/漏区域。

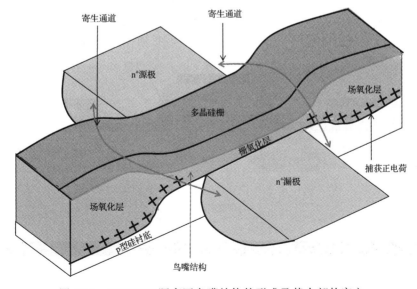

图 19.4　MOSFET 隔离区鸟嘴结构的形成及其内部的空穴

在常规几何结构中，由于辐射产生的电离诱导电荷，封闭式几何晶体管消除了漏极和源极之间沿栅极边缘流动的漏电流。另外，环形晶体管的面积总是比传统晶体管大，从而增加了本征电容，降低了封装密度。输入电容越大，开关时间越长，器件速度越慢。因此，环形晶体管主要用于辐射环境。

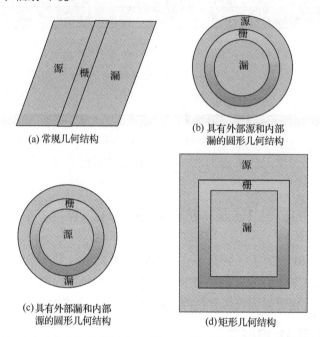

(a) 常规几何结构

(b) 具有外部源和内部漏的圆形几何结构

(c) 具有外部漏和内部源的圆形几何结构

(d) 矩形几何结构

图 19.5　MOSFET 的几何结构，(b)，(c) 和 (d) 属于环形无边几何结构

19.3.2　沟道阻挡层和保护环

相邻 n 沟道 MOSFET 之间的漏电流被形成的 p 型沟道阻挡层和保护环阻断。沟道阻挡层 [见图 19.6(a)] 是一个重掺杂区域，它不容易被表面电荷反转。保护环 [见图 19.6(b)] 是相同极性和较大曲率半径的较深扩散区，具有较高的击穿电压，而被围绕着的较小曲率半径的浅扩散结，其击穿电压较低。深扩散环提高了浅扩散结的击穿电压。

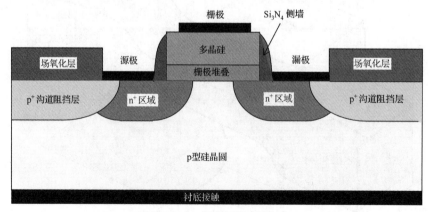

(a) n 沟道 MOSFET 二极管中的沟道阻挡层

图 19.6　沟道阻挡层和保护环结构

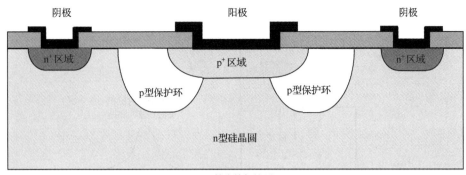

(b) pn结中的保护环

图 19.6(续)　沟道阻挡层和保护环结构

19.3.3　通过增加沟道宽长比控制电荷耗散

在电路节点处由于粒子撞击而收集到的电荷 Δq 与该节点的有效电容 C 和撞击引起的节点电压 ΔV 的变化有关，通过我们熟悉的方程表示：

$$\Delta q = C\Delta V \tag{19.1}$$

MOSFET 尺寸减小的影响表现为 C 的最小值随着特征尺寸的平方而减小。但是，Δq 保持不变。这意味着节点电压 ΔV 急剧增大。此外，集成电路的电源电压也在不断降低。相比之下，电源电压的下降使得 ΔV 上升的比例更加明显。

就工作频率对 SSE 的影响而言，我们注意到

$$\Delta q = I\Delta t \tag{19.2}$$

式中，I 是节点处的最大充放电电流，Δt 是电荷从节点消散所用的时间。目前的趋势是集成电路时钟信号的频率 f 不断提高。因此，时钟信号的周期 T，即频率的倒数，就会减小。当 $T\rightarrow\Delta t$ 且 $T<\Delta t$ 时，SEU 通过剩余电路的机会增大。因此，在更高的工作频率电路中存在更大的 SEU 危险，导致更多的不确定性。

降低 Δt 似乎是消除 SEU 的明显补救措施。这是通过应用电荷耗散原理实现的（Holman 2004）。为此，增加了临界节点处的最大充放电电流 I。在图 19.7 所示的逆变电路中，逻辑高信号打开 n 沟道 MOSFET，而 p 沟道 MOSFET 关闭。任何沉积在输出电容 C_{out} 上的电荷都可以通过 n 沟道 MOSFET 放电。所遵循的策略是增加通道宽度/通道长度的比率，以提高最大漏源电流 I_{DS}。这使得在下一阶段可以将产生的瞬时电压作为位误差传播之前，能够消除由于粒子撞击而引起的电容电压的总变化。需要注意的是，上述增加 I 策略的缺点是电路面积较大，功耗较大。

19.3.4　时域滤波

时域滤波包括在电路的关键节点插入电阻和/或电容元件（见图 19.8）。电路改进提供了对单粒子效应产生的快速电压脉冲的低通滤波。但由于面积开销和速度的缺点，这种方法很少用于高性能电路。

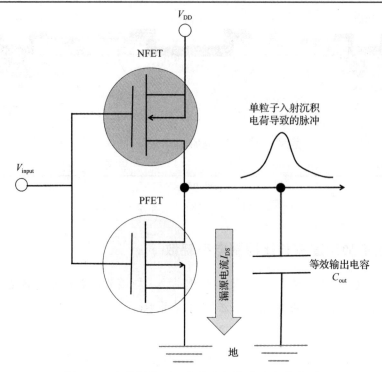

图 19.7   电荷耗散原理在数字转换电路中的应用

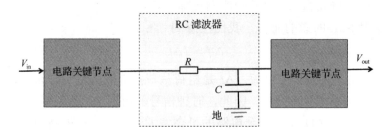

图 19.8   时域低通滤波

19.3.5   空间冗余

具有三模冗余(TMR)的组合逻辑电路是利用三条物理上分离的数据通路实现的(见图 19.9)。其目的是确保任何单个粒子撞击都不会干扰多个逻辑电路(Holman，2004)。通过对错误进行强化的表决电路，仅当至少两个计算结果一致时才产生有效结果。该电路对 SEE 提供防护，同时带来更大的面积消耗。

包括存储单元复制和多数表决的 TMR 技术也适用于时序逻辑电路，如触发器和寄存器，但以系统级开销和功耗为代价。

在基于 TMR 的电路中，SEU 容限可能由于错误延迟而消失，即单粒子入射产生激发和电路对它响应之间的延迟。第一次翻转是可以容忍的，但之后第二次翻转可能会在第一次翻转的影响恢复之前发生。这使得系统容易出现相互关联的双重错误。

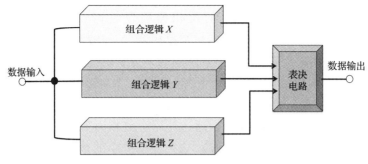

图 19.9　空间三模冗余

19.3.6　时间冗余

类似于 TMR 通过在空间中分离数据信号而对 SEU 起到防护作用，时间冗余是通过在时间尺度上分离数据信号来实现的(Holman，2004)。图 19.10 说明了在抗 SEU 数据锁存器件的三路径时间冗余实现方法。该电路由连接了反馈电路的双输入多路复用器、时延电路和表决电路组成。表决电路有三条独立的数据路径。其中两条路径加入了时间延迟，一个时间延迟是 Δt，另一个时间延迟是 $2\Delta t$，其中 Δt 是粒子撞击产生最大电荷量可以消散的时间。电路的代价是必须允许等待时间等于 $2\Delta t$ 秒后执行计算。在频率为 50 MHz 时，这种延迟很小，但在更高的频率下，这种延迟则变得不可接受。

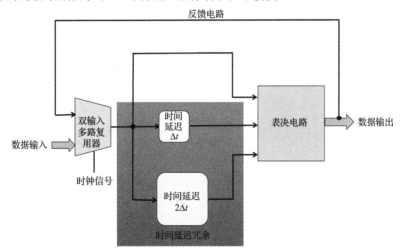

图 19.10　三路径时间冗余，Δt 为因离子撞击而消耗最大预期电荷所用的时间

19.3.7　双互锁存储单元

双互锁存储单元，即 DICE，用于制作抗 SEU 的 CMOS 触发器和静态 RAM(Calin，et al.，1996，Mukherjee，2008)。它是一个包含四个内部节点 V_0、V_1、V_2、V_3 的冗余结构。数据存储在这些节点上。节点上始终存在备用逻辑级别。逻辑 0 用 0101 表示，即 $V_0 V_1 V_2 V_3$ = 0101。逻辑 1 用 1010 表示，即 $V_0 V_1 V_2 V_3$ = 1010。为了执行读写操作，启用使能输入 C，并通过双向行 D，$\bar{D}$ 执行数据加入。

　　DICE 结构由两个水平交叉耦合的反相器锁存结构 (N_0, P_1) 和 (N_2, P_3) 组成（见图 19.11）。这些水平锁存结构由垂直双向反馈反相器 (N_1, P_2) 和 (N_3, P_0) 连接。反相器是 p 沟道或 n 沟道 MOS 晶体管，如相应的 p 和 n 符号所示。这些晶体管被布置在反馈回路中。PMOS 晶体管 (P_0, P_1, P_2, P_3) 构成顺时针环路。同样，NMOS 晶体管构成逆时针环路。由 PMOS 和 NMOS 晶体管表示的 DICE 电路如图 19.12 所示。

　　DICE 单元结构是基于冗余方法的。通过使用存储相同数据的两个锁存器部分，电路中的冗余在 SEU 之后保持未损坏数据的源。未损坏部分中的数据为损坏数据提供恢复状态反馈。通过双节点反馈控制获得对 SEU 的免疫性。这意味着位于相反对角线上的两个相邻节点控制单元四个节点中每个节点的逻辑状态，每个对角线上的两个节点不存在直接的相互依赖关系。另一个对角线的两个节点控制这些节点的状态。

　　分析其中一个节点 $V_i(i = 0,1,2,3)$。这里下标 i 是一个模 4 数，例如 0≡0 模 4，1≡1 模 4，2≡2 模 4，3≡3 模 4，4≡4 模 4，但是 −1≡−1×4+3=3 模 4。通过晶体管 N_{i-1} 和 P_{i+1} 的单管互补反馈连接，任何节点 V_i 控制对角 V_{i-1} 和 V_{i+1} 上的两个互补节点。对于 $i=0$，节点 V_0 利用晶体管 N_3 和 P_1 控制节点 V_3 和 V_1。

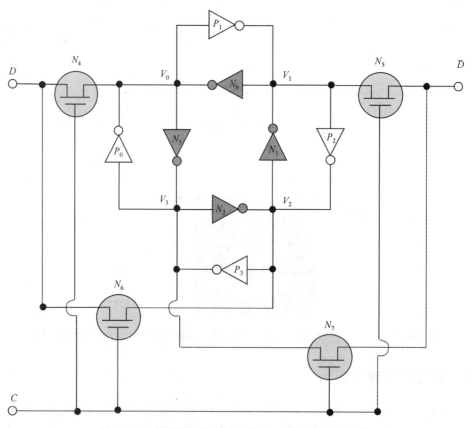

图 19.11　使用四节点冗余布局的 DICE 单元示意图

　　在逻辑状态 0，即 $V_0 V_1 V_2 V_3 = 0101$ 时，水平反相器回路 (N_0, P_1) 和 (N_2, P_3) 处于导通状态。它们代表两个水平锁存器。这些锁存器在其节点 (V_0, V_1) 和 (V_2, V_3) 上存储相同的数据。在这种情况下，垂直反相器的晶体管对 (N_1, P_2) 和 (N_3, P_0) 是不导通的。它们通过将两个水平锁存器彼此隔离来执行互锁功能。

类似地，在逻辑状态 1，即 $V_0V_1V_2V_3 = 1010$ 中，垂直反相器回路 (N_1, P_2) 和 (N_3, P_0) 处于导通状态。它们表示两个垂直锁存器。这些锁存器在其节点 (V_0, V_1) 和 (V_2, V_3) 上存储相同的数据。在这种情况下，水平反相器的晶体管对 (N_0, P_1) 和 (N_2, P_3) 是不导通的。它们通过将两个垂直锁存器彼此隔离来执行互锁功能。

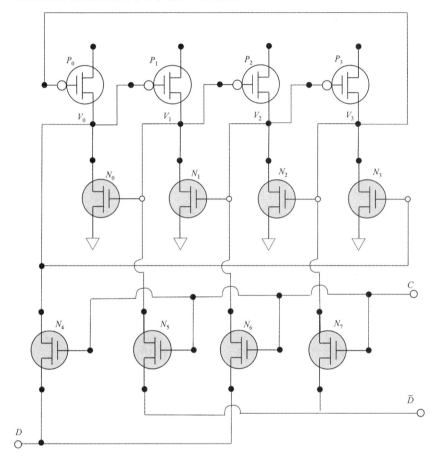

图 19.12　晶体管级 DICE 单元结构图

由于 V_0、V_1、V_2、V_3 四个节点对粒子打击都很敏感，让我们以节点 V_i 为例来检验它们对辐射的免疫力。

● 情况一，假设在节点 V_i 处产生负脉冲，该负脉冲通过 PMOS 晶体管 P_{i+1} 反馈在节点 V_{i+1} 处引起正脉冲干扰。但它将无法对存储在节点 V_{i-1} 的相同逻辑状态产生任何影响。这是由于反馈晶体管 N_{i-1} 被节点 V_i 处的负脉冲所关断。此外，节点 V_{i+1} 处诱导的正脉冲干扰不会通过 PMOS 晶体管 P_{i+2} 向前传输。节点 V_{i-1} 和 V_{i+2} 的隔离有助于保持它们的逻辑状态。因此，逻辑状态的变化仅发生在 V_{i-1} 和 V_{i+1} 两个节点。这些变化是暂时的。在瞬态脉冲消失后，节点 V_{i-1} 和 V_{i+2} 通过晶体管 P_i 和 N_{i+1} 产生状态增强反馈。

● 情况二，假设在节点 V_i 处产生正脉冲。可以用与情况一类似的方式分析扰动。正脉冲将通过 NMOS 晶体管 N_{i-1} 干扰节点 V_{i-1}。当扰动脉冲消失后，节点 V_{i-1} 和 V_{i+2} 将有力地保持其状态。它们将通过晶体管 N_i 和 P_{i+1} 恢复两个受扰动节点的正确逻辑状态。

- 情况三，如果单个粒子同时翻转单元的两个存储相同逻辑状态的敏感节点，例如节点 (V_0, V_2) 和 (V_1, V_3)，则存储单元无法恢复。在单元布局时将敏感节点对的漏极区域隔开，可以降低发生这种故障的概率。这将使收集足以使单元翻转的阈值电荷的机会降到最低。

可以注意到，后一级锁存单元可以捕获在本单元输出处发生的任何故障。虽然本单元自身可以恢复，但无法阻止故障进一步传播。

DICE 单元可能比原始单元格大 1.7～2.0 倍，但通过仔细设计，这个比例可以减小到 1.5 倍。

19.4　讨论与小结

本章讨论了实现抗辐射集成电路的工艺和设计技术。抗辐射集成电路仅占整个集成电路市场份额的一小部分，商业集成电路仍占市场主导地位。因此，半导体工业的趋势是使用商业 IC 工艺来提升 RHBD 技术，而不是在辐射加固设计 IC 工艺上花费更多的资金。

思　考　题

19.1　阐明"抗辐射电子器件"一词的含义。区分 RHBP 和 RHBD。

19.2　如何将 MOS 器件缩小到更小尺寸的技术趋势与小体积栅氧化层的辐射加固要求同步？如何保护较厚的场氧化物免受辐射影响？

19.3　杂质掺杂分布和少数载流子寿命的调整如何有助于抵消辐射效应？

19.4　n 阱、p 阱和三阱 CMOS 工艺有何不同？三阱工艺在哪些方面有助于避免 SEU？

19.5　SOI 技术如何克服半导体器件中由辐射引起的漏电流和锁定问题？

19.6　与平面体硅 MOSFET 相比，SOI 基 MOSFET 对 SEE 更免疫的根本原因是什么？除了较强的抗辐射能力外，采用 SOI 技术还有哪些附加优势？

19.7　两种类型的 SOI MOSFET 是什么？哪种类型的抗辐射能力更强？为什么？

19.8　部分耗尽 SOI MOSFET 体区中的正电荷是如何增加其漏电流的？

19.9　RHBD 的主要思想是什么？如果做了 RHBD，需要做出什么牺牲？

19.10　传统 MOSFET 鸟嘴区的空穴是如何降低其性能的？无边 MOSFET 设计如何避免这种退化？需要付出什么代价？

19.11　什么是沟道阻挡环？如何降低漏电流？

19.12　什么是保护环？如何提高浅扩散 pn 结的击穿电压？

19.13　增加 MOSFET 沟道宽长比如何有助于消除 SEU？

19.14　什么是缓解 SEE 的时间滤波技术？该技术的局限在哪里？

19.15 解释三模冗余的概念？如何减缓单粒子效应？

19.16 如何通过三路径时间冗余实现降低 SEU 的可能性？参照数据锁存电路进行说明。

19.17 画出 DICE 存储单元的电路图。解释当一个内部节点产生负/正脉冲及如果一个粒子同时翻转单元的两个敏感节点时，存储单元的作用过程。

原著参考文献

Calin T, Nicolaidis M and Velazco R 1996 Upset hardened memory design for submicron CMOS technology *IEEE Trans. Nucl. Sci.* 43 2874-8

Holman W T 2004 Radiation-tolerant design for high performance mixed-signal circuits *Radiation Effects and Soft Errors in Integrated Circuits and Electronic Devices* ed R D Schrimpf and D M Fleetwood （Singapore: World Scientific）pp 76-7

Mukherjee S 2008 Architecture *Design for Soft Errors* （Amsterdam: Elsevier）pp 72-3

Myers D R 1998 A brief discussion of radiation hardening of CMOS microelectronics *SciTech*

第 20 章　抗振动电子器件

由于制造电子器件和电路所用材料的极限强度是有限的，因此，保护电子组件免受冲击和振动有害影响的逻辑方法是将设备/组件与支撑它的振动平台隔离。此逻辑促使了被动和主动隔振技术的发展。本章试图描述两类隔振器现有的一些发展机遇，并简要介绍其可应用的具体领域。从自由无阻尼振动到强迫阻尼振动，被动隔振的数学理论得到了发展。它显示了在高于系统固有频率的频率下，隔振器如何充当低通机械滤波器。本章还强调极低频有源振动隔离器的明显优势，它们被用于大量精密仪器和机器，特别是纳米级显微镜、用于半导体器件制造的光刻设备等。

20.1　无处不在的振动

当某一电子设备离开工厂被送往展厅或客户的时候，其生存能力就要一次又一次地经受住两重考验：冲击和振动。虽然程度不同，但无论是公路运输还是航空、水路运输，振动对电子设备都是一种严重的威胁。电子设备的应用多种多样，包括国内、办公室、工业、军事和空间部署。在建筑物中，任何东西都会在重型机械、高压交流 (HVAC) 输电、附近交通和天气影响下振动。在工业领域，可能会遇到 0.049～0.098 N 的冲击力，在军事和空间应用中，预计冲击力会超过 0.98 N。即使小心处理，也不排除电子器件于某些地方意外坠落的可能性。因此，设备必须具备抗振能力，以使其能够应对现实情况。图 20.1 说明了微电子电路中振动引起的劣化过程。

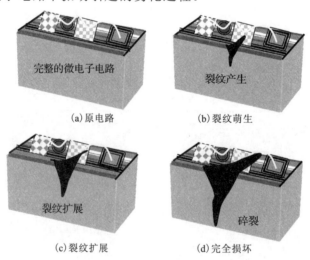

(a) 原电路　　　　　　　(b) 裂纹萌生

(c) 裂纹扩展　　　　　　(d) 完全损坏

图 20.1　振动引起微电子电路断裂的阶段

20.2　随机振动与正弦振动

实际上，振动的本质是随机的，由若干不同的频率组成。公路上行驶的卡车上装载的电子设备会根据路面的粗糙度和起伏度经历随机振动，而放置在旋转电泵电机附近的设备则会产生正弦振动。为了防止这两种类型的振动，需要一个坚固抗振动的底盘。

20.3　对抗振动影响

对抗振动影响有两种方法。一种是确保设备和连接部充分坚固耐用，以免它们在振动下断裂，但这种方法最终达到的强度是有限的。另一种解决办法是防止振动对设备的脆弱部件造成损害。将敏感部件与振动影响隔离有助于保护它们，这一思路可将我们的兴趣引向振动隔离器领域。实际上，有大量隔振器，可以方便地使用。

20.4　被动型隔振器与主动型隔振器

隔振器可大致细分为两类。被动型为弹簧和阻尼器组成的传统系统(见图 20.2)，无须任何电力。主动型则采用电子电路，根据反馈/前馈原理，使用计算得出的正确大小的抵消力来阻止振动。本节从被动型隔振器开始介绍。图 20.3 展示了不同的隔振系统。

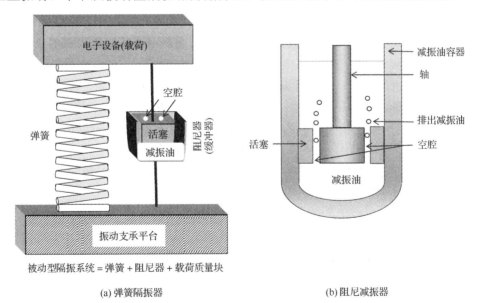

(a) 弹簧隔振器　　　　　　　　　(b) 阻尼减振器

图 20.2　被动型隔振器

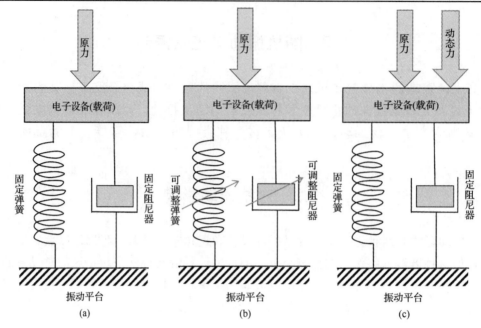

图 20.3 隔振系统。(a)具有固定弹簧和固定阻尼器的全被动型隔振系统；(b)具有可调整弹簧刚度和可调整阻尼特性的自适应被动型隔振系统或半主动型隔振系统，以使振动最小化；(c)具有用于减轻振动的动态力的全主动型隔振系统

20.5 被动型隔振器原理

隔振器的主要作用是将振动支承平台与要隔离的电子电路或装置分离或隔离。通过在振动支承平台和电子电路/装置之间提供弹性连接，隔振器可在其自身内部消耗振动能量，因此该能量不会传输至电路/装置上，使振动无法造成电路或装置的任何性能变化。

典型的隔振器由质量块、弹簧和减振器或阻尼器组成。阻尼器是一种通过黏性摩擦来限制振动的机械设备，其常见示例之一是在闭门器件使用的阻尼器，以防止关门时的大声撞击。线性减振器由一个在装有液体的液压缸体中移动的活塞组成。通常情况下，"液体"指减振液压油。

为简便起见，假设阻尼为零。此外，假设振动只在垂直方向 x 发生。向下的位移为正，向上的位移为负。现分析该系统在无阻尼情况下的自由振动。

20.5.1 案例1：无阻尼自由振动

对于无阻尼系统(见图 20.4)，如果有效载荷(电子设备)的质量为 $m\,\text{kg}$，弹簧的刚度为 $k\,\text{N·m}^{-1}$，并且如果静态平衡时弹簧的变形为 d，根据胡克定律，作用在弹簧上的力 F 为

$$F = kd \tag{20.1}$$

如果 g 为重力加速度，应用牛顿第二运动定律，作用在质量 m 上的重力为

$$F = mg \tag{20.2}$$

因为弹簧力等于重力，因此弹簧力也用 F 表示。

由式 (20.1) 和式 (20.2) 可得

$$F = kd = mg \qquad (20.3)$$

将牛顿第二运动定律应用于质量 m，可得

$$m\frac{\mathrm{d}^2 x}{\mathrm{d}t^2} = \sum F = mg - k(d + x) = mg - kd - kx = mg - mg - kx = -kx$$

或

$$m\frac{\mathrm{d}^2 x}{\mathrm{d}t^2} + kx = 0 \qquad (20.4)$$

上述方程是齐次二阶线性微分方程，其解如下：

$$x(t) = \exp(pt) \qquad (20.5)$$

由于

$$\frac{\mathrm{d}^2 x}{\mathrm{d}t^2} = \frac{\mathrm{d}^2\{\exp(pt)\}}{\mathrm{d}t^2} = \frac{\mathrm{d}}{\mathrm{d}t}\left[\frac{\mathrm{d}\{\exp(pt)\}}{\mathrm{d}t}\right] = \frac{\mathrm{d}}{\mathrm{d}t}\{p\exp(pt)\} \qquad (20.6)$$

$$= p\frac{\mathrm{d}}{\mathrm{d}t}\{\exp(pt)\} = p \times p\exp(pt) = p^2\exp(pt)$$

所以

$$mp^2\exp(pt) + k\exp(pt) = 0$$

或

$$mp^2 + k = 0$$

或

$$p^2 = -k/m$$

或

$$p = \pm\mathrm{i}\sqrt{k/m} = \pm\mathrm{i}\omega_\mathrm{n} \qquad (20.7)$$

代入

$$\omega_\mathrm{n} = \sqrt{k/m} \qquad (20.8)$$

因此，该方程的解为

$$x(t) = C\exp(+\mathrm{i}\omega_\mathrm{n}t) + D\exp(-\mathrm{i}\omega_\mathrm{n}t) \qquad (20.9)$$

$$= C\{\cos(\omega_\mathrm{n}t)+\mathrm{i}\sin(\omega_\mathrm{n}t)\} + D\{\cos(\omega_\mathrm{n}t)-\mathrm{i}\sin(\omega_\mathrm{n}t)\}$$

$$= \mathrm{i}(C - D)\sin(\omega_\mathrm{n}t) + (C + D)\cos(\omega_\mathrm{n}t) = A\sin(\omega_\mathrm{n}t) + B\cos(\omega_\mathrm{n}t)$$

式中，任意常数 A 和 B 是从初始条件获得的。

当 $t = 0$ 时，$x(t) = x(0)$，因此，

$$x(0) = A\sin(0)+B\cos(0) = 0 + B = B \qquad (20.10)$$

或

$$B = x(0)$$

当 $t = 0$ 时，

$$\dot{x}(t) = \dot{x}(0) \tag{20.11}$$

因为

$$\dot{x}(t) = A\omega_n \cos(\omega_n t) - B\omega_n \sin(\omega_n t) \tag{20.12}$$

$$\dot{x}(0) = A\omega_n \cos(0) - B\omega_n \sin(0) = A\omega_n - 0 = A\omega_n \tag{20.13}$$

所以

$$A = \dot{x}(0)/\omega_n \tag{20.14}$$

将 A 与 B 的值代入式 (20.9) 中，可得

$$x(t) = \{\dot{x}(0)/\omega_n\}\sin(\omega_n t) + x(0)\cos(\omega_n t) \tag{20.15}$$

式中，

$$\omega_n = \sqrt{k/m} = \sqrt{\text{stiffness/mass}} = \text{系统固有角频率} \tag{20.16}$$

此固有频率 f_n 由下式给出：

$$f_n = \frac{\omega_n}{2\pi} = \frac{1}{2\pi}\sqrt{\frac{k}{m}} \tag{20.17}$$

此频率是系统从平衡静态位置被拉出并释放时振动的频率。

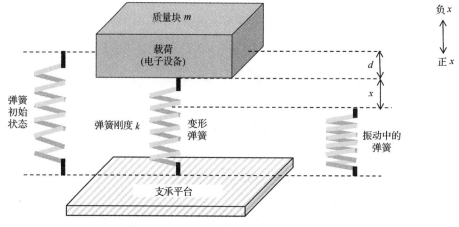

图 20.4　某电子设备的无阻尼自由振动

20.5.2　案例 2：无阻尼受迫振动

假设支承平台在激励频率 Ω_s 下发生正弦振动，施加的正弦外力为

$$F = F_0 \sin(\Omega_s t) \tag{20.18}$$

式中，F_0 是遵循正弦三角曲线的力波形的峰值。振动支承平台如图 20.5 所示。

根据式 (20.16)，式 (20.4) 可改写为

$$
\begin{aligned}
m\frac{\mathrm{d}^2 x}{\mathrm{d}t^2} = \sum F &= mg + F_0\sin(\Omega_s t) - k(d + x) \\
&= mg + F_0\sin(\Omega_s t) - kd - kx \\
&= mg + F_0\sin(\Omega_s t) - mg - kx = F_0\sin(\Omega_s t) - kx
\end{aligned} \tag{20.19}
$$

或者，

$$m\frac{\mathrm{d}^2x}{\mathrm{d}t^2} + kx = F_0\sin(\Omega_s t)$$

$$\frac{\mathrm{d}^2x}{\mathrm{d}t^2} + \frac{k}{m}x = \frac{F_0}{m}\sin(\Omega_s t) \qquad (20.20)$$

$$\frac{\mathrm{d}^2x}{\mathrm{d}t^2} + \omega_n^2 x = \frac{F_0}{m}\sin(\Omega_s t)$$

该二阶微分方程的解包括两个部分：互补解和特解。为了得到互补解，将等式的右侧设为零，可得

$$\frac{\mathrm{d}^2x}{\mathrm{d}t^2} + \omega_n^2 x = 0 \qquad (20.21)$$

当 $\omega_n = \sqrt{(k/m)}$ 时，结果与式(20.4)相同。因此，它的解与自由振动的解相同。

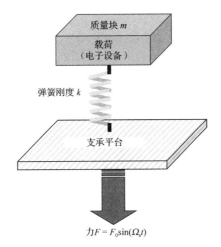

图 20.5　某电子设备的无阻尼受迫振动

为了得到特解，尝试以该形式的值作为它的解，

$$x = X_0\sin(\Omega_s t) \qquad (20.22)$$

上式对 t 的一阶导数和二阶导数分别为

$$\frac{\mathrm{d}x}{\mathrm{d}t} = \Omega_s X_0\cos(\Omega_s t) \qquad (20.23)$$

$$\frac{\mathrm{d}^2x}{\mathrm{d}t^2} = -\Omega_s^2 X_0\sin(\Omega_s t) \qquad (20.24)$$

因此，由式(20.20)，可得

$$-\Omega_s^2 X_0\sin(\Omega_s t) + \omega_n^2 X_0\sin(\Omega_s t) = \frac{F_0}{m}\sin(\Omega_s t) \qquad (20.25)$$

将两边同时除以非零的 $\sin(\Omega_s t)$ 项，可得

$$-\Omega_s^2 X_0 + \omega_n^2 X_0 = \frac{F_0}{m}$$

$$\left(\omega_n^2 - \Omega_s^2\right)X_0 = \frac{F_0}{m} \qquad (20.26)$$

等式两边同时除以 ω_n^2，

$$\frac{\left(\omega_n^2 - \Omega_s^2\right)X_0}{\omega_n^2} = \frac{1}{\omega_n^2} \times \frac{F_0}{m} = \frac{1}{k/m} \times \frac{F_0}{m} = \frac{m}{k} \times \frac{F_0}{m} = \frac{F_0}{k} \tag{20.27}$$

所以

$$X_0 = \frac{\omega_n^2}{\omega_n^2 - \Omega_s^2} \times \frac{F_0}{k} = \frac{F_0/k}{1 - \Omega_s^2/\omega_n^2} = \frac{F_0/k}{1 - r^2} \tag{20.28}$$

上式中代入

$$r = \Omega_s/\omega_n \tag{20.29}$$

由弹簧传递的力，其公式可写为

$$P = kx = kX_0 \sin(\Omega_s t) = P_0 \sin(\Omega_s t) \tag{20.30}$$

其中，

$$P_0 = kX_0 \tag{20.31}$$

P_0 为传递力的振幅。

传递率 T 定义为两个振幅之比，即电子电路或电子装置的振幅与支承平台的振幅之比，可写为

$$\begin{aligned} T &= \frac{传递力的振幅}{施加力的振幅} = \left| \frac{P_0}{F_0} \right| = \left| \frac{kX_0}{F_0} \right| \\ &= \left| \frac{k}{F_0} \times \frac{F_0/k}{1 - r^2} \right| = \left| \frac{1}{1 - r^2} \right| \end{aligned} \tag{20.32}$$

隔振器的有效性由下式给出：

$$隔离度(\%) = (1 - T) \times 100\,\% \tag{20.33}$$

T 值越高，表示隔离度越差。相反，T 值越低，表示隔离度越高。图 20.6 中描绘了传递率与频率的关系曲线。从图中可以看出，当支承平台的振动频率 Ω_s 低于系统的固有频率 ω_n 时，传递率约为 1。这意味着电子电路或电子装置的振幅与支承平台的振幅相同。在上述频率值下，支承平台的输入振动能量既不增大也不减小。振动支承平台与电子电路或电子装置同步振动。

当支承平台振动频率 Ω_s 等于系统固有频率 Ω_n 时，传递率达到峰值。这是电子电路或电子设备以最大振幅振动的共振条件。支撑平台的振动能量被放大。传递率值>1 表示放大。电子电路或电子装置的相位相对于支撑平台的相位偏移 90°。

如果支承平台的振动频率 Ω_s 超过了系统的固有频率 Ω_n，则在高频时，传递率开始降低并显著下降。透射率值<1 表示衰减。电子电路或电子装置振动的相位与振动源的相反。

因此，支承平台较低频率的振动频率 Ω_s 被传递至电子电路或电子装置，从而产生与支承平台相同位移的振动。但高于系统固有频率 ω_n 的振动频率 Ω_s 减弱，使电子电路或电子器件的振幅逐渐减小。这基本上意味着更高的支承平台振动频率不会影响电子电路或电子设备；因此，电子电路或电子设备成功地与快速振动支承平台分离。另一个值得注意的推

论是，更高的频率已被过滤。因此，隔振器的性能类似于低通机械滤波器。显然，最好的隔振系统具有非常低的固有频率，因为所有较高的频率将被过滤掉。

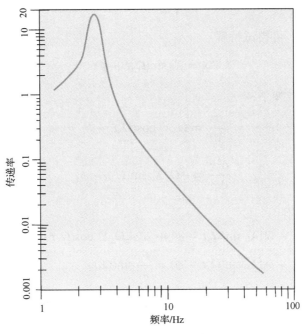

图 20.6　传递率曲线

为有效地隔振，比率 (Ω_s/ω_n) 应大于 1.4，理想情况下，比率 (Ω_s/ω_n) 则应大于 2 或 3。

20.5.3　案例 3：黏滞阻尼受迫振动

在这种情况下，通过在 $c(\mathrm{d}x/\mathrm{d}t)$ 项中包含阻尼效应，可以对无阻尼受迫振动的方程进行如下修改，其中 c 为阻尼系数（见图 20.7），

$$m\frac{\mathrm{d}^2x}{\mathrm{d}t^2} + c\frac{\mathrm{d}x}{\mathrm{d}t} + kx = F_0\sin(\Omega_s t) \tag{20.34}$$

等号两边除以 m，则另写为

$$\frac{\mathrm{d}^2x}{\mathrm{d}t^2} + \frac{c}{m}\frac{\mathrm{d}x}{\mathrm{d}t} + \frac{k}{m}x = \frac{F_0}{m}\sin(\Omega_s t) \tag{20.35}$$

或者为

$$\frac{\mathrm{d}^2x}{\mathrm{d}t^2} + \frac{2c}{2\sqrt{km}} \times \sqrt{\frac{k}{m}}\frac{\mathrm{d}x}{\mathrm{d}t} + \frac{k}{m}x = \frac{F_0}{m}\sin(\Omega_s t)$$

$$\frac{\mathrm{d}^2x}{\mathrm{d}t^2} + 2\zeta\omega_n\frac{\mathrm{d}x}{\mathrm{d}t} + \omega_n^2 x = \frac{F_0}{m}\sin(\Omega_s t) \tag{20.36}$$

式中，可代入

$$\frac{c}{2\sqrt{km}} = \zeta \tag{20.37}$$

以及

$$\sqrt{\frac{k}{m}} = \omega_{\mathrm{n}} \tag{20.38}$$

对于上式的以下形式，可尝试特解

$$x = X_0 \sin(\Omega_{\mathrm{s}} t - \phi) \tag{20.39}$$

其一阶导数与二阶导数如下：

$$\frac{\mathrm{d}x}{\mathrm{d}t} = \Omega_{\mathrm{s}} X_0 \cos(\Omega_{\mathrm{s}} t - \phi) \tag{20.40}$$

$$\frac{\mathrm{d}^2 x}{\mathrm{d}t^2} = -\Omega_{\mathrm{s}}^2 X_0 \sin(\Omega_{\mathrm{s}} t - \phi) \tag{20.41}$$

因此，式 (20.36) 则写为

$$
\begin{aligned}
&-\Omega_{\mathrm{s}}^2 X_0 \sin(\Omega_{\mathrm{s}} t - \phi) + 2\zeta \omega_{\mathrm{n}} \Omega_{\mathrm{s}} X_0 \cos(\Omega_{\mathrm{s}} t - \phi) \\
&+ \omega_{\mathrm{n}}^2 X_0 \sin(\Omega_{\mathrm{s}} t - \phi) = \frac{F_0}{m} \sin(\Omega_{\mathrm{s}} t)
\end{aligned}
\tag{20.42}
$$

或

$$
\begin{aligned}
&\left(\omega_{\mathrm{n}}^2 - \Omega_{\mathrm{s}}^2\right) X_0 \sin(\Omega_{\mathrm{s}} t - \phi) + 2\zeta \omega_{\mathrm{n}} \Omega_{\mathrm{s}} X_0 \cos(\Omega_{\mathrm{s}} t - \phi) = \frac{F_0}{m} \sin(\Omega_{\mathrm{s}} t) \\
&\left(\omega_{\mathrm{n}}^2 - \Omega_{\mathrm{s}}^2\right) X_0 \left(\frac{m}{F_0}\right) \sin(\Omega_{\mathrm{s}} t - \phi) + 2\zeta \omega_{\mathrm{n}} \Omega_{\mathrm{s}} X_0 \left(\frac{m}{F_0}\right) \cos(\Omega_{\mathrm{s}} t - \phi) = \sin(\Omega_{\mathrm{s}} t)
\end{aligned}
\tag{20.43}
$$

令

$$\left(\omega_{\mathrm{n}}^2 - \Omega_{\mathrm{s}}^2\right) X_0 \left(\frac{m}{F_0}\right) = \cos \phi \tag{20.44}$$

$$2\zeta \omega_{\mathrm{n}} \Omega_{\mathrm{s}} X_0 \left(\frac{m}{F_0}\right) = \sin \phi \tag{20.45}$$

可得

$$\cos \phi \sin(\Omega_{\mathrm{s}} t - \phi) + \sin \phi \cos(\Omega_{\mathrm{s}} t - \phi) = \sin(\Omega_{\mathrm{s}} t) \tag{20.46}$$

或

$$\sin(\phi + \Omega_{\mathrm{s}} t - \phi) = \sin(\Omega_{\mathrm{s}} t) \tag{20.47}$$

这表明等式成立。现在

$$
\begin{aligned}
\cos^2 \phi + \sin^2 \phi = 1 &= \left\{ \left(\omega_{\mathrm{n}}^2 - \Omega_{\mathrm{s}}^2\right) X_0 \left(\frac{m}{F_0}\right) \right\}^2 + \left\{ 2\zeta \omega_{\mathrm{n}} \Omega_{\mathrm{s}} X_0 \left(\frac{m}{F_0}\right) \right\}^2 \\
&= X_0^2 \left(\frac{m}{F_0}\right)^2 \left\{ \left(\omega_{\mathrm{n}}^2 - \Omega_{\mathrm{s}}^2\right)^2 + (2\zeta \omega_{\mathrm{n}} \Omega_{\mathrm{s}})^2 \right\}
\end{aligned}
\tag{20.48}
$$

所以，

$$X_0{}^2 = \frac{1}{\left(\frac{m}{F_0}\right)^2 \left\{\left(\omega_n^2 - \Omega_s^2\right)^2 + (2\zeta\omega_n\Omega_s)^2\right\}} = \frac{\left(\frac{F_0}{m}\right)^2}{\left\{\left(\omega_n^2 - \Omega_s^2\right)^2 + (2\zeta\omega_n\Omega_s)^2\right\}}$$

$$= \frac{F_0^2(k/m)^2 \times (1/k)^2}{\left\{\left(\omega_n^2 - \Omega_s^2\right)^2 + (2\zeta\omega_n\Omega_s)^2\right\}} = \frac{F_0^2\omega_n^4 \times (1/k)^2}{\left\{\left(\omega_n^2 - \Omega_s^2\right)^2 + (2\zeta\omega_n\Omega_s)^2\right\}} \tag{20.49}$$

假设

$$X_0 = \frac{F_0\omega_n^2/k}{\sqrt{\left(\omega_n^2 - \Omega_s^2\right)^2 + (2\zeta\omega_n\Omega_s)^2}} = \frac{F_0/k}{\sqrt{\left\{\left(\omega_n^2 - \Omega_s^2\right)^2 + (2\zeta\omega_n\Omega_s)^2\right\} \Big/ \omega_n^4}}$$

$$= \frac{F_0/k}{\sqrt{\left(1 - \Omega_s^2/\omega_n^2\right)^2 + (2\zeta\Omega_s/\omega_n)^2}} = \frac{F_0/k}{\sqrt{(1 - r^2)^2 + (2\zeta r)^2}} \tag{20.50}$$

且可得

$$\frac{\sin\phi}{\cos\phi} = \tan\phi = \frac{2\zeta\omega_n\Omega_s X_0\left(\frac{m}{F_0}\right)}{\left(\omega_n^2 - \Omega_s^2\right)X_0\left(\frac{m}{F_0}\right)} = \frac{2\zeta\omega_n\Omega_s}{\omega_n^2 - \Omega_s^2} = \frac{(2\zeta\omega_n\Omega_s)/\omega_n^2}{\left(\omega_n^2 - \Omega_s^2\right)/\omega_n^2}$$

$$= \frac{2\zeta(\Omega_s/\omega_n)}{1 - \Omega_s^2/\omega_n^2} = \frac{2\zeta r}{1 - r^2} \tag{20.51}$$

传递至电子电路或电子设备的力为

$$P = c\frac{dx}{dt} + kx = c\Omega_s X_0 \cos(\Omega_s t - \phi) + kX_0 \sin(\Omega_s t - \phi)$$

$$= \frac{c\Omega_s(F_0/k)}{\sqrt{(1 - r^2)^2 + (2\zeta r)^2}} \cos(\Omega_s t - \phi) + \frac{k(F_0/k)}{\sqrt{(1 - r^2)^2 + (2\zeta r)^2}} \sin(\Omega_s t - \phi) \tag{20.52}$$

$$= \frac{F_0}{\sqrt{(1 - r^2)^2 + (2\zeta r)^2}} \sin(\Omega_s t - \phi) + \frac{c\Omega_s(F_0/k)}{\sqrt{(1 - r^2)^2 + (2\zeta r)^2}} \cos(\Omega_s t - \phi)$$

也可以表示为以下形式：

$$P = P_0 \sin(\Omega_s t - \phi + \delta) = P_0 \sin(\Omega_s t - \phi)\cos\delta + P_0 \cos(\Omega_s t - \phi)\sin\delta$$

$$= P_0 \cos\delta \sin(\Omega_s t - \phi) + P_0 \sin\delta \cos(\Omega_s t - \phi) \tag{20.53}$$

比较式 (20.52) 与式 (20.53)，可得

$$\frac{F_0}{\sqrt{(1 - r^2)^2 + (2\zeta r)^2}} = P_0 \cos\delta \tag{20.54}$$

还可得

$$\frac{c\Omega_s(F_0/k)}{\sqrt{(1 - r^2)^2 + (2\zeta r)^2}} = P_0 \sin\delta \tag{20.55}$$

所以，

$$\frac{F_0^2 + \{c\Omega_s(F_0/k)\}^2}{(1 - r^2)^2 + (2\zeta r)^2} = P_0^2(\cos^2\delta + \sin^2\delta) = P_0^2(1) \tag{20.56}$$

或

$$P_0 = \sqrt{\frac{F_0{}^2 + \{c\Omega_s(F_0/k)\}^2}{(1-r^2)^2 + (2\zeta r)^2}} = F_0\sqrt{\frac{1 + \{c\Omega_s(1/k)\}^2}{(1-r^2)^2 + (2\zeta r)^2}} = F_0\sqrt{\frac{1 + \left\{\frac{2c\Omega_s}{2k}\right\}^2}{(1-r^2)^2 + (2\zeta r)^2}}$$

$$= F_0\sqrt{\frac{1 + \left\{\frac{2c\Omega_s}{2\sqrt{km}\sqrt{\frac{k}{m}}}\right\}^2}{(1-r^2)^2 + (2\zeta r)^2}} = F_0\sqrt{\frac{1 + \left\{\frac{2\zeta\Omega_s}{\omega_n}\right\}^2}{(1-r^2)^2 + (2\zeta r)^2}} = F_0\sqrt{\frac{1 + (2\zeta r)^2}{(1-r^2)^2 + (2\zeta r)^2}} \quad (20.57)$$

上式中使用了式(20.16)、式(20.29)及式(20.37)。使用上述三式进一步推导，可得

$$\frac{P_0\sin\delta}{P_0\cos\delta} = \tan\delta = \frac{\frac{c\Omega_s(F_0/k)}{\sqrt{\left(1-r^2\right)^2 + (2\zeta r)^2}}}{\frac{F_0}{\sqrt{\left(1-r^2\right)^2 + (2\zeta r)^2}}} = \frac{c\Omega_s(F_0/k)}{F_0} = c\Omega_s/k = \frac{2c\Omega_s}{2\sqrt{km}\sqrt{\frac{k}{m}}} \quad (20.58)$$

$$= 2\zeta\frac{\Omega_s}{\omega_n} = 2\zeta r$$

由式(20.57)可知，传递率 T 为

$$T = \frac{P_0}{F_0} = \frac{F_0\sqrt{\frac{1 + (2\zeta r)^2}{\left(1-r^2\right)^2 + (2\zeta r)^2}}}{F_0} = \sqrt{\frac{1 + (2\zeta r)^2}{(1-r^2)^2 + (2\zeta r)^2}} \quad (20.59)$$

阻尼现象与共振条件有关，因为阻尼对共振或其附近的传递率值有明显的影响。因此，阻尼基本上可以被认为是与共振有关的效应。共振时，$r=1$，传递率达到最大值。因此，在共振条件下，式(20.59)可简化为

$$T_{maximum} = \sqrt{\frac{1 + (2\zeta)^2}{(1-1)^2 + (2\zeta)^2}} = \sqrt{\frac{1 + (2\zeta)^2}{0 + (2\zeta)^2}} = \sqrt{1 + \frac{1}{(2\zeta)^2}} \approx \sqrt{\frac{1}{(2\zeta)^2}} = \frac{1}{2\zeta} \quad (20.60)$$

共振时，传递率峰值高度由阻尼决定。在无阻尼情况下，共振时的传递率峰值无穷大。此外，如果无阻尼，振动会永远持续下去，并且在激振力消失后不会停止。实际上，系统不可能无阻尼。阻尼总是存在于所有系统中，只是程度不同而已，其值可从很小至很大。

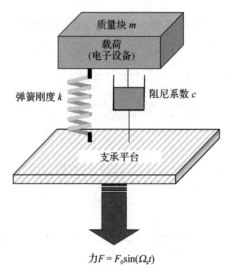

图 20.7 某电子设备的黏滞阻尼受迫振动

20.6　机械弹簧隔振器

这是作者写作时即刻浮现于脑海中的隔振器，因为我们已习以为常，它们广泛应用于汽车、卡车和公共汽车上。机械弹簧隔振器吸收振动，使我们在坑坑洼洼、崎岖不平的路上舒适地旅行。

20.7　空气弹簧隔振器

这种隔振器使用充气的管体作为缓冲，保护上覆设备免受损坏。空气弹簧是手动充气的气囊，可以用手动泵充气。压缩空气罐也可以用来补充空气。这种隔振器可细分为两种类型：

(i) 波纹管气囊。此类型的气囊配置在单、双或三重回旋室中。腔室由耐用的强化橡胶制成，能够承载较大重量。波纹管气囊在重量较大的应用领域中有用武之地。

(ii) 滚动套气囊。此类气囊包含一个安装在内的套筒，套筒内部有一个模压珠，套上一个可充气的气囊。该组件提供的直径小于波纹管设计的直径。滚动套气囊可支撑较轻的重量，适用于空间不足的情况。

20.8　钢丝绳隔振器

此类隔振器基于绳圈的弹簧作用而设计，绳圈上悬挂着关键的电子部件。

20.9　弹性隔振器

弹性体是通用术语，适用于所有类型的橡胶。这些橡胶可以是天然的，也可以是人工合成的。弹性体是弹性聚合物，例如印度橡胶、硅橡胶、氟硅橡胶、丁基橡胶等。弹性隔振器利用橡胶化合物的柔软性和弹性，在变形时恢复其原有尺寸和形状。弹性体的均匀性使其可被塑造成紧凑的形状，如平面、层压、圆柱形等。

天然橡胶是比较不同弹性体相对性能的基准。它具有高强度、优异的抗疲劳性能，并提供中低阻尼。但是它的缺点是工作温度范围较窄，从−18℃到+82℃，且在较低温度下容易变硬。人们已经开发了几种具有更宽温度范围的硅酮弹性体。

20.10　负刚度隔振器

将一把有弹性的塑料直尺直立于桌子上(见图 20.8)。对其顶端施加力，用手向下按，直尺弯曲(May，2001)。释放力后，塑料直尺则恢复其原始的笔直形状。恢复力与变形力相反为正刚度。现假设当尺子变形时，在尺子的中间用手指压向其凸出的一侧。随后尺子变为图中所示的 S 形。如果保持手指压力，则直尺会在相反侧凸出，这种情况为负刚度。作用力与变形力方向相同，施加于尺子上，增加了屈曲。

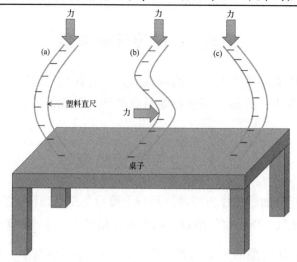

图 20.8　塑料标尺变形中的负厚度效应。(a) 从顶部压下的直尺；(b) 从顶部
压下的直尺，并在中间位置施加力；(c) 直尺随后朝相反方向弯曲

　　为了利用负刚度效应，通常将三个隔振器串联(Platus，1991)。倾斜运动隔振器位于水平运动隔振器上方，水平运动隔振器则置于垂直运动隔离器上方。

　　垂直运动隔振器(见图 20.9)包括一个由重量 W 挤压到工作点的常规弹簧(Spring)。此弹簧与一个由两个横杆(Bar)组成的结构连接。这些横杆可产生负刚度效应。杆在中心位置用铰链连接，末端则用支点支撑。压缩力用 F 表示，F 施加于横杆。此隔振器的刚度 k_{Vertical} 可用公式表示为

$$k_{\text{Vertical}} = k_{\text{Spring}} - k_{\text{Bar effect}} \tag{20.61}$$

$k_{\text{Bar effect}}$ 取决于杆的长度和力 F。当重量 W 由弹簧支撑时，隔振器的刚度可以减小为零。

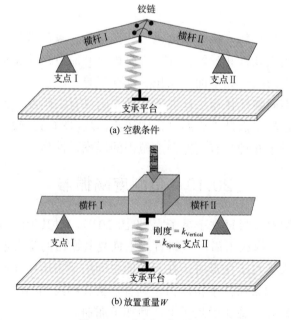

图 20.9　垂直运动隔振器

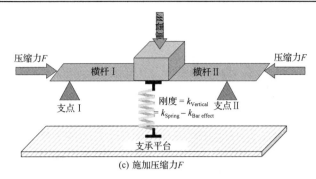

(c) 施加压缩力 F

图 20.9(续)　垂直运动隔振器

水平运动隔振器(见图 20.10)由两个梁柱(Beam-column)隔振器组成。考虑到单个隔振器,每个隔振器的工作方式与两个固定的自由梁柱相同。这些梁柱的轴向载荷为重量 W。在无重量载荷的情况下,梁柱的水平刚度为 k_{Spring}。载荷的施加通过梁柱效应降低了结构的抗侧弯刚度。这种结构表现为水平弹簧和负刚度机制的结合。水平刚度 $k_{Horizontal}$ 由下式给出:

$$k_{Horizontal} = k_{Spring} - k_{Beam\text{-}column\ effect} \tag{20.62}$$

通过上述方式加载梁柱使其达到临界屈曲荷载,可以使水平刚度接近零。

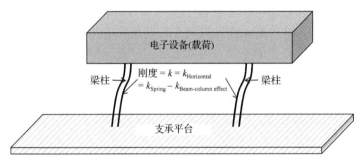

图 20.10　水平运动隔振原理

20.11　主动型隔振器

上述隔振器均属于被动型隔振器,不使用任何形式的能量或动力。本节介绍主动型隔振器(Yoshioka and Murai,2002)。

20.11.1　工作原理

就本质而言,反馈式主动型隔振器是被动的。其工作原理是根据监测到的数据修改振动平台的状况(Shen, et al.,2013)。该隔振器使用压电传感器,如加速度计来测量振动。与此传感器一起,它们采用一个力执行器,如扬声器音圈,在振动物体上传递反作用力或反相位信号,以对抗振动(图 20.11)。在这种隔振器件,需要连续监测待控制的平台,并根据瞬时振动水平施加所需的反力。相比之下,前馈式主动型隔振器就本质而言,才是预期的类型。获得平台振动特性的详细信息后,它们被用于应用程序中。只有这样才有可能发送适当的预先决定的信号来控制振动。

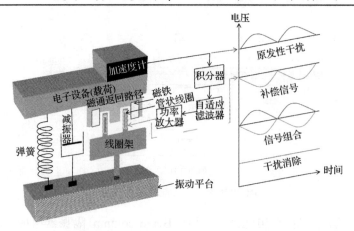

图 20.11   某主动型隔振器的主要部件

主动型空气隔振器配有带伺服阀的压缩机(Shaidani, 2008)。这些阀门或将空气送入气囊，或从气囊中排出空气，将有效载荷保持在零振动水平。

20.11.2   优势

与被动型隔振系统相比，主动型系统的主要优势在于其隔离频率小于 10 Hz，甚至亚赫兹的极低振动频率的能力。这种振动在地铁附近的建筑物中很常见，并可能由共振引起的高振幅振动而损坏。通过提供必要的补偿，可以通过闭环设计轻松终止这些低频谐振。主动型隔振系统在频率小于 100 Hz 时表现更好，隔振范围大于 0.7 Hz，在任何频率下都没有共振，也不会放大任何振动。当频率高于 100 Hz 时，被动型隔振系统更优，隔振范围大于 5 Hz。已知被动型气动系统会放大振动，而不是在 1～8 Hz 的频率范围内抑制振动。在频率大于 30 Hz 的频率下，主动型和被动型系统均可达到 98%～99%的隔振度。另一个优势是这些系统的刚度提高了 100 倍以上，从而为精密仪器提供了卓越的方向和位置稳定性。一旦受到干扰，较软的系统需要更长的时间才能稳定下来，并且会受到气流的影响。主动型系统的稳定时间为 10～20 ms，而被动型系统耗时更长，约为 2～10 s。此外，主动型系统可在没有任何人工干预的情况下自动调整，也可根据不同负载执行相应调整。主动型系统也可以在平台上负载分散的情况下运行。但是，主动型系统比被动型系统更昂贵。

20.11.3   应用场合

主动型隔振系统形状各异，大小不一。它们可减弱各种平移和旋转模式的振动。它们可以在所有六个自由度(x，y，z，滚动，俯仰和偏航)中进行实时操作，被广泛用于原子力和扫描隧道显微镜(Lan, et al., 2004)中，其中原子尺度的分辨率备受关注。主动型隔振系统还用于太空望远镜、激光通信系统以及干涉测量和计量学。其使用示例之一则是半导体行业中的光刻工艺。硅晶片放置在较重的平台上，并且定位精度很高，分辨率级别达到 1 nm，即使是最小的振动也会破坏该过程。主动型系统对于此类关键过程非常有用。在涉及所有低维结构的制造过程和科学实验中也适用该系统。

20.12　讨论与小结

为了杜绝所有常见和不可避免的振动损坏精密电子设备，必须设计巧妙的隔振系统。这些技术随设备的预期操作领域、成本因素和客户对精度的期望而各有不同。显然，纳米级精度的仪器无法承受哪怕是最小的干扰振动，而用于粗略测量的仪器则具有更高的耐久性。因此，每个应用都有其独特的解决方案，具有普适性的通用设计理念则是行不通的。

思　考　题

20.1　为什么必须在电子设备中保证抗振能力？正弦振动与随机振动有何不同？

20.2　用来抵消振动对电子器件影响的两种方法是什么？无论电子设备的坚固程度如何，都可以承受振动，但必须使其与振动隔离。为什么？隔振器有哪两类？它们有何不同？

20.3　隔振器的主要功能是什么？其主要部件是什么？什么是缓冲器？

20.4　建立并求解由刚度为 k 的弹簧支承的质量为 m 的有效载荷自由无阻尼振动的微分方程。决定系统固有频率的关键参数是什么？

20.5　写出并求解由弹簧和阻尼器组成的隔振系统的受迫振动微分方程。它与自由振动系统有何不同？

20.6　隔振器的传递率是什么意思？某隔振器传递率为 0.2，这种低传递率意味着什么？传递率值等于 1 的含义是什么？

20.7　根据有效载荷的固有频率和平台的激励频率，推导隔振器的传递率方程。这些频率的相关量级如何影响传递率？

20.8　有效载荷的固有频率与平台激励频率之比为 0.2。隔振是否有效？为什么？

20.9　隔振系统的阻尼值为零。共振时振动的传递率是多少？由此解释阻尼在确定传递率中的作用。

20.10　什么是空气弹簧隔振器？说出这两种隔振器的名称并描述其操作原理。

20.11　什么是弹性体？合成硅橡胶与天然橡胶相比，有哪些优势？

20.12　什么是正刚度和负刚度？请举例说明。

20.13　用图表说明垂直运动隔振器的工作原理。垂直刚度取决于哪些参数？

20.14　绘制水平运动隔振器图并描述其工作原理。指出决定水平刚度的参数。

20.15　反馈式主动型隔振器与前馈式主动型隔振器有何区别？哪些具体情况下可应用反馈式和前馈式主动型隔振器？

20.16　主动型和被动型隔振系统可容纳哪些振动频率范围？如果使用被动型系统控制极低频振动，会发生什么情况？

20.17　被动型和主动型隔振器在刚度参数方面有何不同？在平均位置受到干扰后，刚度的差异如何转化为稳定时间的差异？

20.18　举例说明应用某主动型隔振器的迫切需求，并说明该情况的重要性。

原著参考文献

Lan K J, Yen J-Y and Kramar J A 2004 Active vibration isolation for a long range scanning tunneling microscope *Asian J. Control* **6** 179-86

May M 2001 Getting more stiffness with less *Am. Sci* November-December

Platus D L 1991 Negative-stiffness-mechanism isolation systems *Proc. SPIE* 1619 44-54

Shaidani H 2008 Vibration isolation in cleanrooms: a system for virtually every application *Control. Environ. Mag.* January

Shen H, Wang C, Li L and Chen L 2013 Prototyping a compact system for active vibration isolation using piezoelectric sensors and actuators *Rev. Sci. Instrum.* **84** 055002

Yoshioka H and Murai N 2002 An active microvibration isolation system *Proc. 7th Int. Workshop Accelerator Alignment* pp 388-401

附录 A 缩写，化学符号和数学符号

A	ampere	安培
AC	alternating current	交流电
Ag	silver（argentum）	银
Ag_2O	silver oxide	氧化银
Ag_2S	silver sulfide	硫化银
AH	absolute humidity	绝对湿度
Al	aluminum	铝
ALD	atomic layer deposition	原子层沉积
AlGaAs	aluminum gallium arsenide	砷化镓铝
AlGaN	aluminum gallium nitride	氮化镓铝
AlN	aluminum nitride	氮化铝
Al_2O_3	aluminum oxide	氧化铝
As_2O_3	arsenic trioxide	三氧化二砷
As_2O_5	arsenic pentoxide	五氧化二砷
Au	gold（aurum）	金
$BaCO_3$	barium carbonate	碳酸钡
BCS	Bardeen–Cooper–Schrieffer （theory of superconductivity）	Bardeen–Cooper–Schrieffer（超导理论）
Be	beryllium	铍
BGJFET	buried-grid JFET	隐埋栅结型场效应管
B_2H_6	diborane	乙硼烷
B_2O_3	boron trioxide	三氧化二硼
BiCMOS	bipolar CMOS	双极互补金属氧化物半导体 COMS
BJT	bipolar junction transistor	双极型晶体管
BN	boron nitride	氮化硼
BOX	buried oxide	埋氧
BPF	bandpass filter	带通滤波器
BSCCO	bismuth–strontium–calcium–copper oxide	铋锶钙铜氧化物
BSG	borosilicate glass	硼硅玻璃
C	carbon	碳
°C	degrees centigrade	摄氏度
CeO_2	cerium（IV）oxide	氧化铈（IV）

CH_4	methane	甲烷
$(CH_3)_3B$	trimethyl boron	三甲基硼
CHFET	complementary heterojunction FET	互补异质结场效应管
$C_7H_7N_3$	tolytriazole	甲苯三唑
$C_{12}H_{24}N_2O_2$	dicyclohexylammonium nitrite	亚硝酸二环己基铵
$C_6H_8O_7$	citric acid	柠檬酸
$C_6H_{10}O_4$	adipic acid	乙二酸二乙酯
CMOS	complementary metal−oxide−semiconductor（FET）	互补金属氧化物半导体
COB	chip-on-board（assembly）	板上芯片(装配)
CO-OP	controlled over pressure（process）	控制过压(工艺)
$CoSi_2$	cobalt silicide	硅化钴
CQT	cascaded quadruplet trisection coupling structure（filter geometry）	级联四重三分体(滤波器几何形状)
Cr	chromium	铬
CRT	cathode ray tube	阴极射线管
CTE	coefficient of thermal expansion	热膨胀系数
CTE	Cryogenic Temperature Electronics	极端低温电子器件
CVD	chemical vapor deposition	化学气相沉积
Cu	copper	铜
CuO	copper oxide	氧化铜
Cu_2S	copper sulfide	硫化铜
CZ	Czochralski（single-crystal silicon）	直拉法(单晶硅)
dB	decibel	分贝
DC	direct current	直流
DD	displacement damage	位移损伤
DI-BSCCO	dynamically innovative-BSCCO	动态新型-BSCCO
DICE	dual interlocked storage cell	双互锁存储单元
DICHAN	dicyclohexylammonium nitrite	亚硝酸二环己基铵
2DEG	two-dimensional electron gas	二维电子气体
2DHG	two-dimensional hole gas	二维空穴气体
DGVTJFET	dual-gate vertical channel trench JFET	双栅垂直沟道沟槽 JFET
DMOSFET	double-diffused MOSFET	双扩散 MOSFET
DMVTJFET	depletion-mode VTJFET	耗尽型 VTJFET
DRAM	dynamic random access memory	动态随机存取存储器
e-beam	electron beam	电子束
EG	electronic grade（polysilicon）	电子级(多晶硅)

EHP	electron hole pair	电子空穴对
EIA	Electronics Industries Association	电子工业协会
EL Ni	Elecholess Nickel	化学镍
EMI	electromagnetic interference	电磁干扰
EMVTJFET	enhancement-mode VTJFET	增强型 VTJFET
ESD	electrostatic discharge	静电放电
ETO	ethylene oxide	环氧乙烷
ETE	Extreme Temperature Electronics	极端温度电子器件
eV	electron volt	电子伏特
fcc	face-centered cubic	面心立方
FCL	fault current limiter	故障电流限制器
FET	field-effect transistor	场效应晶体管
FIRST	Far Infra-Red Space Telescope	远红外空间望远镜
Ga	gallium	镓
GaAs	gallium arsenide	砷化镓
GaN	gallium nitride	氮化镓
Ga_2O_3	gallium trioxide	三氧化镓
Ge	germanium	锗
GHz	gigahertz	吉赫兹
GTO	gate turn-off (thyristor)	栅极关断(晶闸管)
Gy	gray	灰色
h	hour	小时
HASL	hot air solder leveling	热风焊料整平
HBT	heterojunction bipolar transistor	异质结双极型晶体管
HEMT	high electron mobility transistor	高电子迁移率晶体管
HFET	heterojunction FET	异质结 FET
HfO_2	hafnium oxide	氧化铪
Hg	mercury (hydrargyrum)	汞(水银)
HPHT	high-pressure and high-temperature	高压高温
HTE	high-temperature electronics	高温电子器件
HTS	high-temperature superconductor	高温超导(体)
HVAC	high-voltage alternating current	高压交流电
Hz	hertz	赫兹
IBAD	ion beam-assisted deposition	离子束辅助沉积
IC	integrated circuit	集成电路
IF	intermediate frequency	中频

i-GaN	intrinsic gallium nitride	本征氮化镓
IGBT	insulated gate bipolar transistor	绝缘栅双极型晶体管
IM Au	immersion gold	浸金
InAlN	indium aluminum nitride	氮化铟铝
InAs	indium arsenide	砷化铟
InGaAs	indium gallium arsenide	砷化铟镓
InP	indium phosphide	磷化铟
InSb	indium antimonide	锑化铟
ISOPHOT	Infrared Space Observatory Photometer	红外天文台光度计
JFET	junction FET	结型场效应管
JJ	Josephson junction	约瑟夫森结
JTE	junction termination extension	结终端扩展
K	kelvin（scale of temperature）	开尔文(热力学温度标度)
km	kilometer	千米
keV	kilo-electronvolt	千电子伏特
kV	kilovolt	千伏
$LaAlO_3$	lanthanum aluminate	铝酸镧
LaB_6	lanthanum hexaboride	六硼化镧
LAO	lanthanum aluminate	铝酸镧
LCD	liquid crystal display	液晶显示器
LCJFET	lateral channel JFET	水平沟道 JFET
LEC	liquid encapsulated Czochralski	液体包裹直拉法
LED	light-emitting diode	发光二极管
Li	lithium	锂
LO	local oscillator	本机振荡器(本振)
LPCVD	low-pressure CVD	低压 CVD
LPF	low-pass filter	低通滤波器
LTE	low-temperature electronics	低温电子器件
m	meter	米
mA	milli-ampere	毫安
MAG	maximum available gain	最大可用增益
MEA	more electric aircraft	多电飞机
MEMS	microelectromechanical systems	微机电系统
MESFET	metal−semiconductor FET	金属半导体场效应管
meV	milli-electronvolt	毫电子伏特
Mg	magnesium	镁

MG	metallurgical grade (polysilicon)	冶金级(多晶硅)
MgO	magnesium oxide	氧化镁
MHz	megahertz	兆赫兹
MISFET	metal–insulator–semiconductor FET	金属-绝缘体-半导体 FET
mK	millikelvin	毫开尔文
mm	millimeter	毫米
MMIC	monolithic microwave IC	单片微波集成电路
$Mn(NO_3)_2$	manganese nitrate	硝酸锰
MnO_2	manganese dioxide	二氧化锰
$m\Omega$	milli-ohm	毫欧
MOCVD	metal–organic CVD	金属有机 CVD
MOSFET	metal–oxide–semiconductor FET	金属氧化物半导体 FET
$MoSi_2$	molybdenum disilicide	二硅化钼
MPCVD	microwave plasma-enhanced CVD	微波等离子体 CVD
MPS	merged PiN/Schottky (diode)	合并的 PiN/肖特基(二极管)
mS	millisiemen	毫西门子(电导率单位)
MTTF	mean-time-to-failure	平均故障时间
MV	megavolt	兆伏
NaOH	sodium hydroxide	氢氧化钠
Nb	neobium	铌
Ni	nickel	镍
NiCr	nichrome	镍铬合金
NMOS	n-channel MOSFET	n 沟道 MOSFET
NP0	negative positive zero	负正零
NO_2	nitrogen dioxide gas	二氧化氮
ns	nanosecond	纳秒
OCVD	open circuit voltage decay	开路电压衰减
OP-AMP	operational amplifier	运算放大器
OSP	organic solderability preservative	有机可焊性保护剂
Pb	lead (plumbum)	铅
pBN	pyrolytic boron nitride	热解氮化硼
PCB	printed circuit board	印制电路板
PCBA	printed circuit board assembly	印制电路板装配
PECVD	plasma-enhanced CVD	等离子体增强化学气相沉积
PH_3	phosphine	膦(磷化氢)
PLD	pulsed laser deposition	脉冲激光沉积

PMOS	p-channel MOSFET	p 沟道 MOSFET
$POCl_3$	phosphorous oxychloride	氯氧化磷
ps	picosecond	皮秒
PSG	phosphosilicate glass	磷硅玻璃
Pt	platinum	铂
PTFE	polytetrafluoroethylene	聚四氟乙烯
QUAD	quadruple	四倍的
rad	radiation absorbed dose	辐射吸收剂量
RAM	random access memory	随机存取存储器
ReBCO	rare-earth barium copper oxide	稀土钡铜氧化物
RF	radio frequency	射频技术
RFSQ	rapid flux single quantum	快速单通量量子
RH	relative humidity	相对湿度
RHBD	radiation hardening by design	抗辐射加固设计
RHBP	radiation hardening by process	抗辐射加固工艺
RoHS	restriction of hazardous substances	限制有害物质
RPCVD	reduced pressure CVD	减压化学气相沉积
R-S	reset-set (flip flop)	触发器 (flip-flop)
R_2SiO	structural unit of silicone where R is an organic group	有机硅的结构单元，其中 R 为有机基团
RTA	rapid thermal annealing	快速热退火
RTV	room-temperature vulcanization	室温硫化
Ru	ruthenium	钌
s	second	秒
S	sulfur, siemen	硫，西门子
SBD	Schottky barrier diode	肖特基势垒二极管
Se	selenium	硒
SEB	single event burnout	单粒子烧毁
SEE	single event effect	单粒子效应
SEFI	single event functional interrupt	单粒子功能中断
SEGR	single event gate rupture	单粒子栅穿
SEI	Sumitomo Electric Industries Ltd	住友电气工业株式会社
SEJFET	static expansion channel JFET	静态扩展沟道 JFET
SEL	single event latchup	单粒子锁定
SES	single event snapback	单粒子闩锁
SET	single event transient	单粒子瞬态
SEU	single event upset	单粒子翻转

SFCL	superconducting FCL	超导故障电流限制器
Si	silicon	硅
SIAFET	static induction-injected accumulated FET	静电感应注入累积 FET
SiC	silicon carbide	碳化硅
SiH_4	silane	硅烷
$SiHCl_3$	trichlorosilane	三氯硅烷
SiH_2Cl_2	dichlorosilane	二氯硅烷
SiGe	silicon−germanium (alloy)	硅锗（合金）
$Si_{1-x}Ge_x$	silicon−germanium (alloy) where x is the mole fraction of germanium in the alloy with a value from 0 to 1	硅锗（合金），其中 x 是锗在合金中的摩尔分数，范围从 0 到 1
SMD	surface mount device	表面贴装元件
Si_3N_4	silicon nitride	氮化硅
$Si_xO_yN_z$	silicon oxynitride	氮氧化硅
SiO_2	silicon dioxide	二氧化硅
$Si(OC_2H_5)_4$	tetraethylorthosilicate (TEOS)	正硅酸乙酯（TEOS）
SISO	spiral in/spiral out (resonator)	螺旋输入/螺旋输出（谐振器）
Sn	tin (stannum)	锡
SOI	silicon-on-insulator	绝缘体上硅
SQUID	superconducting quantum interference device	超导量子干涉仪
SRH	Shockley−Read−Hall (recombination)	Shockley−Read−Hall（复合）
SS	subthreshold swing	亚阈值摆幅
T	tesla	特斯拉
TaN	tantalum nitride	氮化钽
Ta_2O_5	tantalum pentoxide	五氧化二钽
$TaSi_2$	tantalum disilicide	二硅化钽
TBCCO	thallium−barium−calcium−copper oxide	铊钡钙铜氧化物
TC	temperature coefficient	温度系数
TCR	TC of resistance	电阻温度系数
TCS	trichlorosilane	三氯硅烷
Te	tellurium	碲
TEOS	tetraethylorthosilicate	正硅酸乙酯
TID	total ionizing dose	总电离剂量
Ti	titanium	钛
TiN	titanium nitride	氮化钛
TiO_2	titanium dioxide	二氧化钛

TiSi$_2$	titanium disilicide	二硅化钛
TMB	trimethylboron	三甲基硼
TMR	triple modular redundancy	三模冗余
TTL	transistor–transistor logic	晶体管-晶体管逻辑电平
UHVCVD	ultra-high vacuum CVD	超高真空化学气相沉积
UMOSFET	U-shaped MOSFET	U 形 MOSFET
UV	ultraviolet	紫外线
VCI	volatile corrosion inhibitor (coating)	挥发性缓蚀剂(涂料)
V$_2$O$_5$	vanadium pentoxide	五氧化二钒
VTJFET	vertical trench JFET	垂直沟道 JFET
W	tungsten, watt	钨，瓦特
Wb	weber	韦伯
WN$_x$	tungsten nitride	氮化钨
WSi$_2$	tungsten disilicide	二硅化钨
YBa$_2$Cu$_3$O$_7$	YBCO	钇钡铜氧(YBCO)
YBCO	yttrium barium cuprate	钇钡铜氧
YIG	yttrium iron garnet	钇铁石榴石
Y$_2$O$_3$	yttrium oxide	氧化钇
YSZ	yttria stabilized zirconia	钇稳定氧化锆
Zn	zinc	锌
ZrO$_2$	zirconium oxide	氧化锆
ZTC	zero temperature coefficient biasing point of a MOSFET	MOSFET 的零温度系数偏置点

附录 B 拉丁字母符号含义

a	MESFET 中有源区的深度
A	Quay 模型的参数，面积
$\boldsymbol{A}$	磁矢量势
A^*	有效 Richardson 常数
A, B, C	Bludau 模型的参数
A_V	电压增益
b	Arora–Hauser–Roulston 方程中的参数，Chynoweth 方程中的参数
$B(0)$	表面磁感应强度
$B(x)$	沿 x 方向的磁感应强度
$\mathrm{BV_{CBO}}$	发射极(E)开路时，双极型晶体管的集电极(C)-基极(B)击穿电压
$\mathrm{BV_{CEO}}$	基极(B)开路时，双极型晶体管的集电极(C)-发射极(E)击穿电压
$\mathrm{BV_{DSS}}$	栅极与源极短路的 MOSFET 的漏极-源极击穿电压
C_1, C_2, C_3	阈电离能量模型中的参数
c	光速，阻尼系数(振动理论)
C	电容
C_{ds}, C_{DS}	漏极-源极电容(漏源电容)
C_{gd}	栅极-漏极电容(栅漏电容)
C_{iss}	本征电容
C_{rss}	反向传输电容
C_{ox}	单位面积氧化物电容
d	直径，厚度，长度，形变
D	载流子的扩散系数，掺杂物的扩散系数
$\mathrm{d}\boldsymbol{l}$	线元
D_{nB}	电子在 p 基极中的扩散常数
$D_{nB}(x)$	电子在基极中与位置相关的扩散系数
$\boldsymbol{D}_{nB}$	基极上位置平均的扩散系数
D_{pB}	基极中空穴的扩散常数
D_{pE}	$\mathrm{n^+}$发射极中空穴的扩散常数
$\mathrm{d}\boldsymbol{s}$	面积元
e	电子电荷
E	电场
E_C	导带边能量
E_g, E_G	能带隙(禁带宽度)
E_{gB0}	基区层零掺杂时的硅能带隙(在 HBT 中)
$\Delta E_{gB,A}$	由于主杂质的掺杂效应，导致基区层的能带隙变窄(在 HBT 中)
$\Delta E_{gB,Ge}(x=0)$	$x=0$ 时基区层的能带隙偏移(在 HBT 中)
$\Delta E_{gB,Ge}(x=W_B)$	$x=W_B$ 时基区层的能带隙偏移(在 HBT 中)
$E_{gB}(x)$	SiGe 基区层位置相关的禁带宽度(在 HBT 中)
E_F	费米能级
E_V	价带边缘能量
E_{fn}	电子的准费米能级
E_{fp}	空穴的准费米能级

E_{g}	禁带宽度
$E_{\mathrm{g}}(0)$	0 K 时的禁带宽度
$<E_{\mathrm{p}}>$	声子散射造成的平均能量损失
F	力，自由能
F_0	力波形的峰值
$f_{\max}$	振荡的最大频率
f_{n}	固有频率
f_{T}	跃迁频率（单位增益频率）
g	重力加速度
g_{d}	输出电导
g_{m}	MOSFET 跨导
g_{mb}	体效应电导
g_{m0}	$V_{\mathrm{GS}}=0$ 时的跨导值（最大值）
g_{ms}	饱和条件下 MOSFET 的跨导
h	普朗克常数
$\hbar$	约化普朗克常数，$\hbar=h/2\pi$
H_{C}	超导体的临界磁场
h_{fE}	共射极双极型晶体管的电流增益
i,I	电流
I_{b}	偏置电流（超导体，约瑟夫森结，SQUID）
I_{B}	双极型晶体管的基极电流
I_{C}	双极型晶体管的集电极电流，临界电流（超导体）
I_{CBO}	发射极断开时，双极型晶体管的集电极-基极的反向电流
I_{CCH}	在逻辑高输出状态期间从电源汲取的电流
I_{CEO}	基极开路时，双极型晶体管的集电极-发射极的反向电流
I_{d}	SBD 的电流
I_{D0}	SBD 的反向饱和电流（漏电流）
I_{DS}	MOSFET 的漏极-源极电流
I_{DSS}	当栅极与源极短接时，MOSFET 的漏极-源极漏电流，MESFET 在 $V_{\mathrm{GS}}=0$ 时的饱和漏电流
I_{E}	双极型晶体管的发射极电流
I_{F}	正向电流
I_{fc}	全饱和电流
I_{IL}	输入为低的电流
I_{nB}	从 n^+ 发射极到 p 基极的电子电流
I_{OFF}	关态电流
I_{ON}	通态电流
I_{p}	持续电流（超导体）
I_{pE}	从双极型晶体管的 p 基极到 n^+ 发射极的空穴电流
I_{R}	反向电流
I_{S}	饱和电流，屏蔽流（超导体）
J,j	电流密度
J_{B}	基极电流密度
$J_{\mathrm{C}},j_{\mathrm{C}}$	双极型晶体管的集电极电流密度，超导体的临界电流密度
J_n	第一类贝塞尔函数
k	刚度，弹簧常数
K,K_1,K_2	常数
k_{B}	玻尔兹曼常数
K_{FE}	与电流增益有关的损害系数

K_τ	与载流子寿命有关的损坏系数
L	载流子扩散长度，FET 的沟道长度，电感
L_{nB}	基极中电子的扩散长度
L_{pE}	发射极中空穴的扩散长度
M	SiC 导带的等效沟道数目，集电极倍增因子
m	Shoucair 分析得出的 MOSFET 漏极电流方程的指数
m_n^*, m_p^*	用于态密度计算的电子和空穴的有效质量
m_0	电子的静止质量，$m_0 = 9.11 \times 10^{-31}$ kg
N	掺杂浓度
N_C, N_V	半导体的导带和价带中的有效态密度
$N_{C,SiGe}(x)$	SiGe 导带中位置相关的有效态密度
$N_{V,SiGe}(x)$	SiGe 价带中位置相关的有效态密度
$\widetilde{N}$	穿过基极的 SiGe 和 Si 的有效态密度的位置平均比
N_A	总受主杂质浓度
$N_A{}^-$	电离受主杂质浓度
N_{AB}	p 基极层的受主浓度
N_{crit}	临界杂质密度
N_D	总施主杂质浓度
$N_D{}^+$	电离施主杂质浓度
N_{DE}	n 发射极的掺杂浓度
$N_{D(g)}$	多晶硅栅的掺杂浓度
n_i	(半导体的)本征载流子浓度
n	电子浓度，SBD 的理想因子
N_I	带电杂质的密度，陷阱密度
$n_{iB}(x)$	碱基中位置相关的本征载流子浓度
n_{pB}	p 基极中的电子数
$\boldsymbol{p}$	经典粒子的正则动量
p	空穴浓度
$p_B(x)$	在基极中，随位置 x 变化的位置相关空穴浓度
P_{H_2O}	空气中水蒸气的分压
$P_{H_2O}^*$	水蒸气平衡蒸气压
p_{nE}	n$^+$发射极中的空穴数
p_0	TC 的阈值电压
q	电荷
q_0	Shoucair 的阈值电压方程的参数(通过外推法得出在 0 K 时的 V_{Th} 值)
P_0	传递力的幅度
q	电荷
$Q_a(T)$	导电沟道电荷
Q_f	二氧化硅中的固定电荷
$R_{CHANNEL}$	MOSFET 沟道区的电阻
R_{DRIFT}	MOSFET 漂移区的电阻
R_D^{Si}	硅二极管的导通电阻
R_D^{SiC}	SiC 二极管的导通电阻
$R_{DS(ON)}$	MOSFET 的漏极–源极导通电阻
R_n	外部电阻分流约瑟夫森结
R_s, R_S	源极串联电阻

S, s	横截面，面积
t	时间
T	开尔文标度的温度（热力学温度），时钟信号的周期，透射率
T_L	晶格温度
t_{ox}	氧化物厚度
U_1, U_2	隧道势垒两侧的最低能量状态
v	电子速度
v, V	电压
V_0	正弦电压幅度
V_a	厄利电压
V_{AC}	交流电压
v_{BE}	基极-发射极电压
v_{BC}	基极-集电极电压
V_{bi}	内建电势
V_{CE}	集电极-发射极电压，电压转换效率
v_{CES}	饱和模式时集电极-发射极电压
V_d	肖特基势垒二极管两端的电压
V_{DC}	直流电压
V_{DD}	漏极电压
V_{DS}	漏极-源极电压（漏源电压）
V_D^{Si}	硅二极管的正向电压
V_D^{SiC}	SiC 二极管的正向电压
V_{FB}	平带电压
V_{GS}	栅极-源极电压（栅源电压）
$V_{GS}(ZTC)$	ZTC 点处的 V_{GS}
v_{nB}	电子在基区发射极的速度
V_{NMH}	高电平噪声容限
V_{NML}	低电平噪声容限
V_{OH}	输出高电平
V_{OL}	输出低电平
V_{peak}	峰值电压
V_{po}	MESFET 的夹断电压
v_{pE}	空穴在发射区基极的速度
V_R	反向偏置
V_{SB}	衬底偏压
V_{SS}	源极供电
$V_{sub}, V_{substrate}$	衬底电压
V_{Th}	MOSFET 的阈值电压
$V_{Thermal}$	热电压
v_{sat}	载流子饱和速度
v_n^{sat}	电子饱和速度
v_p^{sat}	空穴饱和速度
w	耗尽层宽度
W, W_B	双极型晶体管的基极宽度，FET 的沟道宽度
W_D	漏极的耗尽区厚度
W_I	电离能阈值
W_S	源极的耗尽区厚度

附录 C　希腊字母及其他字母符号含义

α	Varshini 方程中的拟合参数，迁移率变化的温度指数，电离系数，共基极电路中双极型晶体管的电流增益，确定 MESFET 漏极电流的饱和电压的经验常数
α_{it}	界面态系数
α_n	电子的电离系数
α_{ot}	氧化物电荷累积系数
α_p	空穴的电离系数
α_T	基区传输因子
β	Varshini 方程中的拟合参数，共射极电路中的双极型晶体管的电流增益，包含电子迁移率 μ_n 的 MESFET 的跨导参数
$\beta_{\max}$	最大电流增益
β_{NPN}	npn 晶体管的电流增益
β_{PNP}	pnp 晶体管的电流增益
β_{Si}	Si BJT 的电流增益
$\beta_{Si/SiGe}(T)$	Si/SiGe HBT 的电流增益
γ	双极型晶体管的发射极注入率，MESFET 的有效阈值电压位移与 V_{DS} 的关系
δ	相位差
ΔE_A	受主杂质的活化能
ΔE_D	施主杂质的活化能
ΔE_g	半导体材料的发射极和基极之间的禁带宽度差
$\Delta \xi_g, \Delta \xi_{gBE}$	相对于基极，发射极的带隙的减小值
$(\Delta E_g)_{Si/SiGe}$	Si 发射极和 Si_xGe_{1-x} 基极的禁带宽度之间的差异
ΔE_{gE}	发射极的能带隙变窄程度
ΔE_{gB}	基极的能带隙变窄程度
ΔE_V	价带偏移
ΔN_{it}	界面陷阱密度
ΔN_{ot}	氧化物陷阱电荷密度
Δt	时间间隔
$\Delta \Phi$	SQUID 中节点 A，B 之间的相位差
ε	介电常数
ε_0	自由空间的介电常数
ε_{ox}	二氧化硅的相对介电常数
ε_s	硅的相对介电常数
H	二极管方程中的发射系数或理想因子
η_a, η_b	经验常数
Θ	规范不变相位差，固液界面接触角
$\theta(r)$	波函数的相位
κ	TC 的阈值电压
λ	载流子平均自由程，MESFET 的沟道长度调整参数
λ 或 λ_L	London 穿透长度/深度
λ_0	高能低温渐近的声子平均自由程
μ	载流子迁移率
μ_0	真空磁导率

μ_i	初始迁移率
μ_I	电离杂质的散射限制迁移率
μ_f	最终迁移率
μ_L	晶格散射限制迁移率
μ_n	电子迁移率
μ_{nB}	基极中电子迁移率
μ_p	空穴迁移率
μ_{pE}	发射极中空穴迁移率
ζ	相干长度(对于电子对)
ζ_g	发射极的带隙
Ξ	一个整数
P	物质的电阻率
ρ_1, ρ_2	电子对密度
ρ_{ox}	氧化物中的电荷密度
$\rho(r)$	超导体中的电子对浓度,其中 r 是位置矢量
σ	电导率
σ_v	一个经验常数
T	载流子寿命,时间常数
τ_B	基极渡越时间
τ_E	发射极渡越时间
τ_F	前向渡越时间,最终寿命
τ_{HL}	高电平寿命
τ_I	初始寿命
τ_{LL}	低电平寿命
τ_p	空穴寿命
τ_{pE}	发射极中空穴寿命
ϕ	通量
ϕ	波函数 ψ_1 和 ψ_2 之间的相位差; $\phi = \phi_2 - \phi_1$
ϕ_1, ϕ_2	电子对波函数的相位
ϕ_0	$V = 0$ 的相位差
Φ	穿过环的磁通量
Φ_{A1}, Φ_{A2}	SQUID 中与结 A 相邻的相位
Φ_{B1}, Φ_{B2}	SQUID 中与结 B 相邻的相位
Φ_A, Φ_B	SQUID 中约瑟夫森结 A 和 B 之间的相位差
ϕ_B	肖特基势垒高度
Φ_{bn}	金属-半导体界面的肖特基势垒高度
Φ_0	磁通量量子
$\Phi_{External}$	外部磁通
ϕ_F	体电势
ϕ_{ms}	金属-半导体功函数
Ψ	波函数
Ψ_1 和 Ψ_2	电子对的波函数
$\Psi(r)$	电子对电子的波函数,其中 r 是位置矢量
Ω	角频率
ω_n	固有角频率
Ω	欧姆
Ω_s	激发频率
∇	nabla(微分运算符)